U0140690

认识通信
陈金鹰◎编著
UNDERSTANDING COMMUNICATION

机械工业出版社
CHINA MACHINE PRESS

内容简介

本书以宏阔的视野和生动的语言全面介绍了通信技术的起源、发展和未来，书中从收发信号的通信终端、交换信号的通信节点、传输信号的有线和无线信道，对通信领域的基本问题进行讨论，并在此基础上对基于终端、节点、信道的三要素组织起来的各种通信网络进行介绍。书中还穿插了古今中外科学名家进行科学探索和发明创造的小故事，以激励和启发读者的科学热情和创新思维。

作为一本科普图书，本书兼具专业性、思想性、趣味性，既不失深度，又妙趣横生，对初涉通信的读者而言是一部较好的入门读物。此外，本书对大中专院校相关专业的学生、从事通信技术普及、通信设备维护和相关管理工作的人员也有一定的参考价值。

图书在版编目(CIP)数据

认识通信/陈金鹰编著. —北京:机械工业出版社,2022.6
ISBN 978-7-111-70199-6

Ⅰ.①认…　Ⅱ.①陈…　Ⅲ.①通信技术-普及读物　Ⅳ.①TN91-49

中国版本图书馆 CIP 数据核字(2022)第 030002 号

机械工业出版社(北京市百万庄大街 22 号　邮政编码　100037)
策划编辑：时　静　　责任编辑：时　静　李馨馨　赵小花
责任校对：张艳霞　　责任印制：郜　敏

三河市宏达印刷有限公司印刷

2022 年 7 月第 1 版·第 1 次印刷
184mm×240mm·20.5 印张·1 插页·434 千字
标准书号：ISBN 978-7-111-70199-6
定价：108.00 元

电话服务
客服电话：010-88361066
　　　　　010-88379833
　　　　　010-68326294

网络服务
机　工　官　网：www.cmpbook.com
机　工　官　博：weibo.com/cmp1952
金　书　网：www.golden-book.com
机工教育服务网：www.cmpedu.com

序

当今人们的生活随时都与通信发生着联系，大多数非专业人士认为通信就是手机，我们称为移动通信。但实际上通信的内涵和外延相当广泛。通信，“通”是载体，是“路”；“信”是信息，路不通则信不达，通信网也叫“信息高速公路”。建设通信网就是修路，不过现代通信网可以上天入地，天上跑的卫星通信、空中跑的移动通信（长波、微波、短波、超短波、毫米波）、陆地跑的光纤通信、海洋跑的海底光缆。

通信的起源与生命的起源是同源的，可以说有了生命就有了通信，生物本能的新陈代谢就是一种原始的通信，动物寻找食物，植物的光合作用，都依赖于信息的捕获。

近代通信是建立在电磁理论和数学理论之上的。从莫尔斯发明电报开始，通信至今已有 180 多年的历史，历经了架空明线、同轴电缆到光纤通信，从步进制、纵横制到程控交换机，从固定电话、卫星通信到移动通信，从模拟通信到数字通信。每一次技术的变革都极大他推动了生产力的发展，也切实改变着每一个人对世界的想象。

大道至简，通信的基本组成就是信源、信道、信宿。万变不离其宗，通信从服务于人类通信发展到万物通信、机器通信，其宗旨始终没有改变。认识通信，学习通信，就要牢牢抓住通信的本质。

回想大学毕业来到邮电五所开始了我的通信之路，经历了传输设备的一代代演变，从载波通信、PDH、SDH、WDM、MSTP、IPRAN、PTN、OTN、MOTN、SPN，深刻认识到基础的原理是根本，而了解通信的历史，可以更快更好地掌握原理。在实际工作中，一些通信专业毕业的学生缺乏对通信背景知识的掌握，需要了解通信从哪里来，到哪里去，一代一代技术是如何产生和发展的，这样才能更好地做好科研和项目。

本书的作者陈金鹰老师是我十分尊重的学者，陈老师扎根通信领域数十年，桃李满天下，为通信行业培养了许多优秀人才。陈老师对通信的认识深入浅出，从原始的声波通信、图文通信，到有线通信、无线通信的产生和发展，以及未来通信的展望都做了解读。徐徐读来，受益颇深。

本书十分适合想了解通信的初学者阅读，也是一本很好的通识读本。书中穿插了很多通信的背景故事，读者可以感受到通信不仅仅是冰冷的公式和软硬件，也有很多人文气息。希望读者通过阅读本书，重新认识通信，认识通信的历史，以更好地从事通信行业相关工作。

电信科学技术第五研究所　总工程师
楚鹰军
2022 年 5 月

前言

“通信”的英文“communicate”有表达、交流、交际、传递之意，顾名思义，通信是人类走向社会化过程中信息交流的桥梁和中介。通信所要完成的功能是传递社会成员相互之间的思想和情感，即通常意义下的信息。从这个角度讲，通信系统如同一条道路，而在路上移动的是信息。道路越平坦、阻力越小，相当于传输信道上的噪声、干扰、衰减、损耗也越小，信息传输的出错概率就越小，质量会越高。因此，通信技术所要解决的问题本质上可看作信息传输的质量问题和容量问题。

忆昔抚今，我们不难发现，一部通信技术的发展史在某种意义上就是人类文明的进步史。通信技术由简单到成熟的发展过程，伴随着人类从原始走向文明的演绎过程。

据考古推断，早在几百万年前，地球上就出现了南方古猿。南方古猿表达思想、情感的方式与现在的动物没有太大区别，即只能以简单的频率和幅度变化的叫声或一些肢体动作来传递信息，这些信息是不能被记录和保存的。这种通信方式下，信息被传输后就消失了，而且能表达和传递的信息量很少，知识很难积累，因此人类进步非常缓慢。经过几百万年的漫长进化后，在距今几十万年前人类开始“说话”，经过长久的积累后逐渐开始使用语言，从而能够更好、更多地传递情感、交流思想、传授知识，促进了人类对知识的继承和传播。但语言只能口口相传，在部落内和相近年代传播信息，知识积累依然很慢，其结果是人类进步依然迟缓。由于语言通信无法记录、存留，人们至今无法得知几万年前人类是如何生存、劳作的，只能通过考古遗迹进行一些推断。公元前3500年左右，古埃及人开始使用象形文字，这使知识可以异地传播并长时间保存。我国曾用竹简、棉帛记载信息，成本很高，知识的普及依然受到制约。直到公元105年我国的东汉时代，蔡伦改进了被称为四大发明之一的造纸术，才使知识可以用纸张记录下来。用低成本、易携带的轻便纸张记录事件，使信息可以跨地域传播，促进了世界范围内不同国家、不同民族之间的知识共享和传承，使人类可以学习、继承、发扬前人思想，能够做到“秀才不出门，全知天下事”。以纸上文字传播进行通信，比用语言效率更高，信息的承载量大大增加，从而使人类文明进程开始加速。

向近代通信转变的关键，始于1831年法拉第制造出世界上第一台电磁感应发电机，以电为基础诞生了电报、电话、电话交换机、有线长途通信、无线长途通信。其中一个重要的里程碑式进步在于1844年有线电报的发明，它解决了信息的实时远程传输问题，但普通人不能直接读懂电报内容，需要由译码员将其翻译成人们可以理解的文字。而1875年电话的发明实现了实时直接语音远距离传输。随着1895年无线电报的诞生，人类实现了越洋通信和移动情况下的通信。在此基础上诞生的传真、广播、电视，又带来了新闻媒体的革命，新闻的快速传播不仅提供休闲、娱乐，也使人们能够即时了解世界动态，从而进一步推动了社会文明传播的进程。

近代通信向现代通信转变的重要标志是1946年名为ENIAC的第一台计算机的出现和1969年名为ARPA的第一个计算机网络的诞生，在此基础上发展出了今天的互联网、云计算、大数据、量子计算、区块链、人工智能，提升了人类获取、加工、存储信息的能力，以应对信息的爆发式增长，全面进入信息时代。

与此同时，雷达、卫星通信的出现更是延伸了人类的感知能力，促使了射电天文学的诞生，将人类的感知范围拓展到了广袤的宇宙，使人类进入探索宇宙通信的时代；伴随着深海通信技术的发展，人类的触觉延伸到了深不可测的海洋；物联网的出现，将地球上所有的物体同人类联系在一起，实现人与物的通信，使人类进入超感知的时代；人工智能技术的出现，使大量工作由智能机器完成，人类工作效率大大提高，能有更多的时间享受生活和解决更加复杂的科学问题。

通信技术正以前所未有的势头对人类生产和生活方式产生颠覆性的影响。4G改变生活、5G改变社会，通信改变世界确有一定的道理。4G使人们快速连通，5G+AI、5G+物联网、5G+医疗、5G+影视、5G+教育、5G+交通、5G+农业、5G+工业、5G+金融等，前景无限。通信改变人类社会、通信颠覆世界面貌、通信铸造未来梦想。难以想象的通信应用场景即将拉开大幕之际，许多人在问，通信是什么？通信能做什么？为什么是这样？

对此，本书将从收发信号的通信终端、交换信号的通信节点、传输信号的有线电和无线电信道，对通信领域的基本问题进行讨论，并在此基础上对基于终端、节点、信道三要素组织起来的各种通信网络进行介绍。本书共6章，其中，第1章为“回溯冷兵器时代的通信”，介绍了原始的声波通信、图像文字通信和远程中继接力通信，这些原始通信体现了人类的早期智慧；第 2 章为“有线电信道的前世今生”，介绍了电、电报和电话的发现或发明过程，以及常用有线电传输信道的工作原理，主要讨论的是有线电通信技术；第 3 章为“无线电通信的来龙去脉”，介绍了无线电波的发现、集成电路的诞生、广播电视的兴起、微波和雷达通信的问世、水下通信和地下通信的基本原理，主要讨论的是无线电通信技术；第 4 章为“万人通话共信道的奥妙”，介绍了奠定通信基础的定理及实现信道共享的频分复用、时分复用、空分复用和码分复用方式的内在本质，主要讨论的是为提高信道传输效率所采用的技术；第 5 章为“无处不在的通信网”，介绍了电话网、分组数据网、骨干网中数据的交换转接过程和网络的组织方式，主要讨论的现代通信网络技术；第 6 章为“憧憬奥妙无垠的未来通信”，介绍了 5G/6G、区块链、量子通信、人工智能、物联网、智联网等最新的和未来可能出现的通信技术，主要讨论的是通信前沿技术。

由于书中涉猎通信领域众多技术，知识范围较广，许多概念相互交织，相关名词出现的先后次序不同，可能有些后面才讲的概念在前面章节中出现，这些内容可以先行跳过等读完全书后再去理解。

作为一本科普读物，书中穿插了大量技术的发明、发现、研究背景，讴歌那些为通信事业做出杰出贡献的先驱们的感人事迹，没有他们的付出就没有今天的便捷通信。让我们向他们致敬，同时学习他们孜孜探索的开拓精神。从这个意义上讲，本书很适合培养学生的科学热情，引导学生的创新思维，激励他们发扬穷究科学奥妙与真谛的奋发精神。

最后，感谢机械工业出版社的编辑们为本书出版所做的辛勤付出。感谢对本书给予大力支持的其他老师和同学。由于编者水平有限，不妥之处在所难免，望各位读者不吝指正。

陈金鹰　于成都

contents | 目录

第 6 章 憧憬奥妙无垠的未来通信 / 265

参考文献 / 318

开 篇 谒

盘古开壳破鸿蒙，
功在天地始成形。
女娲补天做泥人，
战乱从此卷风云。
三皇五帝霸中原，
华夏辉耀越千年。
语音文字炳史册，
通信功过谁曾评？

第1章

回溯冷兵器时代的通信

作者有词《忆秦娥·思古代通信有感》，点赞冷兵器时代的通信：

忆秦娥

思古代通信有感

猿声啸，
危机濒显出征兆。
出征兆，
鼓金声振，
号令旗飘。

日行八百累折腰，
宣纸活印添奇招。
添奇招，
千年通信，
日月同昭。

人类取得今天的文明，经历了漫长的岁月，承受了长期孜孜探索的痛苦煎熬。从最初的猴啼猿叫演化为语言，从象形文字进化成汉字，从竹简记事进步到纸张印书，从烽火狼烟改进成快马驿站，没有数千年的知识沉淀，就没有今天的成就，因此我们不能忘记前人的丰功和智慧。

1.1　原始的声波通信

1.1.1　南方古猿的啼声通信

在很久很久以前的远古时代，距今大约440万~150万年，在今天的南非、东非及中非一带的丛林中生活着很多古猿，被称为南方古猿。这些南方古猿的牙齿、头颅、髋骨等和人相近，与猿类有显著的差别，可能已经学会使用工具和直立行走。尽管他们后来几乎灭绝，但其中一种类型向早期人类演化。一些人类学家利用遗传学技术对人类的基因进行研究，认为全世界的民族共同起源于20万~4万年前的一个非洲原始部落。恩格斯把生活在树上的古猿称作“攀树的猿群”，把从猿到人过渡期间的生物称作“正在形成中的人”，而把能够制造工具的人称作“完全形成的人”。

无论古猿还是早期人类，在语言出现之前，都只能通过各种啼叫声或肢体动作来交流思想，如发现食物、发现危险、面临生死等高兴或悲伤的场景。这种表达方式可以看作原始的动物啼声通信。如图1-1所示，啼声可以看作信号发生器，即信号源，空气媒介则是声波的传输信道，声波中的内容是要表达的思想，即信息，耳朵可以看作信号的接收终端，即信宿。这实质上已经构成了一种点对点的通信系统。

现在所讲的一切通信系统，都由信源、信道、信宿三个最基本要素组成。其中，信源和信宿又称作通信终端。

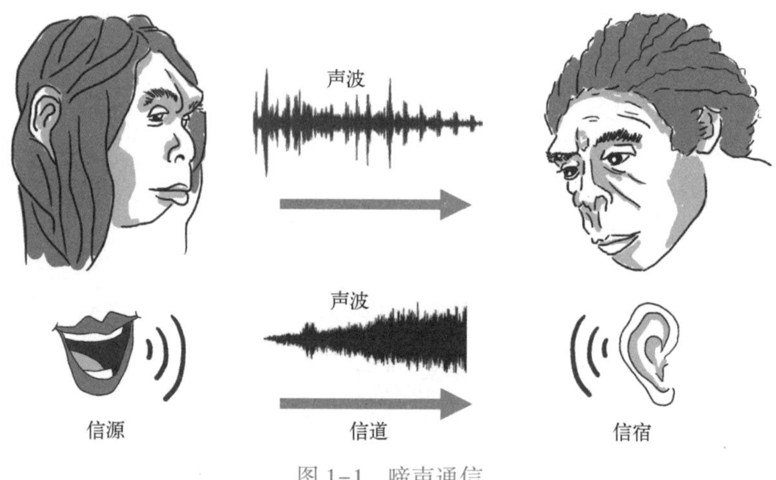

图 1-1　啼声通信

1.1.2　早期人类的语言通信

当人类从树上生活转变到地面生活后，就开始学习植物栽种，并把捕获的一时吃不完的多余动物饲养起来，这些劳动需要大量知识的储备和积累，使得人类的大脑能够快速发育。据考古研究，古猿大脑容积只有人类的三分之一，而早期人类的大脑容积已经基本接近现代人脑的容积。随着早期人类积累的知识越来越多，沟通交流已经不能通过简单的啼叫声来完成，人类迫切需要通过一种更好的方式来表达更多的信息。这样，人类的远祖大约在几十万年前的某个时候开始“说话”，又在几万年前的某一史前时期开始使用语言。

语言的产生是人类进步过程中一大质的飞跃，是人与动物的本质区别之一。语言是一种信息交流的复杂方式，是对啼叫声的编码信息。不同的语言本质上是对信息的不同编码，只有掌握这种编码的人群才能解码并明白语言所要表达的意思。讲话者为信息的发送方，听者为信息的接收方。通过口腔发出的语音使空气产生振动，振动的声波是信息的载体，声波强弱的变化包含着传输的信息，承载信息的声波以空气为介质进行传输，接收方的耳膜接收变化的声波，最后由人脑解码还原这些信息，从而获取讲话者所要表达的意思。

语言的使用方便了人类对知识的掌握和传播，但空气对声波的阻力和扩散也使声波强度随距离增加而逐渐衰减，使语言传输距离受到限制，因而语音只能作为一种近距离、无记忆的通信方式被使用。

当人们想要进行较远距离的语言通信时，只能由距离近一点的人（中继 B）先听到后再告诉下一个稍远一点的人（中继 C），这样逐个接力，由近向远传播，这种通信方式被称为中继接力语言长途传输通信方式。这里的中间接力人（中继 B、中继 C）就是通信中转站，或叫中继站，起着对信息进行接收、放大、转发的作用。当一人讲话多人收听时（如中继C讲话，信宿D、信宿E、信宿F收听），即为广播通信方式，如图1-2所示。如果中继B、中继C相互之间既能讲话又能听话，则称之为双向通信；如果通信的一方只能讲话不能听话，另一方只能听话不能讲话，则称之为单向通信。如信源A与中继B之间只能由信源A发送信息，而中继B只能收听信源A。

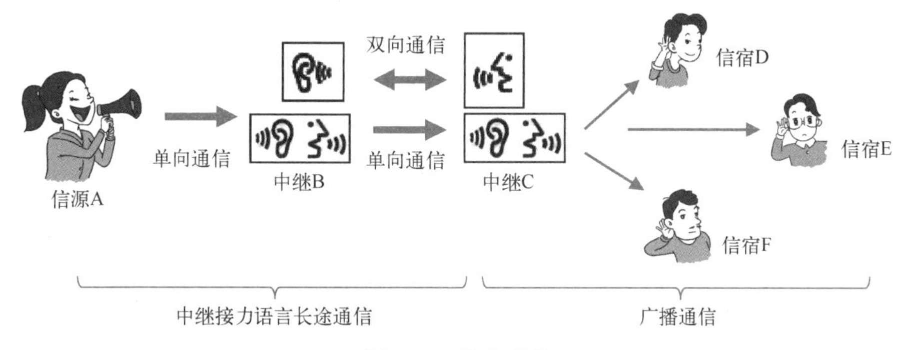

图1-2 语言通信

图1-1所示古猿的啼声通信与图1-2所示语言通信在系统组成上没有太大变化，两者的区别在于通信容量发生了变化，语言中所包含的信息量远远大于啼叫声中所包含的信息量。语言通信之所以能承载比动物啼叫声通信更大的信息量，其实质在于语言中的信息经过了编码声音的加工处理，在相同的声波信道上能传输更大的信息量。接收方只有能解码这些声音才能从中获取信息，所以不同部落之间如果语言种类不同，虽然能互相听到声音，但可能听不懂意思，获取不了信息。

事实上，现在人们所使用的水下超声波通信与这种早期人类的通信方式极其相似。所不同的是，信源和信宿为超声波发生器和接收器，超声波的频率比人类声带发出的频率高，传播介质是水而不是空气。

语言通信只能面对面传授，在部落内、相近时代人类之间传播，这导致不同地域间和不同时代的人类之间还不能交流和通信，人类通过无数次失败和尝试所获取的知识难以得到广泛的传播、共享和保存，因此知识积累过程依然很慢，人类文明进步的速度受到极大的制约。

1.2 演进的图像文字通信

1.2.1 阴山岩画的图像通信

在原始的语言通信时代，人类知识的积累和信息的存储是由大脑完成的，一旦掌握这些知识的人过世，积累的知识和信息便随之丢失。随着人类的进步，大量积累的知识和信息已经不能仅仅依靠人脑进行存储、语音进行传输了。在距今约 300 万～1 万年的旧石器时代，居住在内蒙古阴山的原始人类就开始使用岩画来表达思想。但为了实现知识的长期记忆和保存，人类开始使用图像符号来帮助记忆，这大约发生在公元前 3500 年左右。这段时间的图像符号逐渐演变成通信史上的又一次进步。

原始的图像通信实现过程如图 1-3 所示。知识或信息以符号、图案的形式被记录在岩壁或物体上，人们通过眼睛识别符号、图案来获取信息。这种通信方式的信源是通过人手绘制的符号、图案，这实质上是对信息的图像处理编码过程；信道是承载符号、图案的物体，这些物体可以是固定的岩壁，也可以是可携带的石块、木块或兽皮；信宿是人的眼睛，完成对编码图像信息的解码过程。当人类将绘有符号、图案的物体从一个地方带到另一个地方时，就完成了信息的异地传播。

原始的图像通信中，不同的符号、图案表示不同的信息，解决的是信息存储问题，而易于携带的物体有利于将人类知识、经验等信息传输到人类可以到达的地方，解决的是通信距离问题，这样知识不仅可以广泛传播，也不会因为前人的过世而失传，有利于人类文明的加速发展。现在人们还能在一些岩洞石壁上或古墓穴中见到古人留下的符号和图案，这就是知识长期保存的典型案例。

图 1-3　图像通信

1.2.2　大麦地开始的文字通信

符号和图案所能表达的信息量如同古猿啼叫声所能承载的信息量一样有限。人们在大约距今 1.5 万年的宁夏卫宁北山地区大麦地的岩画上发现了类似文字的符号，呈现出早期岩画的象形性，与汉字中的象形字型相类似，因此被推断为原始文字。早期岩画经过漫长的演化形成了后来的甲骨文、象形文字、小篆、隶书以及现在的简体文字。文字的运用是语言通信的一大进步，可以叫作文字通信。

手写文字是将信息以约定的编码形式刻写在物质载体上，是通信的发起方，即信源，文字表达的是发起方所要传递的信息。写上文字的棉帛、羊皮、竹简等是信息的载体。人对写有文字的载体的携带和转移是信息的传输过程，是信道。用眼睛读取文字获取信息的人是通信的接收方，即信宿。

写在棉帛、羊皮、竹简上的文字信息可以长期保存，也能从一个地方转移到另一个地方，从而解决了信息的大量记忆和远距离、跨世代传输问题，因此文字的产生和运用使人类摆脱了语言通信在传播过程中受到的时间和空间局限，解决了知识的异地传播和长时间保存问题。使用文字就能记录更多、更丰富的知识和经验，它比其他符号更容易理解和保存，这对加快人类文明进步发挥了重要作用。秦始皇时代统一文字后，对贯彻法令、传播文化起了重大作用。

1.2.3　蔡伦始创的纸张书信通信

东汉永平四年，即公元61年（一说63年），蔡伦出生在一个铁匠世家。小时候，蔡伦在大凑山麓一处被称作石林的乡学得到启蒙，他对周边的生产、生活环境尤其感兴趣，比如冶炼、铸造、种麻、养蚕等。到了少年时代，蔡伦已经是满腹经纶。就在永平十八年即公元75年，十几岁的他由于聪明伶俐而被选入皇宫做了宦官。公元105年，蔡伦在考察漂絮和沤麻的过程后受到很大启发，他决心造出一种价格便宜、方便书写的纸。要想造出平民百姓都用得起的纸，必须找到价格便宜、料源充足的造纸原料，而当时的丝棉和麻价格太贵，他认为不适合作为造纸原料。在总结前人经验的基础上，经过反复试验，蔡伦选用破布、树皮、麻头、废渔网、烂绳头等为原料，粉碎捣烂成浆糊状，再把浆状物捞在细竹帘上，漏去水分，留在帘子上的纤维薄片定型干燥后便成了纸。这种纸质地坚韧，书写方便，价格便宜又耐用，相较于依靠竹简、羊皮、丝布记录文字的传统方法，更受人们欢迎。他把这种纸献给汉和帝，汉和帝下令全国按照蔡伦的方法造纸，从此，这种被列为四大发明之一的造纸术所生产的“蔡侯纸”便流传开来。

利用写有文字的纸张传递信息的方式称为纸张书信通信方式，如图1-4所示。借助纸张给亲友写信的通信方式现在依然在用。这种通信方式中，写信人是信源，即发信终端；收信人是信宿，即接收终端；承载文字的信纸如同承载信息的语音，是信息的载体；将信从写信人发送到收信人的过程是信道。两人之间的通信称为端到端或点对点的通信。如果一封书信经过多人转手传递，中间的每一个人都称为接力者或中继站，如图1-4所示的中继B、中继C。图1-4中的信源A与中继B的关系是信源A发信、中继B接收、中继B不能向信源A发信，故这种通信属于单向通信。而中继B与中继C两者之间可以相互发信和收信，故属于双向通信。从信源A到信宿D的通信过程中，几个中继延长了通信距离，称为长途通信。

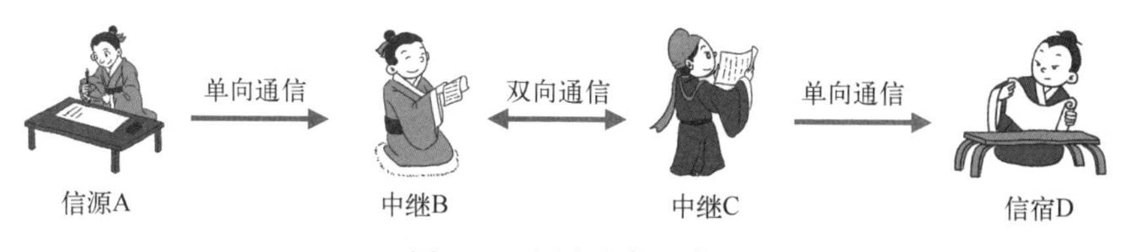

图1-4　纸张书信通信

纸张的产生和运用所解决的是信息载体的成本问题，实现的是廉价的文字通信方式。这种通信的特点是知识可以低成本地跨地域（空间）传输，也可以跨时间长期保存。跨空间传输促进了不同国家、不同民族之间的交流，以及世界范围内全人类的知识共享；

跨时间保存有利于知识的传承，使人类可以学习、继承、发扬前人思想，使人类的知识积累效率大大提升。

1.2.4 毕昇促进的书籍广播通信

公元970年，我国北宋时期的湖北英山县诞生了一个伟大的发明家毕昇，他长大后在印刷铺当工人，专门从事手工印刷。那时是把图文刻在木板上用水墨来印刷，称为刻板印刷术。在长期的刻板工作中，善于思考的他发现刻板印书最大的缺点就是每印一本书都要重新雕刻一次板，不但要用较长时间，而且加大了印刷的成本。于是他想，如果改用活体字板，只要雕刻一副活字，就可排印任何书籍，活字可以反复使用。虽然制作活字的工程大一些，但以后排印书籍则十分方便。基于这种思路，经过多年努力，他于北宋庆历年间（1041–1048）发明了活字印刷术，有效解决了大批量复制文字信息的难题，从而促进了大量低成本书籍的流行和使用。毕昇活字印刷术的发明是印刷史上的一次伟大革命，也是中国古代四大发明之一，它为中国文化的传播、为推动世界文明的发展做出了重大贡献。

由作者写书，再由印刷厂印制后经书店销售给大众阅读，这种通信方式可称为书籍广播通信，如图1–5所示。这种通信的特点是，信息的传输是单向的，一点发送信息，多点接收信息。

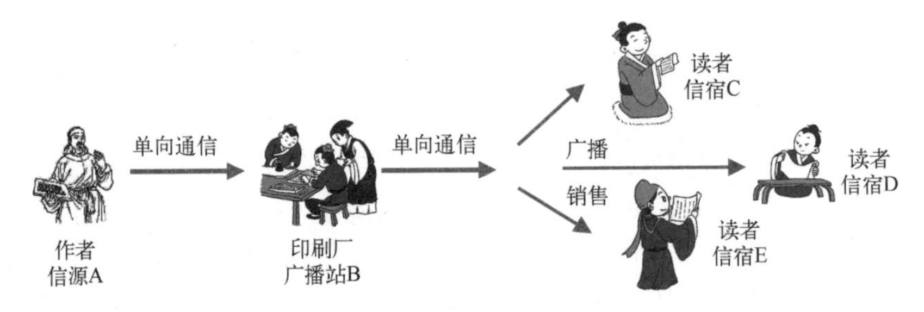

图1–5　书籍广播通信

利用低成本的纸质书籍，普通百姓也能通过书本知识的学习做到秀才不出门，全知天下事。人们在家就可以学习、了解、研究自然现象和自然规律，不必事事都去亲身体验，极大地加快了人类文明前进的步伐。

1.3 代价高昂的远程中继接力通信

1.3.1 成吉思汗的驿传通信

现实世界所发生的事情经过文字通信的记录、传递而到达信息接收者手中时，往往已过去很长时间，可能许多信息已经没有实用价值。对于战时而言，信息获取的实时性往往直接关系到战争的胜败和国家的兴衰。

传说在公元前490年的马拉松战役中，为了尽快把希腊人战胜波斯人的喜讯告诉正在焦急等待的雅典人民，希腊军队指挥官米提亚德将军指派长跑能手菲迪皮吉斯从马拉松战场出发，拼命奔跑了42.195 km到达雅典城的中央广场，当他激动地喊完“欢乐吧，雅典人，我们胜利啦！”后，便一头栽倒，再也没有醒来。这种通过跑步来传递新信息的通信方式也是有时间延误的，可称为准实时通信，如图1-6所示。

仅靠一个人作为信使跑步传输信息的通信距离是受限的。在我国古代，有3000多年利用驿站传递信息的历史，唐朝最盛时期全国有1639个驿站，传递信息时最快要求日驰五百里。驿传通信是指在从京城到地方州县或作战前线，每隔几十千米就建立一个称为驿站的休息点，让负责传递情报的人和马可以临时休息，同时可以通过逐站接力传递的方式来完成远距离通信。

a)　　b)

图1-6　跑步快速传信
a）菲迪皮季斯送信　b）传令兵送信

其中通信距离最远的当属元朝成吉思汗建立的驿传通信系统。当时的蒙古军队南征到达越南，西征横跨欧亚，为了保证军队的及时联络，成吉思汗建立了完善的驿传通信系统。驿站设置以大都为中心，通往全国各地。各站都备有马匹和食物，供来往的信使使用。此外，还有急递铺，用来往返递送紧急军情公文。在蒙古军队征战欧洲时，通过传令兵在几千千米以外的战场上及时、准确地传递情报、命令，有力保障了通信畅通，使军队能得到及时指挥，从而能在千里之外实现快速机动。“箭一样的传令兵”是成吉思汗创立的最基本的通信联络制度和指挥体系。为求迅速，传令兵还在马颈下悬挂铜铃，驿站一闻铃声，立刻准备新马，可在情况紧急时日驰四百里。因此，在蒙古军中传令兵享有很高的特权，不管是达官贵人还是普通百姓，若听到传令兵的马铃声，都要自觉让路。当遇到传令兵骑的马疲劳时，即使是王公也要把最好的快马提供给他使用。传令兵飞驰时，常用绷带裹紧头部和身体，可以直接在马背上生活。成吉思汗正是利用这些传令兵，把蒙古各地发生的事件和前线最新的消息几乎无一遗漏地收集到手。

古代人除了通过用人来传输信息外，还利用鸽子能够找到原来巢穴的特点进行传信。他们将鸽子带到远方，然后将书信捆在鸽子腿上，当放飞的鸽子回到原巢穴时，主人就可取下鸽子腿上的文书，实现了更快的飞鸽传书文字通信。

1.3.2　周幽王的狼烟通信

公元前772年我国的周幽王时代，为了防范北方游牧部落的入侵，周幽王在北方边境的山峰上设立了绵延不绝的烽火台，士兵们在高高的烽火台上可以通过肉眼监视远方敌人的活动情况。当敌人来犯时，士兵就点燃烽火台上事先准备好的柴禾，这些柴禾燃烧时，白天会产生大量烟雾（称为狼烟），夜晚则产生显眼的火光。当相邻烽火台上的士兵看到这些烟雾或火光后，随即点燃自己烽火台的柴禾以产生相同的烟雾或火光。这样跨越千里的烽火台上的狼烟就将敌人来犯的警报实时传到国都，周幽王接到情报后就可方便迅速地调动邻近的诸侯出兵迎敌，如图 1-7a 所示。这种通过烟火传送信息的方式实际上是一种利用光传递信息的远程自由空间光通信。这种通信方式中，烽火台上的狼烟是信源，大气是信息传输的介质，监视狼烟的士兵是信宿。光的传播速度比人、马快得多，因此这种通信可以看作一种实时远程光通信。

古代光通信的一个弱点就是光线只能通过肉眼来观察，而人眼的观看距离是有限的，当有雨雾等障碍物时观测者就无法看到光源，这就使光通信局限于视距通信。古代将军背后多插有不同颜色的小旗，其作用就是在近距离作战时，通过挥动不同颜色的小旗调动不同的军队，解决近距离实时通信问题，如清朝的八旗军队就是以不同颜色来区分不同军队。挥动不同颜色的小旗来传递信息，这可以看作一种旗语通信，目前仍有航船使用这种通信方式，如图 1-7b 所示。

a)

b)

图 1-7　狼烟通信和旗语通信

a）狼烟通信　b）旗语通信

在冷兵器时代视距通信受限的场合，为了满足实时通信的要求，军队近距离作战时便采用鸣鼓则进、鸣金则退的声波通信方式来指挥附近的军队。当远距离调动军队时，由于锣鼓声音难以传到，则利用放炮为号来解决实时通信问题。

驿传通信或者狼烟通信本质上可看作一种中继接力远程通信系统，如图 1-8 所示。要传递的信息从信源出发，经中继 A 的烽火台或驿站接收后，再以此为起点传向中继 B，如此下去，直到接收端的信宿。中继站越多，信息传递越远。中继站对传来的有所衰减的信号起到接收、放大、再发送的作用。

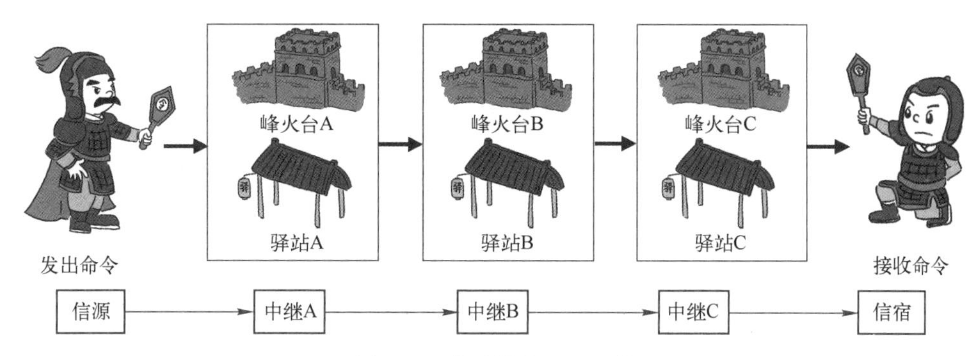

图1-8　中继接力远程通信

小结

在原始的通信时代，人类祖先为了交流，先是发出各种叫声，然后演化成语言。面对面的语言交流解决了实时通信问题，但这种通信方式的明显缺点是通信距离近且难以被不同部落理解。为了保存信息，又产生了岩画和符号，进而演化成文字。然而文字需要附着在物体上，为了便于携带和记载，最初采用竹简、绵帛等来记载。这种通信方式的缺点是文字载体成本高，不便普及，由此催生出的纸张使书信成本降低到普通人可以接受的程度。知识可以被记在书上，通过看书就可吸收大量前人的知识，这种通信方式的问题是信息往往是非实时的，甚至可能已经失效。为了能即时获取刚刚发生的事情，便产生了驿传通信、狼烟（声光）通信等。随着人类社会的进步，这些方式远不能满足人们对实时、大容量、远距离通信的需求，新的通信方式开始酝酿。

第2章

有线电通信的前世今生

作者有词《蝶恋花·有线通信百年路》，点赞有线电话时代的来临：

蝶恋花

有线通信百年路

琥珀摩擦始电有，
伏达电池，
寿命真持久。
电磁交辉马达走，
避雷针插万丈楼。

电报发明贫困愁，
电话轻提，
千里约朋友。
宽带光纤布锦绣，
天涯实时听乐奏。

电的发明，尤其是以电为载体的通信技术的发展，从根本上解决了远距离、可存储的实时通信问题，使信息的获取变得更加便捷，促进了千年封建时代的结束，使人类走向了近代文明。

2.1　揭开电的神秘面纱

2.1.1　泰勒斯对摩擦生电的观察

发生在 14~17 世纪的欧洲文艺复兴运动，是欧洲从中世纪封建社会向近代资本主义社会转变的反封建、反教会神权的一场伟大的思想解放运动，推动了欧洲近代文明的最初发展，是人类当时从来没有经历过的最伟大、最进步、最深刻的变革。其光彩夺目的成果之一，就是对现代自然科学研究形成的影响。在文艺复兴运动后期，思想得到解放的欧洲人冲破宗教的桎梏，充满了对自然科学的强烈兴趣，大量科学发明、发现就是在这一时期如雨后春笋般地出现，其中影响力最为深远的成果之一就是电的发明。

其实人类对于电的研究已经有很久的历史了。远在公元前 585 年，古希腊第一位自然哲学家泰勒斯已经注意到用毛皮摩擦过的琥珀能吸引一些绒毛、麦秆等小而轻的东西，并把这种现象称作“电”，这是西方世界关于电这种自然现象的最早观察记录。

此后对电的研究几乎停止，直到 1600 年英国物理学家、医生吉尔伯特出版堪称物理学史上第一部系统阐述磁学的科学专著《论磁性、磁体和巨大地磁体》，对电的研究才有了新的进展。吉尔伯特用了 17 年的时间来研究电，记录了 600 余个实验，叙述了磁及五种磁运动，发现了“电力”“电吸引”等许多现象，并最先使用了相关专用术语，因此许多人称他为电学研究之父。在吉尔伯特之后的 200 年中，又有很多人不断探索和试验，不断积累对电现象的认知。

比较典型的是1734年法国人杜菲在实验中发现，带电的玻璃和带电的琥珀是相互吸引的，但是两块带电的琥珀、两块带电的玻璃则是相互排斥的。杜菲根据大量的实验事实断定有两种电存在：一种电的性质与琥珀带的电相同，他将其称为“琥珀电”；而另一种电的性质与玻璃上带的电相同，他将其称为“玻璃电”。这实际上揭示现在所说的“正电”和“负电”的特点。

人们现在对摩擦生电的认识如图2-1所示。当两种不同的材料发生摩擦时，由于发生了电子的转移，便会产生静电电荷的积累，得到电子的物体带负电，失去电子的物体带正电，这一过程称为摩擦生电。当金属带电后，内中多余的电子会相互排斥而迅速扩散到电子密度低的地方，或传导到与其接触的其他物体上。如果带电金属接地，多余的电荷将通过大地释放。

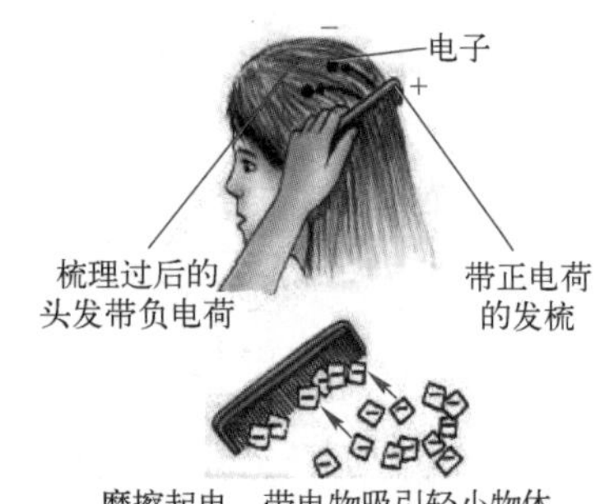

图2-1　摩擦生电

有些物质倾向于失去电子而带正电，有些物质倾向于获得电子而带负电。带正电倾向越大的物质与带负电倾向越大的物质摩擦后，所产生的静电量就越大。研究结果表明，不同的物质摩擦起电，其所带电荷由正到负的排列顺序为：空气→人手→石棉→兔毛→玻璃→云母→人发—尼龙→羊毛→铅→丝绸→铝→纸→棉花→钢铁→木→琥珀→蜡→硬橡胶→镍/铜→黄铜/银→金/铂→硫磺→人造丝→聚酯→赛璐珞→奥纶→聚氨酯→聚乙烯→聚丙烯→聚氯乙烯→二氧化硅→聚四氟乙烯。

2.1.2　克莱斯特错失的放电冲激机遇

电学研究发展过程中，另一个有影响力的推动者是普鲁士一位叫作克莱斯特的副主教。那是1745年，他在一次实验中，利用导线将摩擦所产生的电荷引向装有铁钉的玻璃瓶。当他用手触及铁钉时，受到猛烈的一击，他由此发现了放电现象。然而遗憾的是，克莱斯特没有进一步研究这种放电现象的本质，从而失去了发现电位差和电流的重大机遇。

在对揭示放电现象产生过重大影响的科学家中，还有一位是来自荷兰莱顿大学的物理学教授马森布罗克。那是在1746年，他发现自己好不容易才获得的一点点电荷却很容易地在空气中无缘无故逐渐消失了。于是他就想，能不能找出一种方法将这些来之不易的电荷保存起来呢？他在克莱斯特发现的放电现象启发下，将一支枪管悬在空中，用铜线将起电机与枪管连接在一起，另将一根铜线从枪管上引出，浸入一个盛有水的玻璃瓶中，如图2-2所示。然后他让助手用一只手握住玻璃瓶，自己则在一旁使劲摇动起电机。实验中，他的助手偶然将另一只手碰触到了枪管，因猛然感到一种强烈的电击而不由自主地喊了起来。马森布罗克对这一现象感到不可思议。为了证实这一现象，他与助手互换了位置，让助手来摇起电机，自己也用一只手来拿盛水的瓶子，而用另一只手去碰枪管。结果与助手一样，他的手突然受到了一股莫名力量的狠狠刺激，使他的全身都被震动了，手臂和身体产生了一种无法形容的恐怖感觉。他因此告诫他的助手，今后再也不要再做这种危险的实验了。

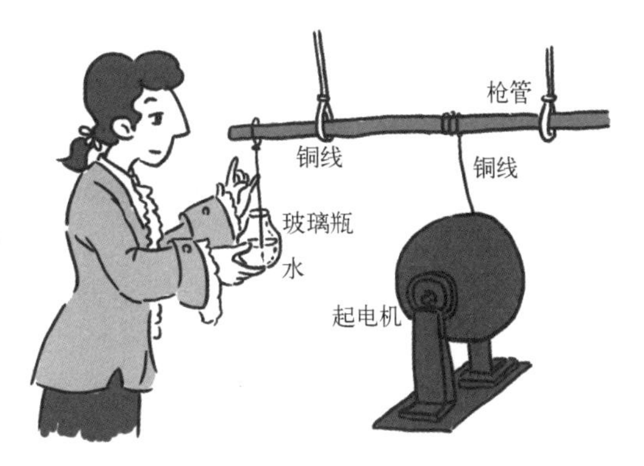

图 2-2 莱顿瓶实验

虽然马森布罗克不愿再做这样的实验，但他已经得出结论：把带电体放在玻璃瓶内可以把电荷保存下来。只是他当时并没有明白，起保存电荷作用的究竟是瓶子还是瓶子里的水。后来，人们就把这个能蓄电的瓶子称作莱顿瓶，这个实验称为莱顿瓶实验。马森布罗克对“电震”现象的发现受到了广泛的关注，并极大地增加了人们对莱顿瓶的兴趣。

从现在人们对电的认识来看，克莱斯特和马森布罗克所受到的电击本质上是一种放电现象，即通过摩擦起电得到的电荷通过铜线和金属杆传导到莱顿瓶的水中，水具有导电性，因此堆积较多电荷而获得较高电位。但玻璃瓶具有对电的绝缘作用，所以当一只手握住玻璃瓶时人不会触电，而当人的另一只手与枪管相接触时，电荷就从高电位的枪管通过人体流到低电位的地下形成回路。在电流流经人体时，就导致人体触电，从而产生了电震现象。只是当时他们对电的认知很少，未能做进一步的研究，因而不能正确解释所观察到的放电现象，将发现电流的机会拱手让给了富兰克林，这不能不令人为之惋惜。

2.1.3 富兰克林冒险捕捉天电

克莱斯特与马森布罗克的实验有着相同之处，他们实际上是发现了现在小学生都懂的电的一个性质：电是可以在金属中流动形成电流的。

1747年末，美国物理学家本杰明·富兰克林在前人对电研究的基础上，经过多次实验探索后第一个发现了金属尖端放电现象。他认为电不是摩擦产生的，而是通过摩擦集中起来的。他否定了法国科学家提出的二流体理论，即电有玻璃电、琥珀电。富兰克林认为电是物质中的一个元素，如果一个物体得到了比它正常的分量更多的电，就称该物体带上了正电或阳电；如果一个物体的电少于它的正常分量，就称该物体带上了负电或阴电。富兰克林把正电与负电用正号（+）和负号（-）表示，而且认为两者的数量是守恒的，即他所提出的电荷守恒定律。他认为所谓放电现象其实就是正电荷流向负电荷的过程，并由此提出了“电流”这一术语。富兰克林是使用现代名词来谈论电子原理的第一个人，他对于电性质的解释已经比较接近现在的观点，即物质是由带负电的电子和带正电的质子与中子构成的，这是富兰克林在电学理论方面的一大贡献。

富兰克林对物体带电的描述从现在对电的认知来看并不完全正确。正确的说法应当是：如果某物体失去了电子则该物体带正电荷，如果某物体得到了电子则该物体带负电荷。实际的电流是电子从电源的负极流向正极的过程。

富兰克林还对雷电现象进行了深入的研究，他注意到雷电发生时的闪光和声音和莱顿瓶上正负电荷短路时发生的现象十分相似。他猜想自然界雷电中的电应当与莱顿瓶中的电有同样性质。

为了证实他的想法，1752 年 5 月，富兰克林在一位法国朋友的帮助下，在巴黎竖起了一根 12 m 高的铁杆进行雷电实验。当一片乌云飞过铁杆时，他用手指接近铁杆，果然出现了电击的火花，由此证明了从铁杆上引下来的雷电，其性质同莱顿瓶中的电是相同的。

富兰克林进一步想，既然雷电中的电与莱顿瓶中的电有同样性质，也应该可以引导下来装入莱顿瓶中。他决定不惜以生命为代价做一次冒险的实验，这就是著名的“捕捉天电”的风筝实验，他要把天上的雷电通过风筝线引入到莱顿瓶中。

那是 1752 年 7 月一个昏暗闷热的下午，富兰克林带着他的儿子威廉和一个大风筝及一个莱顿瓶来到了一处旷野。不一会儿，狂风渐起，天上乌云翻滚，远处传来隆隆的雷声，他们立即顺着风向将风筝放入高空。如图 2-3 所示，父子俩的大风筝是用丝绸做的，在风筝的顶端装了一段长长的铁丝，用一根麻绳牵引风筝，在麻绳的末端系着一条绸带，在绸带和麻绳之间还挂了一把钥匙。

图 2-3　风筝实验

随着风云积集，不时有耀眼的闪电划破天空。就在一块乌云从风筝上空迅速掠过之时，随即下起了倾盆大雨。很快富兰克林就注意到牵引风筝的麻绳上纤维都竖了起来，这说明麻绳上已有电荷产生。富兰克林用手指靠近绳子上下移动，绳子上那些竖起的纤维也随着手指的移动而上下摆动。他小心地用手指碰触了一下钥匙，他的手指与钥匙之间马上出现了蓝色的电火花，并发出“噼啪”的响声，同时他的手腕感觉一阵发麻。他成功了，他冒险将部分天上的雷电引到了地面。这个实验说明：风筝上的铁丝传导了雷电，被淋湿的牵引线又把雷电传到了下面的金属钥匙上。接着，富兰克林又升高了风筝想多引一些雷电，所以把麻绳上的钥匙接在他带来的莱顿瓶上，想将雷电存储在莱顿瓶中。

收回风筝后，富兰克林父子提着莱顿瓶急忙赶回家。他要证实天上的雷电是否已存储在莱顿瓶里，同时看一下能否再将存储在莱顿瓶中的雷电引出来。到家后，他用莱顿瓶中的电做点燃酒精灯的试验。结果，火花马上点燃了酒精灯，这项实验的成功说明闪电确实是一种放电现象，它和实验室的电火花完全一样。电闪雷鸣是天空中的“莱顿瓶”在放电，雷雨云是一个电极，大地是另一个电极。举世闻名的“捕捉天电”的风筝实验打破了天电是“圣火”之类的神话，雷电之谜终于被完全揭开了。

事情还没有结束，富兰克林进一步设想：既然莱顿瓶里的电可以引进引出，那么自然界的雷电也应该能通过导体引到地下。他的脑海里顿时闪现出科学思维的火花：在教堂的顶端装上一根尖形的金属棒，再用电线把金属棒与地面相连，这样就可能将空中的电引导到地下，以免高高的教堂受到雷击。一年后，富兰克林成功制造出了世界上第一个避雷针。

今天，当人们评价富兰克林“捕捉天电”的风筝实验时，在赞扬他勇于为探索真理而冒险时，也要明白这个实验确实极其危险，绝对不可尝试。富兰克林当时躲过雷击，可能是因为他遇到的是刚刚生成且带电量还很少的云层，否则就被劈死了。

这里顺便介绍一下富兰克林的传奇人生。本杰明·富兰克林是 18 世纪美国的实业家、科学家、社会活动家、思想家、文学家和外交家，他的头像被印在 100 美元的钞票上。他年少时家境贫困，一生只在学校读了两年书，十岁离开学校，十二岁到印刷所当学徒，一干就是近十年。但他从未中断学习。他从伙食费中省下钱来买书，将书店的书晚间偷偷借来，通宵达旦地阅读，第二天清晨归还。他先后获得哈佛大学、耶鲁大学、威廉与玛丽学院、圣安德鲁斯大学、牛津大学的荣誉学位，英国伦敦皇家学会为表扬富兰克林对电的研究成果，1753 年选他为院士。富兰克林是美国独立战争时重要的领导人之一、美国《独立宣言》的起草和签署人之一、美国制宪会议代表及《美利坚合众国宪法》的签署人之一，也是美国开国元勋之一。

2.1.4 蛙腿抽搐引出的伏特电池

随着对电的认识加深，更多人对电产生了强烈的兴趣。但仅靠通过摩擦来生电的起电机获得的电量太小，天上的雷电又太危险，如何更容易、方便地获得持续、大量、可控的电能呢？这就成了当时人们迫切关心的问题。

就在公元 1780 年的一天，当意大利物理学家、医生伽尔瓦尼教授在他的实验室进行一次例行的青蛙解剖实验时，他把一只已剥了皮的青蛙放在一个潮湿的铁案上，这时解剖刀无意中触及了蛙腿上外露的神经，突然死蛙的腿猛烈地抽搐了一下，同时出现电火花。伽尔瓦尼觉得很意外，他立即重复了这个实验，又观察到同样的现象。图 2-4 所示为伽尔瓦尼解剖青蛙的实验。他以严谨的科学态度，选择铜、铁、银等各种不同的金属，将两种不同金属线接在一起，再把不同的两端分别与死蛙的肌肉和神经接触，蛙腿就会不停地屈伸抽动。但如果用玻璃、橡胶、松香、干木头等代替金属，就不会发生这样的现象。经过反复实验，他认为痉挛起因于动物体上本来就存在的电，他还把这种电叫作“动物电”。他将实验结果写成论文《关于电对肌肉运动的作用》，发表于 1791 年。

图 2-4　蛙腿实验

伽尔瓦尼的这个新奇发现引起了科学界的震惊。意大利物理学家亚历山德罗·伏特教授注意到了这一发现，决定沿着“动物电”的思路研究下去。伏特从 1765 年起就开始从事静电实验研究，1775 年他发明了起电盘，也叫起电机，对电的研究可以说已经有了一定的积累。他在 1791 年进行了一系列的实验，甚至还在自己身上做实验。他用两种金属接成一根弯杆，一端放在嘴里，另一端和眼睛接触，在接触的瞬间就产生了光亮的感觉。他又用舌头舔着一枚金币和一枚银币，然后用导线把硬币连接起来，就在连接的瞬间，舌头有发麻的感觉。这些实验使他得出结论：电不仅能够让人产生颤动，而且还会影响人的视觉和味觉神经。

伏特将自己的实验总结成论文并发表于 1793 年。论文中伏特不同意伽尔瓦尼关于动物生电的观点，而是认为伽尔瓦尼所指的电实质上是一种物理生电现象，蛙腿本身并不放电，是外来的电使蛙腿神经兴奋而发生痉挛，蛙腿实际上只起电流指示计的作用。

通过后续对两种不同金属相接触的研究，他又得出新的结论，认为两金属不仅是导体，而且产生了电流。用伏特自己的话来说：金属是真正的电流激发者，而神经是被动的。伏特还把这种电流命名为“金属的”或“接触的”电流。

随后，在进行图 2-5 所示的实验时伏特还发现：当金属浸入某些液体时，也会发生同样的电流效应。他把一个金属锌环放在一个银环上，用一浸透盐水的纸环或呢绒环压上，再放上锌环、银环，如此重复下去，几十个环叠成了一个柱状，便产生了明显的电流，而且这个堆柱叠得越高，电流就越强。伏特还证明这个堆柱的一端带正电，另一端带负电。伏特的这个装置就是原始的电池，是由很多银锌电池连接而成的电池组。

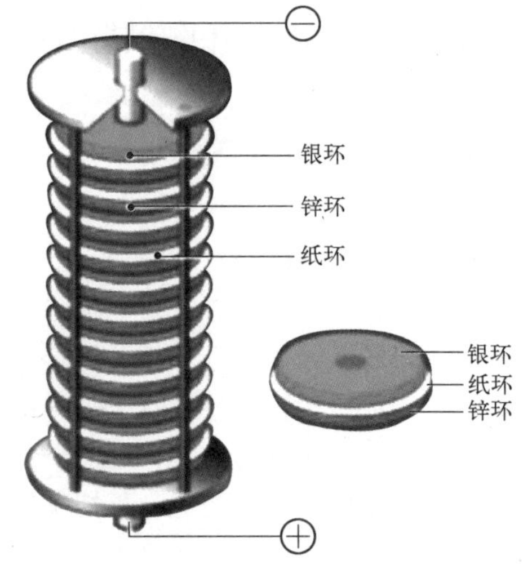

图 2-5　伏特电池

今天可以这样解释伏特的这个电池实验：实验中用到的银环和锌环是两种不同的金属，盐水或其他导电溶液构成电流回路的电解液。当两种不同的金属接触时，就会在其表面出现异性电荷，导致电位差的出现，这就是电池两端出现电压的原理。

伏特实验创立了电位差理论，即不同金属接触时表面就会出现异性电荷，形成电压。伏特还找到了这样一个序列：铝、锌、锡、镉、锑、铋、汞、铁、铜、银、金、铂、钯。在这个序列中任何一种金属与后面的金属相接触时，总是前面的带正电，后面的带负电。这是世界上第一个电气元素表。只要有了电位差（电势差），即电压，就会有电流。为了纪念伽尔瓦尼对电池的贡献，伏特把他的伏特电池叫作伽尔瓦尼电池，引出的电流称为伽尔瓦尼电流。

1800年3月20日，伏特正式对外宣布：电荷就像水在电线中流动，会由电压高的地方向电压低的地方流动，从而产生电流。他把研究成果写成《论不同金属材料接触所激发的电》的论文寄给英国皇家学会。不幸的是，这封信受到当时皇家学会负责论文工作的一位秘书尼克尔逊的有意搁置，后来伏特以自己的名义发表，终于使尼克尔逊的窃取行为遭受学术界的唾弃。当年11月20日，法国皇帝拿破仑在巴黎召见伏特，当面观看电池实验。激动的拿破仑当场命令法国学者成立专门的委员会，进行大规模的相关实验，并颁发6000法郎的奖金和勋章给伏特，发行了以伏特像为主体的纪念金币。1802年伏特荣获英国皇家学会的科普利奖章，1803年伏特当选为法国科学院院士。科学家阿拉果在1831年写的一篇文章中这样称赞伏特电池："这种由不同金属中间用一些液体隔开而构成的电池，就它所产生的奇异效果而言，乃是人类发明的最神奇的仪器"。

伏特的成就受到各界普遍赞赏，科学界用他的姓氏命名电势差（即电压）的单位，为"伏特"，简称"伏"。伏特被定义为：通过1安培恒定电流的导线内，两点之间所消耗的电功率为1瓦特时，这两点之间的电势差为1伏特。

伏特电池是第一个能人为产生稳定、持续电流的装置，为电流现象的进一步研究提供了物质基础，并很快成为进行电磁学和化学研究的有力工具。人们对电的认识从此跃出了静电领域，不再是摩擦毛皮上的电、雷雨中的电、莱顿瓶里的电，而是一种能受人控制、可持续流动的电。然而，伏特电池产生的电能还是非常有限的，无法用来满足生产、生活需要，一种具有更大功率的实用发电机即将登场。

2.1.5 奥斯特发现电流磁效应

在大约唐朝以前，中国人就发现了磁针具有始终指向南极或北极的特性，并以此制成罗盘用于导航。但令人遗憾的是，在这之后再也没有人对磁针为什么具有指向南北极的特性进行深入的研究，从而错失了由磁生电的先机。

对磁的研究直到1801年才有了新的进展。那年一个叫汉斯·奥斯特的丹麦人在出国游学期间，在德国遇到了一位优秀的物理学家约翰·里特，里特深信在电场与磁场之间隐藏着一种物理关系，奥斯特觉得这个想法很有意思，他开始朝这个方向研究。

1806 年奥斯特被聘为哥本哈根大学研究电学和声学的教授后，奥斯特仔细地审查了库仑提出的“电和磁有本质上的区别，两者之间不会有任何联系”的论断。奥斯特发现库仑研究的对象全是静电和静磁，两者之间确实难有转化的可能。但奥斯特一直相信电、磁、光、热等现象相互之间存在某种内在的联系，尤其是富兰克林曾经发现莱顿瓶放电能使钢针磁化，更坚定了他的观点。他猜测如果是非静电、非静磁，电磁之间在某种条件下或许可能转化，他应该把注意力集中到电流和磁体之间有没有相互作用来进行探索。

当时，也有其他一些人在寻求电和磁的联系，但他们的实验多以失败告终。奥斯特分析这些实验后认为：在电流方向上寻找答案成功的可能性不大，磁效应的作用会不会是横向的？1820 年 4 月，在一次演讲快结束时，奥斯特抱着试试看的心情又做了一次实验。他把一条非常细的铂导线放在一根用玻璃罩罩着的小磁针上方，接通电源的瞬间，他发现磁针跳动了一下。这一跳，使有心的奥斯特喜出望外，竟激动地在讲台上摔了一跤。奥斯特随后又花了三个月的时间进行反复实验。他发现，磁针在电流周围都会偏转，在导线的上方和下方，磁针偏转方向相反。在导线和磁针之间放置非磁性物质，比如木头、玻璃、水、松香等，不会影响磁针的偏转。

奥斯特将他的实验装置和 60 多个实验的结果写成《论磁针的电流撞击实验》的论文，于 1820 年 7 月 21 日正式向学术界宣告，他发现了电流磁效应：电流的作用仅存在于载流导线的周围；沿着螺旋方向垂直于导线；电流对磁针的作用可以穿过各种不同的介质；作用的强弱决定于介质，也决定于导线到磁针的距离和电流的强弱；铜和其他一些材料做的针不受电流作用；通电的环形导体相当于一个磁针，具有两个磁极；在通电导线的周围会产生一种“电流冲激”，这种冲激只能作用在磁性粒子上，磁性物质或磁性粒子受到这些冲激时，阻碍它穿过，于是就被带动，发生了偏转。

奥斯特发现的电流磁效应揭开了物理学史上的一个新纪元。两个月后安培发现了电流间的相互作用，阿拉果制成了第一个电磁铁，施魏格发明了电流计等。为了奖励奥斯特的电流磁效应这一杰出发现，英国皇家学会 1820 年为他颁发了科普利奖章，1822 年奥斯特当选为瑞典皇家科学院外籍院士，1908 年丹麦自然科学促进协会建立“奥斯特奖章”，以表彰那些做出重大贡献的物理学家。奥斯特的功绩受到了学术界的广泛认可，为了纪念他，国际上从 1934 年起命名磁场强度的单位为奥斯特，简称“奥”。1937 年美国物理教师协会设立“奥斯特奖章”，奖励在物理教学上做出突出贡献的物理教师。

今天人们对电流磁效应的认识如图 2-6 所示：在闭合电路中产生的电流，会在通过导体时在导体周围会产生一定范围和大小的磁场，这种现象叫电流的磁效应。电流的磁场具有方向，其磁场方向的判断可用安培定律进行判断，即用右手握住导线，使大拇指的指向与电流的流向相同，此时四指环绕的方向就是磁场的方向，如图2-6a所示。电流的磁效应会使导线附近的磁针发生偏转，偏转的方向如图2-6b所示。空心螺旋线圈的电流磁效应也会使附近的磁针发生偏转，偏转的方向如图2-6c所示。

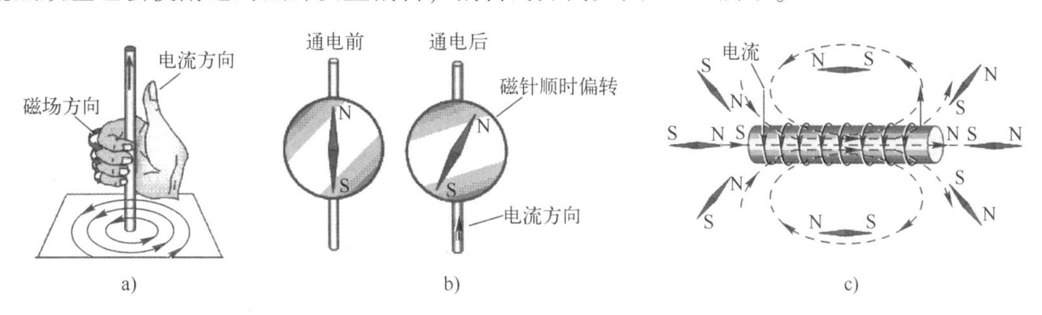

图2-6　电流磁效应

a）安培右手定则　b）电流磁效应　c）空心螺旋线圈的电流磁效应

2.1.6　法拉第用磁生电的机器

奥斯特发现通电导线能产生磁场后，在科学界引起强烈反响，包括安培在内的一些著名科学家就开始猜想，既然电能产生磁，那么磁能不能产生电呢？遗憾的是，尽管安培采用了很多方法进行实验，但都未能成功。最为可惜的莫过于一位名叫科拉顿的科学家。1825年他设计了一个将一块磁铁插入绕成圆筒状的线圈中来获取电流的实验。他当时为了防止磁铁对检测电流的电流表产生影响，便用了很长的导线把电流表接到隔壁的房间里，由于没有助手，他只好把磁铁插到线圈中以后，再跑到隔壁房间里去看电流表指针是否偏转。他的装置是完全正确的，实验的方法也是对的，但电流表指针的偏转只发生在磁铁插入或拔出线圈这一瞬间，一旦磁铁插入线圈电流表指针不再继续偏转，就会回到原来的位置。所以等他插好磁铁再到隔壁房间里去看电流表时，无论跑多快也看不到电流表指针偏转的现象。如果他有个助手或把电流表放在同一个房间里，他就是第一个发现磁生电的人了。

揭开磁生电秘密的任务落在了一位叫法拉第的英国物理学家身上。1831年10月17日，法拉第用与科拉顿类似的方法进行实验。法拉第拿起磁铁慢慢地把它的一端靠近线圈，身边的电流表未见摆动。他灵机一动，把磁铁很快地插入线圈里，突然指针奇迹般地摆动了一下，然后又回到零刻度线。他以为自己看花了眼，又急忙把磁铁从线圈中拔出来，想再试一次，不料这一拔，奇迹又出现了，不过这一次指针是向相反方向摆动的，他成功了。

法拉第成功的关键在于插入或拔出磁铁这一动作瞬间，在金属线圈的周围产生了变化的磁场，这种变化的磁场能够在封闭的电路中形成电动势，或叫产生了电压，这就是著名的电磁感应现象。

法拉第的电磁感应现象也可以解释为：闭合电路的一部分导体在磁场里做切割磁力线的运动时，导体中就会产生电流，产生的电流称为感应电流，产生的电动势或电压称为感应电动势或感应电压。

法拉第通过进一步的实验和观察还得出如下结论：有变化的电流、变化的磁场、运动的恒定电流、运动的磁铁、在磁场中运动的导体时，都会在导体中产生感应电流。这些结论的本质是导体周围形成变化的磁场后就会在导体中形成电流。法拉第用一个可转动的金属圆盘置于磁铁的磁场中，并用电流表测量圆盘边沿（A）和轴心（O）之间的电流，如图 2-7 所示。实验表明，当圆盘旋转时，电流表发生了偏转，证明回路中出现了感应电流。这个实验完成了将机械能转变为电能的创举，历史上第一台发电机就这样诞生了。法拉第发电机是第一台使用非化学方法产生持续电能的发电机。

法拉第的发电机只是证明磁是可以生电的，但他的发电机并不实用，无法产生大量可供人们日常使用的电能。此后科学家们对发电机的改进工作一直在进行，以期提高发电效率。在法拉第发现电磁感应原理的第二年，法国人皮克希应用电磁感应原理制成了靠人力带动的比较笨重的发电机。1833 年～1835 年，萨史斯顿和克拉克等人相继发明了旋转线圈电枢、静止磁铁结构等新装置，使发电机的运转设备大大减轻，从而提高了发电机的转速。1867 年，德国发明家西门子用电磁铁代替永久磁铁来增强磁力，制成了电磁铁式发电机，能产生皮克希的发电机所远不能相比的强大电流。与此同时，意大利物理学家帕其努悌发明了一种环状发电机电枢，这种电枢是以在铁环上绕线圈来代替过去在铁心棒上绕制线圈的方法，从而提高了发电机的效率。1869 年，比利时学者齐纳布·格拉姆在法国巴黎研究电学时，采纳了西门子的电磁铁式发电机原理，利用了帕其努悌的环状发电机电枢，制成了性能优良的发电机。

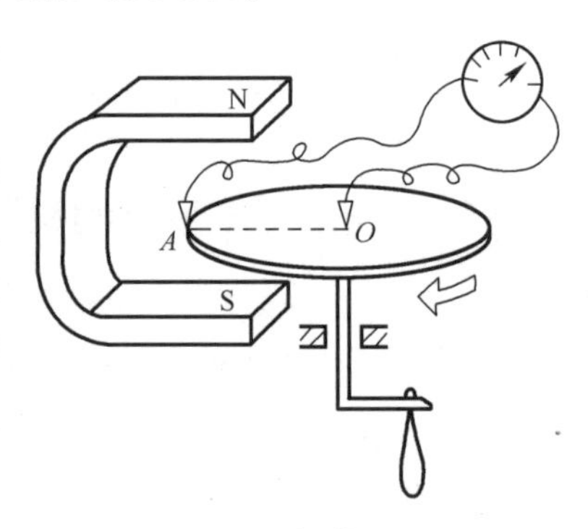

图 2-7　法拉第发电机

发电机是把其他形式的能量转化成电能的机械设备，现在已有直流发电机、交流发电机、柴油发电机、汽油发电机、同步发电机、异步发电机、汽轮发电机、水轮发电机、风能发电机、新型水冷式交流发电机等多种形式的发电机，但其工作原理都基于电磁感应原理。

格拉姆不仅制成了性能优良的发电机，也是电动机的发现者。其实，当年法拉第在给位于磁场中的导线通电时，就观察到了导线会运动，这可以说是世界上最早的电动机，但这仅是实验而已，没有实用价值。而格拉姆发现的电动机是真正有实用意义的电动机。这件事情发生在 1873 年奥地利维也纳世博会上。当时格拉姆将设计的环状电枢自激直流发电机带去参赛。大约头一天晚上他多喝了点酒，第二天在布展中，他迷迷糊糊地接错了线，竟把其他发电机输出的电接在了自己发电机的电流输出端。这时，他惊奇地发现，第一台发电机发出的电流进入第二台发电机电枢线圈里，使得这台发电机迅速转动起来，发电机变成了电动机。在场的工程师、发明家们欣喜若狂，多年来追寻的廉价电力驱动原来如此简单而又令人难以置信，它意味着人类使用伏特电池的瓶颈终于有了突破。他们在欣喜之余，立即设计了一个新的展示区，即用一个小型的人工瀑布来驱动水力发电机，发电机的电流带动一个新近发明的电动机运转，电动机又带动水泵来喷射水柱，看得观众兴奋不已。这一事件直接促成了实用电动机的问世，更预示着一个崭新的电气化时代即将取代蒸汽机时代。

今天人们谈论的电磁炮的工作原理本质上也是来源于法拉第的电磁感应定律。电磁炮可以看作一种比较特殊的电动机，只是它的转子不是旋转的物体，而是做直线加速运动的炮弹。图 2-8 所示为轨道式电磁炮的结构。轨道式电磁炮的轨道由两条连接着强大电流源的固定平行导轨和一个沿导轨轴线方向可滑动的电枢组成。炮弹发射时，电流由一条导轨流经滑动电枢，再由另一条导轨流回电源负极。当强大的电流流经两平行导轨时，在两导轨间产生强大的磁场，这个磁场与外部磁场 B 相互作用，产生强大的电磁力，由于这个力是洛伦兹首先定量计算出来的，也叫洛伦兹力。根据洛伦兹定理，当左手四指的指向与导线电流方向一致，让磁力线从手心穿向手背时，拇指所指的方向就是导线运动方向。这样，轨道式电磁炮上滑动电枢产生的洛伦兹力就推动置于电枢上的炮弹沿导轨加速运动，从而能以很高的速度将炮弹抛出。

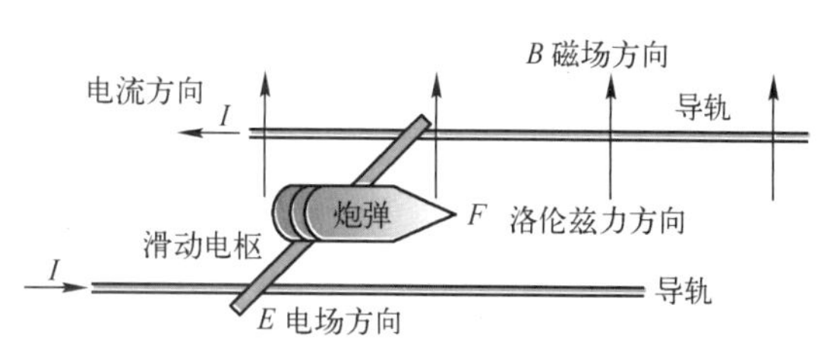

图 2-8　轨道式电磁炮

发电机给人类的生活带来了巨大的变化，使人类可以自己发电并控制电，以电为基础，诞生了后来的电报、电话、计算机、通信网络等使信息得以实时、快速、远距离传输、获取和存储的通信手段，促进人类快速进入现代文明。

2.2　沿着导线延伸的电波

2.2.1　电报的早期探索

为了实时远距离传递信息，人类从未停止探索的步伐。早在 1684 年，一位叫罗伯特·胡克的英国物理学家就发明了一种回光信号机。他的做法是把文字中的字母和代表各种意义的编码符号挂在高处的木框架上，让对方看到以获取信息。这的确太原始了，除了有点创意外，几乎没有任何技术含量。

随着对电的研究取得进展，1753 年，一位英国人 C. M. 提出把 26 根金属线互相平行、水平地从一个地方延伸到另一个地方，金属线的一端接在静电机上，在远处的一端接一个球，代表一个英文字母，球的下面挂着写有这个字母的纸片，发报时哪一条线接通电流，所接小球上的静电便把纸片吸起来。这个方法虽然看起来很笨，但却是用电进行通信的最早设想，如图 2-9 所示。

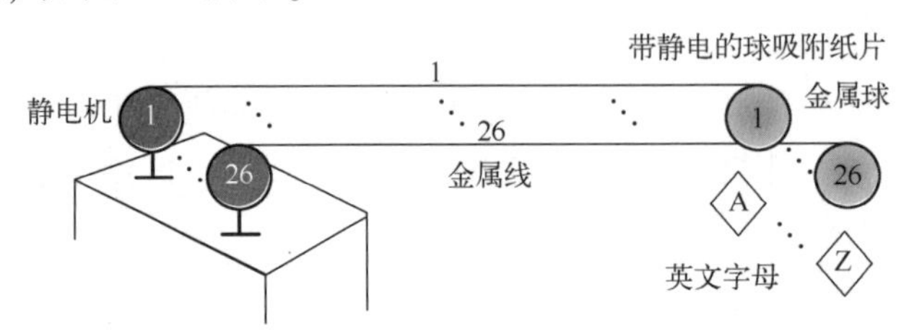

图 2-9　用电进行通信的最早设想

更具可行性的方案是法国工程师劳德·查佩兄弟于 1790 年提出的，他们根据胡克总结的视觉通信原理研制出一个实用的远程通信系统。1793 年，他们在巴黎和里尔之间架设了一条 230 km 长、用接力方式传送信息的托架式线路。据说这两兄弟之一是第一个使用“电报”一词的人，但他们的通信系统中并没有用到电。

与电开始有一点关联的是 1804 年西班牙的萨瓦设计的一种电报机，他将许多代表不同字母和符号的金属线浸在盐水中，电报接收装置是装有盐水的玻璃管，当电流通过时，盐水被电解，产生小气泡，可根据这些气泡来识别字母，从而接收到远处传送来的信息。但这种电报机也因可靠性差而难以实用化。后来，俄国科学家许林格设计了一种只用 8 根电线的编码式电报机，并且取得了试验上的成功，图 2-10 所示为用 8 根电线浸在玻璃瓶中的冒泡编码式电报机。

此后，俄国外交家希林于 1832 年制作出了用电流计指针偏转来接收信息的电报机。1837 年，英国人库克和惠斯通设计、制造了第一个有线电报机，这种电报机的特点是电文直接指向字母。通过不断的改进，其发报速度不断提高，它很快在铁路通信中获得了应用。

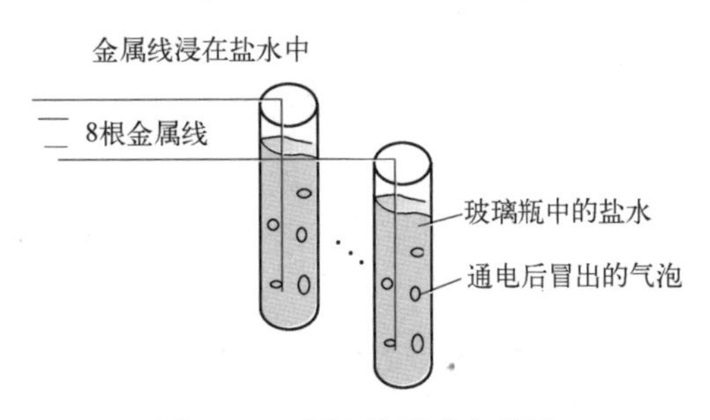

图 2-10　冒泡编码式电报机

总体上讲，这些早期的用电来进行通信的研究虽然在不断进步，但都无法达到可以普及的程度，这个问题后来由莫尔斯解决了。

2.2.2　开创通信先河的莫尔斯电报

由于电的传播速度极快，物理学家、工程师和数学家都不约而同地设想通过电线传输信息，而迈出实质性的第一步的是使用电线传输信息的莫尔斯电报机。

莫尔斯是一个美国画家，在 1832 年，他去法国学画。在返回美国的轮船上，有人向他展示了一种通电后能吸起铁器，断电后铁器就会掉下来的“电磁铁”，还说“不管电线有多长，电流都可以神速通过”。这使莫尔斯很快联想到：既然电流可以瞬间通过电线，那能不能用电流来传递信息呢？为此，他在自己的画本上写下了“电报”字样，立志要完成用电来传递信息的发明。

回到美国后，这位已经 41 岁、对电一无所知的画家放弃了绘画职业，全身心地投入到对电报的研制工作中。他拜著名的电磁学家亨利为师，从头开始学习电磁学知识。他买来了各种各样的实验仪器和电工工具，把画室改成了实验室，夜以继日地埋头苦干。他设计了一个又一个方案，绘制了一幅又一幅草图，进行了一次又一次试验，但得到的是一次又一次的失败。深深的失望使他好几次想重操绘画旧业。然而，每当他拿起画笔看到画本上自己写的“电报”字样时，又被当初立下的誓言所激励，从失望中站起来。他冷静地分析失败的原因，认真检查设计思路，功夫不负苦心人，1835 年，莫尔斯终于研制出了电磁电报机的样机。

1836 年，他在笔记本上写下了新的设计方案：“电流只要停留片刻就会出现火花，有火花出现可以看成一种符号，没有火花出现是另一种符号，没有火花的时间长度又是一种符号。如果将这三种符号组合起来就可代表字母和数字，从而通过电线来传递文字”。依据这种设想，只要发出两种电符号就可以传递信息，大大简化了设计和装置。莫尔斯的奇特构想即著名的“莫尔斯电码”，是世界电信史上最早的编码，是电报发明史上的重大突破。

1837 年 9 月 4 日，经过不断的改进，莫尔斯制造出了由电键和一组电池组成的电报机。发报过程如图 2-11a 所示，当按下按键 A 时，便有电流由电源正极经触点 B 到电源负极。按键时间短促表示“点”信号，按键时间长些表示“划”信号，这样在电源正极和电源负极之间就产生了断断续续的电流。莫尔斯发明的收报机装置由一个电磁铁及有关附件组成，如图 2-1b 所示。当收到发报方传来的电流时，电磁铁便产生磁性，这样由继电器上的电磁铁控制的吸片向下，带动写字笔向上，并在不断前行的纸带上记录下点或画线。这台电报机的有效工作距离为 500 m。

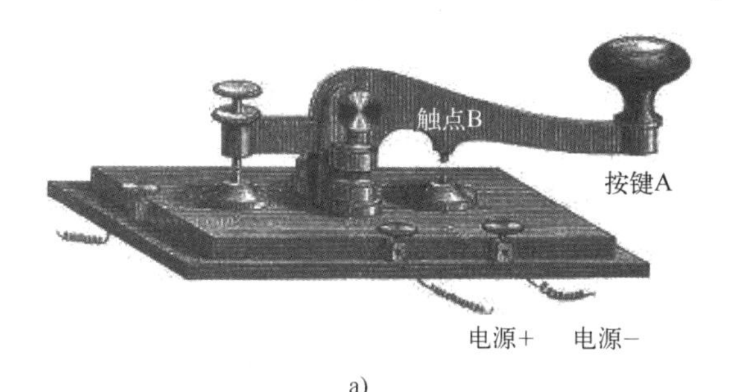

a)

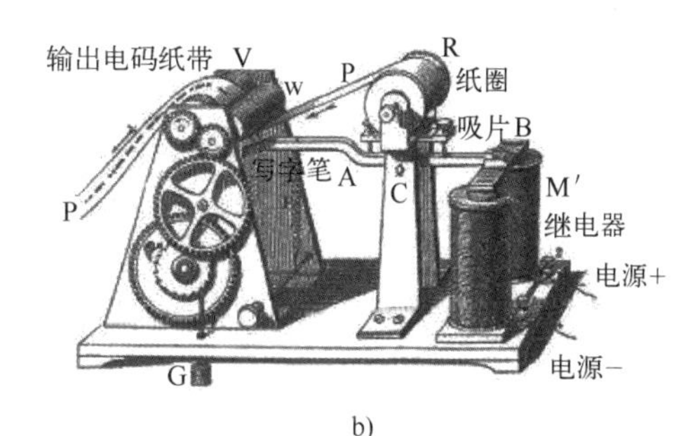

b)

图 2-11　莫尔斯发明的电报机

a）莫尔斯发报机　b）莫尔斯收报机

1843年3月，他请求美国国会资助3万美元作为实验经费，他要在华盛顿与巴尔的摩两个城市之间架设一条长约64km的电线来进行远距离电报实验，这个申请开始没有得到同意。1844年3月，国会经过长时间的激烈辩论，最终通过了资助莫尔斯实验的议案，电报线路终于建成了。

1844年5月24日，世界电信史上光辉的一页被揭开。在华盛顿国会大厦联邦最高法院会议厅里，莫尔斯亲手操纵着发报机，随着一连串“点”“划”信号的发出，远在64km外的巴尔的摩城收到由“嘀”“嗒”声组成的世界上第一份电报：“上帝创造了何等的奇迹!”。莫尔斯的成功轰动了美国、英国和世界其他国家，他的电报很快风靡全球。

为了表彰莫尔斯的电报发明，1858年，欧洲许多国家联合发给莫尔斯一笔40万法郎的奖金。在莫尔斯垂暮之年，纽约市在中央公园为他塑造了雕像，用巨大的荣誉来补偿曾使这位科学家陷于饥饿境地的过错。电报的发明开启了用电作为信息载体的历史，是人类通信发展史上一个重要的里程碑，将这一成果描述为具有划时代意义也不为过。

虽然莫尔斯发明了电报，但他缺乏相关的专门技术。他与艾尔菲德·维尔签订了一个协议，让他帮自己制造更加实用的设备。艾尔菲德·维尔构思了一个方案，通过“点”、“划”和中间的停顿可以让每个字符和标点符号彼此独立地发送出去。他们达成一致，同意把这种标识不同符号的方案放到莫尔斯的专利中。

莫尔斯电码见表2-1，每个字符都对应一个特定的电码符号，发报的速度是由点的长度来决定的，而且被当作发报的时间参考。“点符号”持续时间为一个基本长度单位，“长符号”（或叫“划”）为3个“点符号”的持续时间，每个“点”“划”之间相隔1个“点符号”的持续时间，每个字符之间的间隔时间为3个“点符号”的持续时间，每个单词之间的间隔为7个“点符号”的持续时间。这就是现在人们熟知的美式莫尔斯电码，它被用来传送了世界上第一封电报。

表2-1 莫尔斯电码

字符	电码符号	字符	电码符号	字符	电码符号
A	·—	N	—·	1	·————
B	—···	O	———	2	··———
C	—·—·	P	·——·	3	···——
D	—··	Q	——·—	4	····—
E	·	R	·—·	5	·····
F	··—·	S	···	6	—···
G	——·	T	—	7	——···
H	····	U	··—	8	———··
I	··	V	···—	9	————·
J	·———	W	·——	0	—————
K	—·—	X	—··—	?	··——··
L	·—··	Y	—·——	/	—··—·
M	——	Z	——··	( )	—·——·—
				—	—····—
				.	·—·—·—

莫尔斯电码在海事通信中作为国际标准一直用到 1999 年。1997 年，当法国海军停止使用莫尔斯电码时，其发送的最后一条消息是："所有人注意，这是我们在永远沉寂之前最后的一声呐喊！"。现在美式莫尔斯电码还保留为业余无线电爱好者使用的电码。

目前国际上对数字、字符、符号的编码通常采用的是美国信息交换标准编码，即 ASCII 码。这种编码用 7 位二进制码（0、1）来表示数字、字符、符号，另用 1 位作为校验码，传输时共有 8 位。如 A 的编码为二进制 1000001，a 的编码为二进制 1100001。

我国规定用 4 位十进制数字表示一个汉字，又可分为电报码和区位码。例如，电报码的"中"用数字"0022"表示，"国"用数字"0948"表示，而区位码的"中"用数字"5448"表示，"国"用数字"2590"表示。

当用不同的规则来表示数字、字符、符号时，其他译码员就无法识别编码的含意，这就是数字加密技术。这也就是特工人员一定要有一个密码本的原因，失去了密码本就无法对要传输的报文进行加密或解密。目前的加密技术中，通常采用某种算法对原始报文进行处理来实现加密，接收方则采用相反的算法进行解密处理。

按现在的理论可以这样解释莫尔斯电报的通信过程：如图 2-13 所示，当发报员间断按下发报机的通电开关 S 后，直流电源就在回路中形成间断电流，例如，图中为发送字符信息 A、B 的电流波形，按下开关时线路中有电流通过，为高电压，或叫高电平，未按下时线路中没有电流流过，负载端为低电平；收报机中继电器的线圈在电流作用下产生磁场，吸引写字笔画出点和线，收报员通过翻译点线获取信息，从而实现了信息的远程实时传输。这里的发报机是信源终端，收报机为信宿终端，电线为信道。直流电源的电压高低与传输信息内容无关，只影响信号的传输距离，故通常不去考虑线路上信号的电压是多少，而是用"电平"的概念来表示，有电压称为高电平，无电压称为低电平。信号在传输过程中会因电线的电阻而衰减，因此电源电压越高、导线电阻越小，信号传输距离越远。铜线、铝线电阻较小，这就是为什么常用它们来做导线的原因。铁线的电阻虽然大，但价格便宜且机械强度大，所以有时也用。

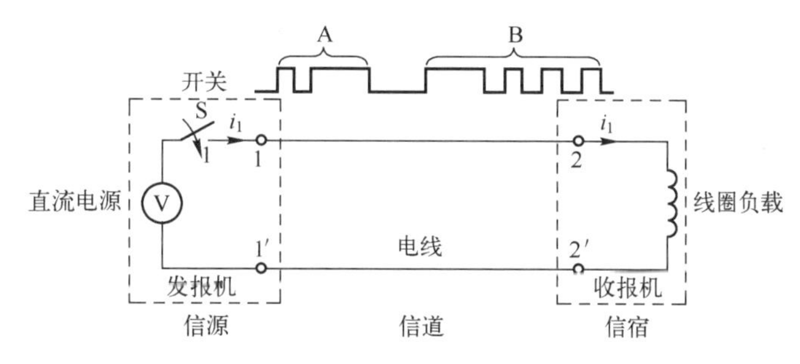

图 2-13　莫尔斯电报的通信过程

电报发明的意义在于解决了一直以来人类没有解决的信息实时远程传输问题，使信息可跨越时间和空间的障碍进行传输。然而莫尔斯电报存在两个问题：一是发报方用有线连接方式向收报方传输电文，难以实现空中或海上移动目标的电线连接，从而无法通信；二是发一份电报需要先拟好电报文稿，然后再译成电码，交报务员发送出去，对方报务员收到报文后，再把电码译成文字，然后投送给收信人，这样一来，信息的传输只对收、发报人员来讲是实时的，而对收信人来说是非实时的。这就是过去邮电局收到电报后还要让邮递员骑车将电报送到人们手中的原因。对收信人来说，信息传输并不是完全实时的，只是比之前靠人走路送信要快得多。

如何能不对信息进行编译码，而是让收发双方通过信息终端直接获取信息？这个问题直到贝尔电话问世才得到根本解决。

2.2.3 电话发明专利权之争

为了克服电报的不足，电报发明后有许多人进行了直接利用电线传输语音的研究，因为只有语言才是人类最能直观感受的信息。在这些先驱中，较有影响的主要是菲利普·莱斯、安东尼奥·梅乌奇、亚历山大·格拉汉姆·贝尔、E. 格雷、托马斯·阿尔瓦·爱迪生。

在谁是电话发明者的争论中，第一个有争议且未得到公认的是传说中的德国一所公立小学的老师菲利普·莱斯。英国有人根据图书馆的相关资料认为他是电话的真正发明者。这种说法称：早在 1861 年，莱斯和他的学生在花园中第一次使用电话进行了通话。另一种说法称：莱斯在 1863 年发明的电话机虽然声音微弱，但是已经能够传递语音，而且语音的接收器也能产生高质量的语音，只不过效率比较低。然而，由于当时英国标准电话电缆公司的总裁弗兰克·吉尔下令对莱斯的发明予以保密，故而未申请专利，这导致莱斯对电话的发明权难以获得公认。

在谁是电话发明者的争论中，第二个有争议的人物是安东尼奥·梅乌奇。这得从 1849 年的某一天说起。当时，痴迷于电生理学研究、移居美国的意大利人梅乌奇把一块与线圈连接的金属簧片插入了朋友的口中，线圈连接导线通到另一个房间。在准备好一套器械要给朋友治疗时，通过连接两个房间的电线，他清楚地听到了从另外一个房间里传出的朋友的声音。梅乌奇马上意识到这一现象有着不寻常的意义，并立即着手研究被他称之为“会说话的电报机”的装置。

此后在 1850 年至 1862 年期间，梅乌奇制作了几种不同形式的称作“远距离传话筒”的声音传送仪器。其原理是以线圈连接的金属簧片为传感器，将声音的振动转变成电流，通过导线进行传输。1860 年他首次向公众展示了自己的发明，并在纽约的意大利语报纸上发表了关于这项发明的介绍。据说梅乌奇曾把自己发明的第一个电话接在工作室与卧病在床的妻子间。图 2-14 所示为早期的电话实验。

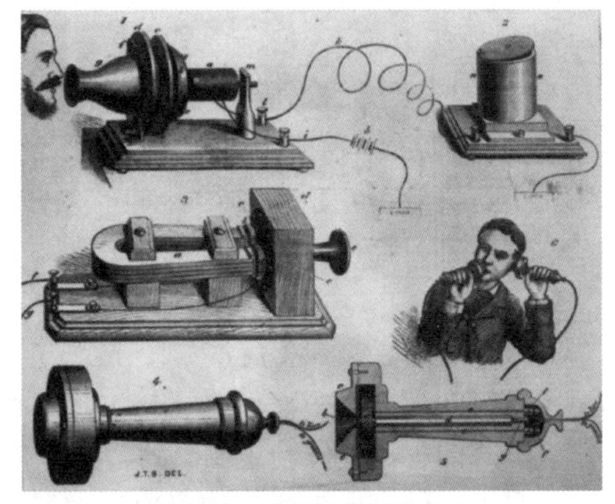

图 2-14　早期的电话实验

可惜的是，梅乌奇生活潦倒，无力保护他的发明。当时申报专利需要交纳 250 美元的费用，而长时间的研究工作已经耗尽了他所有的积蓄。梅乌奇的英语水平不高，这也使他无法了解该怎样保护自己的发明。1870 年，梅乌奇患上了重病，以仅 6 美元的低价卖掉了自己发明的通话设备。为了保护自己的发明，梅乌奇试图获取一份被称作“保护发明特许权请求书”的文件，为此他每年需要交纳 10 美元的费用，并且每年需要更新一次。3 年之后，梅乌奇沦落到靠领取社会救济金度日，付不起手续费，请求书也随之失效。1874 年，梅乌奇寄了几个“远距离传话筒”模型和技术细节给美国西联电报公司，希望能将这项发明卖给他们。但是他没能和该公司的主管人员见上一面，也没有得到答复。很久之后，当他请求归还原件时，却被告知这些机器已不翼而飞。当两年后与梅乌奇共用一个实验室的贝尔也发明了电话机并与西联电报公司签订了巨额合同时，梅乌奇为此提起诉讼。当时最高法院同意以欺诈罪指控贝尔。但就在胜利的曙光即将显现时，已年近 80 岁的梅乌奇因病魔缠身，于 1889 年 10 月 18 日带着遗憾离开了人世，这桩公案也就不了了之。直到美国国会 2002 年 6 月 15 日通过 269 号决议，才正式确认安东尼奥・梅乌奇为电话的发明人，梅乌奇因而被称为“电话之父”。如今，在梅乌奇的出生地佛罗伦萨有一块纪念碑，上面写着“这里安息着电话的发明者——安东尼奥・梅乌奇”。

在谁是电话发明者的争论中，第三个有争议的人物是亚历山大・格拉汉姆・贝尔。1847 年 3 月 3 日，贝尔出生于英国苏格兰的爱丁堡，1870 年迁居加拿大，1871 年贝尔开始在美国波士顿聋哑人学校供职。也许是由于贝尔的母亲是位聋人的缘故，贝尔的父亲全神贯注于研究人声音的发生和作用过程，特别是教聋人如何运用声音，而且被认为是语言矫正方面的权威。聋人们听不见声音，又怎么能很好地出声呢？贝尔从小受家庭教育的影响，很早就继承了父业，这为他后来的电话发明奠定了人类语言技巧方面的基础。

贝尔起初的兴趣是在电报研究上。1873 年，贝尔 26 岁时被任命为波士顿大学演说术教授，开始谐波电报的实验，他曾用橡胶做成人的喉咙模型，研究它的发声。他为此还设计了在受声音振动影响的薄金属片上安装电磁开关，用电磁开关来控制电路，形成一开一闭脉冲信号的产生装置。后来贝尔又萌生了发明一套能通过一条线路同时传送几条信息的机器的想法，其方法是通过几片衔铁协调不同频率。在发送端，这些衔铁会在某一频率截断电流，并以特定频率发送一系列脉冲，在接收端，只有与该脉冲频率相匹配的衔铁才能激活。通过几年的努力，贝尔发明了几套电报系统。后来，他又开始思考，空气可以使薄的橡皮膜振动发声，能不能用电来驱动薄的金属膜振动？人的声音是否可以凭借电流来传送到远方呢？在一次实验中，他发现当电流在绕有铜线的螺旋线圈上开始流动和停止流动时，线圈产生了噪声，并且能通过线圈传送音乐，但是还不能承载人的说话声。贝尔从中受到启发，如果要传送人的说话声，必须产生一个持续不断的电流使线圈振动，如同气流因说话声而振动产生声波一样。贝尔关于电话的最初构想就这样形成了。

贝尔发明电话的努力得到了当时美国著名物理学家约瑟夫·亨利的鼓励。亨利对他说："你有一个伟大发明的设想，干吧"，当贝尔说到自己缺乏电学知识时，亨利说："学吧"。在亨利的鼓舞下，贝尔进行了大量研究，探索语音的形成机制，并在精密仪器上分析声音的振动过程。他设想如果振动膜上的振动被传送到用炭涂黑的玻璃片上，振动就可以被"看见"了。随后贝尔开始思考有没有可能将声音振动转化成随声音变化的电流，以便可以通过导线来传递声音。

1875 年 6 月 2 日，贝尔和助手沃森特正在进行电话模型的最后设计和改进时，沃森特在紧闭门窗的另一房间把耳朵贴在音箱上准备接听，贝尔在最后操作时不小心把硫酸溅到了腿上，他疼痛地叫了起来："沃森特先生，快来帮我啊！"。没有想到，这句话通过他实验室放置的电话传到了在另一个房间的助手沃森特的耳朵里，这句极普通的话也就成为人类第一句通过电话传送的语音而载入史册。贝尔在得知自己设计的电话已经能够传送声音时，热泪盈眶。当天晚上，他在写给母亲的信中预言："朋友们各自留在家里，不用出门也能互相交谈的日子就要到来了！"。图 2-15 所示为贝尔的电话实验。

1876 年 2 月 14 日，就在贝尔向美国专利局提出申请电话专利权两小时之后，另一个名叫伊莱沙·格雷的电话发明人也走进专利局申请电话专利权。1876 年 3 月 3 日，贝尔通过电线传输声音的设想得到了专利认证，专利证号码为 174655。至今，美国波士顿法院路 109 号门口仍钉着一块铜牌，上面镌有：1875 年 6 月 2 日电话诞生在这里。

图 2-15　贝尔的电话实验

在谁是电话发明者的争论中，第四个有争议的人物是伊莱沙·格雷。格雷在 1874 年就开始研究谐波电报，后来进行电话的研究。格雷电话的送话器设计原理与贝尔有所不同，格雷是利用送话器内部液体的电阻随声音变化而变化来获得语音电流的，但受话器则与贝尔的完全相同。也正是由于贝尔的送话器在原理上与格雷的发明雷同，格雷才向法院提出起诉。一场争夺电话发明权的诉讼案便由此展开，并持续了十多年。最后，法院根据贝尔的磁石电话送话器与格雷的液体电话有所不同，而且比格雷早几个小时提交了专利申请等因素，做出了有利于贝尔的判决，电话发明权案至此画上句号。

在谁是电话发明者的争论中，第五个有争议的人物是爱迪生。1877 年，爱迪生取得了发明碳粒送话器的专利。1879 年，爱迪生利用电磁效应制成碳精送话器，使送话效果显著提高。

贝尔、格雷、爱迪生三人间的专利之争直到 1892 年才算告一段落。当时美国最大的西部联合电报公司买下了格雷和爱迪生的专利权，与贝尔的电话公司对抗。长期专利之争的结果是双方达成一项协议，西部联合电报公司完全承认贝尔的专利权，从此不再染指电话业，交换条件是17年之内分享贝尔电话公司收入的20%。

2.2.4 贝尔实验室的昨日辉煌

贝尔不仅善于科学发明与创新，也善于科技成果的转化，而后者对社会进步的影响远大于他发明电话对社会所产生的影响。

1877年，在波士顿和纽约之间架设的长约300 km的第一条电话线路开通。第一部私人电话安装于查理斯·威廉姆斯波士顿的办公室与马萨诸塞州的住宅之间。一年之内，贝尔共安装了230部电话。1878年，贝尔电话公司正式成立，1895年，贝尔公司将其正在开发的美国长途业务项目分割，建立了一家独立的公司，称为美国电话电报公司，也就是大名鼎鼎的AT&T。1899年，AT&T整合了美国贝尔的业务和资产，成为贝尔系统的母公司。到20世纪后期，AT&T的下属公司曾拥有美国电话市场的80%。

1925年1月1日，当时的AT&T总裁华特·基佛德收购了西方电子公司的研究部门，成立了一个叫作“贝尔电话实验室公司”的独立实体，AT&T和西方电子各拥有该公司50%的份额。再后来，这个公司改名为贝尔实验室。尽管贝尔实验室是1922年贝尔去世后由AT&T创立的，与贝尔本人并没有直接关系，但是其前身还是源于贝尔的电话公司。贝尔实验室在建立之初便致力于数学、物理学、材料科学、计算机编程、电信技术等各方面的研究，重点在于基础理论研究。

在一个世纪的发展中，贝尔实验室为全世界带来的创新技术与产品包括第一台传真机、按键电话、数字调制解调器、蜂窝电话、通信卫星、高速无线数据系统、太阳电池、电荷耦合器件、数字信号处理器、单芯片处理器、激光器、光纤、光放大器、密集波分复用系统、首次长途电视传输、高清晰度电视、语音合成、存储程序控制电话交换机、数据库及分组技术、UNIX操作系统、C和C++语言，而由贝尔实验室推出的网络管理与操作系统每天支持着世界范围内数十亿的电话呼叫与数据连接。

可以说，贝尔实验室为人类迈向现代信息文明社会做出了巨大的贡献，在这个实验室里，诞生了3万多件专利，走出了15位获得诺贝尔奖、16位获得美国国家科学奖章和美国国家技术奖章、4位获得堪称“计算机界诺贝尔奖”的图灵奖的科学家，还有更多科学家获得了其他国家的高等奖章，就连实验室也成为史上第一个获得美国国家技术奖的机构。下面列举几个典型事例。

1. 对电子波动性的贡献

1927年，贝尔实验室的戴维和莱斯特·格莫尔通过将缓慢移动的电子射向镍晶体标靶验证了电子的波动性，如图2-16所示。这项实验为所有物质和能量都同时具有波和粒子特性这一假设提供了强有力的证据。10年之后，戴维又凭借在电子干扰方面取得的成就获得诺贝尔奖。

2. 对射电天文学的贡献

图 2-16　验证电子波动性的戴维

1931 年，当工程师卡尔·央斯基在位于美国新泽西州的贝尔实验室研究和寻找干扰无线电话通信的莫名噪声源时，发现除去两种雷电造成的噪声外，还存在着一种很低且很稳定的，每隔 23 时 56 分 04 秒就会出现最大值的无线电干扰“哨声”信号，这微弱的电波不像来自太阳。央斯基猜想它很可能对应于星空上某一固定的点，由于观测站的天线阵无法确定噪声源的准确位置，只能大体认为与银河中心的方向相同。央斯基在对这一噪声进行了一年多的精确测量和周密分析后，于 1932 年发表文章宣称：这种“哨声”来自地球大气之外，是银河系中心人马座方向发射的一种无线电波辐射。这是人类第一次捕捉到的来自太空的无线电波，射电天文学从此诞生，这是天文学发展史上的又一次飞跃。图 2-17 所示为射电天文望远镜。

图 2-17　射电天文望远镜

这个意外的发现引起了天文学界的震动，同时令人们感到迷惑，谁也没想到一颗恒星或一种星际物质会发出如此强烈的无线电波。但是，美国的另一位无线电工程师雷伯却坚信央斯基的发现是真实的。他研制了一架直径为 9.6m 的金属抛物面天线，并把它对准了央斯基曾经收到宇宙射电波的天空。1939 年 4 月，他们再次发现了来自银河系中心人马座方向的辐射电波。所不同的是，央斯基接收的是波长为 14.6m 的无线电波，而雷伯接收的是 1.9m 的无线电波。这样，雷伯不仅证实了央斯基的发现，同时还进一步发现人马座射电源会发射出许多不同波长的射电波。

为了纪念央斯基在 1931～1932 年所做出的这项贡献，在 1973 年 8 月举行的国际天文学联合会第十五次大会上，射电天文小组委员会通过决议，采用“央斯基”作为天体射电流量密度的单位，简写为“央”，并且纳入国际物理单位系统。

3. 对晶体管发明的贡献

1947 年，贝尔实验室的工程师约翰·巴丁、威廉·肖克利、华特·豪舍·布拉顿发明了晶体管，如图 2-18 所示，为表彰他们的贡献，1956 年他们获得了诺贝尔物理学奖。后来威廉·肖克利创立了硅谷的第一家科技公司，开创了硅谷的传奇历史。

4. 对信息科学的贡献

被称为通信理论祖师的克劳德·香农从 1941 年开始在贝尔实验室工作了 31 年，如

图 2-19 所示。1948 年香农的论文《通信的数学原理》发表在《贝尔系统技术杂志》第 27 卷上。他的成果部分基于奈奎斯特和哈特利先前在贝尔实验室的成果，原文共分五章。香农在这篇论文中把通信的数学理论建立在概率论的基础上，把通信的基本问题归结为通信的一方能以一定的概率复现另一方发出的消息，并针对这一基本问题对信息做了定量描述。香农在这篇论文中还精确地定义了信源、信道、信宿的编码和译码等概念，建立了通信系统的数学模型，并得出了信源编码定理和信道编码定理等重要理论。这篇论文的发表标志着一门新学科——信息论的诞生。

图 2-18 巴丁、肖克利、布拉顿

图 2-19 通信理论的祖师克劳德·香农

5. 对宇宙大爆炸理论的贡献

1964 年，贝尔实验室在新泽西州霍姆德城附近的克劳夫特山上装设了一架不寻常的庞大天线，如图 2-20 所示。负责用这架天线进行射电天文学研究工作的两位科学家叫彭加斯和威尔逊。他们操纵自动控制装置，把天线束指向天空的各个方向，结果发现，收到的噪声总是稍高于原来预计的数值。他们将接收的功率与一个浸泡在温度低至绝对温度 4K 左右的液氦里的人工噪声源输出的功率相比较，证明噪声并不来自电子线路。进一步观察后还发现，这种神秘的微波噪声非常稳定，无论白天还是黑夜，也无论春夏秋冬，都同样存在。在寻找原因时他们发现，天线的喉部涂覆了一种“白色介电质”，检查发现原来是一对鸽子筑巢时留下的粪便。他们捉住了鸽子，把它们送到贝尔实验室的威潘尼基地放掉。几天之后又有鸽子飞来，只好再捉，并采取坚决措施防止它们再来。可是鸽子已经在天线喉部留了很多粪便，形成了一层“白色介电质”。为了排除天线上的鸽子粪成为电噪声源的嫌疑，1965 年初，他们让工作人员卸下天线的喉部，清除了鸽子制造的“白色介电质”，但那幽灵般的微波噪声却丝毫也没有减弱。后来又想尽了

图 2-20 宇宙微波背景辐射天线

各种办法，都不能驱除这个噪声幽灵。彭加斯和威尔逊最终认为，这个应当来自宇宙，波长为7.35cm，微波噪声相当于3.5K（开尔文），后来又订正为3K，而且在天空的任何一个方向上都可以接收到这种稳定不变的微波噪声，这说明宇宙背景中普遍存在着一种均匀的各向同性的微波辐射。

相当于3K的宇宙背景微波辐射的发现是科学上一项重大的成就，可是当时彭加斯和威尔逊并不明白他们这项发现的重大意义。它实际上是对宇宙大爆炸起源学说的一个有力证明——各向同性的3K的宇宙背景微波辐射其实是宇宙大爆炸时所留下的“余烬”。

早在1948年，阿尔法和赫尔曼就根据盖莫夫发展的大爆炸理论预言了宇宙微波辐射背景的存在。20世纪60年代，美国普林斯顿研究院的迪克启发了皮伯斯在这方面做进一步研究。皮伯斯在一次学术报告中详细讲述了这项研究，报告的内容又由特纳转告了另一位科学家伯克。在宇宙微波背景辐射发现后不久，彭加斯因为一件别的事情给伯克打电话时，伯克问起天空射电测量进行得怎样了。彭加斯告诉他测量进行得很顺利，只是测量结果中有些东西弄不明白。伯克告诉彭加斯，普林斯顿研究院的物理学家皮伯斯和迪克等的想法也许可以解释他们从天线接收到的宇宙微波噪声。于是彭加斯就给迪克打去电话，经过交谈后彭加斯才认识到自己和威尔逊发现的宇宙背景微波辐射的重大意义。经过商定，他们决定在天体物理杂志上发表通讯。彭加斯和威尔逊宣布他们的射电天文学观测结果，而由迪克、皮伯斯和威金森共同署名的文章则从宇宙学上进行理论解释。这两篇研究通讯发表后，在科学界引起了巨大的反响。

由于为盖莫夫发展的宇宙大爆炸起源学说提供了有力的证据，彭加斯和威尔逊荣获1978年的诺贝尔物理学奖。彭加斯和威尔逊的这项发现在一定程度上具有偶然性。他们的观测并不是在宇宙起源研究的理论指导下进行的，而是在发现了结果之后才由宇宙学家们给出了理论上的解释。

6. 对激光冷却和捕获原子的贡献

1985年，贝尔实验室的朱棣文小组用3对方向相反的激光束分别沿x，y，z 3个方向照射钠原子，在6束激光交汇处的钠原子团冷却了下来，温度达到了240 μK。朱棣文、达诺基和菲利浦斯因在激光冷却和捕获原子研究中的出色贡献，获得了1997年诺贝尔物理学奖，其中，朱棣文是第五位获得诺贝尔奖的华人科学家。

贝尔实验室是公认的通信界最具创造性的研发机构，在全球拥有10000多名科学家和工程师。1984年，由于美国司法部的反垄断诉讼，贝尔系统被迫分割成多个独立的地方贝尔公司。1996年，贝尔实验室以及AT&T的设备制造部门脱离AT&T成为朗讯科技。十年间，朗讯的股价从高峰期的84美元跌至0.55美元，员工人数也从30000余人锐减为16000人，贝尔实验室也被迫以出售专利来平衡支出。2006年底，比朗讯大1.5倍的法国阿尔卡特公司合并了朗讯，贝尔实验室也随之合并到阿尔卡特朗讯。阿尔卡特朗讯公司在市场经营方面仍然困难重重，在诺基亚、三星、华为等不断施加的竞争压力下，阿尔卡特朗讯从未实现盈利，市值蒸发了大半。迫于无奈，阿尔卡特朗讯不得不出售已经拥有46年历史的贝尔实验室大楼。2008年金融危机后，贝尔实验室彻底放弃了引以为傲的基础物理学研究，把有限的资源投向网络、高速电子、无线电、纳米技术、软件等领域，希望能为母公司带来回报。2016年，诺基亚完成对阿尔卡特朗讯的收购，贝尔实验室归诺基亚所有。如今的贝尔实验室，基本上只是一个小研究机构，虽然也有5G之类的新技术研发，但早已没有了往日的荣耀，一颗璀璨的通信巨星就这样香消玉殒，实在让人扼腕叹息。

2.2.5　揭秘电话的通信过程

当年贝尔等前辈对电话所进行的研究工作实质上包括两个部分：一是如何将发话人的声音信号转换为随声音连续变化的电流信号，以便电流能携带信息传向远方；二是如何将随声音连续变化的电流信号还原为发话人当初的声波信号。因此，电话通信实质上是一个声能与电能相互转换的过程。

现在将电话发送端采集语音的设备叫作送话器（根据不同的形状和用途又有话筒、麦克风、微音器等名称），如图2-21a、b所示。当年贝尔等发明的是液体送话器和碳粒送话器，这些送话器的效果并不理想，只是勉强能够使用。现在常见的商用送话器类型有电容式送话器、晶体送话器、碳质送话器以及动态送话器。电容式送话器和晶体送话器都是直接将声能转换为电能，产生一个变化的电信号。碳质送话器采用直流电压源提供电能，通过声波振动改变碳质送话器内部电阻，从而将声波信号转换为电信号。动态送话器采用永磁体，基于电感效应将声能转换为电能。

同样，现在将电话接收端还原声音的设备叫作受话器（根据不同的形状和用途，又有听筒、喇叭、助听器、扬声器等名称），如图2-21c、d所示。受话器的工作原理是将变化的音频电信号送入音圈，音圈置于一个永磁体磁路的磁隙里，磁铁周围的音圈因变化的电流产生的洛伦兹力的驱动而振动，并带动振动膜驱动前后空气产生声波。此外，还有一种压电扬声器，这种扬声器由压电陶瓷连接振动膜而构成。当在压电陶瓷两边接入语音电流时，引起压电陶瓷扩张和收缩，从而产生振动，然后带动与其相连接的振动膜产生共振，进而使周边空气发生振动、还原声音。这种压电扬声器的特点是输入阻抗很高，对电源分流小，在20世纪70年代初曾用作我国农村每个家庭的有线广播。

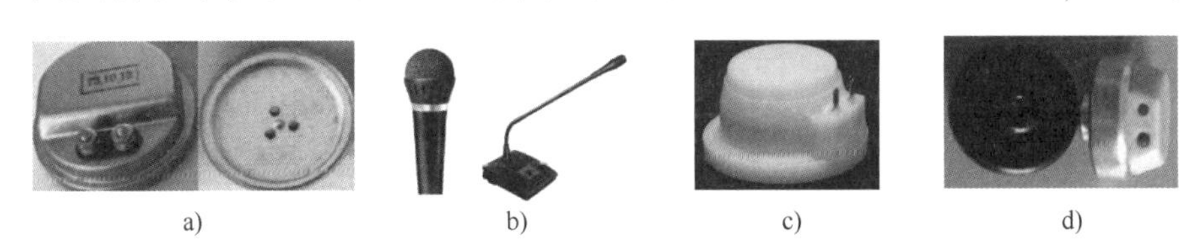

a)　　b)　　c)　　d)

图2-21　送话器和受话器

a）电话送话器　b）话筒、麦克风　c）电话受话器　d）耳机受话器

1. 单向电话通信

当两个用户要进行通信时，最简单的形式就是将发送端的送话器与接收端的受话器用一对线路连接起来，如图 2-22 所示。下面以碳精砂式送话器和动圈式受话器的通信过程为例来解释电话通信的基本原理和过程。

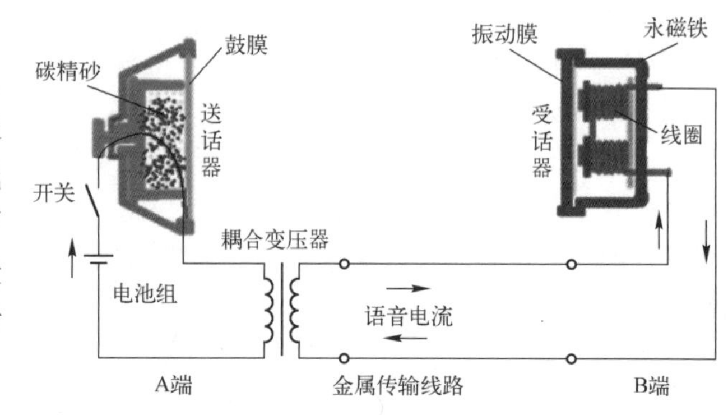

图 2-22　电话通信基本原理和过程

1）当发话者拿起电话机时，发送端的开关电路接通，当讲话人对着送话器讲话时，声带的振动激励空气振动，形成声波。

2）声波作用于送话器的鼓膜上，使送话器中的碳精砂受到随声波大小变化的挤压。压紧时电阻增大，松弛时电阻减小。当送话器的两个电极接上电源时，就会在送话器的两个电极间产生随声音大小变化的电流，称为语音电流。

3）发信的 A 端产生的语音电流经过耦合变压器将变化的语音信号耦合到金属传输线路，经传输后到达接收信号的 B 端。

4）语音电流流经对方受话器的电磁线圈，产生随语音电流变化的洛伦兹力，牵引受话器上的金属杆运动，并由金属杆带动振动膜振动，从而将语音电流转化为声波，通过空气传至人的耳朵中。

在这个最简单的电话通信系统中，A 端只能讲话（发信），B 端只能收听（收信），这种通信方式称为单向通信或单工通信方式。如果要让 A 端和 B 端都能发信和收信，就需要两套这样的设备，每一端都有一个送话器和受话器。此外，由于语音电流在金属传输线路中传输时，会受到导线电阻、电感、电容的减弱作用，线路越长，接收方收到的电信号就越弱，直到听不清对方的声音。这个 A、B 端能听清声音的金属传输线路的最大长度就是单段电话通信所能达到的最远距离。

2. 双向电话通信

通信双方既能发信又能收信的通信方式称为双向通信，或双工通信方式。为实现双向通信就需要四条传输线，两根线用作发信（去话），另两根线用作收信（来话），故叫四线通信方式。此时每对线上传输的信号都是单向的，即需要建设两套图 2-22 所示的通信系统。这样的通信方式显然会使通信成本增加一倍，是用户不能接受的。

如果将四条传输线合并为两根线进行传输，称为二线通信方式，此时这两根线上传输的信号是双向的。图 2-23 所示的二线传输电话系统中，用户端的送话器和受话器与差分电路之间是四线传输，差分电路输出到外部后，在两个用户之间的传输线路用的是二线传输，可以达到节省一对传输线路的目的。

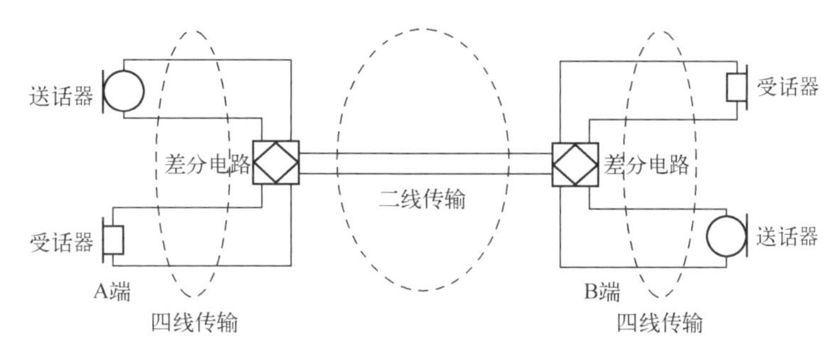

图 2-23　二线通信方式

在二线通信方式中，如果简单地将每一端的送话器和受话器并接起来然后接到对方，则每端送话器的电流会流过自己一方的受话器，结果自己就能听到很大的自己的讲话声音，而对方的声音由于经过传输线而衰减，变得很弱。当听到自己很大的声音时，会自然地减小声音，使对方听到的声音更小，为此在系统中接入了差分电路。差分电路的作用是使送话器和受话器互为电桥的对端，因而相互收不到对端的信号，避免造成自发自收的干扰。而送话器和受话器与二线传输的连接处于电桥的侧臂，可以让信号通过。

发信方的声音被自己从受话器中听到，这个声音叫作侧音。侧音对通信是有害的，它不仅消耗了电能，还使发信方听到自己的回声而自动减小声音，严重影响接收方的收信强度，必须设法消除。

用于消除侧音的电路叫消侧音电路。消侧音电路可分为感应线圈式和电子式两大类，其基本原理都是将送话器和受话器放在电桥电路的两个对臂处，利用电桥平衡原理使受话器和送话器器件两端收到的对端电压差为零，从而消除侧音。图 2-24 中的差分电路就是为了完成这个功能。

传统的机械拨盘式电话机大多采用感应线圈式消侧音电路。现代按键式电话机的通话电路具有放大器，消侧音功能则是由晶体管、电阻和电容等电子元件组合来完成的，故称为电子式消侧音电路，其形式也主要为电桥平衡式。下面以感应线圈式消侧音电路为例来说明消侧音电路的工作原理。

感应线圈式消侧音电路原理图如图 2-24a 所示，图 2-24b 为对应的等效电路。送话器 BM 采用高灵敏度的碳精砂式话筒。碳精砂式话筒需要 12~80 mA 的直流偏置，其电流由外线输入经 $L_1 \rightarrow N_1 \rightarrow BM \rightarrow L_2$ 构成回路。感应线圈 T 具有耦合交流信号、隔直流作用，因此直流电流不会流过受话器 BE，可以减少电话网直流损耗。图 2-24a 中的阻容元件 R_1、R_2、C_1 构成电桥的平衡网络，用以平衡线路阻抗 Z_L，与感应线圈 N_2 一起完成消侧音功能。电话线的阻抗 Z_L 多呈电容性，为了使平衡网络特性接近外部线路特性阻抗 Z_L，就在平衡网络中加有平衡电容 C_1，用 Z_P 代表 R_1、R_2、C_1 组成的平衡网络的阻抗。

消侧音原理：如图 2-24b 所示，当发话人讲话时，BM 为信号源，由 A、B 两点产生两路电流。一路电流为 i_L，经 $N_1 \rightarrow Z_L \rightarrow$ B 端，该电流是送往对方话机的有效电流；另一

路为 i_P，经 $N_2 \to Z_P \to$B 端，该电流消耗在平衡网络内。如果在设计电路时选择合适的平衡网络元件参数，使流过 N_1的电流 i_L与流过 N_2的电流 i_P大小相等、方向相反，N_1绕组与 N_2绕组的磁通量相等，即 $i_L N_1 = i_P N_2$，这样两个绕组的交变磁通就能互相抵消，线圈 N_3中便无感应电动势产生，受话器 BE 中就听不到发话声音，达到消侧音的目的。

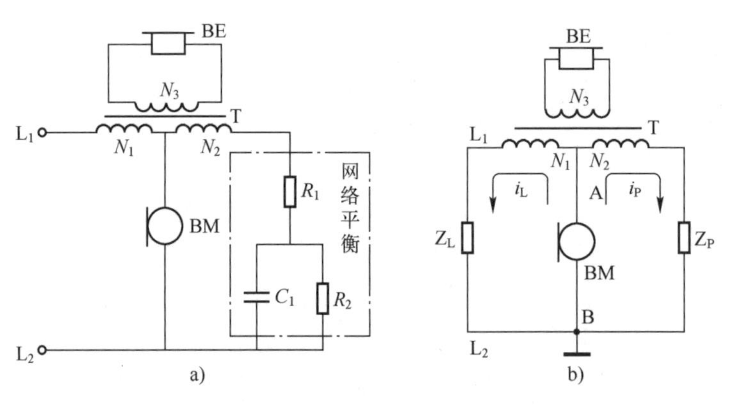

图 2-24　感应线圈式消侧音电路和

实际上，由于电话用户距电信局的距离不同，电话线的长度是不同的，而平衡网络的阻抗是固定的，故不能做到所有话机中消侧音电路的电桥平衡，所以要完全消除侧音是不可能的，因此电话机受话回路中仍存在微弱的侧音。在实际使用中，也不要求将侧音完全消除，只要把侧音减弱到原来的 1/20～1/40 就已经足够消除侧音的干扰作用，剩余微小的侧音可便于监听话机的送话情况是否正常，维修时也是利用侧音来判断电话情况是否良好。

受话时，语音信号从 L_1输入，语音电流通过 $N_1 \to$BM$\to L_2$端和 $N_1 \to N_2 \to$平衡网络$\to L_2$端，在 N_1、N_2上感应电压方向相同，通过铁心将信号耦合到次级 N_3，受话器 BE 发声。

除侧音外，在拨号期间产生的脉冲信号或双音频信号也会传送到受话放大器，使耳机发出震耳的声音，因此必须设法消除拨号音。消除拨号音的方法分为全静噪方式和部分静噪方式两种。

通话性能较好的电话机还具有自动音量调节功能，其作用类似于收音机、电视机的 AGC 电路。图 2-25 所示为包括各功能模块的话机原理框图。当通话距离远近不同时，通话信号强

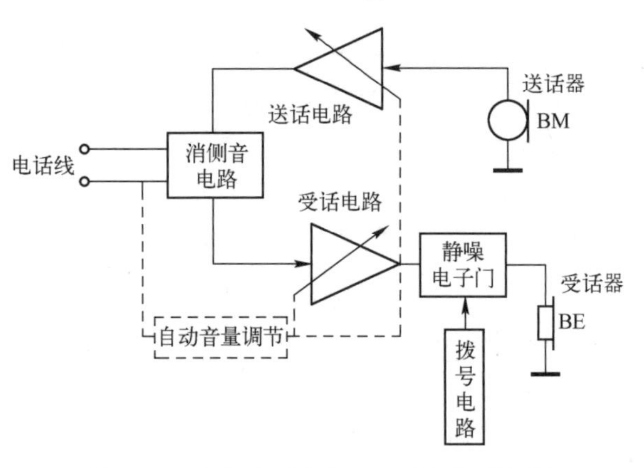

图 2-25　包括各功能模块的话机原理框图

弱差异较大，通过自动调节送话与受话电路的增益能使通语音量保持相对稳定。

2.2.6　送话器声电转换过程

送话器常称为话筒或麦克风（Micro Phone，MIC），是在声波作用下产生与输入声波相对应的电信号的声电转换器件。送话器的种类很多，电话机早期普遍采用的是碳精砂送话器，目前广泛使用的是驻极体送话器和动圈式送话器。

1. 驻极体送话器

驻极体送话器具有非线性失真小、频带宽、噪声小和价格低廉等特点，现已广泛应用在按键式电话机上。

（1）基本结构

驻极体送话器是采用驻极体材料制作的声电转换器。通常物体在外加电场的作用下，其表面会产生极化电荷，而且大多数物体在外加电场撤去后，其表面电荷随之消失。但有些物质即使电场撤除，其表面的电荷也几乎能永久地保留下来。这种在外电场作用下极化带电并几乎能永久保持这种状态的物质称为驻极体材料。

驻极体送话器由驻极体头和阻抗变换器组成，其等效电路和装配结构示意如图 2-26 所示。送话器的振动膜片由驻极体材料制成，膜片卡在一个金属环上，然后固定在外壳上。膜片的一面镀有金属层作为话筒的前电极，膜片的后侧装有金属平板作为后电极，膜片与后电极间有一几十微米的空气间隙。驻极体头具有高达几百兆欧的输出阻抗，因此要在它的输出端接一个由场效应晶体管构成的阻抗匹配网络，以降低其输出阻抗。实际的驻极体送话器总是把场效应晶体管装在圆柱形的送话盒里，装配结构如图 2-26b 所示。

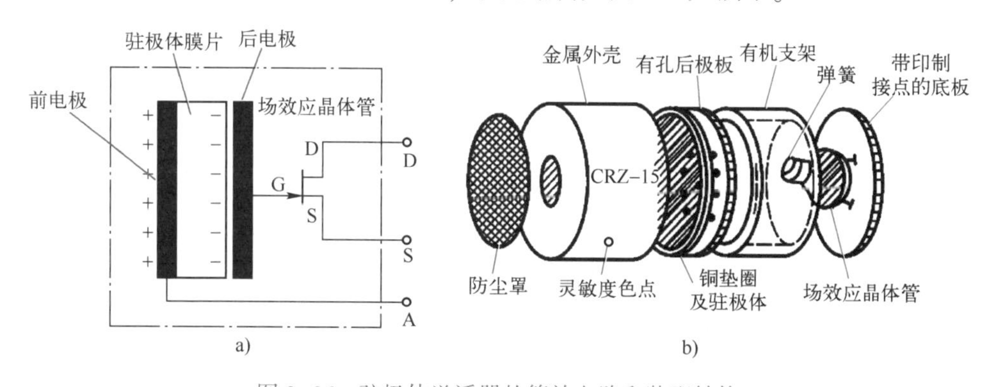

图 2-26　驻极体送话器的等效电路和装配结构

驻极体膜片与后电极相距很近且相互绝缘，组成了一个电容器，电容值一般为 10~30 pF。

（2）工作原理

由于驻极体表面极化电荷的作用，在金属极板表面产生异性感应电荷。当膜片在声波作用下向内弯曲时，驻极体与后电极间的空气间隙减小，后电极上的感应电荷增多，两电极之间的电位差升高；反之，膜片振动向外弯曲时，驻极体与后电极间的空气间隙增大，后电极板上感应电荷减少，两电极之间的电位差降低。这样就产生了随声波变化的音频信号。这一微弱的信号电压直接输入场效应晶体管栅极（G），经放大后由漏极（D）或源极（S）输出。

2. 动圈式送话器

（1）基本结构

动圈式送话器的基本结构与普通扬声器类似，如图 2-27 所示。圆形的振动膜片外缘固定在送话器外壳上，振动膜片的中间粘着一个线圈，线圈处于永久磁铁与极靴的间隙中，当膜片振动时，带动线圈沿磁铁轴向往复振动。

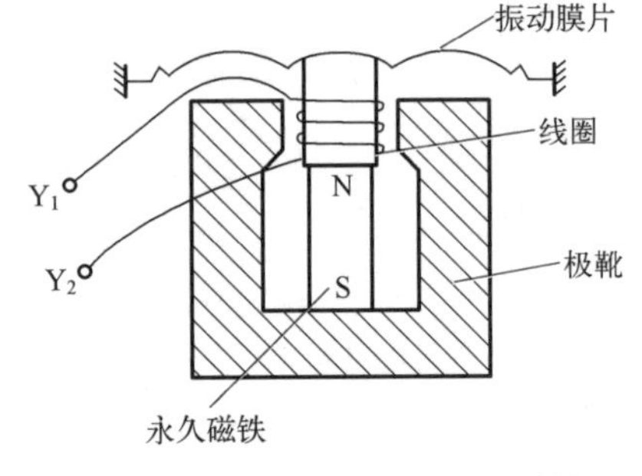

图 2-27　动圈式送话器基本结构

动圈式送话器与扬声器的不同之处在于，它的线圈阻抗比扬声器高，通常为 200~300 Ω。由于线圈与振动膜片粘在一起振动，为了提高送话灵敏度，要求线圈越轻越好。线圈大多是无骨架的，用很细的漆包线自粘而成。漆包线一层一层紧凑地排线，绕制的精度极高。另外，扬声器的振动膜片采用的是纸盆，而动圈式送话器的振动膜片通常用的是聚酯塑料薄膜，它是热压成型再冲切而成的。

（2）工作原理

根据电磁感应定律，在一个恒定的磁场中，线圈切割磁力线运动时，线圈中会产生感应电流。当声波作用于送话器的振动膜片，膜片带动线圈作切割磁力线运动时，线圈中就会产生音频电流。由于线圈的振动是由声波推动的，所以产生的感应电流频率取决于声波的频率，感应电流的振幅也取决于声波振动的幅度。

2.2.7　受话器电声还原机理

受话器也称为听筒或耳机，是一种电声变换器件，它能按音频电流的变化规律产生相应的声波振动。按照能量转换原理及结构，受话器可分为动圈式、压电式和电磁式等类型。下面详细介绍前两种。

1. 动圈式受话器

动圈式受话器的工作原理与普通电动扬声器相同，基本结构可参见动圈式送话器。当线圈通过音频电流时，线圈受磁场作用力将垂直磁场线进行移动。在图 2-27 中，当音频电流从线圈 Y_1流入、从 Y_2流出时，根据左手定则，线圈将向下移动；当音频电流方向改变时，线圈向上移动。线圈上下运动就带动膜片振动从而发出声音。

2. 压电式陶瓷受话器

将压电材料经高温烧制为陶瓷，再加直流高压极化，就成了压电陶瓷片（简称压电片）。当给压电片两面之间加上交变电压时，压电片会变形产生机械振动，这种现象称为负压电效应；反过来，如给压电片加上机械压力使它变形，则又会产生电压，这种现象称为正压电效应。压电受话器正是利用了压电片的负压电效应来实现电声转换。

（1）基本结构

压电式陶瓷受话器主要由振动片、卷口铜圈、前盖板和基座组成，图 2-28 所示为常见压电式陶瓷受话器的内部结构图和零件图。

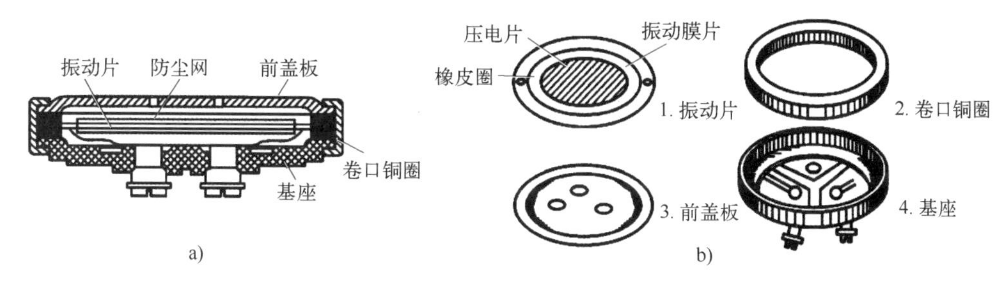

图 2-28　压电式陶瓷受话器的构造

压电片是用氧化铅、氧化钛和少量的锆作为原料加进胶合剂，经一定工序制成的陶瓷薄圆片，并经电压极化处理，使其两个面具有一定的电压极性。两表面还涂有银层作为电极。然后将两个压电片按相反的极性对称地粘在一个直径稍大一点的薄铜片上、下两面，使之成为一体，作为受话器的振动膜片。两压电片的外层相连作为一个引出端，中间铜片作为另一个引出端，用两条细引线分别接至受话盒的接线柱上。

（2）工作原理

在单个压电片上加入一交流电压，当外加电压与极化方向相同时，就使极化强度增大，压电片沿径向伸长，如图 2-29a 所示。反之，当外加电压与极化方向相反时，压电片沿径向收缩，如图 2-29b 所示。

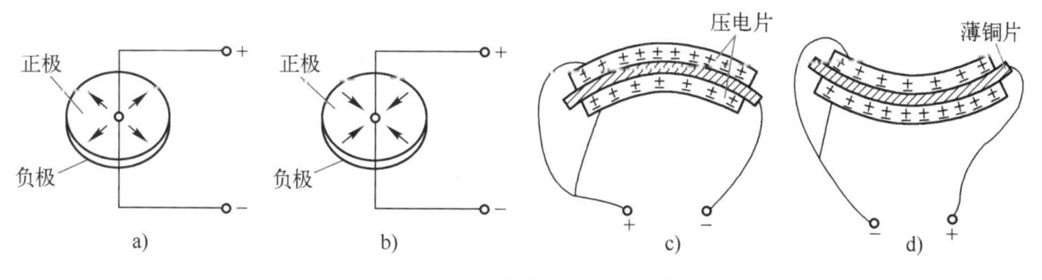

图 2-29　压电式陶瓷受话器工作原理

如果薄铜片两面粘着一对极化方向相反的压电片，当音频电流为正半周时，如图 2-29c 所示，加到振动片引线的电压极性为左正右负，外加电压方向与上陶瓷片的极化方向一致，与下陶瓷片的极化方向相反，因而使上陶瓷片径向伸长，下陶瓷片径向收缩，则整个振动片向上凸出；当音频电流为负半周时，如图 2-29d 所示，加到振动片引线的电压极性为右正左负，由于电压方向改变了，此时是上陶瓷片径向收缩，下陶瓷片径向伸长，则整个振动片向下凸出。当输入为不断变化的音频电流时，电压方向不断变化，则振动片随着弯曲振动，从而激励空气发出声音来。

2.2.8 延长距离的中继

在古代，中央政府与各地方政权是通过信使骑马来传递信件的。但人和马走过一段距离后就会疲劳，因此要在人马可以忍受的最远距离处设置一个供其休息的驻地，也称驿站。这样，信使只走一个驿站的路程就休息，而让驿站中已经休息过的人马继续送信，就能逐站将信件送到远方。驿站所起的作用就是中间休息后继续前进，简称中继作用。同样，在图 2-23 所示的二线通信方式中，无论传输线的质量有多高，导线对信号的损耗有多小，总会使信号在从 A 到 B 的传输过程中有所衰减，最终使 B 端无法收听到 A 端的讲话，因此这种单跨距的通信方式下，传输距离总是有限的。对于金属导线，这个距离通常在 100 km 之内，而光纤可以做到上千千米。具体通信距离与传输线的材料、结构、周边电磁环境有关。

为了延长通信距离，人们自然想到了古代利用驿站中继的方法，即在发信方与收信方之间，在信号尚未衰减到收端难以识别的程度之前就进行放大，以还原发端原来的信号强度，然后继续进行传输。这就是电信号的中继传输方式。完成信号放大的设备叫中继设备，中继设备所在的位置叫中继站。如果中继站不用人工维护，就叫无人中继站；如果中继站需要有人进行维护，就称为有人中继站，如图 2-30 所示。

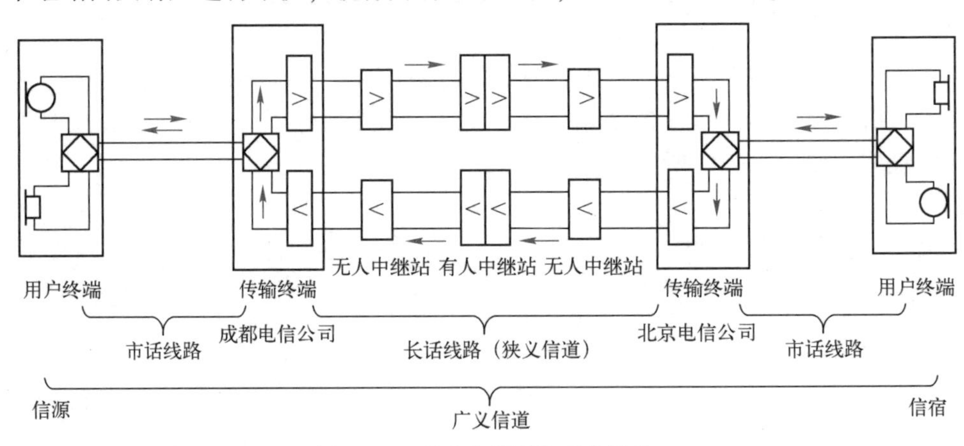

图 2-30　长途中继通信系统结构

通常无人中继站的功能要简单些，只做信号放大处理。而有人中继站除放大信号外，还要向无人中继站供电，进行各中继段线路的维护、故障诊断，以及对传输信号的落地和上路、导频监视、频带均衡等工作。信号的落地指线路中传输的信号被此地的用户接收，上路指此地的用户发送信号到其他地方。

当为了延长通信距离而在通信线路上增加中继设备后，又带来了新的问题，那就是放大器通常是单向放大信号，另一个方向的信号将会衰减，这就使图2-23所示的二线双向通信只能完成单向通信。为了实现双向通信，只能在另一个方向再用一套图2-23所示的二线通信，并在传输途中增加中继设备。如此一来，在进行长途信号传输时，二线通信方式就被迫变成了图2-30所示的四线中继长途通信方式。

在图2-23所示的通信系统结构中，用户端的电话设备叫用户终端设备，它可以是信源或信宿。从用户到电信公司市话设备之间的二线传输线路叫市话线路，或市话中继线路。由于市话线路的传输距离通常在几千米之内，语音信号的衰减不算太大，且市话用户众多，为了节省成本，通常市话线路采用二线通信方式。

在从成都电信公司到北京电信公司之间的电话信号传输过程中，由于有2000多千米的距离，信号衰减太多，中间就必须加入中继站。当传输线路经过边远的乡村或山区时，由于中继站维护管理不方便，常采用无人中继站，而在经过西安、郑州这样的大城市时就采用有人中继站的方式对长途信号和线路工作状态进行监测和管理。信号从成都到北京，或从北京到成都时，在每个方向都是二线单向传输，两个方向的传输合起来形成的这段长途电话线路就成了四线传输。成都电信公司与北京电信公司的设备中，根据功能的不同，又分为专门处理市话路由交换的市话交换设备和专门处理长途信号传输的长途传输设备。

长途传输设备是长途电话传输的发起站和结束站，故叫传输终端，成都与北京两个传输终端之间的线路和设备统一称为长话线路，也可称为狭义信道，而成都和北京两个电话用户的信源和信宿之间的线路和设备称为广义信道。这样定义后，所有的通信系统无论多么复杂，总可以简便地统一称为由信源、广义信道、信宿所组成的系统。

传输终端比有人中继站（也叫有人增音站）能完成更多的任务，包括以下几个方面。

1）将连接用户的市话二线传输转换为适应长途中继传输的四线传输。

2）将大量市话二线通道在发送端合并在一起形成群路信号，在接收端再将群路信号分离为各自用户的单路信号传向市话二线用户。

3）插入监测频率信号到群路信号中，以使有人中继站和对方传输终端设备通过仪表指示群路信号的传输质量。

4）通过调整放大器、限幅器和衰减器使传输通路中各监测点的电平达到规定数值。

5）通过调整滤波器和均衡器，使传输信号中所有频率的电平都达到规定值，同时滤除无用频率。

6）通过预加中高频率信号的电平值，使接收端高频信号的衰减量与低频信号的衰减量不要相差太多。

通常这些功能不是由一个电路板完成的，而是由不同的电路板分别完成，并将这些电路板连接起来，共同实现信号传输的各项预定指标。图2-31所示为传输终端示意图。

通常用“电平”一词来表示通信设备各监测点信号幅度的大小，可以用功率电平表示，也可以用电压电平表示。例如，检测某点 x 处的功率电平值 L_{Px}（dB）时可这样定义：

$$L_{Px} = 10\lg \frac{P_x}{P_0} \tag{2-1}$$

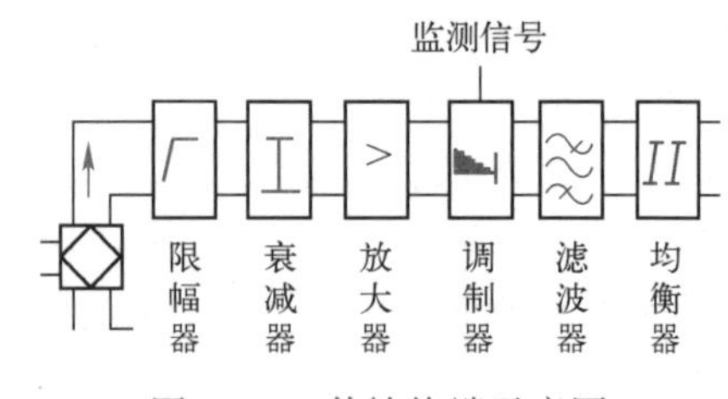

图 2-31　传输终端示意图

某点 x 处的电压电平值 L_{Ux}（dB）可定义为

$$L_{Ux} = 20\lg \frac{U_x}{U_0} \tag{2-2}$$

式（2-1）中，P_0是用来比较的标准功率参考值，一般定为 1 mW。式（2-2）中，U_0是用来比较的标准电压参考值，一般定为 600 Ω 电阻上产生 1 mW 功率时的电压，即 0.775 V。

图 2-31 所示各电路板的输入和输出都有规定的频率和电平值，测试某点的电平值就可得知某处电路信号是否正常。

利用四线长途中继方式可以实现成都到欧洲、非洲、美洲乃至环球的长途电话传输，使人类可以与地球上任何有通信线路的地方进行远程通信。

2.3　五花八门的传输线

为了实现两地之间的电信号传输，根据传输内容、传输目的、传输距离的不同，人们对传输信号的导线材质、结构、性能等方面进行了精心的设计和研究，以使具体应用中的传输线性价比达到最高。传输线在电信号传输过程中所起的作用相当于汽车行驶的公路。公路越宽、越平坦，在其上跑的汽车就越多，汽车行驶也越快。同理，传输线中信号衰减越小，信号传输距离越远；传输线频带越宽，传输的信息量就越大。因此，传输线也叫作有线传输信道，它起着引导信号在其上传输而不到传输线以外的其他地方的引导和约束作用。

2.3.1　常见金属导体传输线的差异

由金属导线构成的传输信道包括室内电话线、互联网线、市话电缆、长途电缆等通信电缆。

1. 通信电缆

人们将传输电话、电报、数据、传真文件、电视、广播节目和其他电信号的各类电缆总称为通信电缆。通信电缆具有电信号传输频带宽、通信容量大、传输稳定性好、保密性强、受外界干扰小等特点。

根据用途和使用范围的不同，通信电缆可分为六大系列产品，即市内通信电缆（包括纸绝缘市内话缆、聚烯烃绝缘聚烯烃护套市内话缆）、长途对称电缆（包括纸绝缘高低频长途对称电缆、铜芯泡沫聚乙烯高低频长途对称电缆以及数字传输长途对称电缆）、同轴电缆（包括小同轴电缆、中同轴和微小同轴电缆）、海底电缆（可分为对称和同轴海底电缆）、射频电缆（包括对称射频和同轴射频）、光纤电缆（包括传统的电缆型、带状列阵型和骨架型三种）。

通信电缆在《军事辞海》中解释为由多根互相绝缘的导线或导体构成缆芯，外部具有密封护套的通信线路。有的在护套外面还装有外护层。有架空、直埋、管道和水底等多种敷设方式。按结构分为对称、同轴和综合电缆；按功能分为野战和永备电缆（地下、海底电缆）。

2. 电话线

人们通常所称的电话线，实际上包括从电信公司的市话分线盒接到用户家庭电话插座的连接导线以及从用户家庭插座到电话座机之间的一段电话连线。分线盒到用户家庭插座这段线是由两根较粗的铝质金属导线绞合在一起构成的，阻抗为 600 Ω，传输音频信号可达数百米，称为用户电话线，也叫入户电话线，如图 2-32a 所示。用户家庭插座到电话机之间的连线称为座机电话线，一般在几米之内，材质较软，便于布放，如图 2-32b 所示。

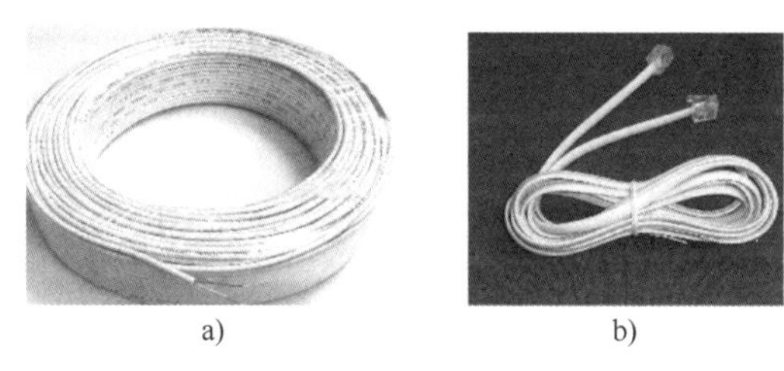

a)　　b)

图 2-32　电话线

a）用户电话线　b）座机电话线

3. 互联网线

互联网线如图 2-33 所示。这段线是指从互联网路由器或交换机到用户计算机网卡或到用户 WiFi 之间的连接线路。常见的互联网线中有四对双绞线，但实际应用中只用了两对，一对用于发送数据，另一对用于接收数据，因此可以说互联网通信实际上采用的是四线传输方式。双绞线由两根互相绝缘的铜线以均匀对称的方式扭绞在一起而得名。双绞线进行绞合的目的是减少相邻导线间的电磁耦合干扰，绞合的密度越大抗干扰能力越强。

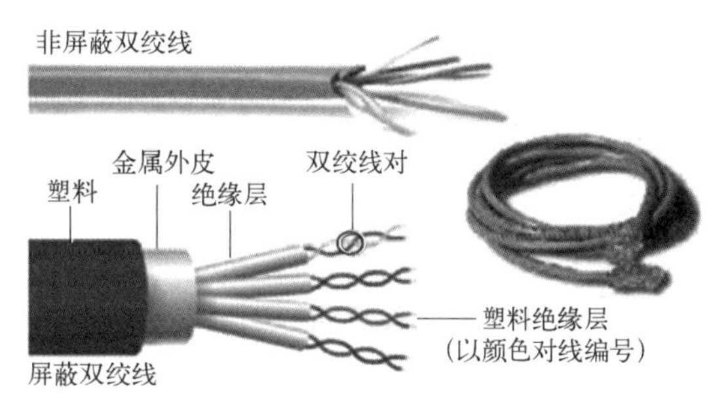

图 2-33　互联网线

双绞线分为非屏蔽双绞线（UTP）和屏蔽双绞线（STP）。非屏蔽双绞线外皮为塑料，不具有屏蔽电磁场的能力，易受外部的电磁场干扰。根据双绞线的数据传输速率不同可将其分为 7 类线，见表 2-2。屏蔽双绞线外皮为金属，具有屏蔽能力，价格比 UTP 高。

表 2-2　互联网线的分类

网线类型	1类线	2类线	3类线	4类线	5类线	超5类线	6类线	超6类线	7类线
作用	用于20世纪80年代初的电话线缆	适用于旧的令牌网	主要用于支持10 M网线	用于令牌局域网和以太网	适用于100BASE-T和10BASE-T网络	主要用于千兆位以太网	适用于传输速率高于1 Gbit/s的网络	主要应用于千兆位网络	用于万兆位以太网
传输频率	比较低	1 MHz	16 MHz	20 MHz	100 MHz	100 MHz	1～250 MHz	200～250 MHz	至少可达500 MHz
最高传输速度	比较低	4 Mbit/s	10 Mbit/s	16 Mbit/s	100 Mbit/s	1 Gbit/s	1 Gbit/s	1 Gbit/s	10 Gbit/s

4. 市话电缆

市话电缆指从电信公司市话配线架到用户住地附近的传输线路。这段线路的特点是传输距离远，传输用户集中，因此常将几十至上千对双绞电话线做在一根电缆中，便于施工敷设，如图 2-34 所示。市话电缆在布放时起于电信公司的市话 112 台外侧配线架，止于用户住宅附近的分线盒。离开电信公司时的市话电缆内可以有 2400 多对电话线，因此无法直接将其接入用户家庭。为此，电信公司采用分段布放不同规格电缆的方式，逐段减小电缆的容量，直到最后接到用户家庭时只有一对芯线。图 2-35 所示为市话电缆分段接续过程。

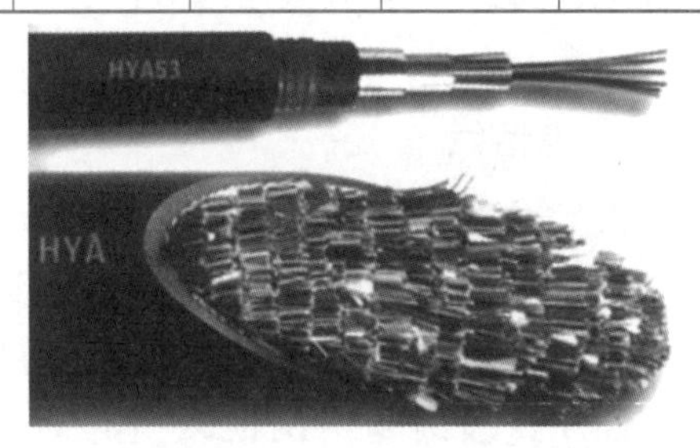

图 2-34　市话电缆

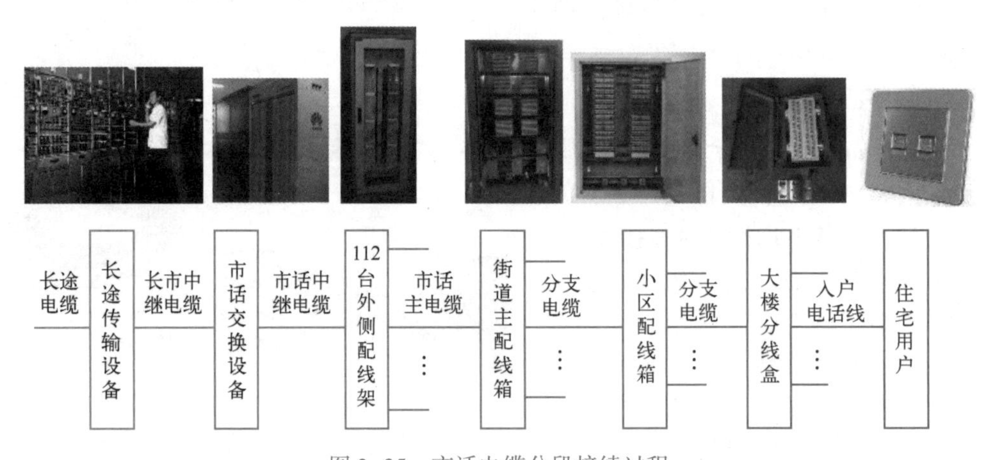

图 2-35　市话电缆分段接续过程

来自外地的长途电缆先经长途传输终端将调制、编码、复用的群路电信号还原为电话信号，再经市话交换设备完成路由选择，然后经 112 台的外侧配线架与 2400、1200 对芯线的市话主电缆相连接，再经街道主配线箱将电话线分别接到 600、400、200、100 对芯线的分支市话电缆，这些中容量的分支市话电缆被接到用户小区配线箱，并进一步由 60、40、30、20、10 的小容量分支市话电缆布放到用户附近大楼中的分线盒，最后经用户电话线接到用户家中的接线插座上，经座机电话线与电话机相接。

5. 长途电缆

长途电缆是一种用于在长途传输设备之间远距离传输大容量模拟频载波或数字信号的传输电缆。长途电缆包括长途对称电缆（最多可传输 60 个话路的载波信号）、小同轴电缆（最多可传输 3600 个话路载波信号）、中同轴电缆（最多可传输 10800 个话路载波信号）、海底电缆（最多可传输 10800 个话路载波信号）、光纤电缆。

海底电缆比陆地电缆增加了抗拉和防水性能，如图 2-36a 所示。

对称电缆由若干对双绞线做在一根保护套管内构成。双绞线为两根线径各为 0.32~0.8 mm 的铜线，经绝缘等工艺处理后绞合而成。对称电缆分非屏蔽双绞线和屏蔽双绞线两种。对称电缆导线间的串音随频率升高而增加，其结构如图 2-36b 所示。

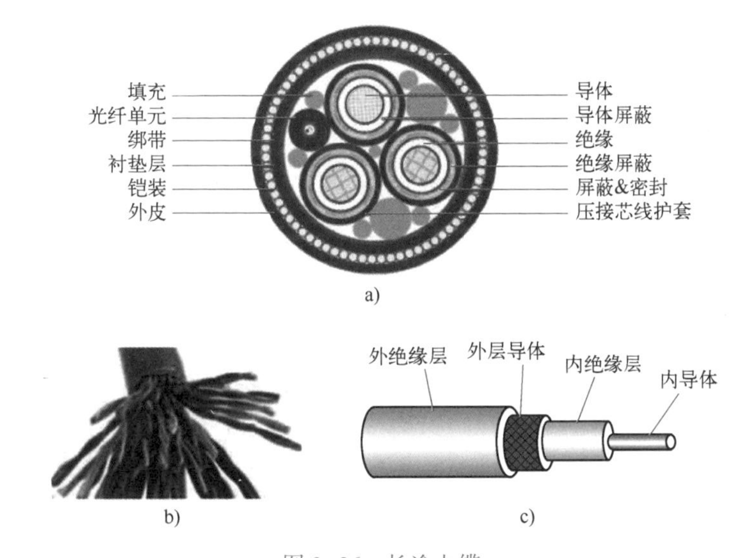

图 2-36　长途电缆

同轴电缆由外绝缘层、外层导体、内绝缘层和内导体 4 个部分组成，如图 2-36c 所示。同轴电缆分为基带同轴电缆和宽带同轴电缆。特性阻抗为 50 Ω 的同轴电缆称为基带同轴电缆，用于传输数字信号，距离可达 1 km，传输速率为 10 Mbit/s；特性阻抗为 75 Ω 的同轴电缆称为宽带同轴电缆，如长途载波通信用的小同轴电缆、中同轴电缆和共用天线电视系统 CATV 中的标准传输电缆。同轴电缆可用于传输模拟信号和数字信号。同轴电缆具有信号传输频带较宽、传输速率较高、损耗较低、传输距离较远、辐射低、保密性好、抗干扰能力强、架设安装方便、容易分支、可实现多路复用传输等优点，主要应用于长途电话传输、电视转播、近距离的计算机系统连接、局域网络。

6. 其他电缆

视频电缆：用于传输电视信号的电缆，常见的是有线电视的闭路线，属同轴电缆。

射频电缆：用于传输射频信号的电缆，属同轴电缆。

电力载波电线：利用电力传输线进行载波信号的传输。

2.3.2 高锟让玻璃丝传信的努力

1959年，美国人梅曼发明了红宝石激光器，这种激光器能产生出一种性质与电磁波相同且频率和相位都很稳定的激光。由于激光具有频带宽、纯度高、不易扩散、方向性好的特点，人们立即想到将其用于通信中的信号传输，从而产生了早期的自由空间光通信。

但问题也随之而来，应用中发现：当激光在大气中传输时，会受到烟雾、灰尘、雨雪、障碍物等的干扰、损耗和阻挡，很难进行远距离传输。于是人们就想让光在一条封闭的管道中传输以排除大气中的不利影响。但是几千米长而不弯曲的管道也是很难制造的，一旦管道弯曲就会阻挡光线。

后来人们制作了透明度很高的石英玻璃丝来传播光线，利用反射使光线可以在弯曲的玻璃丝中继续传输，并称这种玻璃丝为光学纤维，简称光纤。光纤有一个突出优点，那就是光可以在同一条通路上进行双向传输。

但光在初期的光纤中传输时损耗达到1000 dB/km，这与光缆传输衰减一般0.2 dB/km的要求相差太大，因而无法满足实用通信的要求。但以光作为传输媒介的通信容量比传统金属导线系统高出10万倍，这种巨大的前景诱惑驱使一大批科研人员投入了对光通信的研究。其中之一就是一位名叫高锟的科学家。

1966年7月，英国标准电信研究所的英籍华人高锟博士发表了一篇名为《为光波传递设置的介电纤维表面波导管》的论文，该论文分析了玻璃纤维损耗大的主要原因，在进行了大量推导和计算之后，高锟大胆地预言：“只要把铁杂质的浓度降到百万分之一，就可以制造出波长在0.6 μm左右，损耗为20 dB/km的玻璃材料”，这种玻璃材料就可能用来实现远距离光信号的传输。

然而，论文发表后，迎面而来的却是无数质疑的声音，甚至有人毫不客气地说他是“痴人说梦”。为了获得低损耗光纤，高锟不断前往全球各地游说玻璃制造商们研制新型“纯净玻璃”。由于超纯净玻璃纤维的研发成本过高，市场前景难测，当时的企业大多不愿在这方面投入太多。在高锟不懈的游说下，最后美国康宁公司开始依据高锟发表的论文进行光导纤维的研发。作为美国的著名玻璃生产厂商，也是如今智能手机屏幕玻璃最知名的生产商，康宁公司于1970年制造出了世界上第一条符合高锟理论的低损耗试验性光纤。

为了表彰高锟对光纤通信的巨大贡献，他被誉为“光纤之父”。2009年10月6日，瑞典皇家科学院在斯德哥尔摩宣布，将2009年诺贝尔物理学奖授予这位英国华裔科学家高锟，颁奖辞中明确称赞他因研究“有关光在纤维中的传输以用于光学通信方面”取得了突破性成就而获奖。美国前总统奥巴马曾评价他的研究完全改变了世界，促进了世界经济的发展，他为高锟感到骄傲，世界欠高锟一个极大人情。如今，敷设在地下和海底的玻璃光纤已超过10亿千米，足以绕地球2.5万圈，并仍在以每小时数千千米的速度增长。

现在的光纤一般由两层介质组成，里面一层称为内芯，折射率为n_1，直径一般为几十微米或几微米；外面一层称为包层，折射率为n_2。当光从高折射率介质射往低折射率介质时，如果角度超过某个临界值，所有的能量全部会被反射回高折射率介质中，这使光在光纤中产生全反射而不会穿透光纤，从而使光只能在光纤中进行传输，避免能量损失。

通常将多根光纤传输线组合在一起做成光缆，用于点对点光纤传输系统之间的连接。含一根光纤的光缆称单纤，有两根光纤的称双纤，目前已能将上千根光纤组合在一条光缆中，如图2-37a所示。光纤的结构如图2-37b所示。

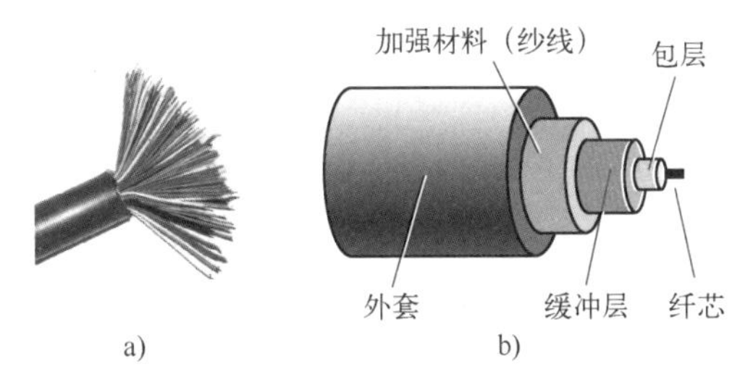

图2-37　光纤导线

光纤通信是运用光反射原理，把光限制在光纤内部，用光信号取代传统电信号传输的通信方式，如图2-38a所示。人们打电话时产生的语音信号经电发射机处理后变为适宜长途传输的信号，再经光发射机输出端的LD/LED激光发射器将电信号转换为光信号，将光信号输入光纤后，光就在光纤中进行全反射传输，图2-38b所示为光线在光纤中的全反射过程。光信号传输一段距离后会受到光纤内部杂质的损耗，这时可通过光中继器将光信号变为电信号，对电信号进行放大还原后，再将电信号变成光信号继续进行传输，如图2-38a所示。接收端光接收机中的光敏二极管PIN/APD将光信号还原成电信号，最后经电接收机进一步还原为语音信号并传输给接收端电话用户。

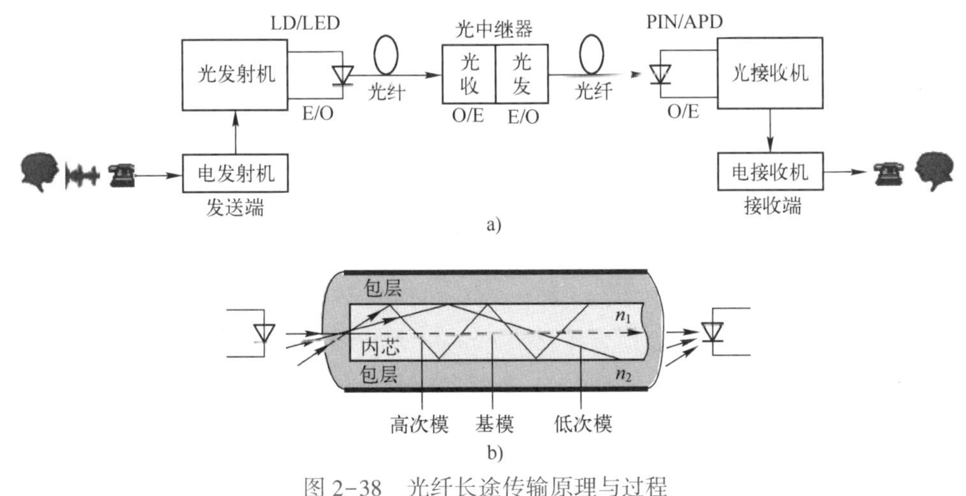

图2-38　光纤长途传输原理与过程

图 2-39 所示为光纤衰减系数随波长的变化情况。影响光纤传输质量的主要因素是光纤的损耗特性和频带特性。

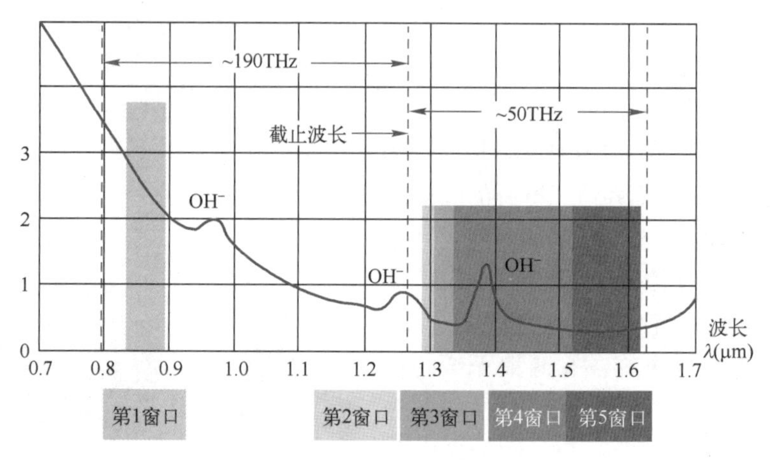

图 2-39　光纤衰减系数随波长

光纤的损耗特性表示光能在光纤中传输时所受到的氢氧根阴离子的衰减程度，光纤的频带特性直接影响传输波形的失真情况和传输容量。光纤的频带特性与光纤传光时的色散性能有关。

按光纤制作材料的不同，可将光纤分为玻璃光纤和塑料光纤。利用光纤进行信号的传输有多模传输和单模传输两种模式。

1. 多模传输

多模光纤传输设备所采用的发光器件是 LED，通常按波长可分为 850 nm 和 1300 nm 两个波长，因为这两个波长的光衰减较小，如图 2-39 所示。按输出功率可分为普通 LED 和增强 LED（ELED）。多模光纤传输所用的光纤，其线径有 62.5 mm 和 50 mm 两种。决定多模光纤传输距离的主要因素是光纤的频率范围（也称带宽）和 LED 的工作波长。

在多模传输方式中，许多条不同角度入射的光线在一条光纤中传输，如图 2-38b 所示光纤中有三根光线在光纤中传输。由于角度不同，光线在光纤中走过路径的长度不同，导致脉冲宽度展宽，故只适用于短距离传输。

2. 单模传输

单模传输设备所采用的发光器件是 LD，通常按波长可分为 850 nm 和 1300 nm 两个波长，按输出功率可分为普通 LD、高功率 LD、DFB-LD（分布反馈光器件）。单模光纤传输所用的光纤最普遍的是 G. 652，其线径为 9 μm。

对于单模传输方式，纤芯中仅有某一角度的射线通过，脉冲宽度可以很窄，因此数据传输速率高，适用于长距离大容量的主干光缆传输系统。

相比于金属导线通信，光纤通信的优点在于：衰减少、中继距离长、带宽大、传输速率高、传输能力强、不受电磁干扰、无辐射、保密性好、质量小、容量大、抗腐蚀性好，但光纤断裂的检测和修复都很困难。

光纤信道不仅可用来传输模拟信号和数字信号，而且可以满足视频传输的需求，其数据传输速率可以达到17 bit/s，在不使用中继站的超长距离通信中，传输距离能达到上千千米。光纤系统已广泛用于承载数字电视、语音和长途数字通信，在商用与工业领域，光纤已成为地面传输标准。光缆还因重量轻、直径小、使用安全等特点，可应用于光控飞行控制系统来取代线控飞行系统。

2.3.3　艾伦对事故塑料的灵感

1868年，美国发明家约翰·韦斯利·海特发明第一种塑料。自那时起，在人们的共识中，塑料都是一种性能良好的绝缘体。在教科书和《辞海》中都对此有明确的表述："塑料为绝缘体"。然而现在，这种对塑料的认识已经被一个叫艾伦的美国教授所颠覆。

1. 实验废品引发的思想火花

这得从1975年美国宾夕法尼亚大学的艾伦·G. 马克迪尔米德教授到日本访问说起。当时他正在参观东京技术学院的一个实验室，他无意间看见实验室的角落里放着一种奇异的薄膜，看上去有点像塑料，但却闪着金属的银光。艾伦教授停下来好奇地问陪同他参观的日本教授白川英树那是什么，"那是一件莫名其妙的废品"，白川英树教授不以为然地说。其实这个废品已经在那里展示5年了，作为不按照导师要求进行实验而发生"事故"的见证。原来白川英树教授有一个外国留学的研究生在做一种有人在1955年就已经合成的叫作聚乙炔的塑料实验时，由于没有听清楚要求，加入了比规定多出近100倍的催化剂，结果他合成的聚乙炔与其他聚乙炔相比完全不同。这个本应是一种黑色粉末的塑料，如今却成了一种有银色光泽的软片，看起来像铝箔一样。艾伦教授面对这一件"废品"，思索片刻后毅然停止了参观，坚持要求面见出"事故"的学生，向他详细询问了实验的全过程。

当他得知这种银光薄膜还有些导电性能时，一个灵感的火花迸发了出来：能不能发明一种能导电的塑料呢？这是一个有悖常理的大胆设想，艾伦教授却独具慧眼，当即邀请白川英树教授和另一位叫艾伦·黑格的教授到美国去共同研究。他们用先进的设备进行了大量研究试验，并且利用精密计算机进行记录分析。

在经过无数次的失败后，1977年，当有一次将微量的碘加入一种聚乙炔时，奇迹发生了，柔软的银色塑料软片变成了金色的薄片，这种新材料的导电性随之提高了1亿倍，真正成为金属般的导电塑料。从此以后，科学家们发现，有十多种塑料，当人们对它们进行掺和时，都会发生类似的变化，并呈现出导电性。

不过，最初塑料的电导率只算得上是半导体的水平，离真正的金属导体的水平还有较大差距。后来联邦德国的科学家们将获得的导电塑料进行特殊的熟化和拉伸取向处理，将处理好的塑料薄膜再进行掺杂试验，结果这种新颖塑料的电导率又提高了 3 个数量级，这种新塑料达到了真正导体的指标水平。经过其他科学家的不断试验，又使新颖塑料的导电能力超过了铜，成为真正的导电塑料。

由于艾伦・G. 马克迪尔米德教授发现有机聚合物显示金属电导率，因此与白川英树和艾伦・黑格两位科学家一起获得了 2000 年的诺贝尔化学奖。英国物理学家汤姆逊曾经说过：在能够对科学做出贡献的所有因素中，观念的突破是最伟大的。导电塑料的发明就是观念更新出成果和取优点去劣势的典型例证。而这一个新发明的契机在实验室的角落里放置了 5 年，所有见过它的科学家都没有对它的产生原因进行过分析，对这样一个足以引出重大发明的契机视而不见，直到充满好奇心的艾伦教授凭着他对科学问题的鉴赏力而发现了这样一个契机，提出了一个有悖常理的大胆设想并且深入研究，最终获得了诺贝尔化学奖。东京技术学院的教授们对错失这样的良机也许会有点遗憾。

新的研究已经发现，导电塑料有许多独特的用途：可用于抗静电添加剂、计算机抗电磁屏幕和智能窗、电子器件设备外壳的屏蔽、电极和低温发热体、太阳能电池、电致变色显示元件、透明导电膜、发光二极管、传感器、隐身飞机等。

2. 高分子塑料导电机理

导电塑料做成的导线就称为高分子塑料导线，可作为一种新兴的电信号传输介质。高分子塑料导线的导电是由于材料内部有能传递电流的自由电荷，这些自由电荷包括电子、空穴、正离子、负离子。其导电性与微观物理量载流子浓度、迁移率成正比。大多数高分子的导电都属于离子导电和电子导电。

电子导电包括共轭高分子、高分子的电荷转移复合物、高分子的自由基、有机金属聚合物等，导电机理类似于金属电导。离子导电的导电离子来源分为两种，一种是一些带有强极性原子或基团的高分子中，本身解离产生导电离子；另一种是外来因素，一般是合成、加工、使用过程中杂质解离而使高分子导电。

高分子材料根据其电导形成的机制不同可归结成两类，一类为结构型导电高分子材料，另一类是复合型导电高分子材料。结构型导电高分子材料带有共轭双键的结晶性高聚物，通过离域 π 电子来导电，最早发现的聚乙炔就是这种导电方式。复合型导电高分子材料指物理改性后具有导电性的材料，一般是将导电性材料改性后掺混于树脂中制成，分为炭黑填充型和金属填充型。

在高分子塑料导线的有机共轭分子中，两个成键原子核间的连线叫键轴，把原子轨道沿键轴方向“头碰头”的方式重叠成键，称为 σ 键，把原子轨道沿键轴方向“肩并肩”的方式重叠，称为 π 键。σ 键是定域键，构成分子骨架，而垂直于分子平面的 p 轨道组合成离域 π 键，所有 π 电子在整个分子骨架内运动。离域 π 键的形成增大了 π 电子的活动范围，使体系能级降低、能级间隔变小，增加了物质的导电性能。

图 2-40 所示为聚乙炔分子导线内部结构模型，其中，图 2-40a 为高分子塑料导线导

电模型结构，图2-40b为高分子塑料导线分子结构模型。高分子塑料导线的功能主体是其共轭部分，它在外电场作用下的变化将直接影响高分子塑料导线的性质和功能，这里假设匀强电场施加于C1→C10方向。由于共轭作用，聚乙炔分子在无外电场时呈平面构型，在引入外电场后这一几何特征不会发生改变，但分子的C-C键和C-C键的键长却会发生变化，双键随场强增大而伸长，单键随场强增大而缩短。

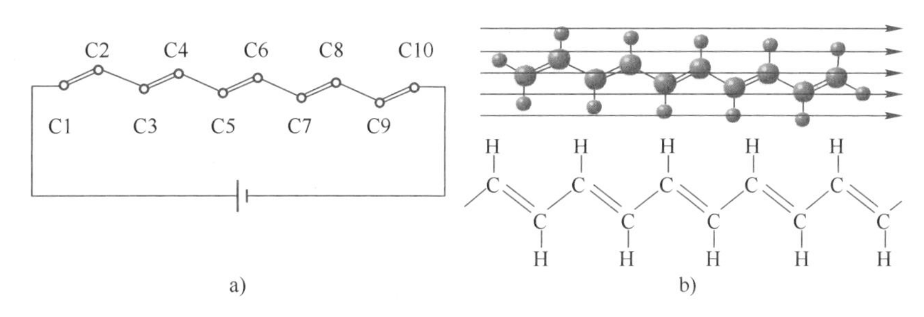

图2-40 聚乙炔分子导线内部结构模型

在共轭体系中，π电子具有离域性和流动性，因此外电场会使π电子向正电势方向移动，在分子内形成偶极，最终生成新的电子分布，进而影响到分子的几何构型。双键长度的变化受到碳原子上所带负电的排斥作用和共轭作用双重影响。当正电场施加在C1端时，π电子向C1端的流动不仅导致了C1端双键的共轭性增强，而且还积累了更多的负电荷。分子导线的另一端在负电场作用下，使C10端共轭性降低，所带负电也减少。

在共轭有机分子中，σ电子无法沿主链移动，而π电子虽较易移动，但也相当于定域化。通过移去主链上部分电子（氧化）或注入数个电子（还原），这些空穴或额外电子可以在分子链上移动，使此高分子成为导电体。如掺杂碘和钠的聚合物：

氧化掺杂（*p*-doping）：[CH]*n* + 3*x*/2 I2 ⟶[CH]*nx*+ + *x* I3-

还原掺杂（*n*-doping）：[CH]*n* + *x* Na ⟶[CH]*nx*- + *x* Na+

添补后的聚合物形成盐类，产生电流的原因并不在于碘离子或钠离子，而是共轭双键上的电子移动。碘分子从聚乙炔抽取一个电子形成I3-，聚乙炔分子形成带正电荷的自由基阳离子，在外加电场作用下双键上的电子更容易移动，结果使双键上的电子沿分子移动形成电流。

由上可见，高分子塑料导线中电子是在分子链上移动，而不是任意移动，在主轴方向之外的其他方向上是不能移动的。因此即使在垂直主轴方向施加电场也不会形成电流，即在垂直电流传输方向上，高分子塑料导线具有对电的绝缘性，不存在集肤效应和集束效应，有利于高频信号的传输，使分了导线的信号传输频率可达2 GHz。

在高分子塑料导线2 GHz的信号传输频率范围内，除700~890 MHz处有一个30 dB的衰减峰值外，整体衰减在0.3~0.4 dB，是比较平坦的，而且频率越低衰减越小这一特点有利于传输使用较多的市电，减少能量的传输消耗。

据测试，采用炭黑填充的复合型导电高分子材料导线时，直流电阻为32 Ω/km，这已接近铜线和铝线的电阻。当用这种分子导线代替金属导线接入220 V交流市电进行电灯照明试验时，其亮度与金属电线供电时无明显区别。

利用高分子塑料导线的低频传输衰减较小的特点，可直接用其代替电话线进行音频信号的传输。用一段高分子塑料导线取代电话线进行实际测试时，结果表明：其传输的音质效果与金属电话线无明显区别。利用高分子塑料导线对电流纵向的绝缘性，可将其用于电磁干扰环境较差情况下的通信。

小结

人类在经过漫长的探索和知识积累后，对电的认识逐渐从量变上升到质变，不仅掌握了自然电的基本特性，还创造出可被人类自己控制的电池、发电机，使人类可以广泛而自由地用电。蒸汽机、电动机、电灯照明等一系列科技成果，催生了现代工业革命时代的来临。而电报电话的发明、远程传输导线的研发使人们可以进行远距离、大容量的实时通信，促进了知识和技术的交流与共享，加快了人类文明前进的步伐。

第3章

无线电通信的来龙去脉

作者有词《鹊桥仙·无线通信的魅力》，点赞无线通信时代对人类的影响：

鹊桥仙

无线通信的魅力

电磁涟漪，
马可尼报，
万里迢迢信到。
嫦娥问天讯回微，
放大管天机玄妙。

广播电视，
收音机响，
远程雷达探照。
巡天北斗指方向，
暗海处蛟龙荣耀。

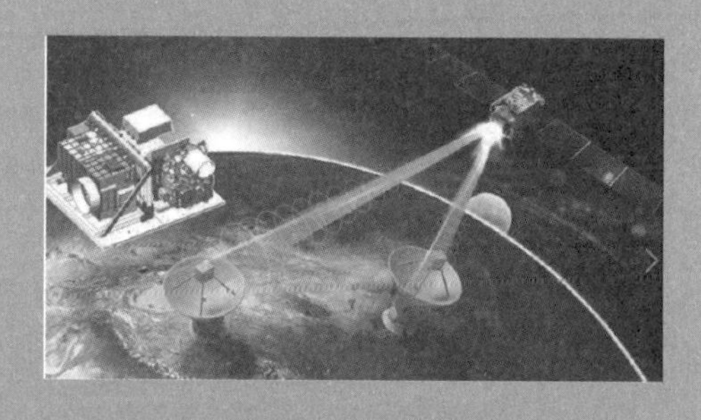

有线传输通信解决了异地之间的实时通信问题，但也暴露了两地之间必须架设长途线路的问题。然而在现实世界的许多应用场景中，是无法敷设线路的，如移动的飞机、舰船。另外，地广人稀的沙漠、海岛、边远山区和湖泊等地域，通信建设的性价比太低而不值得架线。如何实现这些应用场景中的通信呢？无线通信技术呼之欲出。

3.1 无线电波的横空出世

3.1.1 麦克斯韦方程组预言的电磁波

早在1785年，法国物理学家库仑就在扭秤实验结果的基础上，建立了说明两个点电荷之间存在相互作用力的库仑定律。在此基础上，安培又研究了电流之间的相互作用力，提出了许多重要概念和安培环路定律。很多年后，就在1820年，奥斯特发现电流能使磁针偏转，从而成为第一个把电与磁联系起来的人。此后的法拉第通过进一步研究，在1831年正式提出了著名的电磁感应定律。

直到1845年，关于电磁现象的学说都以超距作用观念为基础，认为带电体、磁化体或载流导体之间的相互作用都是可以超越中间媒质而直接进行并立即完成的，认为电磁扰动的传播速度无限大。而法拉第认为上述这些相互作用与中间媒质有关，是通过中间媒质的传递而进行的，即主张间递学说。

1831年6月13日，一位叫作詹姆斯·克拉克·麦克斯韦的男孩诞生在苏格兰的爱丁堡，1846年，智力发育格外早的麦克斯韦就向爱丁堡皇家学院递交了一份科研论文。1847年，他16岁中学毕业后，进入了苏格兰的最高学府爱丁堡大学学习。虽然他是班上年纪最小的学生，但考试成绩却总是名列前茅。他在这里专攻数学、物理，并且显示出了非凡的才华。他读书非常用功，在学习之余还学会了写诗，如饥似渴地阅读课外书籍，这为他积累了相当广泛的知识。1850 年，麦克斯韦转入剑桥大学三一学院数学系学习，1854 年以第二名的成绩获史密斯奖学金，毕业后留校任职两年。

麦克斯韦对电学的研究始于 1854 年。当时他刚从剑桥大学毕业，几个星期后便读到了法拉第的《电学实验研究》，书中新颖的实验和见解立即吸引了他。当时人们对法拉第的观点和理论存在不同看法，其最主要原因是超距作用的传统观念对科学界影响很深，另一原因是法拉第理论的严谨性不够。法拉第是位杰出的实验大师，但唯独欠缺数学功底，所以他的创见都是以直观形式来表达的。当时的物理学家一般都恪守牛顿的物理学理论，对法拉第的学说感到不可思议。有位天文学家曾公开宣称："谁要在确定的超距作用和模糊不清的力线观念中有所迟疑，那就是对牛顿的亵渎!"。

带着狐疑，麦克斯韦写信给剑桥大学他很敬佩也很有见识的学者汤姆逊，向他求教有关电学的知识。汤姆逊对麦克斯韦从事电学研究给予了极大的帮助。在汤姆逊的指导下，麦克斯韦得到启示，相信法拉第的新论中有着不为世人所了解的真理。经过对法拉第著作的认真研究，他感受到力线思想的宝贵价值，也看到法拉第在定性表述上的弱点。于是这个刚刚毕业的青年科学家抱着给法拉第的理论"提供数学方法基础"的愿望，决定用数学来弥补法拉第理论严谨性的不足，把法拉第的天才思想以清晰准确的数学形式表示出来。

麦克斯韦在前人成就的基础上对整个电磁现象做了系统、全面的研究，凭借他高深的数学造诣和丰富的想象力，于 1855 年 12 月发表了《论法拉第的力线》、1861 年发表了《论物理的力线》、1864 年 12 月发表了《电磁场的动力学理论》。这三篇论文中，他对前人和他自己的工作进行了综合概括，将电磁场理论用简洁、对称、完美的数学形式表达了出来。

1865 年春，麦克斯韦辞去皇家学院的教师职位回到了家乡，在那里开始潜心进行科学研究，系统地总结研究成果，撰写电磁学专著。他预言了电磁波的存在，认为电磁波只可能是横波，并推导出电磁波的传播速度等于光速。同时他还得出结论，认为光是电磁波的一种形式，并揭示了光现象和电磁现象之间的联系。1873 年他最终出版了电磁场理论的经典巨著《论电和磁》。在书中，他系统、全面、完美地阐述了电磁场理论，使这一理论成为经典物理学的重要支柱之一。

然而不无遗憾的是，年仅 48 岁就溘然长逝的麦克斯韦，没有享受到他应得的荣誉，他没能看到他奠基的电磁场理论对今天的影响，因为他的科学思想和科学方法的重要意义直到 20 世纪科学革命来临时才充分体现出来。今天，麦克斯韦的《论电和磁》被尊为继牛顿《自然哲学的数学原理》之后的一部最重要的物理学经典。爱因斯坦曾把麦克斯韦和法拉第一道评为 19 世纪最伟大的物理学家。

现在回顾一下麦克斯韦关于电和磁的经典理论。当时，麦克斯韦在全面审视库仑定律、毕奥—萨伐尔定律和法拉第定律的基础上，参照流体力学的模型，应用严谨的数学形式总结了前人的工作，提出了位移电流的假说，推广了电流的含义，将电磁场基本定律归结为四个微分方程，这就是著名的麦克斯韦方程组。图 3-1a 所示为麦克斯韦方程组的积分表达式，图 3-1b 所示为麦克斯韦方程组的微分表达式。

麦克斯韦方程组由四个方程组成，分别如下。

1）高斯定律：该定律描述电场与空间电荷分布的关系。电场线开始于正电荷，终止于负电荷或无穷远。计算穿过某给定封闭曲面的电场线数量（或称之为电通量）可以得知包含在这个封闭曲面内的总电荷，从而揭示了穿过任意封闭曲面的电通量与该封闭曲面内电荷之间的关系。

$$\oint_l H\mathrm{d}l = \int_s J\,\mathrm{d}s + \int_s \frac{\partial D}{\partial t}\mathrm{d}s \quad ①$$

$$\oint_l E\mathrm{d}l = -\int_s \frac{\partial B}{\partial t}\mathrm{d}s \quad ②$$

$$\oint_s B\mathrm{d}s = 0 \quad ③$$

$$\oint_s D\mathrm{d}s = \int_v \rho\mathrm{d}v \quad ④$$

a)

$$\nabla \times H = J + \frac{\partial D}{\partial t} \quad ⑤$$

$$\nabla \times E = -\frac{\partial B}{\partial t} \quad ⑥$$

$$\nabla \cdot B = 0 \quad ⑦$$

$$\nabla \cdot D = \rho \quad ⑧$$

b)

图 3-1　由四个方程组成的麦克斯韦方程组

2）高斯磁定律：该定律提出，磁单极子实际上并不存在，所以，没有孤立磁荷，磁场线没有初始点，也没有终止点。磁场线会形成循环或延伸至无穷远。进入任何区域的磁场线必须从那个区域离开。通过任意封闭曲面的磁通量等于零，磁场是一个无源场。

3）法拉第感应定律：该定律描述时变磁场怎样感应出电场。一块旋转的条形磁铁会产生时变磁场，接下来会生成电场，使得邻近的闭合电路感应出电流。

4）麦克斯韦-安培定律：该定律指出，磁场可以用两种方法生成，一种是靠原来安培定律中所描述的传导电流生成，另一种是靠麦克斯韦修正项描述的时变电场（或称位移电流）生成。

在电磁学里，麦克斯韦修正项意味着时变电场可以生成磁场，而由于法拉第感应定律，时变磁场又可以生成电场。这样，两个方程在理论上允许自我维持的电磁波传播于空间。

下面用比较通俗的语言来描述麦克斯韦电磁场理论的要点。

1）分立的带电体或电流之间的一切电的和磁的作用，都是通过它们之间的中间区域传递的，这些中间区域可以是真空或实体物质。

2）电能或磁能不仅存在于带电体、磁化体或带电流的物体中，还分布在周围的电磁场中。

3）导体构成的电路若有中断处，电路中的传导电流将由电介质中的位移电流补偿贯通，即全电流连续，且位移电流与其所产生的磁场的关系与传导电流的相同。

4）磁通量既无始点又无终点，不存在磁荷。

5）光波也是电磁波。

麦克斯韦对人类的重大贡献在于他建立了一个完整、优美的方程组，把经典的电学、磁学、光学统一了起来，这对电磁学理论的建立是至关重要。而麦克斯韦所描绘的在变化的磁场周围会产生变化的电场，在变化的电场周围又将产生变化的磁场，如此一层层地像水波一样外推，便可把交替的电磁场传到很远的地方，这就是如今人们所认识的无线电波的传播方式，因此也是无线电波可以在空间传播的理论基础。图 3-2 所示为交替的垂直方向电场与水平方向磁场的传播过程。

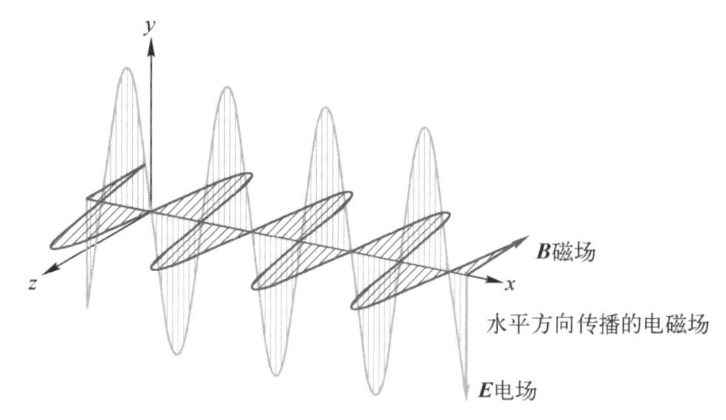

图 3-2　交替的电场与磁场传播

然而，麦克斯韦只是从理论上提出了电磁场理论，并没有在实验中证明电场与磁场的传播过程，所以对电磁场理论正确性的认识还不完善，于是又有许多科学家试图通过实验来弥补这一缺憾。德国物理学家海因里希 · 鲁道夫 · 赫兹就是其中最杰出的一个。

赫兹从小就对实验很有天赋，1886 年 10 月他发明了“电流共振器”，使空气中能够产生并传送一定频率的电磁波，这是人类第一次能够人工发射电磁波。1887 年，赫兹在一间暗室里做火花实验，如图 3-3 所示。他在两个相隔很近的金属小球上加上高电压，随之便产生了一阵阵噼噼啪啪的火花放电。这时在他身后放着一个没有封口的圆环，就在赫兹把圆环的开口调小到一定程度时，便看到有火花越过缝隙。通过这个实验，他得出了电磁能量可以越过空间进行传播的结论。

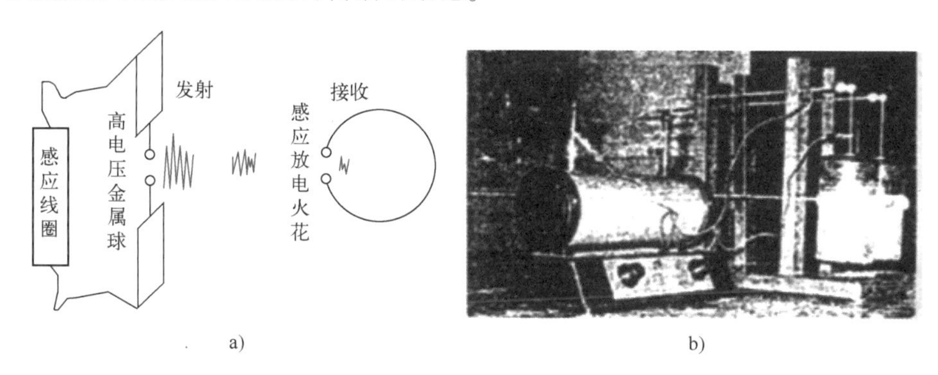

图 3-3　赫兹的火花实验

a）放电过程　b）放电设备

1905 年~1915 年，阿尔伯特 · 爱因斯坦的相对论进一步论证了时间、空间、质量、能量和运动之间的关系，说明电磁场就是物质的一种形式，麦克斯韦关于电磁场的间递学说得到了公认。

赫兹的发现具有划时代的意义，它不但证明了麦克斯韦理论的正确性，更重要的是促进了无线电的诞生，开辟了电子技术的新纪元，标志着从有线电通信向无线电通信的飞跃。应该说，从这时开始，人类开始进入无线电通信的新时代。

赫兹的发现公布之后，轰动了世界范围的科学界，1887 年成为了近代科学技术史的一座里程碑，为了纪念这位杰出的科学家，电磁波的单位便命名为赫兹（Hz）。

3.1.2 无线电之父的不同说法

虽然赫兹通过闪烁的火花第一次证实了电磁波的存在，但他却断然否定利用电磁波进行通信的可能性。他认为，若要利用电磁波进行通信，需要有一个面积与欧洲大陆相当的巨型反射镜，显然这是不可能做到的。赫兹的思想局限性使他丧失了引领无线电通信的先机。

赫兹发现电磁波的消息传到了俄国一位正从事电灯推广工作的青年波波夫那里，他马上获得了灵感："用我一生的精力去装电灯，对广阔的俄罗斯来说，只不过照亮了很小的一角，要是我能指挥电磁波，就可飞越整个世界!"，此后他便开始研究无线电。1894 年，经过波波夫改进后的无线电接收机增加了天线，使其灵敏度大大提高。1896 年，波波夫用无线电波将电文成功地传送了 250 m 远，电文内容是用莫尔斯电码表示的"海因里希·赫兹"。

与波波夫几乎同时实现无线电波传输的是一位叫伽利尔摩·马可尼的意大利无线电工程师。在其少年时期，马可尼就对物理和电学有着浓厚的兴趣。就在赫兹去世的 1894 年，刚满 20 岁的马可尼在电气杂志上读到了赫兹的实验和洛奇的报告，这些实验清楚地表明：肉眼看不见的电磁波的确存在，并能以光速在空中传播。

马可尼忖思：既然赫兹能在几米外测出电磁波，那么只要能设计出足够灵敏的检波器，也一定能在更远的地方测出电磁波；如果能用这种电磁波向远距离发送信号，就可以向海上航行的船只这类没有金属线路的地方传送电报。经过多次失败后，有一次他将发射电波的装置安装在家中的楼上，而将接有电铃的检波器放置在楼下，他在楼上刚一接通电源，楼下的电铃马上就响了。终于，他成功了，这使他信心大增。

马可尼继续大量收集和阅读任何他觉得有用的资料，从这些文章中寻求启发。马可尼认真分析别人的经验，汇集别人的长处，不断改进自己的无线电收发系统。经过一年的努力，1895 年马可尼在他父亲的蓬切西奥庄园中，成功地让无线电信号传输了 2.4 km 的距离，这使他成为世界上第一台实用无线电报系统的发明者。

这年秋天，他把一只煤油桶展开，变成一块大铁板，作为发射的天线；把接收机的天线高挂在一棵大树上，用以增加接收的灵敏度。他还改进了洛奇的金属粉末检波器，在玻璃管中加入少量的银粉，与镍粉混合，再把玻璃管中的空气排除掉。这样一来，发射方增大了功率，接收方也增加了灵敏度。在进行实验时，他把发射机放在一座山岗的一侧，接收机安放在山岗另一侧的家中。准备好后，他便向负责发送端设备的助手发出启动信号，他守候在接收机旁，成功地接收到了信号，并带动电铃发出了清脆的响声。这次实验的距离达到 2.7 km。

现在可以用图 3-4 来解释马可尼实验的工作原理。在图 3-4a 中，发送端的交变信号经过耦合电容 C 后，从检波器输出得到直流信号使电铃发声。这里的耦合电容由中间隔离有绝缘介质的两个金属片组成，交变电磁场在金属片 CA 与金属片 CB 之间传输，因此信号能够通过电容的耦合从信号源到达负载电铃。

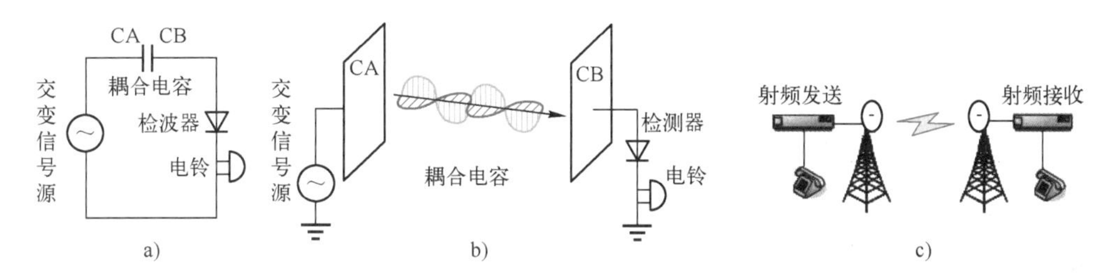

图 3-4 马可尼实验的工作原理
a）本地电铃回路 b）远程信号传输 c）微波信号传输

同理，马可尼的实验装置如图 3-4b 所示，如果将金属片 CA 与金属片 CB 之间的距离拉开，并增加 CA、CB 的面积（如同马可尼将煤油桶展开变成一块大铁板），朝向接收方向形成能量相对集中的定向平面发射天线，再增加发射信号功率和接收灵敏度，就可以延长无线电信号的传输距离。按照麦克斯韦电磁场理论，存在距离的金属板 CA、CB 之间依然存在交变电磁场的传输，而设备的接地端通过大地这一导电体实现收发两地间的连接，这样在发送端和接收端就形成一个供电回路，故接收端的检波器能检测到信号并带动电铃发声。

图 3-4c 所示为现今使用的无线电微波通信系统，两个抛物面天线对视，类似于马可尼的大铁板天线，具有定向发射电磁波的作用，使电磁波的能量集中以减少损耗并延长传输距离。因此可以说，马可尼的这个实验已经达到较高的实用水平。

1896 年，马可尼携带着自己的装置来到英国，他在伦敦、萨里斯堡平原以及跨越布里斯托尔湾成功地演示了他的通信装置。这一年马可尼取得了世界上第一个无线电报系统领域的专利。1897 年 7 月，马可尼成立了无线电报及电信有限公司，后改名为马可尼无线电报有限公司。这一年马可尼改进后的无线电传送和接收设备成功地在布里斯托尔海峡进行了 12 km 的无线电通信后，他又在斯佩西亚向意大利政府演示了 19 km 的无线电信号发送。1898 年，英国举行了一次终点设在离岸 20 英里的海上游艇赛。为了能立即获得比赛结果，《都柏林快报》特聘马可尼为信息员。为此，马可尼在赛程的终点用自己发明的无线电报机向岸上的观众及时通报了比赛结果，引起了巨大的轰动，这被认为是无线电通信的第一次实际应用媒体报道。

马可尼马不停歇地改进自己的无线电收发系统。1898 年，他在英吉利海峡两岸成功进行了通信距离为 45 km 的无线电报跨海实验。1899 年，他建立了跨越英吉利海峡的法国和英国之间的无线电通信。随着设备性能的提高，他相继在尼德尔斯、怀特岛、伯恩默斯、哈芬旅社、普尔和多塞特建立了永久性的无线电台。这时，他的电台的通信距离已达 106 km。1900 年 10 月，他采用 10 kW 的音响火花式电报发射机在英国建立了一座强大的发射台。这一年，马可尼为其“调谐式无线电报”取得了著名的第 7777 号专利。

马可尼还证明了无线电波可以绕地球传播。在马可尼那个时代，许多人认为无线电波应该和光一样是直线传播的，而像跨越弯曲的 3700 km 的大西洋表面，无论如何也不可能直接传递无线电波。马可尼从远距离无线电波的成功实践和发射台一端接地的事实出发，坚信有可能使定向电波沿地球表面传播。他决定用自己的无线电报系统证明无线电波不受地球表面弯曲的影响。

1901 年冬，马可尼在大西洋西加拿大东部的圣约翰斯搭建了无线电接收装置，同时在大西洋东的英国西南部的康沃尔郡由他的助手搭建了发送装置。他们约定在 12 月 12 日中午进行无线电的跨洋传送实验。他使用 800 kHz 的中波信号，在接收端用风筝牵引天线，从康沃尔郡发出的字母“S”信号经电离层折射，越过 3381 km 宽的大西洋，最终到达了位于圣约翰斯的马可尼身边。图 3-5 所示为马可尼在圣约翰斯搭建无线电接收装置。

图 3-5　马可尼在圣约翰斯搭建无线电接收装置

马可尼还于 1902 年在美国“费拉德尔菲亚”号邮轮的航程中试验了无线电报通信的“白昼效应”，证明了由于太阳辐射对地球电离层的影响，白天和晚上无线电传输的效果是不同的。同年他取得了“磁检波器”的专利。这年的 12 月，他从加拿大东南部新斯科舍州的格莱斯湾，后又从美国东北马萨诸塞州的科德角向英格兰的波特休发送了第一封完整的电文。从 1903 年开始，美国用无线电向英国《泰晤士报》传递新闻，可当天见报。1905 年，马可尼又取得了水平定向天线的专利。这些早期的实验使得 1907 年在加拿大的格莱斯湾与爱尔兰的克利夫顿之间第一次开通了跨越大西洋的商业无线电报业务，从而使无线电事业达到了高峰。在这以前，他还建立了意大利的巴里和门特内哥罗的阿维达里之间的短距离民用无线电报。

至 1909 年，无线电报已经在通信领域广泛应用，许多国家的军事要塞、海港船舰大都装有无线电设备，无线电报成了全球性的事业。这一年，马可尼和德国的布劳恩被授予诺贝尔物理学奖，以奖励他们在发展无线电报上所做的贡献。然而这个奖项没有消除谁才是“无线电之父”的争论。由于几乎同时发明电报，俄罗斯人至今都认为波波夫是真正的无线电之父。

1912年马可尼发明了产生连续电波的“间断火花”系统。1923年马可尼和英国的合作者在波尔杜电台和当时巡航于大西洋和地中海的马可尼快艇“艾列特拉”号之间做了一系列的试验最后建立了远距离定向通信系统。英国政府采用这种系统作为英联邦之间的通信方案。把英国和加拿大联系起来的第一台定向无线电台于1926年建成，第二年又增设了其他电台。

1931年马可尼开始研究更短波长的传递特性，于1932年在梵蒂冈城和卡斯特尔-甘多尔福的波普夏宫之间实现了世界上第一次微波无线电话联系。两年之后马可尼在塞斯特里-累旺特演示了导航用的微波无线电航标。1935年又在意大利对雷达原理做了实际演示，这是他早在1922年在纽约向美国无线电工程学院作的一篇报告中首次预言过的。

沿着马可尼开创的无线电通信技术发展路线，人类不断探索和应用无线电技术。下面是一些重要成果和时间节点。

- 1903年，无线电话试验成功，使电话通信从此摆脱对电话线的依赖，使移动条件下的电话通信成为可能。1904年，“蜘蛛式”民用波段电话试验成功。
- 20世纪20年代至40年代，在短波频段上，美国底特律市警察开始使用2 MHz、30~40 MHz频段的车载无线电系统。
- 1941年，美陆军开始装备和应用军用步话机进行移动状态下的电话通信。
- 1946年，贝尔系统在圣路易斯城建立了采用单工方式通信的称为“城市系统”的世界上第一个公用汽车电话网。1950年西德、1956年法国、1959年英国等国相继研制了公用移动电话系统。
- 20世纪40年代到50年代产生了传输频带较宽、性能较稳定的微波通信，成为长距离、大容量地面干线无线传输的主要手段。其模拟调频传输容量可达2700路电话，也可同时传输高质量的彩色电视，而后逐步进入中容量乃至大容量数字微波传输时代。
- 20世纪60年代，卫星通信兴起，短波通信一直是国际远距离通信的主要手段，目前的应急和军事通信仍然在使用这种短波通信。
- 自20世纪80年代中期以来，随着频率选择性色散衰落对数字微波传输中继影响的发现，以及一系列自适应抗衰落技术与高状态调制和检测技术的发展，数字微波传输产生了革命性的变化。

3.1.3　弗莱明从爱迪生效应获得的启发

马可尼的无线电报采用的是莫尔斯电码，这种信号的特点是只存在“有”和“无”

两种状态，因此接收设备只需要检测出有或无信号就可完成对信号的接收和识别。但无线电话则迥然不同，接收的信号必须是连续变化、可以通过人的听觉识别的信号。然而信号在传输过程中必然会衰减，尤其是无线信道除了有与有线信道相类似的介质衰减外，还会有信号向四周扩散引起的能量密度衰减，因此很难做到远距离传输。

马可尼在实际应用中还发现一个很大的问题，就是他所使用的金属屑检波器的故障频率很高，性能也不稳定。他虽然也进行过许多改进，但并未从根本上解决问题。因此，如何改进金属屑检波器，提高其接受电信号的能力，就成了当时摆在科学家们面前的一道难题。

这时，一位曾经在马可尼无线电公司担任过顾问的英国电机工程师、物理学家约翰·安布罗斯·弗莱明，想到了美国发明家爱迪生 1883 年的一项科学发现。当时爱迪生为了寻找电灯泡的最佳灯丝材料，在真空灯泡内的碳丝附近放置了一块金属铜薄片，希望它能阻止碳丝的蒸发。实验结果使爱迪生大失所望，但在实验过程中，爱迪生无意中发现了一个奇特的现象：当电流通过碳丝时，没有连接在电路里的金属薄片中也有电流通过。最为痛心的是，聪明一世、一生拥有超过 2000 项发明的爱迪生竟然没有重视这一现象，从而失去了一项重大机遇，他只是把这一现象记录下来，然后申报了一个未找到任何用途的专利。后来，人们将这一发现命名为“爱迪生效应”。

弗莱明对这个被爱迪生本人忽略的爱迪生效应念念不忘，他坚信自己一定可以为爱迪生效应找到实际用途。经过反复试验，1904 年，弗莱明发明了一个他称之为“热离子阀”的特殊灯泡，即在灯泡中放置一块金属片。让他意外的是，当他给金属片加上高频交变电压时，这个特殊灯泡输出的居然是直流电压。这一意外的测试结果意味着：世界上第一个电子管诞生了，这就是真空二极管。

现在可以通过图 3-6 来解释弗莱明设计的真空二极管的工作原理。其中，图 3-6a 为弗莱明设计的真空二极管外观，图 3-6b 为真空二极管内部电流的形成过程。在图 3-6b 中，当用灯丝电源给真空二极管内部的灯丝供电时灯丝就会发热，并导致旁边的负极金属片发热，使负极金属片内的电子获得能量，部分电子会逸出到负极金属片外部真空中成为可自由移动的电子。如果此时在真空二极管的正极与负极之间施加高电压，电子在正电场的作用下就会向正极移动，从而形成电流。但如果在正极施加的是负电压，电子就被吸附到负极，而正极距灯丝相对较远，没有被加热到有大量电子逸出的程度，因此没有足够的电子能够从正极被吸引到负极，因而没有电流。这就是真空二极管独有的单向导电特性。

由于早期的电子二极管存在体积大、需预热、功耗大、易破碎等问题，促使人们探索更好的解决方案，于是晶体二极管诞生了。

最早的固态二极管是由阴极射线的发现者卡尔·布劳恩在 1874 年发现的。当时他在实验中发现一些矿物晶体在与金属接触后会呈现出非线性特性：在一定偏置电源作用下可以实现单向导电性。利用这种特性，他设计出了晶体检波器。

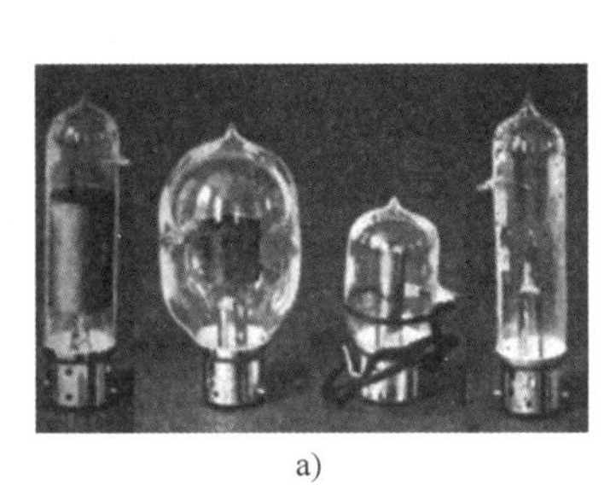

a)

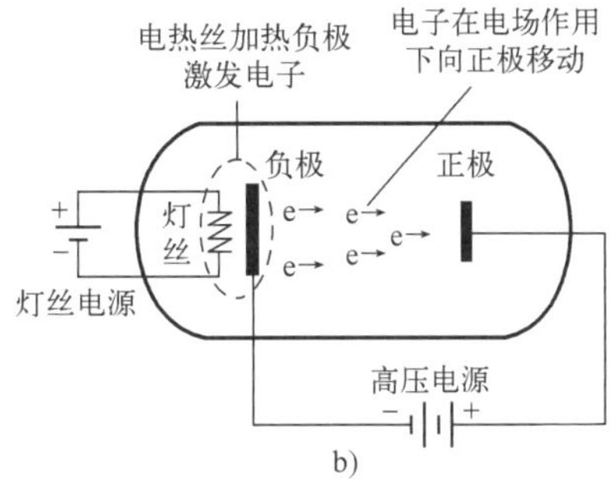

b)

图 3-6　弗莱明的真空二极管及工作原理

a）弗莱明发明的真空二极管　b）真空二极管工作原理

后来又有很多研究者沿着卡尔·布劳恩的思路，尝试使用各种不同的矿物晶体来制作性能更高的检波器。1906 年，美国工程师皮卡德在尝试了几千种不同的矿物后，发现硅晶体制作的晶体检波器具有很好的性能。这种检波器是第一种可获得商业应用的晶体检波器，此前产品的性能都不如真空二极管。

20 世纪 20 年代，苏联工程师洛谢夫在发明 LED 的同时，还发现了闪锌矿晶体在一定偏置下具有负阻抗特性，可以用于放大器。1930 年左右，布洛赫和佩尔斯解释了电子在晶体中运动的方式，1931 年，阿兰·威尔逊提出了能带理论。通过能带理论，研究者们终于明白了半导体的导电性实质上依赖于杂质。而 20 世纪 30 年代提纯手段的进步，让科学家能获得更加纯净的半导体晶体，更加精确地向半导体晶体中掺杂其他物质。这一系列的进步为结型半导体的发明铺平了道路。

最早实用化的半导体二极管是 1938 年由肖特基和莫特分别独立发明的基于肖特基结的点接触晶体二极管。肖特基二极管是贵金属（金、银、铝、铂等）为正极，以 N 型半导体为负极，利用二者接触面上形成的势垒具有整流特性而制成的金属-半导体器件。1939 年，贝尔实验室的奥尔发现了掺杂不均匀的半导体材料会出现单向导电性，并由此发现了 PN 结。直到 1949 年，贝尔实验室的威廉·肖克利推导出了 PN 结的电流公式，并制造出了锗基 PN 结二极管。人类由此掌握并能制造半导体二极管，进入了半导体时代。

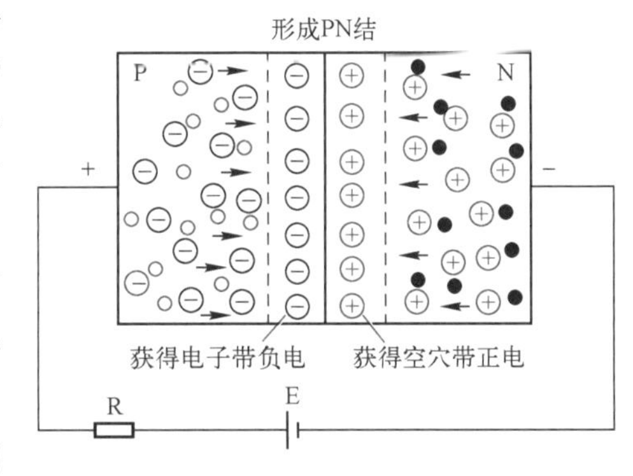

图 3-7　肖克利设计的半导体二极管的工作原理

现在可以通过图 3-7 来解释肖克利设计的半导体二极管的工作原理。

在化学元素周期表中，有几种元素（如

碳、硅、锗）的原子外层有四个价电子，因此必须与其他原子的四个价电子合起来形成共有八个电子的稳定结构，这种物质称为半导体。如果这些物质的纯净度达到99.9999999%，就将其称为本征半导体。

如果在本征半导体中掺入少量硼之类的三价元素杂质，则称这种半导体为P型半导体。由于硼原子只有三个价电子，它与周围的硅原子形成八个共价键时还缺少一个电子，因此在晶体中产生了一个空位，当相邻共价键上的电子获得能量时，就有可能脱离原来的原子移动过来填补这个空位。获得电子使硼原子成了不能移动的负离子，而原来硅原子的共价键则因缺少一个电子而形成了空穴。带电粒子称为载流子，这种P型半导体中有较多的空穴，便称空穴为多数载流子，而P型半导体中数量较少的自由电子被称为少数载流子。

类似地，如果在本征半导体中掺入磷之类的五价原子，称这种半导体为N型半导体。由于掺入后的磷原子只需提供四个价电子，与硅原子形成四对共价键，所以多出一个自由电子。在N型半导体中，电子为多数载流子，空穴为少数载流子。

如果在本征半导体的两个不同区域分别掺入三价和五价杂质元素，便可在其上形成P区和N区。当N区的多余电子向P区移动时，在P区与N区的边缘就会因为获得多余的电子而形成负电荷区。同理，P区的空穴向N区移动时，在N区与P区的边缘会因获得多余的空穴而形成正电荷区。这个由电荷漂移形成的带电区称为PN结。由于PN结电场的存在，阻止了电子和空穴的漂移进一步进行，达到一种平衡后，漂移就停止了，这就是半导体二极管的形成机制。

半导体二极管有这样一种特性：当在半导体二极管的P端外加一个正电场，N端外加一个负电场时，PN结中的电子在外电场作用下向电源正极移动，PN结中的电场减弱，使N区的多余电子可以继续向P区移动，于是在回路中形成了电流。反之，如果在半导体二极管外加上相反的电场，会使PN结的阻挡层加厚，载流子漂移更难形成，因此电路中无法形成电流，这就是半导体二极管的单向导电特性。图3-8所示为点接触型二极管与面接触型二极管的结构。

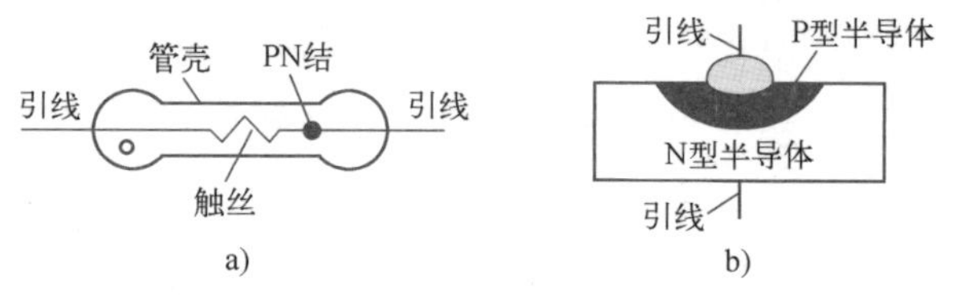

图3-8　点接触型二极管与面接触型二极管的结构
a）点接触型二极管　b）面接触型二极管

现今的半导体二极管大多使用硅材料做成，少数用锗材料，对碳材料的研究正在进行中，并在实验中已经取得成果。

无论是真空二极管还是半导体二极管，它们在通信中都有着非常重要的作用，都可以在用来进行调制信号的检波。

不难发现，马可尼电报系统的后期设备发射频率不断升高到短波甚至微波，这是因为发射频率与天线长度有一定的关系，只有当天线长度为高频信号波长的几分之一时，信号发射的效率才能最高，故马可尼要缩短天线长度就必须提高发射信号频率。然而发报员通过按键发电报的速度是很慢的，这就需要将低频的按键发报信号调制（或叫搬移）为高频信号，如图 3-9 所示。这种调制实际上是一种 2ASK 调制，或叫二进制振幅键控调制。

图 3-9a 为待发送的电报信号，图 3-9b 为载波信号，图 3-9c 为将待发送的电报信号与载波信号在乘法器中进行相乘后输出的 2ASK 调制信号。待发送的电报信号为高电平（1）时有高频载波信号输出，为低电平（0）时无输出，从而完成将低频信号搬移到高频的目的，有利于天线的发射。高频信号承载了要发射的信号，故叫载波信号。接收端在解调制还原发送的电报信号时，就需要用到单向导电的二极管，输出只有正半周期的信号，如图 3-9d 所示，然后经滤波电路滤除高频信号从而还原出发送端最初的发送电报信号，如图 3-9e 所示。

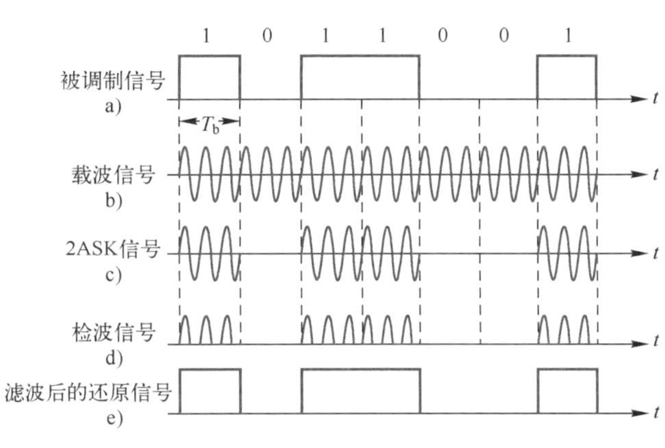

图 3-9　电报信号的 2ASK 调制与解调制工作原理

如果不用单向导电的二极管进行解调制而采用同步解调制，会使接收电路变得很复杂，所以弗莱明的真空二极管对早期无线电报通信的应用起着十分重要的作用，而后来出现的半导体二极管作用在于减小了系统功耗、体积、成本，增加了可靠性。

3.1.4　无知法官为福雷斯特免费做广告

在弗莱明利用爱迪生效应研制真空二极管的同时，美国有一位叫李 · 德 · 福雷斯特的发明家正在做着几乎相同的事情。

福雷斯特出生于美国南部亚拉巴马州的一个黑人家庭，童年时期并不出众，学习成绩一般，被老师认为是个平庸的孩子。但他心灵手巧，非常喜欢拆装各种机械装置。1893 年，福雷斯特在耶鲁大学谢菲尔德理学院读书时，参观了芝加哥世界博览会。展览期间，特斯拉只用了 12 台交流发电机就点亮了会场上九万只五颜六色的电灯，这给福雷斯特留下了深刻的印象，使他对电学产生了浓厚的兴趣。

就在 1899 年秋天，福雷斯特正在撰写他的或许是当时美国所有大学里涉及无线电的第一篇博士论文，著名的无线电发明家马可尼应邀来到美国。他曾在 1898 年从一艘军舰上及时地把一次轮船比赛的消息用无线电报发给海岸上的接收站，再用陆地上的电台将消息用电报线传给《纽约先驱论坛报》总部。在整整五个小时里，报社总共收到马可尼发来的四千多字的新闻报道。这种迅速及时的报道在新闻界尚属首次，令美国的记者们大开眼界，惊叹不止。为了满足观众的好奇心，马可尼这次又在美国港口为公众做了一次现场表演。表演结束后，福雷斯特挤到前面对收报机进行了仔细的观察，并向马可尼请教了一些无线电技术中的难题。马可尼最后告诉福雷斯特，要提高接收机的灵敏度，关键是革新现在用的金属屑检波器。但究竟应该如何进行革新，马可尼当时也提不出新的思路。然而马可尼提出的问题，却给雷福斯特留下了深刻的印象，使他下定决心进行钻研。

这年冬天，福雷斯特辞去了在芝加哥西方电器公司的任职，投身到研究如何改进检波器的工作中。1902 年，他在纽约泰晤士街租了间破旧的小屋，买来一些最简陋的器材，创办了福雷斯特无线电公司，专心致志地研究更先进的无线电检测装置。由于没有工作，失去了生活保障的福雷斯特日子过得非常艰难，他花了两三年时间发明了一种气体检波器。但由于检波效率不高，他被迫放弃了这种检波器。

在经历了无数失败后，福雷斯特最后想到利用真空管来进行检波。可就在他的研究步步深入之时，却传来了弗莱明已经发明真空二极管的消息。弗莱明的捷足先登对福雷斯特无疑是晴天霹雳，“难道这几年的心血要付之东流吗?”。他找来介绍弗莱明发明真空二极管的报刊和文章，一遍遍反复研读，希望从中得到一些借鉴和启发。

福雷斯特找来一个灯泡厂技师帮忙，制作了几个用白金丝做灯丝，在灯丝附近装有一小块金属屏的真空管，重复验证弗莱明的实验。然后福雷斯特把自己的真空管装在无线电接收机上代替老式的金属屑检波器，果然效果很好。不久他就发现：弗莱明的真空二极管虽比金属屑检波器性能要好些，但它只能用于整流和检波，还不能放大电信号。“我能不能发明一种既能检波，又能放大信号的真空管呢?”，福雷斯特终于找到了突破口，他决心通过改进弗莱明的真空二极管来做出具有放大功能的真空管。

一天，福雷斯特为了测试屏极距阴极的远近对检波效果的影响，在真空二极管的灯丝和屏极之间封进了一片不大的锡箔作为第三个电极。加电后福雷斯特惊讶地发现，只要把一个微小变化的电压加到这个新加的电极上，就能在金属屏极上接收到一个与这个极的输入信号变化规律完全相同，但强度大大提高的电流。福雷斯特马上意识到，输入的小信号在输出端被放大了，他孜孜追求的放大器研制成功了。

但福雷斯特并没有立即对外公开他的发明，而是沉住气悄悄地继续改进他的真空管。他反复调试小锡箔在两极之间的位置，最后发现用金属丝代替小锡箔的效果更好。于是他将一根白金丝扭成网状，封装在灯丝与屏极之间。由于作为控制极的第三个电极的形状像网栅，福雷斯特将其称为“栅极”。这样，他的电子管就有了丝极（阴极）、屏极（阳极）和栅极三个电极。其中，栅极承担着控制放大电信号的任务。如果在栅极上施加一个微弱的负电压，由于栅极距丝极很近，从丝极飞出的电子将受到栅极很大的排斥，这些电子就因受到阻挡而不能飞到屏极；反之，如果给栅极施加微弱的正电压，从丝极飞出的电子就会受到栅极正电压的吸引而加速，并通过栅极到达屏极。这样一来，栅极上的电压就像一个非常灵敏的控制闸。当在栅极上施加的信号有微弱变化时，就会在屏极上产生较大的电流变化。就这样，福雷斯特成功地发明了一种具有划时代意义、能够放大信号的世界上第一个真空三极管，如图3-10所示。

虽然福雷斯特发明了真空三极管，但他的命运却非常坎坷。由于没有钱做进一步的试验，福雷斯特只好带着自己的发明去找其他大公司，说服那些老板们给他一些资助。

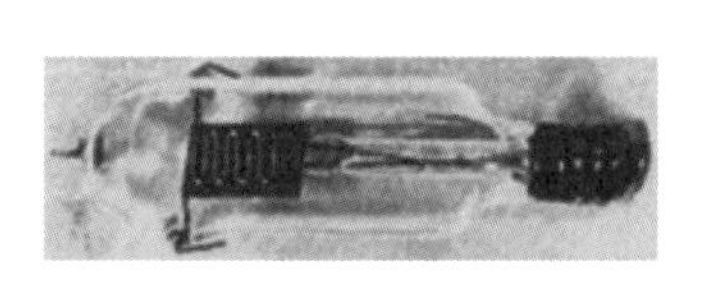

a)

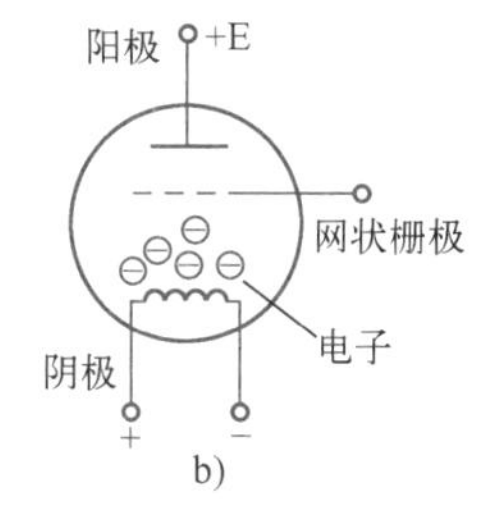

b)

图3-10　福雷斯特的真空三极管及工作原理

a）福雷斯特的真空三极管外观　b）真空三极管工作原理

由于醉心于研究和生活拮据，他不善修理边幅，加之衣着破烂，连续两家公司的门卫都怀疑他行为不轨，连大门都不让他进。当他来到第三家公司时，门卫甚至报告经理并怀疑他是江湖骗子，结果这个经理不容分说地叫来几个彪形大汉把他扭送到警察局。

1906年春天，美国纽约地方法院开庭审判这件案子时，法官用手高高举起一个里面有金属网的玻璃泡，宣称有人控告被告人用这种“莫名其妙的玩意儿”四处行骗。这场官司虽然持续的时间不长，但却闹得满城风雨。无知的法官、好事的记者，谁都不会想到这个“莫名其妙的玩意儿”竟是20世纪最伟大的发明之一。福雷斯特开始被控告为“公开行骗”，接着又是“私设电台”。但他并不畏惧，他机智地利用法庭这个公开的讲坛，大力宣传自己的发明。他充满信心地说：历史必将证明，我发明了空中帝国的王冠。福雷斯特说的“空中帝国”就是指无线电，“王冠”指的是真空三极管。经过他的申辩与斗争，他终于胜利了，法院由于证据不足，最后只能宣判将他无罪释放。

这场官司花费了福雷斯特不少精力，但却为他做了免费的广告，反倒使他出了名。1906年6月26日，他发明的真空三极管获得了美国专利，后人把这一天当作真空三极管的诞生日。

此后由于合伙人的欺骗，福雷斯特的公司曾两度倒闭。1912年，他到美国纽约联邦法院的传讯，因为又有人控告他的公司推销积压产品，进行商业诈骗。法官在判决中说，福雷斯特发明的电子管是一个“毫无价值的玻璃管”。

这一年他顶着随时可能入狱的压力来到了加利福尼亚旧金山附近的小镇洛阿尔托，继续坚持不懈地改进真空三极管，希望能找到一种加快电报信号传送速度的方法。在爱默生大街913号的小木屋里，德福雷斯特进行了三极管的连接应用实验。他把一个三极管的输出接到下一个三极管的输入，这样接连了几个三极管后，最后再与电话机的话筒、耳机连接起来。当福雷斯特把他那块走时相当准确的英格索尔手表放在话筒前方时，耳机输出的手表“滴答”声变得震耳欲聋。不久，由于真空三极管对微弱信号的放大作用，它被用到了电话增音机上，解决了贝尔电话公司当时正在设计的美国长途电话的关键问题。

1915年，在旧金山国际博览会上，福雷斯特公司的展台与美国电话电报公司的展台相隔不远。美国电话电报公司的参展人员通过头戴式耳机与纽约进行长途电话的演示，吸引了大批观众。第二天，福雷斯特公司在展台前悬挂了一条3 m长的横幅，上面写着："经许可，美国电话电报公司采用福雷斯特的三极管放大器制成了电话中继器，使横贯大陆的电话通信成为可能!"

与真空二极管相比，福雷斯特的真空三极管后来居上，对无线电发展的影响更为深远。二极管只有检波和整流两种功能，而三极管所特有的放大信号功能将电子技术带入了一个新时代。如果将多个真空三极管连接，可以将所接收的微弱电报信号和电话信号电流放大几万倍甚至几十万倍，这就使得电报和电话通信距离大大增加。

真空三极管的诞生，使电子技术发生了根本性的变革，日本的一位科技传记作家指出："真空三极管的发明，就像升起了一颗信号弹，使全世界科学家都争先恐后地朝这个方向去研究。因此，在一个不长的时期里，电子器件获得了惊人的发展"。在三极管的基础上，人们又研究出四极管、五极管、大功率发射管等，形成了一个庞大的电子器件家族。

在以后的几十年中，电子管的质量不断提高，极大地推动了电子技术的发展和广泛应用。随着半导体三极管和集成电路的广泛运用，包括真空三极管在内的各种电子管渐渐退出了历史舞台。

现在可以通过图3-11来解释福雷斯特设计的真空三极管对当时推动无线电话、无线电报和有线长途电话所起的作用。

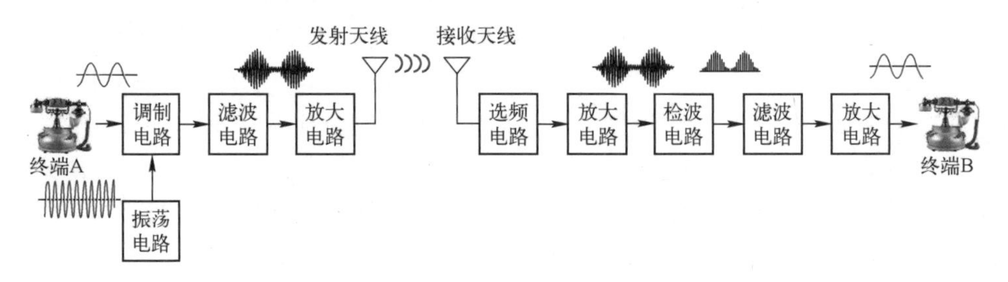

图3-11　福雷斯特的真空三极管在无线电话中的应用

在图3-11所示的无线电话系统原理框图中，终端A发出的低频电话信号与本地振荡电路发出的高频载波信号在调制电路中进行调制，得到载波信号振幅随电话信号幅度变化而变化的振幅调制（AM）信号，经滤波电路去除其他干扰信号后由真空三极管做成的发送放大器进行放大，最后经发射天线发送到天空中。接收端的接收天线接收到该信号以及其无线电干扰信号，经选频电路选出微弱的有用信号后，由真空三极管做成的高频接收放大器进行放大，再由真空二极管做成的高频检波电路进行检波，去除AM信号中的负半波部分，然后由滤波电路滤除高频信号，还原出终端A发出的低频电话信号，最后传送该信号给终端B，从而实现远程无线电话通信。

对于无线电报的远程传输，工作原理和过程与图 3-11 完全相同，只需将电话机换成发报机和收报机即可。对于远程有线电话的长途传输，只需将图 3-11 中的发射天线和接收天线替换为长途导线即可。当信号传输一定距离后幅值受到线路消耗而减小，可增加多个中继站，在中继站设置一个由真空三极管组成的放大电路来放大信号，然后再进行传输。这样通过多段传输和多次放大，就可实现福雷斯特公司在展览会上为美国电话电报公司做的横贯大陆的长途电话通信。

尽管马可尼 1895 年就发明了无线电报通信，但无线电话却是在 20 世纪初福雷斯特发明了真空三极管之后才出现的，1915 年首次成功地实现了跨越大西洋的无线电话通信，1927 年在美国和英国之间开通了商用无线电话。

由此可见，离开了真空三极管，远程无线电话、远程无线电报、远程有线通信都是无法实现的。除通信外，在进行传感器弱小信号检测的应用领域中，也离不开真空三极管的放大作用。后来人们又发现，真空三极管除了可以用作放大器外，还可以当作开关器件来使用，其开关速度要比继电器快上千倍。于是，它很快受到计算机研究者的关注，并被用到世界第一台电子计算机上。由此可见，福雷斯特发明的真空三极管对推动电子技术、通信技术、计算机技术的进步所做的贡献可以称得上是划时代的。

如今，在帕洛阿尔托市的福雷斯特旧居，树立着一块小小的纪念牌，上面以市政府名誉书写着一行文字："李·德·福雷斯特在此发明了电子管的放大功能"，以纪念这项伟大发明为新兴电子工业所奠定的基础。正是福雷斯特生活过的这个地方，如今成为全球闻名的硅谷。

3.1.5　肖克利晶体管实验室的兴衰

正如人们当初不满足于真空二极管而发明出半导体二极管一样，真空三极管同样因具有体积大、需预热、功耗大、易破碎、寿命短、处理高频信号效果差等问题而被改进。人们从半导体二极管得到启示，试图研制出一种小巧且低功耗的半导体三极管，或叫半导体晶体管，简称晶体管。

虽然有人以 1929 年工程师利莲费尔德取得的一种晶体管专利来作为晶体管的最早发明时间，但是受限于当时的技术水平，制造晶体管器件所需的材料还达不到足够的纯度，设想的晶体管实际上并未制造出来。

尽管这样，在一些通信系统中已经逐渐开始尝试应用半导体材料，尤其是由于电子管的高频检波效果差，许多无线电爱好者就用矿石触须式检波器来改进矿石收音机。这种检波器利用一根如同头发丝一样细的金属丝与矿石半导体表面相接触，这种接触点能形成让信号单向通过的检波接点，起到比真空二极管更好的检波效果。到了 20 世纪 30 年代，贝尔实验室在寻找比早期使用的方铅矿晶体性能更好的检波材料时，发现掺有某种极微量杂质的锗晶体的性能不仅优于矿石晶体，而且在某些方面比电子管整流器还要好。

到了20世纪40年代初，不少实验室在有关硅和锗材料的制造和理论研究方面又取得了许多进展，这就为威廉·布拉德福德·肖克利、约翰·巴丁和沃尔特·布拉顿最终发明晶体管奠定了基础。

还在1936年时，贝尔实验室的著名物理学家凯利曾来到号称工程师摇篮的美国麻省理工学院挖人，当时他找到尚未毕业的博士生肖克利，问他是否愿意到贝尔实验室工作。能到大名鼎鼎的贝尔实验室工作这是肖克利所梦寐以求的，他愉快地答应了。毕业后他来到了新泽西的贝尔实验室。当时实验室还有一位从1929年就在贝尔实验室工作的名叫布拉顿的博士。肖克利在贝尔实验室专攻理论物理，布拉顿则擅长实验物理，他们合作默契。

一天，肖克利对布拉顿说，“有一类晶体矿石被人们称为半导体，比如锗和硅等，它们的导电性并不太好，但有一些很奇妙的特性，说不定哪天它们会影响到未来电子学的发展方向”。布拉顿对此也有同感。就在他们打算对此进行深入研究的时候，第二次世界大战爆发，他们的研究被迫中断。战争结束后，肖克利立即回到贝尔实验室，并引荐了另一位名叫巴丁的擅长固体物理学的普林斯顿大学数学物理博士。巴丁的到来使肖克利、布拉顿的后续研究如虎添翼，巴丁渊博的学识和固体物理学专长，恰好弥补了肖克利和布拉顿知识结构的不足。

1945年秋天，贝尔实验室批准了以凯利作为决策者的固体物理学研究课题，并由肖克利领衔，布拉顿、巴丁等人参与的半导体研究小组。肖克利首先提出了场效应半导体管的实验方案，但因没有获得预期的对信号的放大效果而宣告失败。此后凭借布拉顿长期在半导体研究中积累的经验，经过一系列的实验和观察，他们逐步认识到半导体中电流放大效应产生的原因。布拉顿发现，在锗片的底面接上电极，在另一面插上细针并通上电流，再让另一根细针尽量靠近它，并通上微弱的电流，就会使原来的电流产生很大的变化。这种控制微弱电流的少量变化引起回路电流产生很大变化的特性就起到了对信号的放大作用。巴丁和布拉顿最初制成的固体器件放大倍数为50左右。

由于有巴丁固体表面态理论的指导，加上布拉顿的经验积累，已经完成的实验表明，只要将两根金属丝的接触点尽可能地靠近到距离小于0.4 mm，用由此得到的触须接点来代替过去采用的金箔接点，就可能制造出点接触型晶体管。

一天下午，布拉顿凭借自己的实验技艺，平稳地用刀片在三角形金箔上划了一道细痕，将顶角一分为二，分别接上导线，随即压进锗晶体表面的选定部位。加电后电流表的指示清晰地显示出放大效果。布拉顿和巴丁兴奋地叫了起来，闻声而至的肖克利也为眼前的奇迹而兴奋。布拉顿在笔记本上这样写道：“电压增益100，功率增益40……实验演示时间1947年12月23日下午”。在首次实验中，他们把音频信号放大了100倍。这个点接触型晶体管的外形比火柴棍短，但要粗一些。作为见证者，肖克利在这个笔记本上签下了自己的名字。在为这种器件命名时，布拉顿认为这种晶体管具有电阻变换特性，电流是从低电阻输入经高电阻输出的转移电流来工作的，故将其取名为 trans-resistor，意即转换电阻，后来缩写为 transistor，这就是人们熟知的晶体管。图 3-12 所示为点接触型晶体管与双极性结型晶体管的外观。

a)

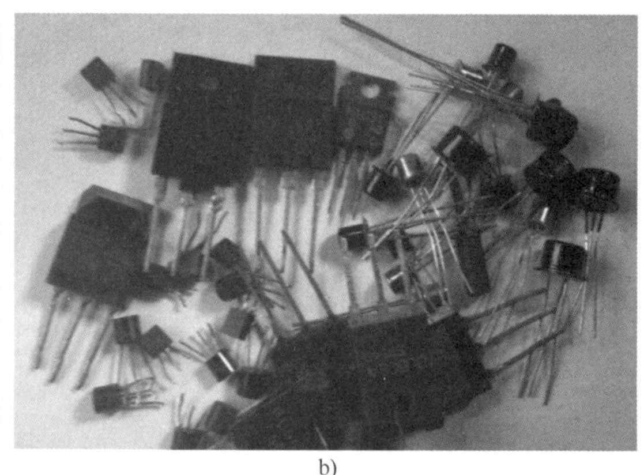

b)

图 3-12　点接触型晶体管与双极性结型晶体管的外观

a）点接触型晶体管　b）双极性结型晶体管

1948 年 6 月，贝尔实验室对外报道了这一重要技术突破，并申请了晶体管的发明专利。但是美国专利局认为在此项研究过程中，肖克利并没有发挥重大作用，就从专利发明人名单中删去了肖克利的名字。肖克利虽然是巴丁和布莱登两个人的上司，但点接触晶体管的专利和论文都只有巴丁和布拉顿两个人的名字。对此，肖克利大为失望，也激发了他继续进行发明的斗志。

鉴于点接触型晶体管存在制造工艺复杂、产品故障率高、噪声大、在功率大时难以控制、适用范围窄等缺点，点接触型晶体管发明一个月后，肖克利提出了结型晶体管的实现方法。1949 年，肖克利又提出了一种性能更好的用整流结来代替金属半导体接点的结型晶体管的设想，其方法是通过控制中间一层很薄的基极上的电流来实现放大作用。1950 年由贝尔实验室 M. 斯帕克斯和 G. L. 皮尔逊根据结型晶体管理论研制出结型晶体管。1951 年，肖克利领导研究小组研制出第一个可靠的结型晶体管，这项发明证实了肖克利作为研究室主任的天赋。

相较于电子管，晶体管的显著优点是它不需要预热时间、不会产生热量、不会烧坏，也不会漏气和爆裂。电子管需要 1 W 的功率，而晶体管只要百万分之一瓦特。晶体管比电子管更快、更小、可靠性更高，为小型计算机的诞生奠定了基础。自从成功研制出第一个晶体管，世界也吹响了信息技术革命的号角。今天的助听器、收音机、电视机、手机、计算机、各种信息采集与控制设备、卫星和探月火箭都是晶体管应用的产物。晶体管可以称为 20 世纪最伟大的发明之一。为表彰肖克利、巴丁和布拉顿的功绩，1956 年 1 月，他们分享了诺贝尔物理学奖。

目前人们所认识的晶体管泛指所有半导体器件，包含多种类型：根据使用材料的不同可分为硅材料晶体管和锗材料晶体管；根据极性的不同可分为 NPN 型晶体管和 PNP 型晶体管；根据结构和制造工艺的不同可分为扩散型晶体管、合金型晶体管和平面型晶体管。此外还可根据电流容量的不同、工作频率的不同、封装结构的不同等进行分类。晶体管主要分为双极性晶体管（BJT）和场效应晶体管（FET），现在来认识一下肖克利所发明的结型晶体管。

图 3-13 所示为双极性结型晶体管的结构和工作过程，其中，图 3-13a 为 NPN 型晶体管，图 3-13b 为 PNP 型晶体管。它们具有三个引脚输出，因此通常也称为三极管。晶体管由两个 PN 结构成，两个 PN 结将其分为发射区（E 区）、基区（B 区）和集电区（C 区），这三个区分别与外部电极相连形成发射极、基极和集电极对外引脚。

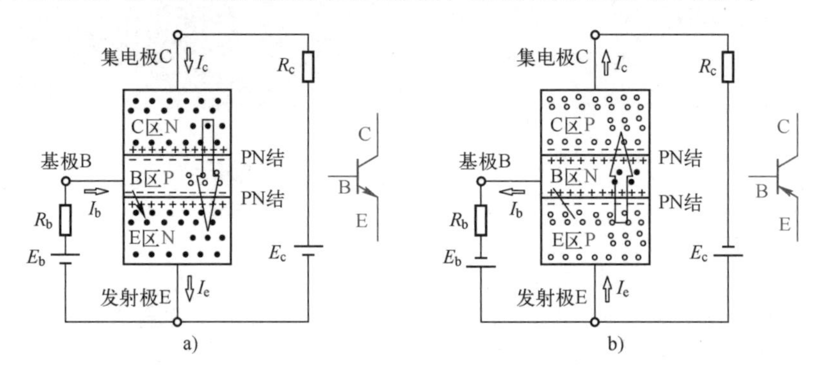

图 3-13　双极性结型晶体管的结构和工作过程

a）NPN 型晶体管　b）PNP 型晶体管

晶体管的工作原理是：首先，外加基极电源 E_b 于 B 区和 E 区构成的发射结上，使得发射结正向偏置，这时发射区的多数载流子（NPN 型晶体管为自由电子，PNP 型晶体管为空穴）不断流向基区，形成发射极到基极的电流 I_b；其次，当多数载流子由发射区流向基区后，逐渐使基区内部充满了多数载流子，并在基区中从发射结逐渐流向 B 区和 C 区构成的集电结；最后，由于集电结施加了较大的反向集电极电压 E_c，阻止了集电区的多数载流子向基区扩散，并将聚集在集电结附近的多数载流子吸引至集电区，从而形成集电极电流 I_c。由于基区做得很薄，基极较小的偏置电压就可破坏基区与发射区之间由于多数载流子扩散而形成的阻挡层，使大量发射区中的多数载流子流向基区，从而在集电极有反向外置电源时就形成较大的电流，这就是晶体管的放大作用。

另外，当晶体管基极电压较大时，可导致集电极电流达到饱和，此时再增加基极电压也不会再增加集电极电流，但集电极与发射极之间的电压降到 0.2~0.7 V，常用来表示数字信号的“0”电平。而当基极电压小于（0.2~0.7）V 时，可导致集电极电流为零，称为晶体管截止，此时集电极与发射极之间的电压为外加电源 E_c，人们常用这个电压来表示数字信号的“1”电平。因此，晶体管还可用来完成数字电路的逻辑功能。

肖克利除了在晶体管发明方面的杰出贡献外，还对早期硅谷的形成产生过巨大影响。有人认为没有贝尔实验室，就没有硅谷，因为正是肖克利想一夜暴富的心态，使他离开了贝尔实验室，同时创造了硅谷，也正是他不佳的企业才能，导致他的公司破产，然后成就了硅谷。他既是硅谷的第一公民，也是硅谷的第一弃儿。

肖克利与硅谷的江湖情缘还得从 1955 年说起。这年，高纯硅的工业提炼技术已成熟，用硅晶片生产的晶体管收音机也已问世。当时身为贝尔实验室晶体管物理部主任的肖克利已经不满足于现有成功，他更想将他的发明推向市场。于是他离开贝尔实验室回到了加州旧金山湾区圣克拉拉谷的老家，也就是现在的硅谷。他找到过去在加州理工学院读书认识的化学教授阿诺德·贝克曼，这时的贝克曼已是一家制造科学测量设备公司的经理。肖克利从他那里得到了创办公司的财力支持。

在硅谷了望山，肖克利建立了肖克利实验室股份有限公司。然后他回到人气旺盛的美国东部挑选人才，凭借“晶体管之父”这个光环，他在学界，特别是年轻的科学家中拥有很强的吸引力，所以想到他那里应聘的人都是当时美国电子研究领域的精英。肖克利对应聘者进行了严格的智商及创造力测试和心理评估，最后从中挑选了六个，并通过电话邀请另外两人，正是这八个人的到来引领了后来的硅谷。这些与肖克利共事的都是不超过 30 岁的年轻科学家，个个才华横溢，志向高远，正处于出成果的黄金时期，他们坚信在肖克利的引领下，等待他们的将是辉煌的未来。

这些人中就包括：来自加州理工学院、拥有剑桥和日内瓦大学两个博士头衔的金·赫尔尼；来自斯坦福研究所的维克多·格里尼克研究员；来自约翰斯·霍普金斯大学应用物理试验室的戈登·摩尔；来自菲尔科-福特公司一心要成为最著名科学家的罗伯特·诺伊斯；来自通用电气公司的制造工程师尤金·克莱纳。此外还有为现代芯片的诞生做出了不可磨灭的贡献的犹太移民后代朱利叶斯·布兰克、提出“平面技术”设想的杰伊·拉斯特，以及谢尔顿·罗伯茨。

然而当这些人来到肖克利实验室时，看到所谓的实验室却是光秃秃的白墙、水泥地和裸露在外的屋椽。共事中他们发现肖克利除了在研讨会和演讲中是令年轻人十分钦佩和仰慕的伟大科学家外，在企业管理和经营技巧方面却是一窍不通，甚至缺少与人沟通的能力。在企业发展规划上，肖克利制定了生产 5 分钱一只的晶体管这个在 1980 年都无法达到的价格目标。产品计划失败后，他又让公司集中力量搞基础研究。这种漫无目标的摇摆做法使肖克利实验室没有产品问世，在其后的两年中，也只推出了一种相对简单的二极管，而不是晶体管。他的门徒们提议研究集成电路，用扩散方法将数个硅晶体管的电路放在一个晶体管大小的位置上，但被肖克利拒绝了。他甚至使得诺伊斯错过了因发现半导体的隧道效应继而摘得诺贝尔奖的机会。后来，日本人江琦摘得了类似研究成果下的诺贝尔物理学奖。

在这样的环境下，公司成立一年来业务上无所作为，致使人心涣散，八位年轻人对于肖克利逐渐失望，最终选择向肖克利递交辞职书。肖克利先是大为震惊，继而大发雷霆，把他们称作叛徒。在他眼中，这帮小子之所以能掌握晶体管技术，毫无疑问都是他的功劳，自己可以算作启蒙导师，现在他们的这种行为简直是忘恩负义，他将其称为“叛逆八人帮”。到了1960年，由于实验室的人员大量外流，经营困难，肖克利只好将公司卖给了克莱维特实验室，1965年又转卖给了AT&T公司。1968年，它被永远地关闭了。

3.1.6　仙童们在硅谷的传奇故事

有人将肖克利实验室的特征归结为：贪婪、天才、忠诚瓦解、雄心、悲剧和突然的毁灭，正是这些构成了未来硅谷周期性的特征。可以说，如果没有肖克利，这些人才就不会出现在加州，正是肖克利的到来，触发了硅谷半导体工业的创业连锁反应。图3-14所示为硅谷孕育的创新企业。接下来回顾一下这八个年轻人在离开肖克利公司后是如何促进硅谷发展的。

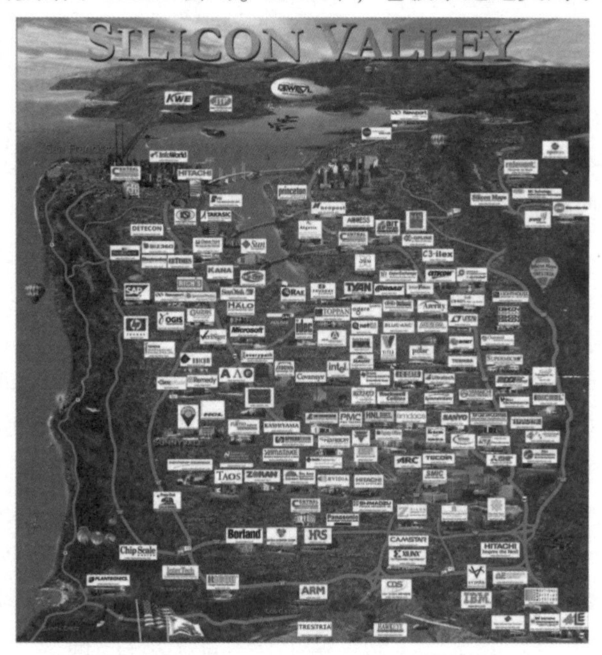

图3-14　硅谷孕育的创新企业

在肖克利公司的经历使八个青年人意识到，要建立一个新的公司，拥有一位合格的领导人和必要的资金也是至关重要的。于是，尤金·克莱纳通过熟人亚瑟·洛克说服了在海登斯通银行当老板的父亲巴德·科伊尔，共同前往加州筹集自己办公司的资金。洛克和科伊尔找了35家公司，但都被拒绝了。一个偶然的机会下他们遇见了在仙童照相机与仪器公司当老板的谢尔曼·费尔柴尔德，当他们向他寻求合作的时候，已经60多岁的费尔柴尔德仅仅提供了3600美元的种子基金，要求他们开发和生产商业半导体器件，并享有两年的购买特权。至此，对硅谷未来产生深远影响的仙童半导体公司诞生了。同时，史上第一笔风险投资也诞生了。

1957年10月，仙童半导体公司在硅谷了望山查尔斯顿路租下一间小屋，这些自诩“仙童”的青年商议制造一种双扩散基型晶体管，以便用硅来取代传统的锗材料，这是他们在肖克利实验室尚未完成却又不受肖克利重视的项目。费尔柴尔德摄影器材公司答应提供财力，总额为150万美元。诺依斯给大家分工，由赫尔尼和摩尔负责研究新的扩散工艺，而他自己则与拉斯特一起专攻平面照相技术。1958年1月，IBM公司向他们订购了100个用于该公司计算机存储器的硅晶体管。到1958年底，他们的小小公司已经拥有50

万销售额和 100 名员工，依靠技术创新优势，一举成为硅谷成长最快的公司。

仙童半导体公司在诺依斯的精心运筹下，业务发展迅速，同时，一整套制造晶体管的平面处理技术也日趋成熟。赫尔尼把硅表面的氧化层挤压到最大限度。仙童公司制造晶体管的方法也与众不同，他们首先把具有半导体性质的杂质扩散到高纯度硅片上，然后在掩模上绘好晶体管结构，用照相制版的方法缩小，将结构显影在硅片表面氧化层，再用光刻法去掉不需要的部分。

扩散、掩模、照相、光刻……这整个过程叫作平面处理技术，它标志着硅晶体管批量生产的一大飞跃。这使他们想到，用这种方法既然能做一个晶体管，为什么不能在一个硅基上做几十个、几百个，乃至成千上万个呢？1959 年 1 月 23 日，诺依斯在日记里详细地记录了这一闪光的设想。

1959 年 2 月，德克萨斯仪器公司（TI）工程师基尔比申请第一个集成电路发明专利的消息传来，诺依斯十分震惊。他当即召集八个合伙人商议对策。当时基尔比在 TI 公司面临的难题，比如在硅片上进行两次扩散和导线互相连接等，正是仙童半导体公司的专长。诺依斯提出：可以用蒸发沉积金属的方法代替热焊接导线，这是解决元件相互连接问题的最佳途径。仙童半导体公司开始了奋起直追。1959 年 7 月 30 日，他们也向美国专利局申请了专利。为争夺集成电路的发明权，两家公司开始了旷日持久的争执。1966 年，基尔比和诺依斯同时被富兰克林学会授予巴兰丁奖章，基尔比被誉为“第一块集成电路的发明家”，而诺依斯被誉为“提出了适用于工业生产的集成电路理论”的人。1969 年，法院最后的判决下达，从法律上认可集成电路是一项同时的发明。图 3-15 为两家公司的第一块集成电路外观。

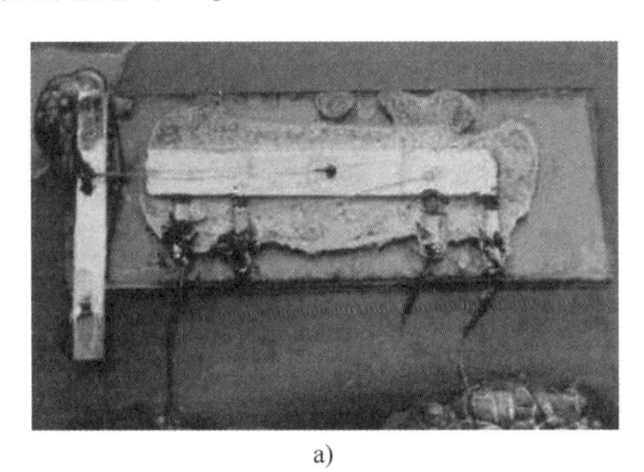

a)

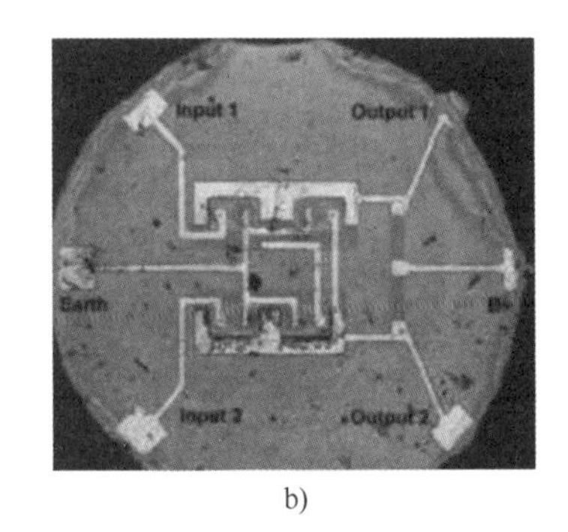

b)

图 3-15　两家公司的第一块集成电路

a）TI 公司的第一块集成电路　b）仙童公司的第一块商业集成电路

1964 年，仙童半导体公司创始人之一的摩尔博士以三页纸的短小篇幅发表了一个奇特的定律。摩尔预言：集成电路上能被集成的晶体管数目将会以每 18 个月翻一番的速度稳定增长，并在今后数十年内保持着这种势头。摩尔所做的这个预言在后来集成电路的发展过程中被证明，并在较长时期内保持了有效性，被人们誉为“摩尔定律”，成为新兴电子产业的“第一定律”。

到了 1967 年，仙童半导体公司营业额已接近 2 亿美元，这在当时算是天文数字。在当初签订投资协议时，费尔柴尔德同八位仙童半导体创始人约定，费尔柴尔德拥有对仙童半导体的决策权，并有权在八年内以 300 万美金收回所有股份。由于发明集成电路使仙童的名声大振，公司在随后的时间里强制回购了八个创始人的股权，这在一定程度上挫伤了大家的积极性。此外，由于公司决策权并非掌握在初创团队手中，公司由职业经理人进行打理，缺少对长远效益的专注度，哪怕是团队内部看到了集成电路的未来潜力，决策人仍更在意当下已有业务的短期利益。

故步自封的仙童半导体公司已开始不再符合八个初创人的价值理念。其母公司总经理不断把利润转移到东海岸，去支持费尔柴尔德摄影器材公司的盈利水平。从此，纷纷涌进仙童的大批人才精英又纷纷出走自行创业。人才大量流失给硅谷发展带来了机会，却给仙童半导体公司带来灾难。到 1968 年，公司销售额下滑到不足 1. 2 亿美元。1979 年夏季，曾经是美国最优秀企业的仙童半导体公司被法国外资以 3. 5 亿美元购价接管，曾经的辉煌就此磨灭。不过仙童衰落甚至分崩离析，也为后仙童时代的硅谷带来了无限的可能与活力。

罗伯茨、拉斯特和赫尔尼于 1961 年离开仙童，创办了阿内尔科半导体公司。赫尔尼后来又于 1964 年离去，创办了联碳电子公司，并于 1967 年创办了 Intersil 公司。据说，赫尔尼后来创办的新公司达 12 家之多。

1962 年，克莱纳离开仙童，创办了 Edex 以及后来知名的风险投资公司凯鹏华盈（KPCB）。

1968 年，诺依斯和摩尔带着格鲁夫脱离仙童，创办了大名鼎鼎的英特尔（Intel）公司，为全球计算机工业提供包括微处理器、芯片组、板卡、系统和软件等在内的模块，极大地推动了计算机架构的标准化，而英特尔与后来的微软组成的 Wintel 联盟垄断了桌面端系统。

格里尼克离开仙童回归大学任教。到了 1969 年，布兰克也离开了仙童。

曾担任过仙童半导体公司总经理的查尔斯·斯波克 1967 年出走后，来到国民半导体公司（NSC）担任 CEO。他大刀阔斧地推行改革，把 NSC 从康涅狄格州迁到了硅谷，使它从一家亏损企业快速成长为全球第 6 大半导体厂商。

曾担任过仙童半导体公司销售部主任的桑德斯，1969 年带着七位仙童员工创办高级微型仪器公司（AMD），这家公司目前是仅次于英特尔公司的微处理器生产厂商，其微处理器产品畅销全世界。

20 世纪 80 年代初出版的著名畅销书《硅谷热》写道：“硅谷大约 70 家半导体公司的半数是仙童半导体公司的直接或间接后裔。在仙童供职是进入遍布于硅谷各地的半导体行业的途径。1969 年，在森尼维尔举行的一次半导体工程师大会上，400 位与会者中，未曾在仙童工作过的还不到24人”。从这个意义上讲，说仙童半导体公司是硅谷人才摇篮也不为过。

据统计，到2013年为止，由仙童半导体公司直接或间接衍生出来的公司共达到92家，而其中上市的30家公司市值超过2.1万亿美元。可以说，是仙童给旧金山湾区带来了半导体产业，而因为半导体的材料是硅，加州这个原本拗口的圣塔克拉拉谷在20世纪70年代开始被更多的人称为硅谷。最初的八位创始人后来支持过的公司更是不下2000家，当中也不乏知名公司。

3.2　广播电视引领的媒体革命

3.2.1　爱迪生的留声机与贝利纳的留声机

大家都知道，说出去的话是收不回来的，就如同泼出去的水。人类在很久以前就有这样一个梦想，希望能将声音直接记录下来，而不仅仅通过文字或者其他方式来保留。回听过去说过的话、演员优美的歌声、重要的演讲，这对人类来说实在是一种巨大的诱惑。为了回听声音，必须有一种设备或装置能将声音记录下来，然后还需要一种设备能将记录下的声音还原并播放出来。

虽然早在1857年，法国发明家斯科特就发明了称之为声波振记器的最早的原始录音机，但因不能回放声音而没有实用价值。真正将重现声音这个梦想变成现实的是当时已拥有1000项专利的美国著名发明家托马斯·阿尔瓦·爱迪生。

一次，爱迪生一人在静静的实验室里研究改进在纸带上打印符号的电报机。这时，电报机内一种单调的声音吸引了他。当试图排除这种噪声时，爱迪生意外发现这是纸带在小轴压力下发出的声音，而且当改变小轴的压力时，声调的高度也随之变化，这使他产生了一个念头：能否借助运动载体上深度不同的沟道来记录和回收声音呢？

此后不久，当爱迪生在研究如何提高1875年贝尔刚发明的电话的质量时，爱迪生发现：电话的音量和音色都与振动膜有关。一天，爱迪生在调试炭精送话器时，因为他的右边耳朵听力不好，就用一根钢针代替右耳来检验传话膜片的振动。调试中他注意到：受话器的振动膜能使钢针振动，钢针能引起手颤动；声音大，颤动明显，声音小，颤动微弱；音调高，颤动快，音调低，颤动慢。他忽然有了一个灵感：如果反过来实验，通过手产生与送话器振动膜相同的振动使受话器振动膜振动，是不是就能复原出原先的声音呢？

于是爱迪生和助手们尝试把细钢针垂直固定在振动薄片中央，针尖压着能急速旋转的蜡纸筒外表，声音使振动膜振动，振动膜带动钢针颤动，钢针就把声音的特征刻到蜡纸上了。在还原声音时，蜡纸筒又以原来的速度转动，蜡纸筒上的痕迹使钢针带动振动膜发出了与原来录音时相同的振动，原来的声音就复制出来了。这就是最早的留声机的工作原理。爱迪生按捺不住心中的喜悦，在笔记中写道，“实验证明：要把人的声音完整地存储起来，什么时候需要就什么时候再放出来，是完全可以做到的。”

世界上第一台会说话的留声机就这样诞生了。其构造包括一架有着带螺旋槽纹的金属筒、曲柄、带振动膜的金属管以及唱针的装置，如图3-16所示。其中，金属筒横向固定在支架上，并与曲柄相连，摇动曲柄能使金属筒旋转，螺旋形的槽纹使金属筒能在支架上左右移动；金属筒旁有一段带振动膜的金属管，振动膜的中间有叫作唱针的针头，它轻压着金属筒。金属筒的表面裹有塑性较好的锡箔。录音时，摇动曲柄旋转金属筒，随声音的起伏，唱针在锡箔上刻出深浅不一的印迹，这些印迹便存储了声音的信息特征。在回放录音时，以原来的速度摇动曲柄旋转金属筒，唱针在锡箔的痕迹中颤动，振动膜就发出与原来相同的声音。

图3-16　爱迪生的原始锡箔留声机

爱迪生给他的新机器取名叫留声机。不过，刚刚问世的留声机录音时间短、声音小、音质不够清晰、易受曲柄摇动速度的影响，并且由于磨损大，每个金属滚筒只能播放两三次就需更换。为此爱迪生又与贝尔合作进行改进，加装了一个喇叭形的音筒作为扩音器；用蜡纸筒代替锡箔滚筒；机箱里装上了驱动装置，每次只要上紧发条，就可以平稳地自动录放，提高了声音的品质。1878年爱迪生获得美国专利。这年4月，爱迪生留声机公司在纽约百老汇大街成立，由此开始了商业运用阶段。

几乎同时段，德裔美国人埃米尔·贝利纳也在进行留声机的研究。1888年，他再次改良留声机构造，使用扁圆盘状的碟形涂蜡板作为声音载体，同时也可以制成母版复制，这是黑胶唱片的始祖。录音时，对着大喇叭发出要录制的声音，大喇叭收集的声音推动一个随之振动的鼓膜，鼓膜带动一个锋利的刻刀，刻刀将变化的声音刻到下面的蜡质唱片基面上，最后在蜡表面镀金形成一张可以播放的唱片。唱片播放时，钢针划过旋转唱片凹凸的轨道产生振动，经扩音器放大声音后使人听到原来录下的声音。1900年，贝利纳在加拿大的蒙特利尔为自己的留声机公司注册了商标。1901年，贝利纳研制成功以虫胶为原料的唱片，发明了制作唱片的方法。第一年贝利纳制作了2000个录音，销售了200万张唱片。此后贝利纳留声机公司不断改进性能，生产了包括a型、b型、e型、c

型、victrola 等许多型号的留声机，还生产 7 英寸、10 英寸和 12 英寸的唱片。1908 年，又将早期的单面唱片变为双面录音唱片。1924 年，贝利纳留声机公司被胜利留声机公司收购，1929 年又被美国广播公司并购。1929 年 8 月 3 日，贝利纳因心脏病发作逝世。世界最为知名的几大唱片商标几乎都与贝利纳有关联，因此他被称为“唱片之父”。

从存储声音的载体特征来看，爱迪生与贝利纳都是通过用声音的强弱刻录载体的沟道深浅变化来记录声音。这种录制与播放方式的缺点是，使用多次后容易磨损载体沟道和钢针，因此使用寿命较短。

为了克服这一问题，1898 年丹麦年轻电机工程师瓦尔德马·波尔森利用磁性变化的原理，以钢琴线制造了一部“录话机”，并获得专利，后来又采用钢带取代钢琴线，其好处是可通过切断钢带重新焊接来实现录音剪辑。但焊接点总会有轰然巨响，操作时还可能使焊点断裂。为此，1927 年德国的科学家弗里茨·波弗劳姆成功采用粉状磁性物质涂布在纸带或胶带上进行录音，这种磁带录音机既安全又理想。20 世纪 40 年代初，德国研制出具有高频偏磁和良好机械传输性能的磁带录音机。1955 年，美国无线电公司宣布实验成功磁带彩色录像机。

从载体的存储容量来看，磁带比唱片可容纳更长的声音，但音质不如唱片，使用次数的增加也会损害磁带的质量，因此磁带更适用于普通阶层对于流行音乐的需求和传播。随着数字技术的出现，1982 年 8 月第一张激光唱片 CD 诞生。其中，飞利浦公司研发光盘盘片技术和激光读取刻录技术，索尼公司研发数字编码技术，实现将音乐信号转变为电信号，并以 PCM 编码形式存储于一张盘片上。CD 保留了老式的唱片外观，用更加细密的激光雕蚀取代过去的模拟式沟槽灌刻方式，用数字编码方式记录声音，理论上不存在机械磨损，盘片寿命更有优势。CD 是一种数字化的音乐载体，具有体积小，容量大、易保存、耐使用，音质好的特点，从而迅速取代唱片和磁带，成为新一代的音乐载体广为流传。

1995 年，德国青年卡尔海因茨·勃兰登堡的博士论文中提出 MP3 技术，德国弗劳恩霍夫学院决定将 MP3 作为使用 MPEG 标准 Audio Layer3 规格音乐格式文件的后缀名。2000 年，德国将未来奖授予 MP3 技术的发明者卡尔海因茨·勃兰登堡和另外两名合作者。由德国总统亲手颁发的德国未来奖是德国奖励科技发明和创新的最高荣誉奖，奖金为 50 万马克。1998 年韩国世韩公司推出第一台 MP3 播放器 MPman F10。随着个人计算机和智能手机的普及，现在人们可以方便地录制和播放音乐，盛行百年的录音机在完成了自己的历史使命后逐渐退出了人们的生活，名噪一时的企业也随之沉沦。

3.2.2 史特波斐德的矿石收音机实验

录音机的发明实现了人类向往已久的回听过去声音、享受名家音乐、聆听重要讲话的夙愿。但不无遗憾的是，录音机只能回放过去的声音，人们不能远程听到现场直播和表演的声音。

为了解决这个问题，只读过小学的美国人内桑・史特波斐德如饥似渴地自学电气方面的知识。1886年，他从杂志上看到德国人赫兹关于电波的谈话时受到启发，试图将电波应用到无线电广播上。当时电话发明家贝尔也在思考这个问题，只不过贝尔把精力放在了有线广播上，史特波斐德则专攻无线电广播。

经过十几年不懈努力，1902年，他在肯塔基州穆雷市进行了第一次广播实验。那天，他在他家附近的树林里放置了五台接收机，又在穆雷广场放好话筒。一切准备好后，有点紧张的他不知道播送些什么才好。他把儿子巴纳特叫过来，让他在话筒前说话、吹奏口琴，这些声音被转换成无线电波发送出去，结果树林里放置的五台矿石收音机均能清晰地播放说话和口琴声，试验获得了成功。巴纳特因此成为世界上第一个无线电广播演员。之后史特波斐德又在费城进行了广播，并获得了华盛顿专利局的专利权。现在，州立穆雷大学仍然立有“无线电广播之父——内桑・史特波斐德”的纪念碑。

现在来解释史特波斐德实验的本质，他实际上是发明了一种新的后来称之为广播的通信方式。过去的无线电报通信或无线电话通信都是一种点对点的通信方式，即一个发信方只与一个收信方进行单向或双向信号传输。史特波斐德的实验中只有一个发出无线电信号的电台，电台发出的无线电波信号可以被多个接收电台同时接收并还原出音频信号，这就是广播通信方式。因为史特波斐德的广播信号采用的是无线电波传播，故称为无线电广播。而当时贝尔研究的是将播音员的话筒与所有接收扩音器通过导线连接，故称之为有线广播。与传统电台接收机相比，由于广播接收机只接收信号，不发送信号，因而是单向通信，但省去发送电路带来的好处是使接收设备的电路可以大大简化，从而节省成本，易于推广。

对无线电广播有重要推动的还有美国物理学家费森登教授。1906年12月24日20点左右的圣诞节前夕，在美国新英格兰海岸附近穿梭往来的船只上，一些听惯了“嘀嘀嗒嗒”莫尔斯电码声的报务员们忽然听到耳机中有人正在朗读圣经的故事，有人拉着小提琴，还伴奏有亨德尔的《舒缓曲》，报务员们纷纷把耳机传递给同伴听。果然，大家都清晰地听到说话声和乐曲声，最后还听到亲切的祝福声，几分钟后，耳机中又传出那听惯了的电码声。这就是由美国匹兹堡大学的费森登教授主持的人类历史上第一次正式的无线电广播，当时他用马萨诸塞州布朗特岩的国家电器公司128 m高的无线电塔进行广播。费森登花了四年的时间设计出一套广播设备，能将音乐和讲话转换成电信号后进行高频载波电信号的振幅调制，然后用天线将信号转换为无线电波发送到空中。由于所使用的载波信号频率和调制方式与当时的无线电报调制方式相同，所以船只上的电报接收设备能够解调制天线接收到的这些信号，并将其转换成音频声波信号，让报务员们听到。

费森登的这种广播通信由于与当时电台的工作方式相同，天线架设也高，因而无线电广播的传输距离远比史特波斐德的广播距离远。但这些电台只有报务员才有，因而听众范围小，普通民众无法接收这些广播信号。因此，要使无线电广播被大众接受，关键是要研制出一种能使普通人都能用得起的无线电收音机。史特波斐德研制的矿石收音机为人们提供了一个很好的思路。

1910 年，邓伍迪和皮卡乐德开始研究无线电接收机。他们利用某些矿石晶体进行实验，发现方铅矿石具有相当于二极管的检波作用，如果将其与天线、电感线圈、可变电容、固定电容和高阻抗耳机相连接，就可以接收到无线电台的广播节目。这种矿石收音机利用线圈与可变电容构成的调谐电路来选取天线接收电波的波长，以达到选择不同电台的目的，利用矿石作为检波二极管来解调制载有音频的广播信号，最后音频电流信号使耳机发出声音。矿石收音机无需电池，结构简单，因而制作容易。图 3-17 所示为一种矿石收音机电路图。矿石收音机的缺点是只能供一人收听，接收性能和音质都比较差。

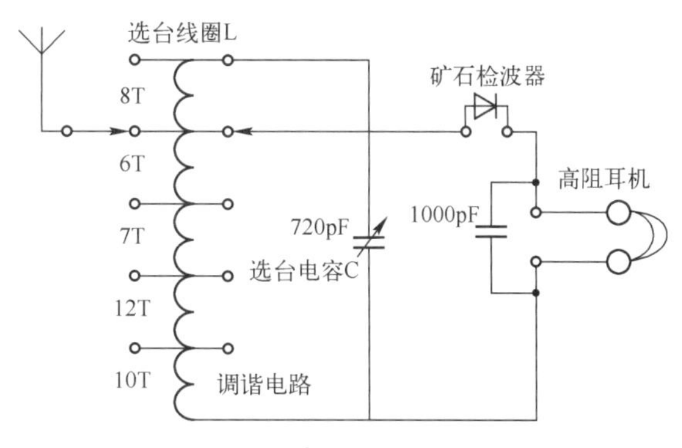

图 3-17 矿石收音机电路图

为了改进收音机的接收效果，1912 年费森登发明了外差式电路。即利用接收信号和收音机本机的振荡电路产生的特定频率进行调制，产生一种差频，然后对差频进行检波并还原声音。1913 年，美国无线电工程师阿姆斯特朗发明了超外差电路，可有效防止两个电台频率相邻近的信号在接收机中的互相干扰，实现很好的选台功能。同年法国人吕西安、莱维利用超外差电路制作了收音机，并申请了专利。现在 99% 的无线电收音机、电视、卫星地面站等都利用超外差电路来进行工作。图 3-18 所示为单声道超外差调幅收音机电路框图。其工作过程是：调幅信号从收音机天线 AT 进入输入回路，经电容 C 进行电台选择后输出高频信号 f_{in}，该信号与本机振荡信号 f_0 混频后输出中频信号 f_m，该信号经中频滤波放大后由检波电路进行检波，输出的音频信号 f_s 经前置音频低通放大器和功率放大器后推动扩音器发出音频声波。

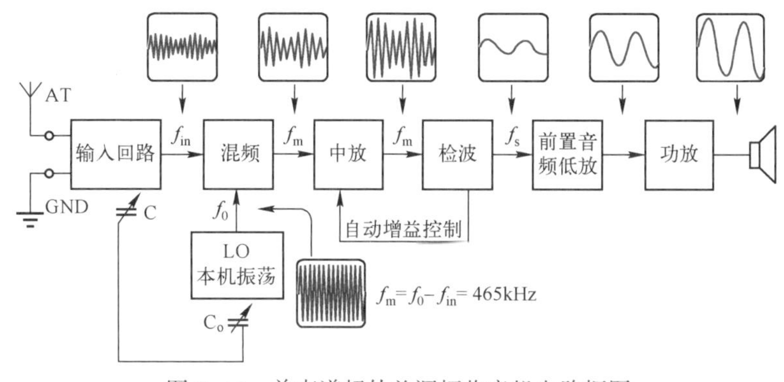

图 3-18 单声道超外差调幅收音机电路框图

1925 年，阿姆斯特朗还发明了调频收音机。这种收音机利用音频信号调制载波信号的频率，具有较好的抗干扰能力，因而音质更好。

如今，随着超大规模数字集成电路的普遍使用，收音机的电路已被集成在手机、汽车、玩具等之中，加上手机视频和高清电视的普及，单一功能的收音机已淡出人们的视线。

3.2.3 电视之父的不同命运

收音机的出现解决的是人类远距离通过耳朵实时听见讲演者声音的需求，但人们更渴望用眼睛实时远距离看见表演者的形象与动作，这就推动了电视机的诞生。1900 年，在巴黎举行的世界博览会上，法国人白吉第一次将传播图像的实验称为“电视”，电视一词被沿用至今。

人类用眼睛看到的图像实际上是不同光线在空间位置上的组合，因此要传输图像，首先要解决的是如何将光信号转换成电信号，然后解决电信的传输与图像还原问题。

其实，早在 1873 年，英国科学家约瑟夫 · 梅就在无意中发现了硒元素具有将光能转变为电能的光电特性，这为人类将光信号变成电信号奠定了基本的物质条件。这一年，另一个叫史密斯的英国电器工程师也发现了光电效应现象。

现在的摄像机屏幕获取图像信号的原理是将一幅图细分成许多称之为像素的小点，小点越细图像的分辨率就越高。按照国际电信联盟给出的定义，电视机的显示屏分辨率为 3840×2160 及以上的超高清电视称为 4K 电视。在这样的高分辨率之下，观众能看清楚电视画面中的每一个特写和细节。其中，3840 表示将图像的一行细分为 3840 个像素，2160 表示将图像的每列细分为 2160 个像素。图 3-19a 为将一幅图按两种不同的像素进行划分的效果比较。当一幅图像的光线照射到摄像头上由光电材料构成的像素上时，各像素就会产生不同强度的电信号。如果每行从左向右逐一输出各像素上的电信号，这个过程就叫行扫描或水平扫描；如果从上到下逐行输出各像素上的电信号，这个过程就叫垂直扫描。水平扫描加上垂直扫描的结果就构成对一幅图像的完整扫描，如图 3-19b 所示。而从右到左和从下到上的过程称为回程，是不能被人眼看见的干扰信号，因此不让这段时间显示内容叫作对图像的消隐过程。接收端的电视机按相同的顺序对光电材料构成的像素施加摄像头获取的电视信号，每个像素依次发出的光线就可还原拍摄的图像，这就是今天的电视机显示图像的基本原理。然而为了实现这个摄像与还原显示图像的过程，人类花费了巨大的精力进行探索，其中对电视发展有重要推动作用的人物包括尼普柯夫、布劳恩、贝尔德、兹沃利金和法恩斯沃斯等人。

1. 尼普柯夫圆盘

1883 年圣诞节，德国电气工程师尼普柯夫用他发明的“尼普柯夫圆盘”，通过机械扫描方法首次进行了发送图像和接收图像的实验。图 3-20 所示为尼普柯夫圆盘示意图，这是最早的一种通过机械运动方式获取像素及其像素位置的方法。圆盘上的每个小孔即为一个像素，由此获得了具有 24 行扫描线的图像。当左边圆盘转动时，圆盘上不同位置的小孔就让光线穿过该位置，使后面的硒光电池受到不同强度的光照形成像素，从而产生相应像素的电信号，完成光电转换过程。在还原图像时，电灯的亮度受携带像素电信号的控制，当右边圆盘转动时，圆盘上不同位置的小孔就让光线穿过，并在屏幕上投影出图像。由于当时的工艺限制，通光孔较大，形成的像素少，因此还原的图像相当模糊。

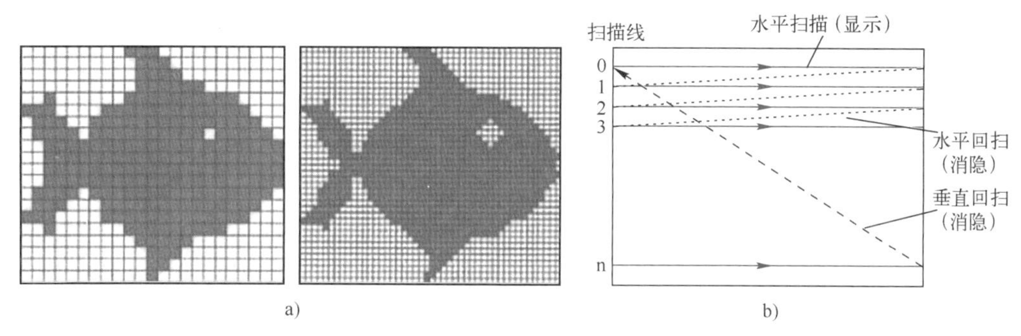

图 3-19　转换图像成电信号的原理

a）一幅图是由像素组成的　b）像素扫描获得串行电信号

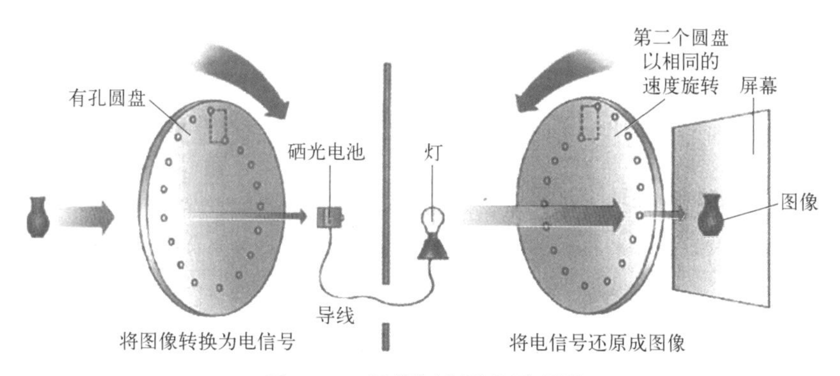

图 3-20　尼普柯夫圆盘示意图

1897 年，德国的物理学家布劳恩发明了一种带荧光屏的阴极射线管。当阴极射线管的荧光屏受到电子束撞击时，会发出随电子束强度变化而变化的亮光。当时布劳恩的助手曾提出用这种管来做电视的接收管。令人遗憾的是，布劳恩认为这是不可能的，从而错失了一个发明电视显像管的重大机会。但布劳恩的这两位执着的助手则继续进行研究，并在 1906 年用阴极射线管制造出了一台显示静止画面的接收机。此前的 1904 年，英国人贝尔威尔和德国人柯隆发明了一次电传一张照片的电视技术。

2. 机械电视之父

英国科学家约翰·洛吉·贝尔德一直致力于用机械扫描法传输电视图像。1888 年，贝尔德出生于英国苏格兰格拉斯哥的一个牧师家庭，曾就读于格拉斯哥大学及皇家技术学院，大学毕业后在一家电器公司工作。第一次世界大战期间，贝尔德因不适合去军队服役转而成了一家大电力公司的负责人。1923 年，在他因为身体原因辞职在家时，由于受到马尼可远距离无线电发明的启示，决心开始“用电传送图像”。他利用图片和硒板的方式得到了静止的图像。

1924 年春天，贝尔德把一朵“十字花”发射到 3 m 远的屏幕上，虽然图像忽隐忽现、十分不稳定，但这却是世界上第一套电视发射机和接收器。接着，为了把图像发射得更远、更清晰一点，他把几百节干电池串联起来，使电压升到两千伏，让马达转动更快，使扫描图像的速度更快，以达到更加理想的效果。但他操作时左手无意间碰触到一根裸露的电线而晕倒在地，幸亏被人及时发现并抢救才幸免一死。第二天，伦敦《每日快报》用“发明家触电倒地”的大标题报道了他触电的新闻，也介绍了他不懈努力研究的情况。在这之后，贝尔德的实验一直没有取得什么大的进展，他甚至连吃饭都成了问题，更无钱付房租，只得把设备上的一些零件卖掉以换钱糊口。

为了进行动态图像的获取实验，贝尔德不仅花光了自己所有的积蓄，还不断向朋友借钱，最后实在没有钱购买器材，他就用盥洗盆做框架，把它和一只从旧货摊觅来的破茶叶箱相连，箱上安装了一只从废物堆里捡来的电动机，用它带动用马粪纸做成的四周戳有一个个小孔的扫描圆盘，用以把场景分成许多明暗程度不同的小光点发射出去。还有装在旧饼干箱里的投影灯、几块透镜，以及从报废的军用电子设备上拆下来的部件等。这一切凌乱的东西被贝尔德用胶水、细绳及电线串联在一起，成了他发明的实验装置。

正是利用这些旧收音机器材、霓虹灯管、扫描盘、电热棒和可以间断发电的磁波灯和光电管，经过上百次的反复尝试，贝尔德累积了大量的经验。经过不断探索并在亲友的资助下，1925 年 10 月 2 日，贝尔德根据尼普科夫圆盘终于制造出了第一台能传输图像的机械式电视机，这就是电视的雏形。尽管画面上的木偶面部很模糊，噪声也很大，但能在一个不起眼的黑盒子中看到栩栩如生的图像，仍引起了人们极大的兴趣。这个刚问世的电视被称为“神奇魔盒”。当时画面分辨率仅 30 行线，扫描器每秒只能 5 次扫过扫描区。1925 年，贝尔德在伦敦的尔弗里厅百货商店举行了世界上首次电视表演。被摄入镜头的是住在他楼下的一个公务员威廉·戴恩顿，他成为世界上第一个登上电视屏幕的人。经过不断地改进设备，贝尔德的电视效果越来越好，他的名声也越来越大，引起了极大的轰动。紧接着，贝尔德说服富有的公司老板戈登·塞尔弗里奇为他提供赞助，以便他更加专心地进行电视研究。

1926 年 1 月，当贝尔德发明的机器有了明显改善时，他立刻给英国科学普及学会去信，请求该会前来实地观察。贝尔德第一次向人们展示了明显改善的以无线电播放电影的机器，该机器因在阴极真空管中以电子显现影像而被称为电视。当贝尔德从一个房间把助手比尔的脸和其他人的脸传送到另一个房间时，应邀前来的专家们一致认为，这是一件难以置信的伟大发明。人们也很快意识到了这项发明的广阔市场前景，于是纷纷投资，贝尔德电视发展公司由此成立。1928年春，贝尔德研制出彩色立体电视机，成功地把图像传送到大西洋彼岸，成为卫星电视的前奏。一个月后，他又把电波传送到贝伦卡里号邮轮，所有的乘客都十分激动和惊讶。1927~1929年，贝尔德通过电话电缆首次进行机电式电视试播和首次短波电视实验。1935年，贝尔德与德国丰塞公司在柏林成立了第一家实验电视台并试播电视节目。

在贝尔德的发明取得成功后，曾申请在英国开创电视广播事业，英国广播公司不接受，后经议会决定才获准。1936年秋天，英国广播公司开始在伦敦播放电视节目。当奥林匹克运动会这年8月在柏林举行时，15万人通过该台的实况播映进行观看。

然而好景不长，贝尔德很快遇到了强有力的竞争对手，因为1936年电气和乐器工业公司发明了全电子系统的电视。经过一段时间的比较，专家于1937年2月得出结论：贝尔德的机械扫描系统不如电气和乐器工业公司的全电子系统好。1941年，贝尔德又研究成功了彩色电视机。就在他想进一步研究新的彩色系统的时候，他突然患肺炎，不久便与世长辞。当英国广播公司1946年6月第一次播送彩色电视节目时，他没能看到。

贝尔德发明的第一台电视机现被陈列在英国南肯辛顿科学博物馆中，贝尔德本人则被后来的英国人尊称为“电视之父”。由于贝尔德的这台外形古怪、图像也不清晰的电视机属于机械式电视机，对贝尔德的贡献比较准确的说法应当是“机械电视之父”。图3-21所示为贝尔德公开展示的世界上第一台电视。贝尔德机械式电视机的诞生揭开了电视发展的新篇章，它是20世纪的标志性发明之一。

图3-21　贝尔德公开展示的世界上第一台电视机

3. 电子电视之父

1907年，俄罗斯彼得格勒理工学院的波里斯·罗生教授制造出了一台与他若干年前在德国研制出的机械发射机相类似的发射机，接收机由阴极射线示波器构成，这是一种可以显示图像的早期装置。虽然这个装置只能在显像管屏幕上勉强显示很不清晰的图像，但这个实验却吸引了罗生的一个叫作弗拉迪米尔·兹沃利金的学生。

兹沃利金是一位数十年致力于电视研制的俄罗斯工程师。第一次世界大战期间他在俄国的通信兵部队服役，1917 年加入了俄国的无线电报和电话公司。1919 年，兹沃利金前往美国，并在 1923 年发明静电积贮式摄像管，获得了利用储存原理制作电视摄像管的专利。1924 年，他研制出电子电视模型，1928 年，研制成功新的电视摄像机，1931 年，发明了电子扫描器，并进一步改进了电视摄影机，其显像效果远远超过了尼普柯夫发明的机械扫描盘。同年，他将一个由 240 条扫描线组成的图像传送到 4 英里以外的一台 9 英寸显像管上，再用镜子把图像反射到电视机前，完成了电视摄像与显像完全电子化的过程。同年，艾伦·杜蒙又发明了阴极显像管，这在电视接收机的显像技术上又是一项重大的改革。这年，人类首次把影片搬上电视荧幕。人们在伦敦通过电视欣赏了英国著名的地方赛马会实况转播。后来兹沃利金进入美国无线电公司，使他的研究工作获得顺利进展，在 1933 年研制成功电视摄像管和电视接收器。由于兹沃利金实现的电视摄像与电视显示全过程都采用了电子技术，故被称为“电子电视之父”。

4. 法恩斯沃斯的遗憾

法恩斯沃斯 1906 年 8 月 19 日出生于美国犹他州的摩门农场。幼年早慧的他对见过的任何机械装置有着摄影般的记忆力和超强的理解力。在他 3 岁时，曾经因画过一张蒸汽机车的内部结构图而使他的父亲深感诧异。1917 年法恩斯沃斯随父母搬到爱达荷州时，他在家里的屋顶阁楼上发现了成捆的科技方面的旧杂志，他开始自学这些科技知识，希望将来能成为一个发明家。在 12 岁时他就自制了一台电动车，后来又造出供家人使用的洗衣机。1921 年，他已阅读过通俗技术杂志上关于早期机械式电视系统的文章。

法恩斯沃斯很想设计出一台能够同时传送移动画面和声音的新颖的“收音机”。正因为没有受过电子学和工程学方面的正规教育，所以他想把图像加到收音机上的思路与当时最优秀的科学家们设想的方案完全不同。当时无论是纽约、伦敦还是莫斯科的科学家们都把注意力放在“机械”电视上，而法恩斯沃斯却在设想把观看的屏幕划分成许多长条，就像耕田时的垄沟一样，让电流沿长条的各点形成黑白区域。而当这些长条互相紧密叠加起来的时候，他认为就可以使它们“画”出一幅图像。不久后，他就在中学教室的黑板上画了一个称之为“电视设想图”的草图，他饶有兴趣地向给他上化学课的老师贾斯廷·托尔曼详细介绍了他对电视的设计想法，老师听后认为他的想法基本可行，并对此留下了深刻的印象。

但是，想继续做研究的法恩斯沃斯却面着临许多现实问题。一是他没有足够的资金，二是没人会相信一个 15 岁孩子的话。法恩斯沃斯只好暂时搁置自己的设计。高中毕业后，法恩斯沃斯进入犹他州杨伯翰大学，但因父亲去世，他不得不中途退学。随后他来到加州旧金山并创立了属于自己的简陋实验室。在 1925 年 19 岁的时候，法恩斯沃斯向诸多的研究“机械”电视的权威者发出了挑战，认为“他们把精力花在不该花的地方”。他确信无论如何，电子能够以机械装置不可比拟的光速移动，这样就会使图像清晰许多，而且电视机上不需要活动元件。由此他想到：如果能将一个画面转换成电子流，那么它就能像无线电波一样在空间传播，最后再由接收机重新聚合图像。银行家帮助他建立了一个由他的妻子、兄弟和两名工程师组成的小实验室。

1927年1月，法恩斯沃斯向专利局提出了他的第一个专利申请。恰巧，在纽约的兹沃利金也在申请关于电视的专利。当时兹沃利金所在的美国无线电公司认为，兹沃利金优先于法恩斯沃斯于1923年就为其发明申请了专利，但却拿不出一件实际的证据。为了向专利局表明自己才是电视设计方法的最早提出者，法恩斯沃斯想到了4年前曾经给化学老师托尔曼详细介绍过自己对电视设计的想法，于是他请来了中学时的老师为自己作证。1930年8月，美国政府授予法恩斯沃斯专利权，使他的发明受到专利保护。1935年，法庭最后判定法恩斯沃斯胜诉，美国专利局给他“在电视系统的发明方面有优先权”的肯定，认定他才是电视的所有主要专利的持有者。美国无线电公司在败诉多年后才答应付专利使用费给法恩斯沃斯。此后法恩斯沃斯继续专注于电视传输设备研究，并发明了100多种电视传输设备，为现代电视最终成型做出了重要的贡献。

1927年9月7日，在旧金山格林大街202号，法恩斯沃斯传输了历史上第一张在一张玻璃片上面划有一道线的电子电视图像。一年后，当法恩斯沃斯向记者展示他的电视机时，虽说屏幕上显示的只是邮票大小且模糊不清的图像，但人们可以看出图像上的物体在动。

1930年4月，兹沃利金到格林大街拜会法恩斯沃斯，希望达成一项专利出让协议。兹沃利金知道自己的接收器比法恩斯沃斯的要好，自己的阴极射线显像管将成为现代电视机的基石，但是自己的摄像管不如法恩斯沃斯的好。兹沃利金开始对这种摄像管进行试验。

1934年，费城富兰克林学会邀请法恩斯沃斯公开展出电子电视。当游客穿过新科学博物馆漂亮的圆柱进入大理石大厅时，高兴地看到自己出现在一个小电视屏幕上。公众花75美分进入大会堂，在那里狗和舞女在整整一英尺宽的荧屏上表演。经过多年不懈的努力和坎坷，法恩斯沃斯终于获得成功。

1936年，法恩斯沃斯开始试验传输娱乐节目。但是由于在第二次世界大战期间，政府发布命令暂停出售电视机，使得法恩斯沃斯的希望破灭了。而当电视机的生产在1946年恢复时，法恩斯沃斯关键性的专利即将过期，这位发明家也在6年前放弃了对电视前途的大部分希望，到缅因州隐居起来，把几乎所有的积蓄都用来修建一所隐居地。他在33岁时感到精疲力竭，拼命地喝酒和服用镇静药来缓解消沉的意志，最终他精神失常了。由于发明电视并没有带给他巨大名利，反而令他惹上官司，法恩斯沃斯对自己的发明并没有太多好感。他晚年曾尖锐地批评自己的发明是“一种令人们浪费生活的方式”，并禁止家人看电视。

1947年，法恩斯沃斯在历史上的地位消失殆尽，兹沃利金和公司总裁萨尔诺夫成了电视之父，而早在20世纪30年代即被新闻界报道为“天才”的法恩斯沃斯，却被人忘却了。1971年法恩斯沃斯去世，美国邮政局1983年发行了纪念他的邮票。发明家荣誉室在承认兹沃利金 7 年后，于 1984 年承认了法恩斯沃斯的地位。

5. 电视传输系统的基本原理

电视通信是一种单点发送多点接收的单向音视频信号传输通信方式。图 3-22 所示为电视的无线传输方式。电视也可通过视频电缆或光纤进行传输，称为有线电视。利用光纤传输很容易获得更大的频率范围，因此提供的电视频道更多。此外，利用光纤提供的巨大信道容量，还可在提供电视节目的同时提供互联网通信和电话通信业务，实现电视网、互联网、电话网的三网融合业务。

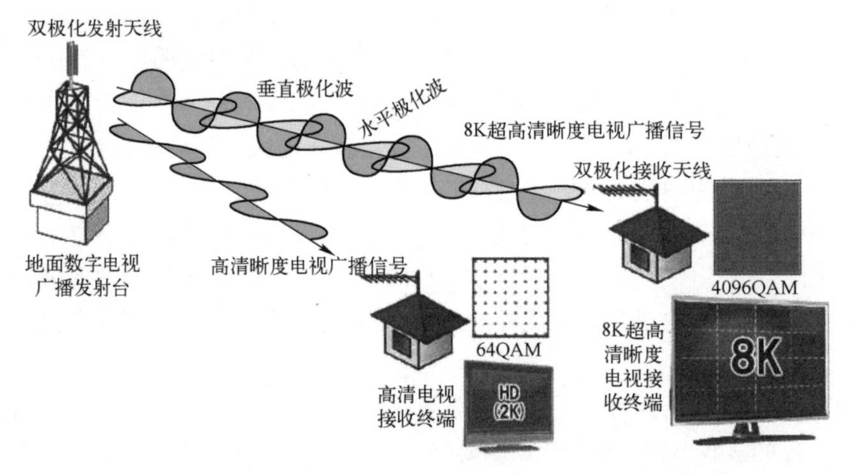

图 3-22　单点发送多点接收的单向音视频信号传输通信方式

（1）电视信号的发射

电视台需要录制视频或现场拍摄报道实况，这需要使用摄像技术来获取信息、利用节目编排技术来组织节目、利用信号处理技术进行信号放大和调制，并通过电视台发送出去，接收端的电视需要选取电视台节目所在的频道，然后进行解调制并放大信号，最后利用图像显示技术由电视屏幕显示图像，由音频处理技术将还原的音频信号通过扩音器播放。

电视台设置的电视发射机有双通道分别放大式、共同放大式和双伴音立体声三种。

双通道分别放大式电视发射机的系统工作原理如图 3-23 所示。经过视频和音频处理的图像和伴音信号分别采用低电平中频调制。其中，图像经 37 MHz 中频振幅调制方式进行调幅，经残留边带滤波器滤波后进行群时延和微分增益校正等中频信号处理。伴音信号经非线性校正和预加重等音频处理后经 30.5 MHz 中频振幅调制方式进行调幅。两种信号再经各自的变频调制、功率放大器后由双工器汇合经天线发出。

共同放大式电视发射机的系统工作原理如图 3-24 所示。经过视频和音频处理的图像和伴音信号要先分别采用低电平中频调制，各自经过相应的处理后，通过中频双工器合成，共同经过互调校正、频率变换与功率放大后送往天线发射。

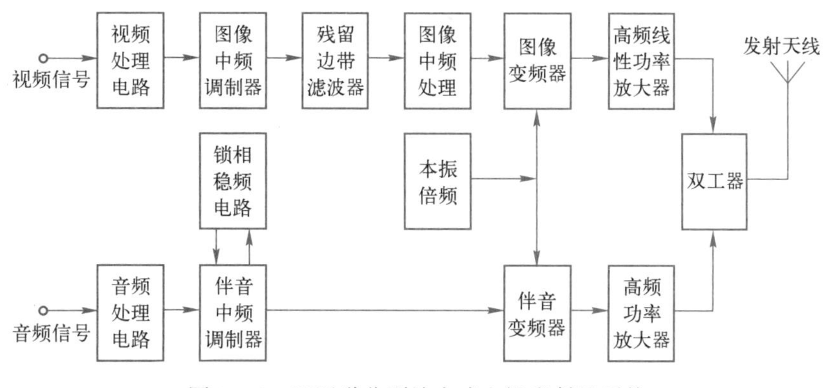

图 3-23　双通道分别放大式电视发射机系统

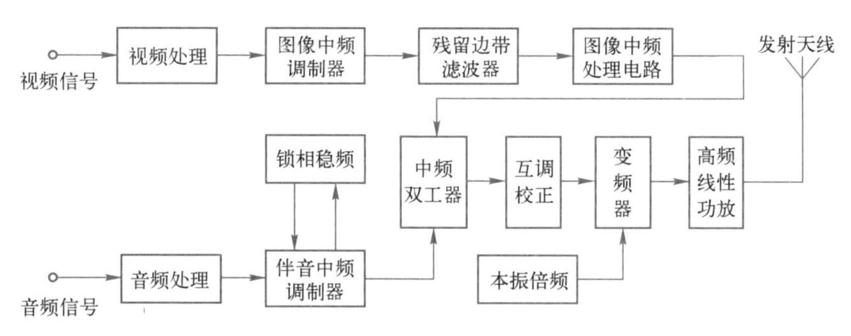

图 3-24　共同放大式电视发射机系统

双伴音立体声电视发射机的系统工作原理如图 3-25 所示。用同一部电视伴音发射机可以同时送出两种不同语种的伴音，观众可以根据自己的需要选听其中的一种，也可用立方体声伴音。与前两种电视发射机相比，其第一伴音载波频率与单伴音发射机相同，第二伴音载波频率比第一伴音载波频率高 0. 24 MH，功率比第一伴音载波低 7 dB。

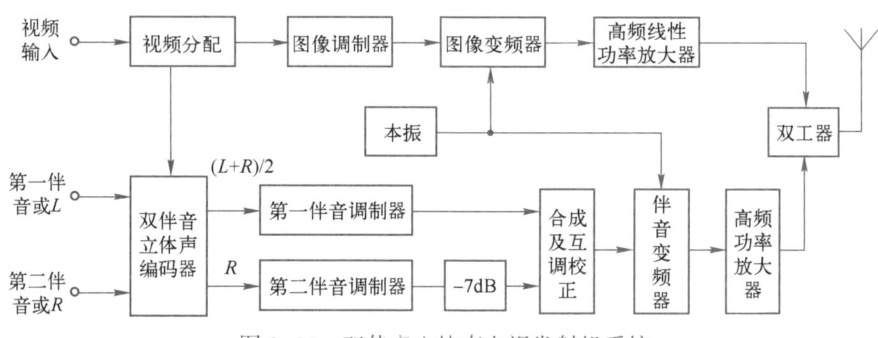

图 3-25　双伴音立体声电视发射机系统

由于电视台采用微波频段进行电视信号的发送与传输，而微波只能进行直线视距传输，当电视台与用户电视机之间的距离太远时，地表的弯曲会阻挡信号，为了延长通信距离，有时还要增加电视差转台进行中继接力传输，如图 3-26 所示。在电视差转台中主要设置有电视差转机。电视差转机的任务是接收从电视发射台主发射机发来的微波信号，但不进行解调，仅进行频率变换和功率放大，通过另一个电视频道重新发射，相当于转换主发射机的节目。

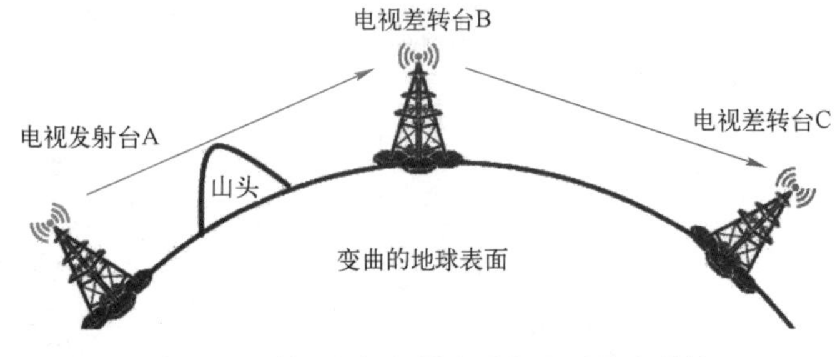

图 3-26　利用电视差转台进行中继接力传输

（2）电视信号的接收还原

位于用户家的电视接收机将接收的电视信号还原成可视图像和可听声音信号，其原理框图如图 3-27 所示。各方框的功能解释如下。

高频头的功能是选择所接收电视频道的射频电视信号并加以放大，然后将射频电视信号与本机产生的高频信号进行解调制后获取固定的中频信号。

图像中频处理系统的功能是放大中频信号，进行视频检波，解调出彩色全电视信号 FBAS，包括图像信号和获得混频产生的第二伴音中频信号。

伴音通道的功能是从检波输出信号中取出第二伴音中频信号进行处理，从第二伴音中频信号解调出伴音音频信号并放大，激励扬声器发出声音。

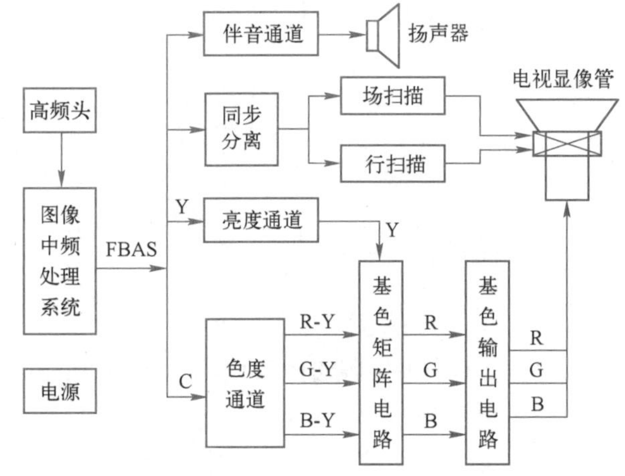

图 3-27　电视接收机原理框图

同步分离电路的功能是从全电视信号中分离出复合同步信号，分别控制行、场振荡器，实现行、场扫描的同步。

场扫描电路的功能是为场偏转线圈提供偏转锯齿波电流，以实现垂直方向扫描。

行扫描电路的功能是为行偏转线圈提供偏转锯齿波电流，以实现水平方向扫描。

亮度通道的功能是从图像检波电路输出的彩色全电视信号 FBAS 中取出亮度信号 Y 并进行放大处理，相当于黑白电视机中视频放大电路的前级。

色度通道的功能是从彩色全电视信号中取出色度信号并进行放大，解调出 R-Y、G-Y、B-Y 三个色差信号。

基色矩阵电路的功能是完成亮度信号与色差信号的矩阵运算，解调出红（R）、绿（G）、蓝（B）三基色信号。

基色输出电路的功能是放大三基色信号，激励彩色显像管，这部分相当于黑白电视机的视放输出级。

电源的功能是为整机各部分电路提供稳定的工作电压。

如今，广播电视早已普及到每个家庭，人们可以舒服地坐在沙发上通过电视了解世界上正在发生的各种新闻事件。通过广播电视可以报道社会正能量，讴歌英雄，揭露罪行，让那些危害社会的言行无所遁形，这无疑将进一步促进人类文明的发展。

3.3 千姿百态的无线电通信

3.3.1 亥维赛假设的电离层

奥利弗·亥维赛于1850年5月18日出生在伦敦卡姆登镇的一个雕刻师家庭。不幸的是，由于猩红热病的折磨，使他听力受到影响。虽然他的学业成绩在五百多个学生中排第五，但他还是被迫在16岁时离开了学校，因而未能接受正规的高等教育。他的成就完全是凭借自己永不放弃的刻苦努力而得来的。他自学成才掌握了电磁学，除了1866年~1874年在丹麦大北电报公司当过电报员外，一生都在父母家中孤独地进行研究，依靠亲友周济和政府救济金生活，终生未婚。

亥维赛在青年时代就注意对用电进行通信的理论探讨。1885年~1887年，他在商业性刊物《电学家》上发表了一系列后来使他成名的论文。他曾从理论上预见，在远距离电报传输电缆电路中，加载电感会减少信号的畸变。这遭到当时邮电总局技术权威的反对，并阻挠亥维赛的论文在学会刊物上发表，直到后来，美国科学家M. I. 普平才在实践中证实该理论是正确的。亥维赛还首先建立了电报方程并给出了它的解。他发现了能使电缆中的电阻、电容、电感和电导等参数达到最佳值而让信号无畸变的传播模式。

亥维赛发展了麦克斯韦的电磁理论，独立导出了1884年约翰·坡印亭提出的关于电磁场能量守恒的坡印廷定理，将麦克斯韦方程组原来的20个分量方程简化归纳为4个不完全对称的矢量方程。1889年，他由电子质量来源于电磁场的假说预言电子的质量将随着它的速度趋近于光速而增加等。亥维赛较早地认识到算子演算对研究瞬变过程的重要意义，将分析复杂电路的运算简化为代数运算。他预见了拉普拉斯变换将在电工学中得到广泛应用，并提出了自己的算子演算准经验方法。他很早就提出了δ函数的运用。然而，人们熟知亥维赛这个名字的主要原因在于他提出了电离层存在的观点。

1901年，马可尼用风筝竖起400英尺长的天线，在英国的发送站成功地跨越大西洋将莫尔斯电码中的S码用无线电波传送到加拿大。人们当时无法解释直线传播的无线电波是如何通过弯曲地球表面的阻挡的。亥维赛在1902年提出这样的解释：在大气上部存在着一个带电粒子层，它能够把地面发出的无线电波反射回地面。1911年，这个带电粒子层被命名为亥维赛-肯涅利层，因为美国哈佛大学的阿瑟·肯涅利也在同一年独立地提出了存在带电粒子层的论点。现在电离层的 E 区域有时仍被称作亥维赛-肯涅利层。

电离层理论说明电波可以绕过地球的球面，从而很好地解释了马可尼用无线电波将信息传递到大西洋彼岸的实验。图 3-28 所示为电离层两次反射的远程电波传播过程。亥维赛还提出电离层是由于太阳的紫外辐射使高空的气体电离而形成的。1891 年他成为皇家学会会员，1905 年格丁根大学授予这位自学成才的科学家名誉博士。

1924 年，爱德华·阿普顿爵士证明了亥维赛提出的电离层的确存在。当时阿普顿认为，远距离的短波信号只能由高空电离层反射传播。为了证明这个观点，他尝试改变英国 BBC 广播公司发射机的频率，然后在剑桥大学记录下所接收到的信号强度，以观察沿地面直接传播的波与从带电粒子层反射回来的波之间发生干涉时信号的增强效应。结果接收机接收到的信号完全证实了他的设想，这样，关于存在能反射电磁波的大气电离层的假设便得到了验证。

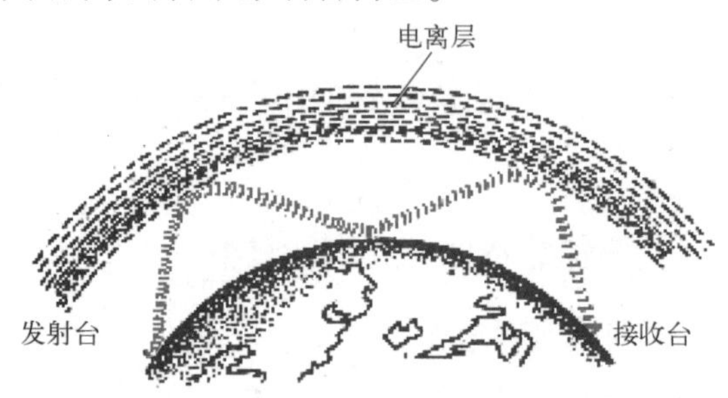

图 3-28　电离层两次反射的远程电波传播过程

通过对电离层的进一步研究，阿普顿还发现夜间 100 km 高处的电离层反射能力会大大降低。1927 年，经过无数次的实验后，他发现约在 230 km 处还存在一个反射能力更强的后来被称为阿普顿层的高空电离层。阿普顿的工作为环球无线电通信提供了重要的理论依据，从此无线电事业进入了一个新纪元。阿普顿还开辟了对电离层以及该层受太阳位置和太阳耀斑活动影响的研究领域。为此阿普顿获得了 1947 年的诺贝尔物理学奖。

现在人们可以根据电离层高度的不同对其进行更为详细的分层，如图 3-29 所示。电离层中的电子密度虽然不到中性成分的 1%，但这些自由电子足以影响无线电波的传播。那么，无线电波在电离层中究竟是怎样传播的呢？

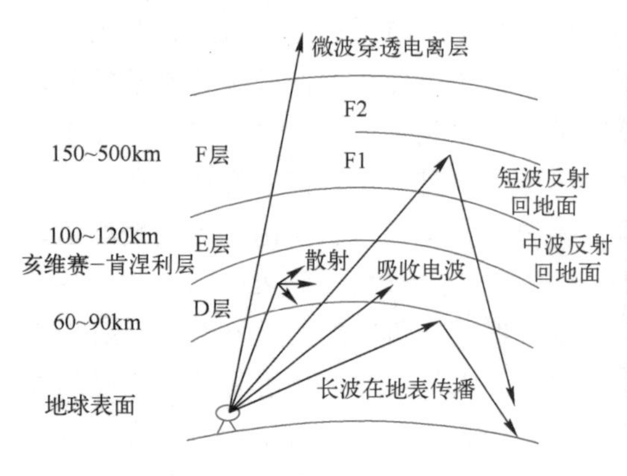

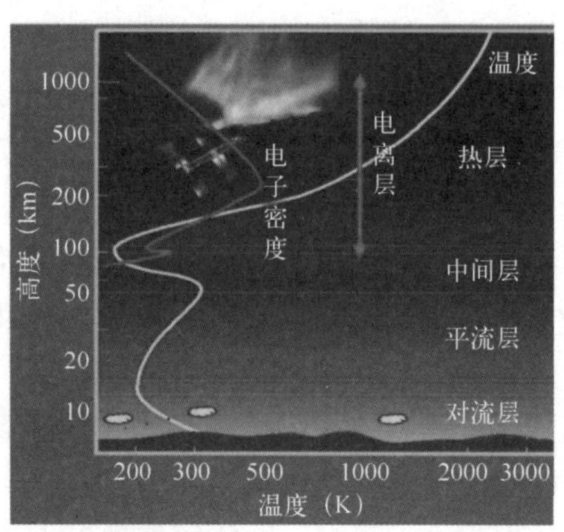

图 3-29　随高度而细分的电离层

大家知道，当光线进入水或者其他媒质中传播时，在两种不同物质的接触面会发生折射或反射。同样，当无线电波进入电离层时也会发生传播路径的改变。电离的浓度以单位体积中的自由电子数，即电子密度来表示。电离层的浓度对工作频率的影响很大，当电离层浓度高时，电波折射多，对高频反射强；当电离层浓度低时，对低频反射强。在一定条件下，从电离层的D层到F2层的峰值处，电波到达某一高度后将开始全反射向下传播返回地面。不同频率的电波进入电离层后的传播路径不同，频率越高，电离层对它的吸收少，越容易穿出电离层。

例如，甚低频电波一般只能在电离层底部和地面之间进行传播，长波、中波、短波会在电离层的不同高度被反射，波长越短反射越多。超短波、微波在一般情况下可以穿透电离层而不返回地面。此外，当电波在电离层中传播时，电离层中的电子会从电波中获取能量，又会与中性粒子发生碰撞，从而将部分能量传递给中性粒子，导致无线电波损失能量。当电离层中的电子足够多，而电波的能量又不够高时，电子对电波的吸收很强，甚至会将电波全部吸收。由于电离层中D层的中性成分浓度很高，所以这一层是电波吸收的主要区域。D层电离的程度越高，吸收无线电波的能力越强。E层与D层类似，它主要在白天影响传播。F层在白天能把较高频率的电波反射回地面，而到了晚上由于电子密度的降低，这些较高频率的电波会穿透电离层。因此在晚上，短波的通信频率应比白天低。

电离层的高度和浓度一方面随地区、季节、时间、太阳黑子活动等自然因素的变化而变化，另一方面也受到地面核试验、高空核试验以及大功率雷达等人为因素影响而变化，因此短波通信的频率也必须随之改变。一般在太阳活动性大的一年采用长波通信，在太阳活动性小的一年采用短波。

电离层对无线电通信、卫星导航定位、雷达探测等都会产生重要影响。电离层的下方分别是平流层和对流层。

3.3.2 特性迥异的无线电波

所有的无线电波都是按一定频率交替变化的电场和磁场由近向远的扩散波，频率的不同导致其在传输介质和设备中的衰减不同。人们很难做出一种能适用于所有频率的全频段无线电设备，因此目前各种无线电通信设备都只适用于某一特定频段范围，这就导致了各种各样无线电通信技术的出现。

在讨论无线电波时，电场和磁场的交替变化速度常用频率f来表示，有时也用周期T或波长λ来表示。它们之间的关系为

$$f=\frac{1}{T} \quad (3-1)$$

$$\lambda=c\cdot T \quad (3-2)$$

即频率 f 是周期 T 的倒数，单位是赫兹（Hz），1 Hz 表示电场或磁场变化一个周期需要 1 秒钟的时间；周期的单位为 s；c 为 3×10^5 km/s 的光速；波长 λ 的单位为 km 或 m。

1. 无线电信号的传输衰减

当携带信息的无线电信号在自由空间中由近向远传播时，其信道是无导线引导的，故称为无线电传输。无线电通信是以电磁波的扩展方式进行能量的传输，因此无线电信号的能量以两种方式衰减，一种是在信号传输方向上的固有衰减，另一种是信号能量密度随距离按球面扩张而呈现的衰减。固有信号衰减的计算公式为

$$Lbs=32.5+20\lg f+20\lg d \tag{3-3}$$

式中，Lbs 为自由空间损耗，以分贝（dB）为单位；f 为电磁波频率；d 为传输距离。

接收站接收设备接收到的无线电信号强度计算公式为

$$RSS=Pt+Gt+Gr-Lc-Lbs \tag{3-4}$$

式中，RSS 为信号接收强度，以分贝（dB）为单位；Pt 为发射机发射功率；Gt 为发射机的发射天线增益；Gr 为接收机的接收天线增益；Lc 为电缆和缆头的损耗；Lbs 为自由空间损耗。

可以看到，不同频率的信号在相同距离的传输过程中的衰减是随着频率增加而增加的。

对于一个点状天线发射的无线电信号，其能量均匀地分布在球面上。随着距离的增加，球的表面积随之增加，当用球的表面积除以天线发出的能量时，就获得球体表面的无线电信号能量密度。例如，天线发出的信号能量为 P，当信号传输到距离为 R 的地点时，其能量密度 ρ 为

$$\rho=\frac{P}{4\pi R^2} \tag{3-5}$$

可见随着距离的增加，某点所能获取的无线电信号能量被分散到半径为 R 的球面上，能量密度与距离平方的倒数成正比。

2. 无线电波常见的传播方式

（1）地波传播　沿大地与空气的分界面传播的电波叫地表面波，简称地波。其传播途径主要取决于地面的电特性。地波在传播过程中，能量随距离增加而逐渐被大地吸收。波长越短，信号减弱越快，因而传播距离较短。地波传播不受气候影响，可靠性高。超长波、长波、中波无线电信号均利用地波进行传播，短波近距离通信也利用地波进行传播。

（2）直射波传播　直射波又称为空间波，是由发射点经空间直线传播到接收点的无线电波。直射波的能量衰减较慢，一般限于视距范围内的通信。利用直射波传播进行通信的方式有超短波和微波通信。制约直射波通信距离的因素主要是地球表面弧度和山地、楼房等障碍物，因此超短波和微波通信的天线要求尽量高架。由于微波可以穿透电离层，所以可以进行地面站与卫星之间的直射微波通信或卫星导航通信。图 3-30 所示为微波中继长途通信体系示意图。图中可见，微波大致沿直线传播，不能沿地球表面绕射。必须

每隔 50 km 左右建一个中继站，把上一站传来的信号处理后，发射到下一站。

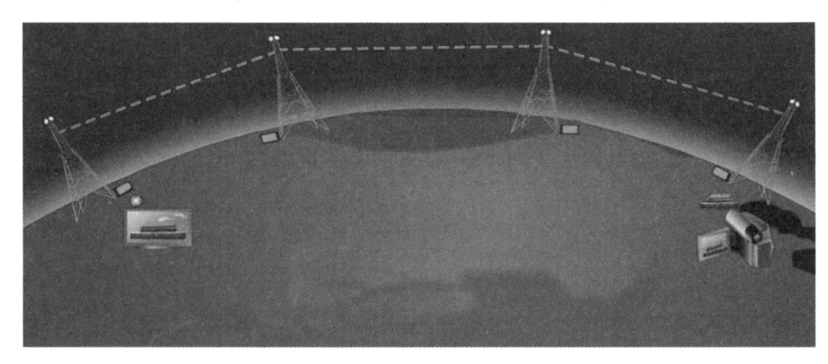

图 3-30　微波中继长途通信

（3）天波传播　天波是由天线向高空辐射的电磁波，遇到大气电离层后折射返回地面的无线电波。电离层只对短波波段的电磁波产生反射作用，因此天波传播主要用于短波远距离通信或电台通信。

（4）散射传播　散射传播是指由天线辐射出去的电磁波投射到低空大气层或电离层不均匀介质时产生散射，其中一部分到达接收点。散射传播距离远，但是效率低，不易操作，使用较少。但散射通信的保密性强，常用于军事通信。

3. 无线电通信的频率划分

为了适应无线电波传输受频率影响的特点，人们将无线电波信号按频率的不同划分为多个不同的频段。表 3-1 给出了无线电频段的划分。

表 3-1　无线电频段的划分

频段名称		频　率	波　长
γ（Gamma rays）	伽马射线	300~30 EHz	1~10 pm
HX（Hard X-rays）	硬 X 光	30~3 EHz	10~100 pm
SX（Soft X-Rays）	软 X 光	3~300 PHz	100 pm~1 nm
EUV（Extreme ultraviolet）	远紫外线	300~30 PHz	1~10 nm
NUV（Near ultraviolet）	近紫外线	30~3 PHz	10~100 nm
NIR（Near infrared）	近红外线	3 PHz~300 THz	100 nm~1 μm
MIR（Moderate infrared）	中红外线	300~30 THz	1~10 μm
FIR（Far infrared）	远红外线	30~3 THz	10~100 μm
THF（Tremendously high frequency）	至高频	3 THz~300 GHz	10 dmm~1 mm
EHF（Extremely high frequency，Microwave）	极高频	300~30 GHz	1 mm~1 cm
SHF（Super highfrequency，Microwave）	超高频	30~3 GHz	1 cm~1 dm
UHF（Ultrahigh frequency）	特高频	3 GHz~300 MHz	1 dm~1 m

（续）

频段名称		频　率	波　长
VHF（Very high frequency）	甚高频	300~30 MHz	1 m~1 dam
HF（High frequency）	高频	30~3 MHz	1 dam~1 hm
MF（Medium frequency）	中频	3 MHz~300 kHz	1 hm~1 km
LF（Low frequency）	低频	300~30 kHz	1~10 km
VLF（Very low frequency）甚低频（VLF）	甚低频	30~3 kHz	10~100 km
VF（Voice frequency，Ultralow frequency，ULF）	音频/特低频	3 kHz~300 Hz	100 km~1 Mm
SLF（Super low frequency）	超低频	300~30 Hz	1~10 Mm
ELF（Extremely low frequency）	极低频	30~3 Hz	10~100 Mm
TLF（Tremendously low frequency）	至低频	3~0.3 Hz	100 Mm~1 GMm
TEF（Tremendously Extremely low frequency）	至极低频	0.3~0 Hz	1~10 GMm

其中，频率约为 300 MHz~300 GHz 的无线电波频段又被称为微波频段，波长约在 1 m~1 mm 之间。这段电磁频谱包括分米波、厘米波、毫米波和亚毫米波等波段。在雷达和常规微波技术中，常用拉丁字母代号表示更细的频段划分，如表 3-2 所示。

表 3-2　拉丁字母代号表示的更细的频段划分

名　称	频率范围	波长范围
P 波段	230~1000 MHz	1300.00~300.00 mm
L 波段	1~2 GHz	300.00~150.00 mm
S 波段	2~4 GHz	150.00~75.00 mm
C 波段	4~8 GHz	75.00~37.50 mm
X 波段	8~12 GHz	37.50~25.00 mm
Ku 波段	12~18 GHz	25.00~16.67 mm
K 波段	18~27 GHz	16.67~11.11 mm
Ka 波段	27~40 GHz	11.11~7.50 mm
U 波段	40~60 GHz	7.50~5.00 mm
E 波段	60~90 GHz	5.00~3.33 mm
F 波段	90~140 GHz	3.33~2.14 mm
Q 波段	30~50 GHz	10.00~6.00 mm
V 波段	50~75 GHz	6.00~4.00 mm
W 波段	75~110 GHz	4.00~2.73 mm
D 波段	110~170 GHz	2.73~1.76 mm

微波通常呈现穿透、反射、吸收三个基本特性。微波可以几乎不被吸收地穿越玻璃、塑料和瓷器。微波在穿越水和食物等时会被这些物体吸收而使其发热，因此可用微波来

杀菌、消毒和烹调。而金属类物体则会反射微波，因此可用作雷达探测。

4. 无线通信的分类

我国的无线电应用可划分为42种业务，其中包括固定业务、移动业务、广播业务、无线电导航业务等，每种业务都必须在特定的无线电频率规划内进行开展。表3-3给出了各无线电频段的应用领域。

（1）长波通信　长波通信是利用波长长于1km、频率低于300kHz的电磁波进行信号传输的无线电通信，亦称低频通信。它可细分为长波（10~1km）、甚长波（100~10km）、特长波（1000~100km）、超长波（10000~1000km）和极长波（100000~10000km）波段的通信。

表3-3　各无线电频段的应用领域

频段号	频段名称	波段名称	传播特性	主要用途
1	至极低频（TEF）	极至长波或千兆米波		
0	至低频（TLF）	至长波或百兆米波		
1	极低频（ELF）	极长波		
2	超低频（SLF）	超长波		
3	特低频（ULF）	特长波		
4	甚低频（VLF）	甚长波	空间波为主	海岸潜艇通信、远距离通信、超远距离导航
5	低频（LF）	长波	地波为主	越洋通信、中距离通信、地下岩层通信、中距离导航
6	中频（MF）	中波	地波与天波	船用通信、业余无线电通信、移动通信
7	高频（HF）	短波	天波与地波	远距离短波通信、国际定点通信
8	甚高频（VHF）	米波（超短波）	空间波	电离层散射通信（30~60MHz）、流星余迹通信、人造电离层通信（30~144MHz）、空间飞行体通信、移动通信
9	特高频（UHF）	分米波	空间波	小容量微波中继通信（352~420MHz）、对流层散射通信（0.7~1GHz）、中容量微波通信（1.7~2.4GHz）
10	超高频（SHF）	厘米波	空间波	大容量微波中继通信（3.6~4.2GHz）、大容量微波中继通信（5.85~8.5GHz）、数字通信、卫星通信、国际海事卫星通信（1.5~50GHz）
11	极高频（EHF）	毫米波	空间波	再入大气层时的通信、波导通信
12	至高频（THF）	丝米波或亚毫米波	空间波	自由空间激光通信

① 长波通信的特点　长波主要沿地球表面以地波的形式传播，传播比较稳定。依不同的辐射功率和波长，传播的距离可达数百至数千千米甚至上万千米。在150kHz以上的频率高端，大气噪声较小，天线效率较高，可用于海上通信，也适用于地下通信。在30~60kHz的频率低端，地波能穿透一定深度的海水，多用于海上通信、水下通信、地下通信

和导航等。由于传播稳定，受太阳耀斑或核爆炸引起的电离层干扰影响小，也可用作防电离层干扰的备用通信手段。此外，长波还用以传播频率标准。

② 甚长波通信的特点　甚长波主要靠大地与电离层低端之间形成的波导进行传播。甚长波通信的特点是系统庞大、Q 值高、回路电压很高、通带较窄。甚长波低端往往只有几十赫兹，通信速率低，发射机功率一般从十几千瓦到数兆瓦。甚长波传播稳定，受太阳射电爆发或核爆炸等引起的电离层干扰影响较小，适用于远距离水下通信、防电离层干扰的备用通信和地下通信等。

③ 超长波通信的特点　超长波传播十分稳定，在海水中的传播衰减约为甚长波的十分之一，频率为 75 Hz 时，衰减约为 0.3 dB/m，因而对海水穿透能力很强，可深达 100 m 或更多，主要用于海岸对深潜潜艇的远距离指挥通信。

（2）中波通信　中波通信指利用波长为 1000～100 m，频率为 300～3000 kHz 的电磁波进行的无线电通信。中波通信的电磁波既可利用地波传播，也可利用天波传播。白天，由于电离层 D 层对中波的强烈吸收，使其不能依靠电离层反射的天波传播，主要靠地波传播。夜间，电离层 D 层消失，E 层的电子密度下降，高度上升，对中波的吸收急剧减少。根据国际电信联盟（ITU）《国际无线电规则》的频率划分，526.5～1606.5 kHz 频段的中波用作广播，广播频段以下的中波常用于中近程无线电导航，飞机、舰船的无线电通信及军事地下通信等。广播频段以上的中波除用作飞机、舰船通信等外，还用于无线电定位，在军事上还常用于近距离的战术通信。

（3）短波通信　短波通信指利用波长为 100～10 m，频率为 3～30 MHz 的电磁波进行的无线电通信。短波通信中所发射的电波要经电离层的反射才能到达接收设备，是远程通信的主要手段。由于电离层的高度和密度容易受昼夜、季节、气候等因素的影响，所以短波通信的稳定性较差，噪声较大。在山区、戈壁、海洋等地区，超短波覆盖不到的地区，主要依靠短波。

（4）微波通信　微波通信指使用波长在 0.1 mm～1 m 之间的电磁波进行的通信。当两点间直线距离内无障碍物时就可以使用微波进行通信。微波通信包括地面微波接力通信、对流层散射通信、流星余迹通信、卫星通信、空间通信及工作于微波频段的移动通信。微波通信由于其频带宽、容量大，可以用于各种电信业务的传送，如电话、电报、数据、传真以及彩色电视等。我国的微波通信广泛应用 L、S、C、X、K 波段。

（5）自由空间光通信　自由空间光通信是以激光光波为载体，在真空或大气中传递信息的一种宽带光通信方式。光的电磁波谱如图 3-31 所示。按照传输光信号所采用介质的不同，光通信系统可分为光纤通信、自由空间光通信和水下光通信，其中自由空间光（FSO）通信又称无线光通信。FSO 通信技术的优势在于频带宽、速率高、容量大、安装架设组网灵活便捷、网络扩展性好、传输保密性好、体积小、相对成本低，特别适合骨干网的扩建、光纤网络的备援、宽频接入、企业应用、无线基地台数据的回传等领域，以及其他需要高速接入的终端。

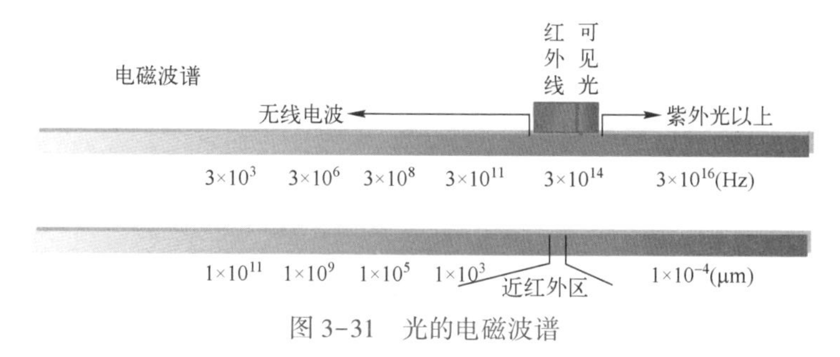

图 3-31　光的电磁波谱

FSO 通信过程中，裸露在大气介质中的光在传输时会受到地球表面大气层中很多气体及各种微粒等自然因素的影响、风力和大气温度的梯度变化产生气穴的影响、雨雪雾的影响、大风和地震的影响，因此在地面传输时的通信距离一般为视距范围。但这些问题在大气外层空间是没有的，故 FSO 正被开发用于大气层外的宇宙通信中，图 3-32 所示为深空光通信链路，可实现深空卫星、飞机、地面之间的长途大容量通信。

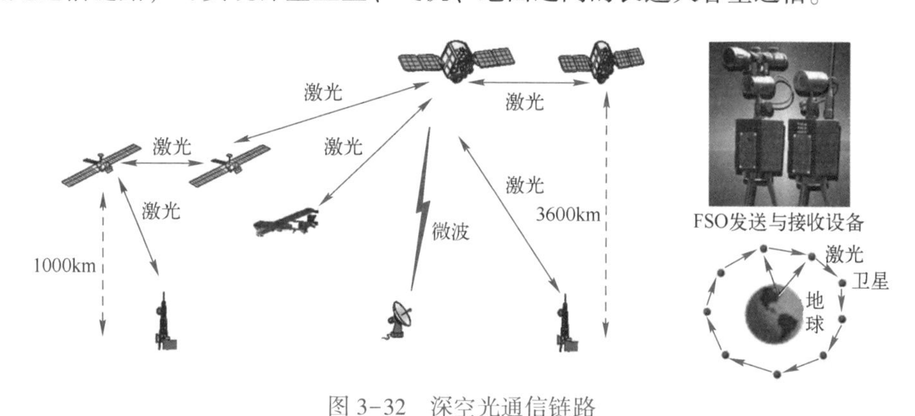

图 3-32　深空光通信链路

3.3.3　地球与嫦娥的密语

2020 年 11 月 24 日 4 时 30 分，我国在文昌航天发射场用长征五号遥五运载火箭成功发射嫦娥五号探测器，此后又进行了嫦娥五号在月球正面预选着陆区着陆、着陆器和上升器组合体完成月球钻取采样及封装、将携带样品的上升器送入预定环月轨道、上升器与轨道器和返回器组合体交会对接、轨道器和返回器组合体与上升器分离、返回器返回地球等相关工作。嫦娥五号所有行为都是由地球发出的指令进行控制的，这是一种 30 多万千米的超远程微波通信。

我国更远的数据传输是搭乘着长征五号遥四运载火箭的天问一号火星探测器与地球之间的通信。由于地球和火星都在围绕太阳运行，处于里圈的地球的运行速度快于外圈的火星，所以地球与火星之间的距离在不断变化，最近距离为 5500 万千米，最远距离大于4亿千米，这比地球到月球的距离要远100多倍甚至1000倍。由于接收信号的强度与距离的平方成反比，因而从天问一号探测器上发回地球的电波经过几亿千米传输衰减后变得十分微弱，再加上宇宙中的噪声，就很容易把传输信号淹没掉。图3-33所示为天问一号通向火星的宇宙通信链路。由于天线的直径和探测距离成正比，增大天线口径可以增加探测距离。为此，我国探火的测控通信网采用了直径较大的收发天线。所用到的深空测控系统主要有黑龙江佳木斯66 m直径天线测控站和新疆喀什35 m直径天线测控站等，以及甚长基线干涉测量分系统和必要的国际联网等。我国还在天津武清新建了一个主反射面直径70 m的高性能接收天线，这是亚洲最大的单口径全可动天线，它能可靠地接收天问一号发回来的科学数据，并进行处理、解译和研究。

图3-33　天问一号通向火星的宇宙通信链路

为了方便研究与地球外飞行器之间的通信问题，国际电信联盟将地球与宇宙飞行器之间的通信定义为宇宙无线电通信，简称为宇宙通信、空间通信。并依通信距离的不同，将宇宙通信又分为近空通信和深空通信。

1. 近空通信

近空通信指地球上的通信实体与距离地球小于2000万千米的空间中的地球轨道上的飞行器之间的通信。这些飞行器包括各种人造卫星、载人飞船、航天飞机等，飞行器飞行高度从几百千米到几万千米不等。地球与嫦娥飞船之间的通信就属于近空通信。

在距地面20千米内的近空间空域是传统航空器的主要运行空间，距地面100千米以上的空域是航天器的运行空间。近空间飞行器是指运行在近空间范围的飞行器。在世界各国的近空间飞行器方案中，研究热点集中在平流层飞艇、浮空气球和高空长航时无人机方面。平流层飞艇、浮空气球和高空长航时无人机的设计思想、主要特点见表3-4。其中，平流层飞艇是目前地球同步卫星之外另一种重要的定点平台。

表3-4　几种近空间飞行器的设计思想和主要特点

类　型	设计思想	主要特点
平流层飞艇	采用航空飞行器的设计思想，具有较大的气囊，内中充满轻质气体，依靠空气浮力来平衡飞行器的重力，依靠螺旋桨的推力来克服阻力	可定点悬停、可进行低速水平飞行，机动性好
浮空气球	具有较大的气囊，充灌轻质气体，无推进动力装置，依靠空气浮力进入近空间	优点是简单、成本低，缺点是阻力大、定点与机动性差
高空长航时无人机	采用航空飞行器的设计方法，采用太阳能、氢燃料电池等新能源，轻质结构，依靠空气动力到达近空间	可快速机动

空间飞行器与卫星比较，其优点是效费比高、机动性好、有效载荷技术难度小、易于更新和维护。近空间飞行器与地面目标的距离一般只是低轨卫星的1/10~1/20，可收到卫星不能监听到的低功率传输信号，容易实现高分辨率对地观测。但缺点是视野小，近空间属国家领空范围，受领空限制。图3-34所示为美国曾计划在边境地区布置10艘飞艇进行本土通信覆盖的示意图。

图3-34　美国曾计划在边境地区布置10艘飞艇

近空通信可在军事领域中应用于区域情报收集、监视、侦察、通信中继、导航和电子战等方面；可对重点区域进行连续长时间监视和适时观测，有助于对战场进行准确评估；可作为电子干扰与对抗平台，对来袭飞机和导弹等目标实施电子干扰及对抗，使其偏离航线或降低命中率；可作为无线通信平台提供超视距通信。近空通信在人口稀少地域的通信中，可通过气球实现边远山区、草原、海岛、油田地区的通信。在应急通信中可利用近空间飞行器所携带的通信设备作为高空中继和路由器，可在地面通信设施因灾被破坏后，快速建设覆盖范围较大的临时通信网，为组织抢险救灾提供通信支撑。

2. 深空通信

深空通信指地球上的通信实体与距离地球等于或大于两百万千米的进入太阳系的飞行器之间的通信。深空通信最突出的特点是信号传输的距离极其遥远。例如，探测木星的“旅行者1号”航天探测器从1977年发射后1979年才到达木星，飞行航程6.8亿千米。信号从航天器发回地球需要经过37.8 min。类似地，我国的“天问一号”火星探测器与地球之间的通信延迟长达22.3 min，也属于深空通信。

深空通信包括三种形式：第一种是地球站与航天飞行器之间的通信；第二种是飞行器与飞行器之间的通信；第三种是通过飞行器的转发或反射来进行的与地球站之间的通信。当飞行器距地球太远时，由于信号太弱，需要采用中继的方式来延长通信距离，即先由最远处的飞行器将信号传到较远处的飞行器进行转接，再将信号传到地球卫星上或直接传到地球站上。图3-35所示为深空通信中继组网示意图。

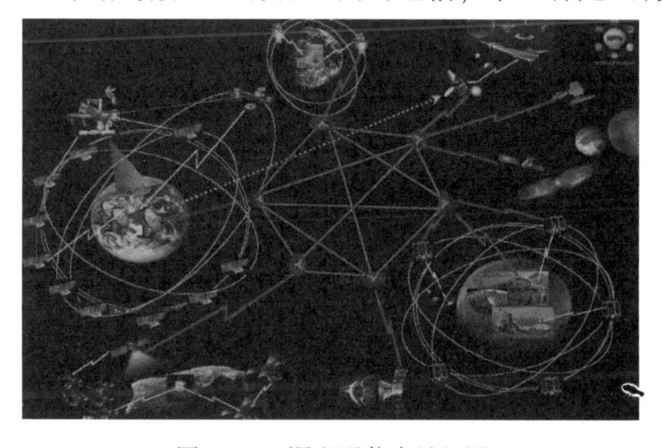

图3-35　深空通信中继组网

深空通信系统的组成如图3-36

所示，包括深空飞行器上的通信设备和地面上的通信设备两部分，每部分又包括各自的子系统。该通信系统包括指令、跟踪、遥测三个基本功能，其中指令功能执行地球站对深空飞行器的引导和控制，遥测功能负责传输通过深空飞行器探测到的信息。

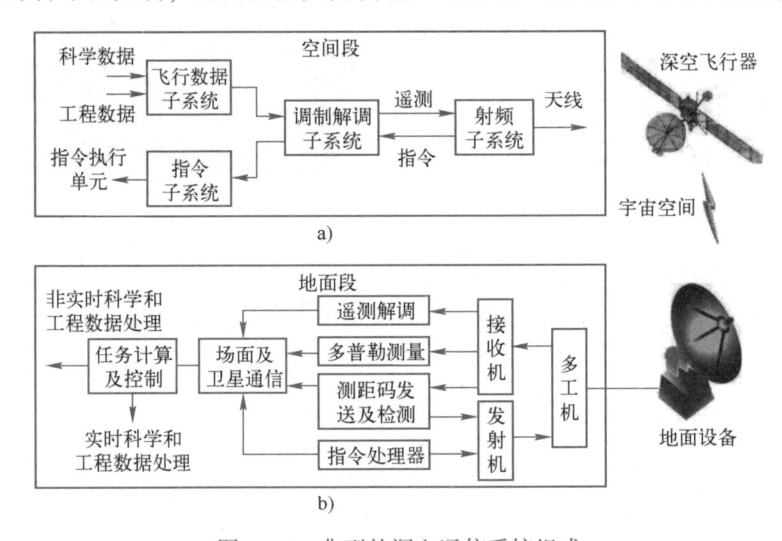

图 3-36　典型的深空通信系统组成

a）航天器上的通信设备　b）地面上的通信设备

深空通信的基本特点是距离远、信号弱、延时大、延时不稳定、数据量大。

深空通信的通信地面站收到的噪声包括由地面大气对电磁波的吸收而形成的等效噪声、热噪声以及宇宙噪声。总的外来噪声在 1~10 GHz 之间比较小，目前深空通信的工作频率多处于这一范围。深空通信中电磁波近似在真空中传播，没有大气等效噪声和热噪声，因此传播条件比地面无线通信相对较好。

由于通信距离远、宇航飞行器发射功率受限于电源、接收信号功率微弱、对其他设备干扰小，所以深空通信传输频道的频带没有受到严格限制，可以充分地使用频带，系统具有可选码型、调制方式灵活的特点。

深空通信所面临的挑战如下。

（1）遥远的距离挑战探测距离极限　地球上使用 500 kW 的发射机，发射的信号到达 40 亿千米处由小天线接收，收到的信号几乎已经是噪声水平，接收信号非常困难。同样，地球上使用 70 m 口径天线才可以收到极其微弱的信号。接收机要冷却到接近零下 270°以降低噪声。

（2）无线电波传输耗时巨大　电磁波以光速从地球到月球传播，单程通信时延为 1.35 s，地球到相距 43 亿千米的冥王星单程通信时延约为 4 h，地球到距离为 160 亿千米处探测器的单程通信时延近 15 h。对于深空测量、控制和通信技术而言，实时控制和通信都很难实现。

（3）高精度导航困难　在深空测控通信中主要依靠传统的多普勒测量和距离测量手段。随着目标距离的增大，角度测量引起的误差也很大。

（4）长时间连续跟踪的困扰　由于地球自转，单个地面测站可连续跟踪测量深空探测器8~15 h，为了增加对探测器的跟踪测量时间，需要在全球布站。

为了解决深空通信中特殊的问题，如传输时延大而且随时间变化、前向与后向链路容量不对称、射频通信信道链路误码率高、信息间歇可达、固定通信基础设施缺乏、行星之间距离影响信号强度，以及功率与质量、尺寸、成本等问题，有许多关键技术有待进一步的研究。

（1）阵列天线技术　单个天线的口径总是有限的，采用多天线构成的阵列天线是实现天线高增益的有效手段，阵列天线具有性能良好、易于维护、成本较低、灵活性高的优点。还可以只使用一部分天线支持指定的航天器，剩下的天线面积用来跟踪其他航天器。当某个天线失效时，其他天线还可继续工作。图3-37为多天线构成的阵列天线。

图3-37　多天线构成的阵列天线

（2）高效调制解调技术　深空通信距离远，所收信号的信噪比极低，飞行器通常采用非线性高功率放大器，放大器一般工作在饱和点，这使得深空信道具有非线性。

（3）信道编码和传输层协议技术　深空通信传输时延大，无法利用应答方式保证数据传输的可靠性。纠错编码是一种有效提高功率利用率的方法，典型方案是以卷积码作为内码，里德-所罗门码作为外码的级联码。

（4）信源编码和数据压缩技术　为了尽可能在经过目标时的极短时间内多收集数据，飞行探测器一般采用高速取样并存储方式，等离开目标后再慢速传回地球，因此传输所花时间长。采用高效的信源压缩技术可以减少需要传输的数据量。

（5）通信协议　空间数据系统协调咨询委员会（CCSDS）建议的数据传输协议栈可以划分为应用层、传输层、网络层、数据链路层和物理层。

我国由天链卫星组成的中继卫星系统被誉为卫星的卫星，是航天器太空运行的数据中转站，可为航天器提供跟踪、测控、数据中继等多种服务。图3-38所示为我国的天链卫星群。2021年5月29日，天舟二号飞船顺利入轨后，“天链一号”03星、04星，天链二号01星三星组网，为天和核心舱、天舟二号货运飞船提供双目标天基测控与数据中继支持。

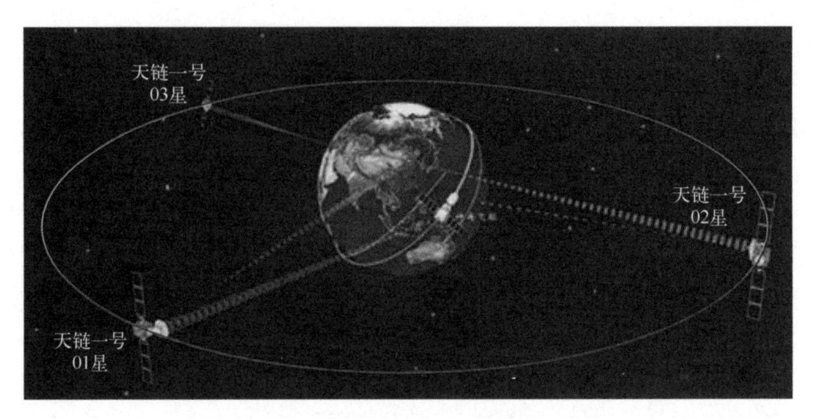

图 3-38　我国的天链卫星群

3.3.4　瓦特对荧光屏亮点的研究

雷达是利用电磁波探测目标的电子设备，是英文单词 Radar 的音译，原意为无线电探测和测距，即用无线电波发现目标并测定它们的空间位置。因此，雷达也被称为无线电定位。

其实在自然界中，常见的蝙蝠就有一种与生俱来的雷达功能。蝙蝠能在黑暗中飞行避免碰撞，是因为在飞行时口中会发出一种超过人类听觉范围的频率极高的超声波，这种声波碰到障碍物时就会折回，蝙蝠的耳膜接收到后就能分辨障碍物的距离，从而调整飞行方向。蝙蝠发出的超声波类似雷达发出的无线电波，都是极短且极有规则的信号，这些波一旦遇到障碍物就会反射回来。而且每只蝙蝠所发出的超声波频率不同，使它们能识别出自己的声音，不致互相扰乱。

人类发明雷达的过程可以追溯到 19 世纪。早在 1887 年，德国科学家赫兹在证实电磁波的存在时，其实就已经发现了电磁波在传播过程中遇到金属物会反射回来，就像光会被镜面反射一样。只不过当时赫兹并没有想到如何利用这一现象来进行雷达探测，因而与发明雷达失之交臂。

同样无源雷达发明的还有俄国科学家波波夫。那是 1897 年的夏天，当波波夫在波罗的海海面上进行“非洲号”巡洋舰与“欧洲号”练习船之间 5 km 的直接通信试验时，发现信号有时会突然中断几分钟后又自动恢复正常。波波夫后来发现每当联络舰“伊林中尉号”在两舰之间通过时，通信就会中断。波波夫凭着自己敏锐的感觉，立刻意识到就是这只船在经过两舰之间时挡住了无线电波。他在工作日记上记载了障碍物对电磁波传播的影响，并在试验记录中提出了利用电磁波进行导航的可能性。但令人遗憾的是，他没有将此想法付诸实践，这可以说是雷达思想的萌芽。就这样，雷达的发明机遇地落到了英国人罗伯特·沃特森·瓦特身上。

1934 年，瓦特受命担任英国皇家无线电研究所所长，负责对地球大气层进行无线电科学考察。一天，他像往常一样坐在荧光屏前观察无线电设备接收的电磁波图像。突然，他观察到荧光屏上出现了一连串亮点。根据对亮度和距离的分析，瓦特意识到这些光点完全不同于被电离层反射回来的无线电回波信号。经过反复试验，他终于发现原来这些明亮的光点显示的是被实验室附近一座大楼所反射的无线电回波信号。瓦特马上想到，既然在荧光屏上可以清楚地显示出被建筑物反射的无线电信号，那天空中的飞机是不是也可以在荧光屏上得到反映呢？在当时，人们除了能看见天上的飞机和听到飞机的声音，还没有一种能提前发现远处飞机的方法。

当时第二次世界大战的阴云已密布欧洲，英国正在加紧发展防空力量，英国空军还专门找了一批听觉灵敏的盲人采用耳朵搜寻敌机。当瓦特将自己的发现和想法写成报告后，空军部如获至宝，立即下令拨款试验。1935 年 2 月 26 日，瓦特将雷达装在载重汽车上进行了试验。当试验飞机从 15 km 外的机场起飞并向载重汽车方向飞来时，雷达上的无线电发射装置对着飞机方向发出了无线电波。在飞机距离雷达 12 km 时，雷达上的无线电接收装置果然收到了被飞机反射回来的无线电回波信号。就这样，世界上第一台雷达试制成功了。后来，瓦特把自己无意中发现的荧光屏显示障碍物的现象用在雷达上，用荧光屏代替了原先的接收装置。这样，监控人员可以直接从荧光屏上发现目标，比用耳机监听更为有效。这年 4 月，瓦特取得了英国空防雷达系统的专利。该系统是一种既能发射无线电波，又能接收反射波的装置，它能从很远的距离探测飞机的行动。瓦特最初的雷达采用波长为 1.5 cm 的微波，因为微波比中波、短波的方向性更好，遇到障碍后反射回来的能量更大，所以探测空中飞机的性能更好。1936 年 1 月，瓦特在索夫克海岸架起了英国第一个雷达站。1937 年，马可尼公司为英国建设了 20 个链向雷达站。瓦特经过对自己研制的雷达的几次改进后，1938 年，正式安装在泰晤士河口附近。这个 200 km 长的雷达网在第二次世界大战中给希特勒造成极大的威胁。

后来，雷达探测的目标又迅速扩展到船舶、海岸、岛屿、山峰、礁石、冰山，以及一切能够反射电磁波的物体。到 1939 年，雷达技术已达到了完全实用的水平，出现了具有地对空搜索、空对地搜索轰炸、空对空截击火控、敌我识别功能的雷达技术。

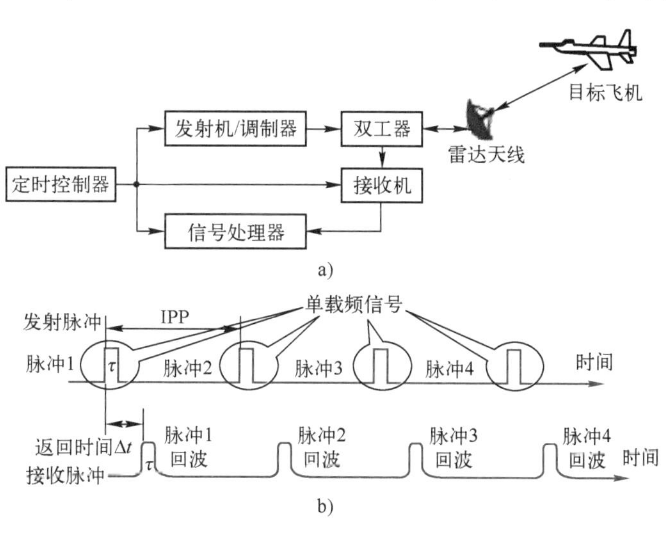

图 3-39　雷达工作原理示意图
a）雷达工作原理与结构　b）雷达发射脉冲与接收脉冲之间的时延

图 3-39 所示为常规幅度调制脉冲雷达工作原理示意图。它的发射波型是一个单载

频矩形脉冲，按一定的单重复周期或交错的参差重复周期工作，发射一个短脉冲相当于对电磁波打上标记以测定往返时间。脉冲雷达的天线是一个收发共用天线，通过双工器进行切换。当发射脉冲时双工器中的收发开关使天线与发射机接通，并使接收机断开，以避免自发自收损坏接收机中的高频放大器或混频器。接收时，天线与接收机接通，并与发射机断开，以免发射机旁路分流接收到的微弱信号影响返回信号。

在测量距离时，定时控制器同时向发射器/调制器、接收器和信号处理器发出定时信号，以确定脉冲发送的起始时刻，接收到的信号经接收器进行信号放大处理后送往信号处理器，确定无线电波来回所花费的总时间 Δt，然后计算出飞机与雷达之间的单程距离 R。

$$R=\frac{c\Delta t}{2} \tag{3-6}$$

式中，c 为光在大气中的传输速率，约为 3×10^5 km/s，其中的除以 2 表示计算单程距离。

雷达的优点是白天黑夜均能探测远距离的目标，且不受雾、云、雨的阻挡，具有全天候、全天时的特点，并有一定的穿透能力。因此，它不仅成为军事上必不可少的电子装备，而且广泛应用于气象预报、资源探测、环境监测、天体研究、大气物理、电离层结构研究等。

如今已经发展出在飞机上装备的预警雷达、线性调频脉冲雷达、脉冲多普勒雷达、合成孔径雷达、全息矩阵雷达、数字雷达、无源和有源相控阵列雷达（APAR）等。其中，有源相控阵列雷达天线阵面的每个天线单元中均含有源电路，发射/接收组件（T/R 组件）是有源相控阵列雷达的关键部件，很大程度上决定其性能优劣。收发合一的 T/R 组件包括发射支路、接收支路、射频转换开关及移相器。每个 T/R 组件既有发射高功率放大器（HPA）、滤波器、限幅器，又有低噪声放大器（LNA）、衰减器及移相器、波束控制电路等。

有源相控阵列雷达被用于空间目标监视、跟踪及识别，可做导弹预警、测轨和编目卫星。采用收发阵面分离的二维相位扫描相控阵列平面天线，其发射天线阵列中含有 5000 多个天线单元，每个发射机峰值功率高达 6 kW，平均功率约 80 W。采用有源相控阵列天线模式，利用空间功率合成方式，可实现发射机总输出峰值功率 32 MW、平均功率 400 kW 的使用要求。图 3-40 所示为一种飞机上安装的机载有源相控阵列雷达。

图 3-40　机载有源相控阵列雷达

3.3.5　从指南针到北斗导航的探索

位置的确定对人类活动有非常重要的意义。原始人类主要以自然植物和野生动物为食，需要随季节变化而移动到食物丰盛的地区。这时人类确定自己位置的主要依据是日月星辰、山川江湖的方位和地形。后来物产丰富了，人类开始通过商品贸易进行劳动成果的交换。贸易使人类越走越远，甚至远走沙漠或横渡重洋。由于沙漠或海洋的参照物往往只有日月星辰，确定方位变得更加困难。据有关记载，早在公元前 475 年到公元前 221 年的战国时期，我国就开始使用一种叫作司南的磁性指向器来确定方位。后来在逐步掌握了利用磁石对钢铁进行人工磁化的方法后，制造出了中国古代四大发明之一的指南针，如图 3-41 所示。但当时的指南针主要用于祭祀、礼仪、军事和占卜与看风水时确定方位。11 世纪末至 12 世纪初，船舶开始使用指南针导航。传统式样的指南针于 12 世纪左右传入阿拉伯，后又传入欧洲。

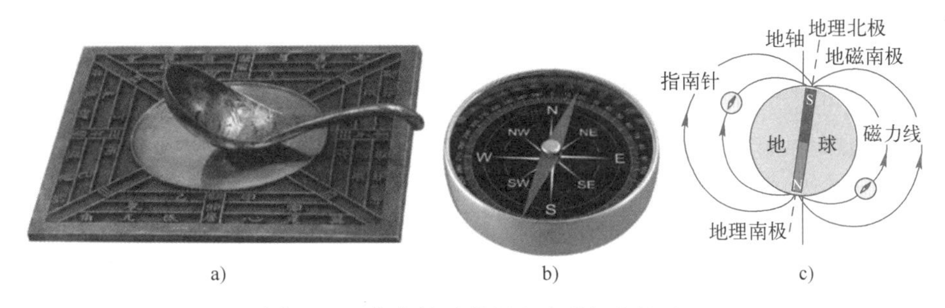

图 3-41　指南针及其同地球磁场的关系

a）古代指示方向的司南　b）现代指南针　c）地球磁场

按照国际标准，现在制作的指南针磁针红色端 N 为磁针的北极，磁针蓝色端 S 为磁针的南极。由于地球的地理北极实际上是地球磁场的南极，所以根据异性相吸的原则，磁针红色端北极会被吸引而指向地球的磁场南极，也就是地理北极方向。

然而指南针只能指示方向而不能确定一个人所在位置的经纬度，远不能满足人类航行、飞行、探险旅行对位置精确定位的需求。这种局面直到卫星通信出现后才得到根本解决。

1958 年，美国军方启动了一个叫作子午仪卫星定位系统的项目，并于 1964 年投入使用。该系统用五或六颗卫星组成卫星网络来进行定位，卫星每天最多绕过地球 13 次。但该系统不能定位高度，定位精度也较差。直到 20 世纪 70 年代，美国陆海空三军又联合研制了新一代全球卫星定位系统（GPS），主要是为陆海空三大领域提供实时、全天候和全球性的导航服务，并用于情报搜集、核爆监测和应急通信等一些军事目的。在经过耗资 300 亿美元的不断改进后，到 1994 年，全球覆盖率达到 98%的 24 颗 GPS 卫星星座布设完成，图 3-42 所示

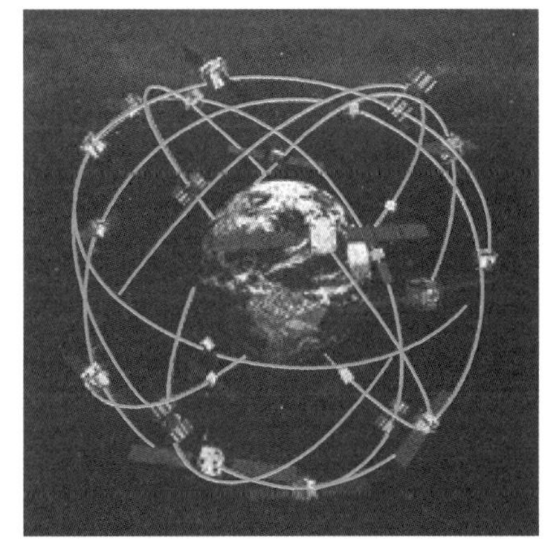

图 3-42　导航系统卫星分布图

为导航系统卫星分布图。这 24 颗卫星在离地面 2.02 万千米的高空上，每四颗一组沿六条轨道绕地球运行，以 12 小时的周期环绕地球。这样，在地球的同一侧一般不会有超过 12 颗卫星出现，这使地面上任意一点在任意时刻都可以同时观测到四颗以上的卫星。大多数 GPS 接收器可以追踪 8~12 颗卫星。一般的 GPS 可以接收 L1 和 L2 两个波段的下行信号。民用 GPS 包括车载导航仪、行驶记录仪等，只接收 L1 波段信号。

GPS 信号是由全球定位系统卫星上振荡器所产生的信号，而所有 GPS 信号都由一个基本频率 10.23 MHz（f_0）组成。有两个相关的载波信号：$L1(t)=A1\cos(2\pi f_1 t+\phi1)$，$L2(t)=A2\cos(2\pi f_2 t+\phi2)$，$\phi1$ 和 $\phi2$ 描述了相位噪声。载波信号的频率为基本频率 f_0 的整数倍，$f_1=154f_0=1575.42$ MHz，$f_2=120f_0=1227.60$ MHz。

卫星信号可分为三部分，分别是：载波，即为上述载波信号 L1 和 L2，频率分别为 1575.42 MHz 和 1227.60 MHz；散布序列，即为两类伪随机噪声码 C/A 码和 P 码，P 码目前仍然是美国军方所用，大众所用的 GPS 接收机采用的是 C/A 码；导航资料，从地面站传至各卫星，再透过卫星传至接收机，利用导航资料的资讯得到伪距，再利用至少四颗以上卫星的伪距定位，求得接收机在 WGS84 标准下的 x、y、z 坐标。

目前的卫星导航主要有多普勒测速、时间测距等方法。多普勒测速定位是用户测量实际接收到的信号频率与卫星发射频率之间的多普勒频移，并根据卫星的轨道参数算出用户的位置。时间测距导航定位是用户测量系统中四颗卫星发来信号的传播时间，然后完成一组包括四个方程式的数学模型运算，从而得出用户位置。美国的 GPS 采用的就是时间测距定位。

图 3-43 所示为时间测距导航系统的工作原理。首先假定卫星（x_i, y_i, z_i, t_{0i}）和被测点 $A(x,y,z,t)$ 之间的距离 d 为已知，那么被测点 A 一定位于以卫星 1 为中心、所测得距离 d_1 为半径的圆球上。又测得 A 点至卫星 2 的距离为 d_2，则 A 点一定处在前后两个圆球相交的曲线上。再测得与卫星 3 的距离 d_3，就可以确定 A 点只能在三个圆球相交的两个点上。解方程组（3-7），根据一些地理知识，可以很容易排除其中一个不合理的位置点。由于用户接收机使用的时钟 t 与卫星星载时钟 t_i 不可能总是同步的，所以除了用户的三维坐标 x、y、z 外，还要引进一个时间差 $\Delta t=t-t_i$，即卫星与接收机之间的时间差，作为未知数，c 为光速，然后用四个方程将这四个未知数解出来。所以如果只想知道 A 点的位置，接收三颗卫星的数据并建立三个方程就够了。但若要授时，则需要利用四颗卫星建立四个方程来求解。

$$\begin{cases}(x_1-x)^2+(y_1-y)^2+(z_1-z)^2+c^2(t-t_{01})=d_1^2\\(x_2-x)^2+(y_2-y)^2+(z_2-z)^2+c_2(t-t_{02})=d_2^2\\(x_3-x)^2+(y_3-y)^2+(z_3-z)^2+c_2(t-t_{03})=d_3^2\\(x_4-x)^2+(y_4-y)^2+(z_4-z)^2+c_2(t-t_{04})=d_4^2\end{cases} \tag{3-7}$$

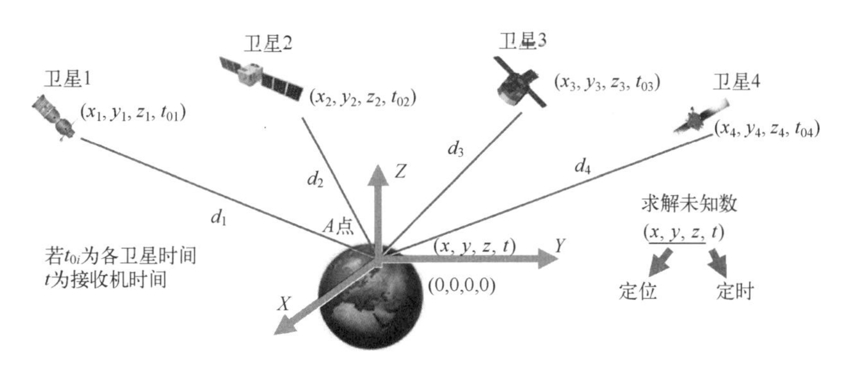

图 3-43　时间测距导航系统的工作原理

如果想实现精确定位，就要解决两个问题：其一是要确知卫星的准确位置；其二是要准确测定卫星至地球上被测地点的距离。

卫星导航系统存在三部分误差：第一部分是对每个用户接收机所共有的误差，如卫星时钟误差、卫星日历误差、电离层误差、对流层误差等，利用差分技术可完全消除；第二部分为不能由用户测量或由校正模型来计算的传播延迟误差；第三部分为各用户接收机所固有的误差，如内部噪声、通道延迟、多径效应等，这部分误差无法消除，只能靠提高卫星导航系统接收机本身的技术指标来改善。

GPS 卫星部分的作用是不断地发送按美国国家海洋电子协会制定的 NMEA 协议格式编制的导航电文。卫星的位置可以根据星载时钟所记录的时间在卫星星历中查出，而用户到卫星的距离 d 则通过记录卫星信号传播到用户所经历的时间，再将其乘以光速 c 得到。由于大气层电离层的干扰，这一距离并不是用户与卫星之间的真实距离，而是伪距（PR）。当 GPS 卫星正常工作时，会不断地用 1 和 0 二进制码元组成的伪随机码（简称伪码）发送导航电文。

GPS 使用的 C/A 码频率为 1.023 MHz，重复周期 1 ms，码间距 1 μs，相当于 300 m；P 码频率为 10.23 MHz，重复周期 266.4 天，码间距 0.1 μm，相当于 30 m；而 Y 码是在 P 码的基础上形成的，保密性能更好。导航电文包括卫星星历、工作状况、时钟改正、电离层时延修正、大气折射修正等信息。它是以 50 bit/s 调制在载频上发射的。导航电文每个主帧中包含五个子帧，每帧长 6 s。前三帧各 10 个字码，每 30 s 重复一次，每小时更新一次。后两帧共 15000 bit。

用户手中的 GPS 接收机可接收到的信息包括：用于授时的准确至纳秒级的时间信息；用于预报未来几个月内卫星所处概略位置的预报星历；用于计算定位时所需卫星坐标的广播星历，精度为几米至几十米；以及 GPS 系统信息，如卫星状况等。

GPS 接收机通过对码的测量就可得到卫星到接收机的距离。由于这个距离中含有接收机卫星钟的误差及大气传播误差，故称为伪距。对 C/A 码测得的伪距称为 C/A 码伪距，精度约为 20 m；对 P 码测得的伪距称为 P 码伪距，精度约为 2 m。

按定位方式的不同，GPS 定位分为单点定位和相对定位，又称差分定位。单点定位是根据一台接收机的观测数据来确定接收机位置的方式，它只能采用伪距观测量，可用于车船等的概略导航定位。差分定位是根据两台以上接收机的观测数据来确定观测点之间的相对位置，它既可采用伪距观测量也可采用相位观测量，大地测量或工程测量均应采用相位观测值进行差分定位。

卫星导航系统是重要的空间基础设施，它综合了传统天文导航定位和地面无线电导航定位的优点，相当于一个设置在太空的无线电导航台，可带来巨大的社会经济效益。卫星导航系统由导航卫星、地面台站和用户定位设备三个部分组成，如图 3-44 所示。导航卫星是卫星导航系统的空间部分，由多颗导航卫星构成空间导航网。地面台站是 GPS 的地面监控部分，通常包括跟踪站、遥测站、计算中心、注入站及时间统一系统等部分，用于跟踪、测量、计算及预报卫星轨道并对星上设备的工作进行控制管理。用户定位设备是 GPS 的用户部分，通常由接收机、定时器、数据预处理机、计算机和显示器等组成。它接收卫星发来的微弱信号，从中解调并译出卫星轨道参数和定时信息等，同时测出导航参数，再由计算机算出用户的位置坐标和速度矢量分量。用户定位设备分为单人、车载、舰载、机载、弹载和星载等多种类型。

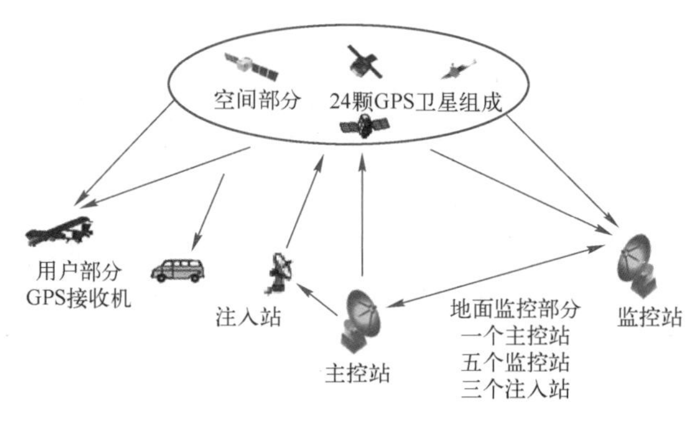

图 3-44　GPS 卫星系统组成

除了 GPS，目前国际上成熟的导航系统还有俄罗斯继承苏联的格洛纳斯（GLONASS）、欧洲的伽利略（GALILEO）以及我国的北斗（BD）。

格洛纳斯项目是苏联在 1976 年启动的项目，格洛纳斯系统使用 24 颗卫星实现全球定位服务，可提供三维空间和速度信息以及授时服务。格洛纳斯星座卫星由中轨道的 24 颗卫星组成，包括 21 颗工作星和三颗备份星，分布于三个圆形轨道面上，轨道高度 1.91 万千米，倾角 64.8°。格洛纳斯系统使用频分多址（FDMA）的方式，每颗格洛纳斯卫星广播 $L1$ 和 $L2$ 两种信号。$L1=1602+0.5625k(\mathrm{MHz})$，$L2=1246+0.4375k(\mathrm{MHz})$，其中，$k$ 为 1~24，是每颗卫星的频率编号，同一颗卫星满足 $L1/L2=9/7$。格洛纳斯系统设计定位精度为在 95%的概率条件下，水平方向 100 m，垂直方向 150 m。目前，格洛纳斯的定位精度有了很大提高。

我国的北斗系统分三期建设：2000 年年底建成北斗一号系统，向中国区提供服务；2012 年年底建成北斗二号系统，向亚太地区提供服务；2020 年建成北斗三号系统，向全球提供服务。此外还计划在 2035 年前建设更加泛在、更加融合、更加智能的综合时空体系。北斗导航卫星的上下行工作频率分别是1590 MHz、1561 MHz、1269 MHz、1207 MHz。伽利略是1589.74 MHz、1561.1 MHz、1268.52 MHz、1207.14 MHz。

北斗导航系统的空间段由五颗静止轨道卫星、三颗倾斜地球同步轨道卫星和27颗中圆地球轨道卫星等组成。35颗卫星在离地面2万多千米的高空上，以固定周期环绕地球运行，使得在任意时刻、在地面上的任意一点都可以同时观测到四颗以上的卫星。这种设计使北斗比其他卫星导航系统有更多的高轨卫星，抗遮挡能力强，尤其低纬度地区性能优势更为明显，系统每小时可容纳54万用户。

北斗系统地面段包括主控站、时间同步/注入站和监测站等若干地面站，以及星间链路运行管理设施。图3-45所示为北斗系统组成示意图。北斗系统提供多个频点的导航信号，能够通过多频信号组合使用等方式提高服务精度，其中，授时精度优于20 ns，亚太地区授时精度优于10 ns；全球定位精度优于10 m，亚太地区定位精度优于5 m；测速精度优于0.2 m/s，亚太地区测速精度优于0.1 m/s。

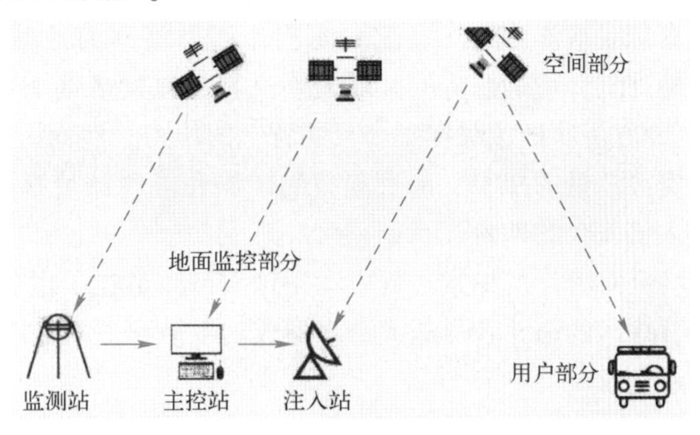

图3-45　北斗卫星系统组成

北斗系统用户段包括北斗兼容其他卫星导航系统的芯片、模块、天线等基础产品，以及终端产品、应用系统与应用服务等。北斗系统创新融合了导航与通信能力，具备定位导航授时、星基增强、地基增强、精密单点定位、短报文通信和国际搜救等多种服务能力。北斗系统用户终端具有双向报文通信功能，定位者可告之别人所在位置，这是其他导航系统所没有的。单次通信能力达到1000个汉字（14000 bit），全球短报文通信服务单次通信能力为40个汉字（560 bit）。

在人们对定位系统的实际使用中，更关心的是自己周边有哪些设备、哪些服务，以及如何到达这些目标，因此常将定位信息与地图联系在一起，并通过手机、计算机显示出来，从而构成移动地理信息系统（GIS）。

通过GIS可完成空间数据管理和分析、GPS/BD定位和跟踪，利用手机完成数据获取功能，借助移动通信技术完成图形、文字、声音等数据的传输，可提供移动条件下的电子地图与导航，并可对地图上的远程目标进行监测与控制。

面向大众的移动GIS应用可以分为两类，一类在传统的行业或城市管理应用中，是大众可以参与的应用。如当市民发现城市的某处漏水时，可通过手机发送消息到自来水管理机构，管理机构收到信息后根据故障点的经纬度坐标进行定位和相应处理。另一类应用是消费类，目前以汽车导航为主，还有一种比较常见的是基于位置的服务网站上的一些应用。基于位置的服务能够通过移动终端和移动网络确定用户的地理位置，并能在确定使用者位置的同时，向用户推荐该地理位置附近的各种服务，如位置签到、周边搜索、位置游戏、物流跟踪、产品来源检查等。

3.3.6 马里亚纳海沟传来的声音

现今人类对陆地已经有了较多的了解，对太空、月球、行星、恒星，也通过望远镜掌握了许多知识。但是人类很难下潜到海洋深处，因此对于海洋深处可以说是知之甚少。尤其像太平洋中的马里亚纳海沟，那里被称为地球第四极，温度低、水压高、一片黑，是地球上环境最恶劣的区域之一。其最深处接近 11000 m，海水压力超过 110 MPa，相当于 2000 头非洲象踩在一个人的背上的压力。然而，海洋占地球面积的 71%，海水占地球水资源总量的 97%，海底蕴藏的矿物和能源储量都超过陆地，征服海洋使其为人类服务是人们长久的期盼。

在对海洋的探索过程中，中国人已经走在了世界的前列。2020 年 11 月 10 日 8 时 12 分，中国的奋斗者号载人潜水器成功下潜到 10909 米深的马里亚纳海沟，创造了载人深潜的新纪录。

深海下潜除了承受巨大海水压力之外，还有一个要面对的问题就是通信困难。由于海水中有非常多的带电离子，是电的良导体，所以电磁波在海水中衰减很快。此外，海水中还有很多细微障碍物，因而人类无法进行水下远距离通信。人们也在尝试通过光实现水下通信，但光本质上也是一种电磁波。像红光和黄光这类波长稍长些的光，相对更容易绕过细微障碍物穿透到海面以下。而像蓝光这种波长较短的光则会被海水反射和散射回来，这就是为什么人们看到的海洋总是呈现蓝色。

海洋中各种不利于通信的因素相结合，使得深潜设备和水面联络变得异常艰难，严重影响了人类对海洋的探索和利用。例如，2000 年 8 月 12 日，俄罗斯海军的库尔斯克号核潜艇准备向其假想敌彼得大帝号巡洋舰发射训练鱼雷时，因燃料泄露导致鱼雷爆炸。爆炸将空气加热至 2000℃，高温又导致 5~7 枚鱼雷被引爆，使库尔斯克号当场被炸成两截后沉没，118 人遇难。在后续的打捞过程中发现，在事故发生后，库尔斯克号第 9 舱室最初有 23 名艇员幸存，然而由于无法与地面通信争取救援，导致最终该舱室氧气发生器进水引发火灾，幸存艇员全部死亡。

对于与水下某固定点的通信，人们可以通过水下电缆传输来实现。但要解决水下移动设备之间或与地面的通信问题，只能用水下无线通信。目前的水下无线通信技术包括以电磁波/光波/声波为信号载体的水下电磁波通信、水下光通信和水声通信三大类。

1. 水下电磁波通信

水下电磁波通信是一种利用无线电波作为载体进行信息传输的水下通信方式。由于海水的导电性，海水对电磁波起到了屏蔽作用。海水的电导率随海区盐度、深度、温度不同而不同，约为 3~5 S/m（西门子/米），高出纯净水电导率 5、6 个数量级。所以对平面电磁波传播而言，海水是有耗媒质，这决定了平面电磁波在海水中的传播衰减较大。对于图 3-46 所示地面与深海之间的通信，从岸上发射点到接收海区 x 之间的传播路径是在大气层中进行的，衰减较小，但从大气中 x 处进入海面以下一定深度 z 接收点的传输过程中，电磁波信号强度将急剧下降。频率越高，衰减越大，穿透深度越小。当电磁波频率为 100 Hz 时，穿透深度约为 25 m，每米衰减约 0.34 dB；频率为 10 kHz 时，穿透深度仅为 2.5 m 左右，每米衰减约 3.4 dB。

为此，当希望将电磁波信号送入较深的海水时，就需要适当降低工作频率，这就决定了水下电磁波通信只能是远距离、低频率、浅海处的通信。工作频率低意味着载波信号所能携带的信息量少。例如，占地达数平方千米，发射机输出功率上几百千瓦的水下电磁波通信系统，通信距离在水面可达数千千米，但收信深度在甚低频通信时仅几米至几十米，在超低频通信时的收信深度也仅百米左右。

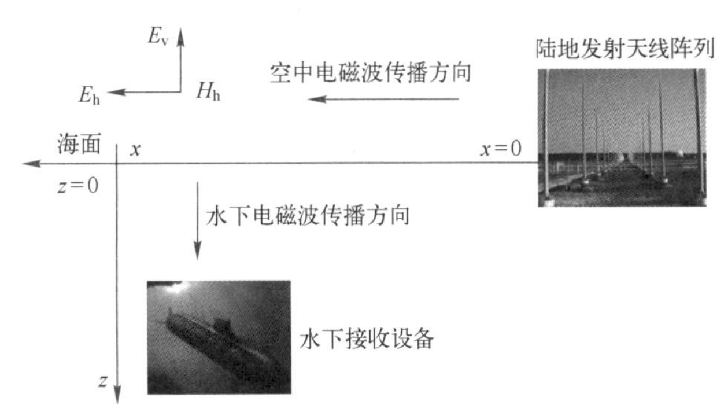

图 3-46　岸对艇单向通信示意图

由于超长波和极长波发射设施庞大，在潜艇上不可能安装，所以只能建在陆地。潜艇在水下接收超长波和极长波信号的深度是由岸上发射台的发射功率大小决定的，水下潜艇的通信往往是只收不发的单向通信，这也就是库尔斯克号核潜艇发生事故时无法向地面呼救的原因。如果要进行双向通信，则潜艇需要上浮到水面上来发信，以避免海水对电磁波的吸收，但这样做就暴露了潜艇的位置，将带来灭顶之灾。

经典案例是 1944 年 6 月 15 日，日军一艘伊 52 号潜艇给德国运送锡、钼、钨等重要战略物资和重达 2 t 的金条，可能还载有日本研制原子弹的秘密资料。在快到距离当时被德国占领的法国不远的大西洋时，伊 52 号浮出水面用无线电与德军的 U530 号潜艇联络并安排会合地点，结果被盟军的高频测向站探测出准确方位后，派出由一艘航空母舰和五艘护航驱逐舰组成的猎潜小组开往北纬 21°、西经 40°的位置对这艘日本潜艇进行截击。6 月 23 日，伊 52 号与德军 U530 号潜艇会合，德军潜艇提供给日军一套可以截收盟军雷达信号的警报系统和一名负责带伊 52 号进入波尔多港的领航员。然而，他们没有想到的是，由于伊 52 号暴露了踪迹，美军猎潜组向伊 52 号展开了攻击，美军鱼雷攻击机投下大量的深水炸弹和鱼雷，伊 52 号被击中，沉入了大西洋，德军的潜艇侥幸逃脱。

对于收发双方皆在深海的潜艇之间的电磁波通信，虽然由于传播衰减较大，使得通信距离较短，但受多径效应之类的水文条件影响相对较小，通信显得相对稳定。在 1 m 范围内，数据传输率可达到 1~10 Mbit/s，只是这样近的通信距离实际没有太大价值。

2. 水下光通信

水下光通信是一种利用光波作为传输载体的水下无线光通信（UWOC）方式。从图 3-47 所示的海水对不同波长的吸收系数可以看出，海水对波长为 450~550 nm 的蓝绿光的衰减比对其他波段光的衰减要小很多。蓝绿激光的最大穿透深度可达 600 m，因此水下光通信主要采用该波段。蓝绿激光通信的数据传输率高，传输容量大，可传输数据、语音和图像信号。另外，它还具有波束宽度窄、方向性好、设备轻小、抗截获和抗干扰能力强、不受电磁和核辐射影响等优点。

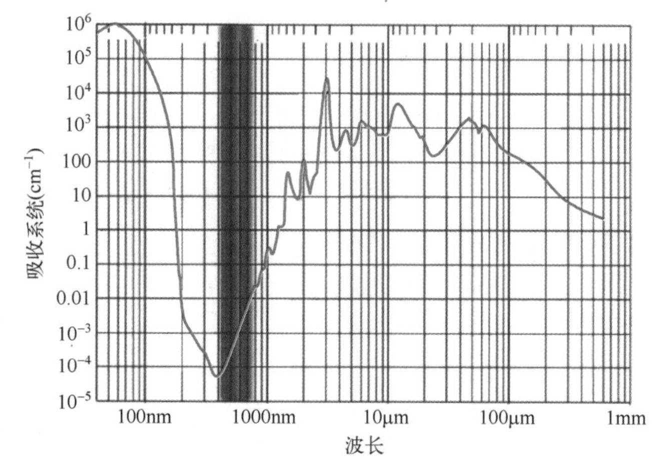

图 3-47　海水对不同波长的吸收系数

制约水下光通信性能的因素包括水对光信号的严重吸收、水中的悬浮粒子和浮游生物、湍流和气泡等使光产生严重的散射作用、水中的环境光对光信号的干扰。在实验室环境中，传输距离为 2 m 的情况下，水下光通信的数据传输速率可达 1 Gbit/s。国外 Blue-Comm 公司生产的 UWOC 系统可以在 200 m 距离上实现 20 Mbit/s 的水下数据传输。

水下光通信一般采用水下自由空间激光通信（FSO）技术，与陆地 FSO 不同，水下目标难于发现，故常在水面上空飞行的直升机 FSO 设备输出端加一镜片，使激光散开成一个较大的覆盖面，进入该区域的潜艇汇聚激光然后输出到 FSO 的接收设备。

为了满足人们对于海洋探测的高效、高带宽数据传输需求，人们提出了一种水下无线传感器网络（UWSN）概念。基本的 UWSN 由许多分布式节点组成，如海底传感器、中继浮标、自主水下航行器（AUV）和远程操作的水下航行器（ROV），如图 3-48 所示。这些节点具有完成感知、处理和通信任务的能力，维持了对水下环境的协作监控。位于海底的传感器

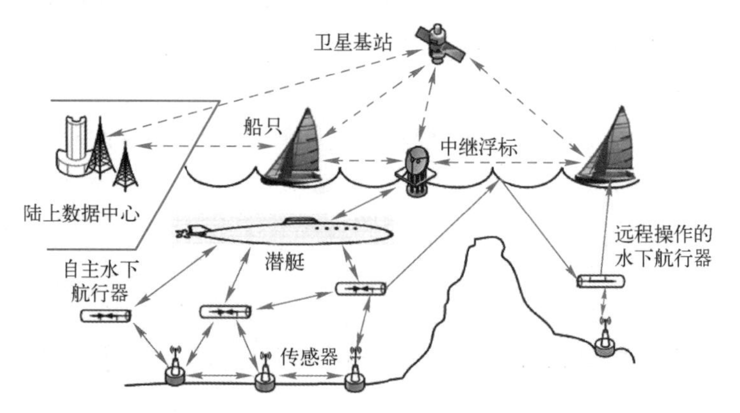

图 3-48　水下无线传感器网络的概念

收集数据，并通过声学或光学链路传输到 AUV 和 ROV。然后，水下机器人和 ROV 向船只、潜艇、中继浮标和其他水下航行器传递信号。在海面上方，陆上数据中心通过射频信号（RF）或 FSO 链路处理数据并与卫星和船舶通信。

基于 UWSN 节点之间的链路结构，UWOC 可以划分为四类：点对点视线（LOS）结构、扩散视线结构、基于逆反射的视线结构和非视线（NLOS）结构，图 3-49 所示为四类利用光波作为传输载体的 UWOC。

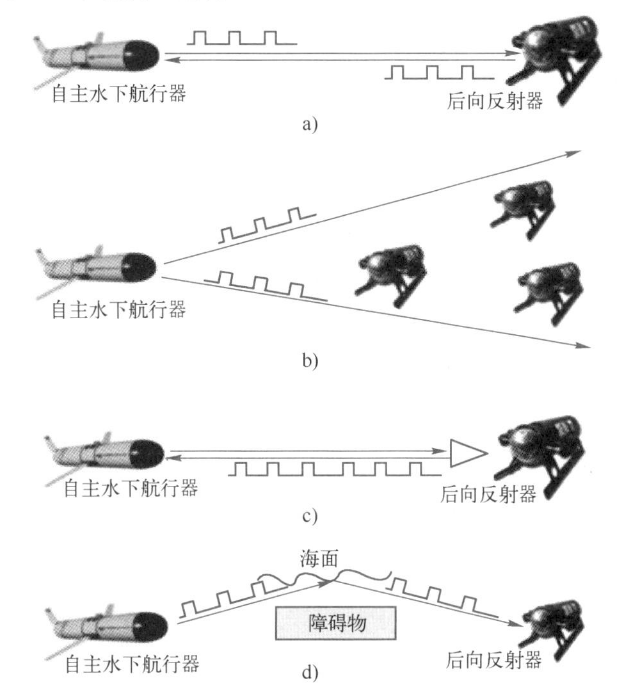

图 3-49　四类利用光波作为传输载体的水下无线光通信（UWOC）

a）点对点 LOS 结构　b）扩散 LOS 结构

c）基于逆反射的 LOS 结构　d）NLOS 结构

一般蓝绿激光对潜通信系统包括陆基系统、天基系统和空基系统。

（1）陆基系统　由陆上基地发出强脉冲激光束，经卫星上的反射镜将激光束反射至需要照射的海域，实现与水下潜艇的通信。这种方式可通过星载反射镜扩束成宽光束，实现一个大范围内的通信。也可以控制成窄光束，以扫描方式通信。这种系统灵活，通信距离远，可用于全球范围的海域，数据传输速率高，不容易被敌人截获，安全、隐蔽性好，但实现难度大。

（2）天基系统　这种系统把大功率激光器置于卫星上，地面通过无线电通信系统对星上设备实施控制和联络。还可以借助一颗卫星与另一颗卫星的星际之间的通信，让位置最佳的一颗卫星实现与指定海域的潜艇通信。这种方法是激光对潜通信的最佳体制，实现的难度也很大。天基系统可覆盖全球范围，比较适合对战略导弹核潜艇的通信。

（3）空基系统　将大功率激光器置于飞机上，飞机飞越预定海域时，激光束以一定形状，如 15 km 长 1 km 宽的矩形扫过目标海域，完成对水下潜艇的广播式通信。如果飞机高度为 10 km，以 300 m/s 的速度飞过潜艇上空，激光束将在海面上扫过一条 15 km 宽的照射带。在飞机一次飞过潜艇上空约 3 s 的时间内，可完成 40~80 个汉字符号信息量的通信。这种方法实现起来较为容易，在条件成熟时，很容易升级到天基系统中。

3. 水下声波通信

水下声波通信是一种利用声波作为载体进行信息传输的水下通信方式。声波在海面附近的典型传播速度为1520 m/s，比电磁波的速度低5个数量级。与电磁波和光波相比较，声波在海水中的衰减相对较小，因此，声波是一种有效的水下通信手段。

水下声波信道是由海洋及其边界构成的一个复杂的介质空间，如图3-50所示，它具有内部结构独特的上下表面，能对声波产生许多不同的影响。这些影响包括声能量在深海的球面扩展和在浅海的柱面扩展传播引起的声波能量传播损失，海洋中潮汐、湍流、海面波浪、风所形成的噪声，地震、火山活动和海啸产生的噪声，海洋生物所产生的噪声，行船及工业噪声等，在不同的时间、深度和频段有不同的噪声源。

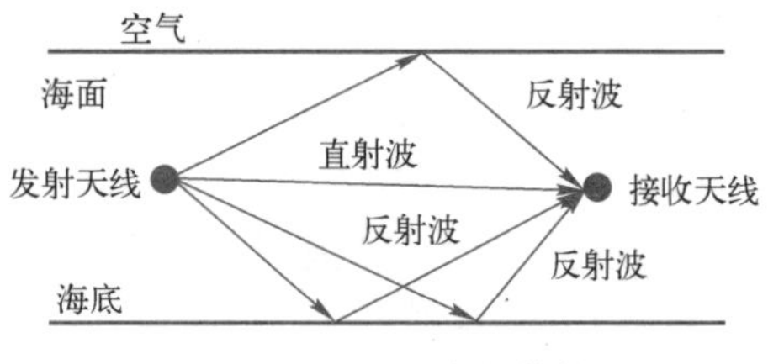

图3-50　海下多径传播

声波在传播时由于不同路径长度的差异，到达接收点的声波能量和时间也不相同，从而引起信号衰减、造成波形畸变，并且使得信号的持续时间和频带被展宽。此外，海水介质中的含盐量不但在空间分布上不均匀，而且是随机变化的，使得声波信号在传输过程中也随机变化。声波信道的变化造成信道的脉冲响应具有时变性，这种时变性严重影响通信系统的性能。由于海水中内波、水团、湍流等的影响，多径结构通常是时变的。在数字通信系统中，多径效应造成的码间干扰是影响水声通信数据传输率的主要因素。

为了克服水下各种不利因素，并尽可能地提高带宽利用效率，人类目前已经开发出了多种水声通信技术。

（1）单边带调制技术　载波频段为8~11 kHz，工作距离可达几千米。

（2）频移键控　频移键控（FSK）需要较宽的频带宽度，单位带宽的通信速率低，并要求有较高的信噪比。

（3）相移键控　大多使用差分相移键控方式（DPSK）进行调制，接收端可以用差分相干方式解调。采用差分相干的差分调相不需要相干载波，而且在抗频漂、抗多径效应及抗相位慢抖动方面都优于采用非相干解调的绝对调相，但由于参考相位中噪声的影响，其抗噪声能力有所下降。

此外还有多载波调制技术和多输入多输出（MIMO）技术。目前频道带宽限制在5 kHz条件下数据传输速率分为600 bit/s、1200 bit/s、2400 bit/s，传输距离可达5000~10000 m，实际距离与海况有关，采用16进制频移键控（MFSK）技术。

深海快速通信（CSD）指100 m以下深海与陆空间的双向快速通信。CSD系统要求潜艇在海面部署三个浮标，其中，两个是与潜艇连接的固定浮标，第三个则是自由漂浮的声呐浮标。固定浮标利用长达数千米的光缆实现数据传输，使得潜艇无论在任何深度都能利用超高频无线电波（UHF）或通过卫星网络以最快的速度与外界进行交流，这也是“深海快速通信系统”得名的原因。自由移动的声呐浮标则把声学信号转换为无线电频率，它可由飞机从空中投放，或由潜艇在海底发射，与其他潜艇进行水下声学通信。所有的浮标都是消耗型无线电浮标，固定浮标的使用寿命约为 1.5 h，声呐浮标能使用 3 天，通信结束后，所有浮标将自动引爆下沉。

CSD 系统的工作过程是：根据事先设定的程序，浮标在离开母艇后，首先会在水下停留一段时间，待潜艇潜航到安全距离外，它才缓慢浮出水面，并借助通信卫星向千里之外的司令部发出暗号；一旦建立起联系，浮标就会向水下伸出一根天线，将来自岸上的信息予以编码加密，而后经换能器“翻译”成声脉冲形式，发送给 170 多平方千米范围内的潜艇。CSD 的关键技术包括水声信道编码技术、自适应均衡技术、时反通信技术等。

人类对水下无线通信的研究将有助于在如下领域的应用：潜艇与潜艇之间的双向通信；潜艇与舰艇编队的双向通信；潜艇与岸基、卫星的双向通信；侦察探测水雷及水中军事设施；遥测、遥控数据；海洋探测；水下救援；水下导航系统；海洋渔业。图 3-51 所示为水下通信的应用。

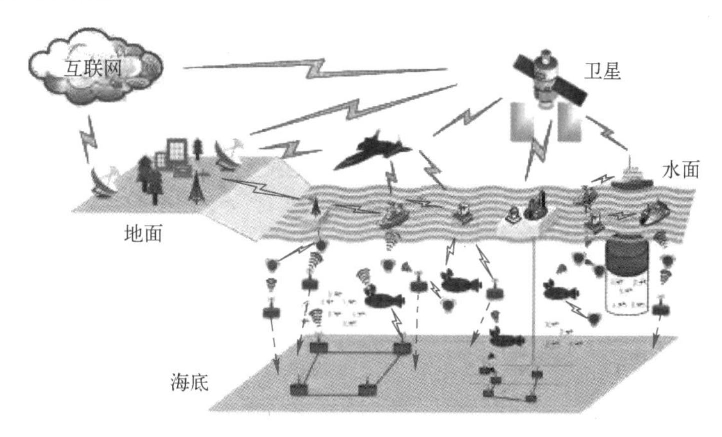

图 3-51　水下通信的应用

我国的奋斗者号载人潜水器成功下潜到 10909 m 深的马里亚纳海沟，就是充分利用了多种水下通信技术。图 3-52a 所示为 2020 年 11 月 10 日早上第一次万米深潜时，奋斗者号与探索 2 号保障船之间利用声波通过海水传播来实现双向语音通信的信号传输链路，所传输的语音质量虽然不算高，但能听懂，信号传输的延迟也达到了 7 s 多。图 3-52b 所示为 11 月 13 日早上奋斗者号再次下潜时，中央电视台通过 4K 超高清电视进行直播的通信链路。由于 4K 超高清电视直播要求的数据传输速率高，因此使用了 10 千米长的光缆进行探索 2 号保障船与位置固定的沧海号中继站之间的有线宽带传输。而可以移动的奋斗者号载人潜水器则通过蓝绿色激光进行与位置固定的沧海号中继站之间的无线水下宽带光传输，探索 2 号保障船则通过空间微波上行链路与卫星进行宽带通信，再由卫星下行链路将奋斗者号采集的实时深海画面传给中央电视台进行实况转播。

在这个数据传输过程中，当沧海号和奋斗者号分别坐底后，先要通过声学定位确定彼此的位置，然后无法移动的深海着陆器沧海号通过相对不易被海水吸收和散射的蓝绿色灯光吸引奋斗者号向它移动，并彼此准确定位。在奋斗者号上，舱内摄像头拍摄的数字画面编码后通过激光发射器中蓝绿色激光产生闪烁的信号传送信息，沧海号上的接收器接收到闪烁的信号后通过信号调制转换成数字画面，再通过微细光缆传送给海面上的探索2号母船，探索2号再由船载的卫星天线通过通信卫星传送到电视台实现直播。

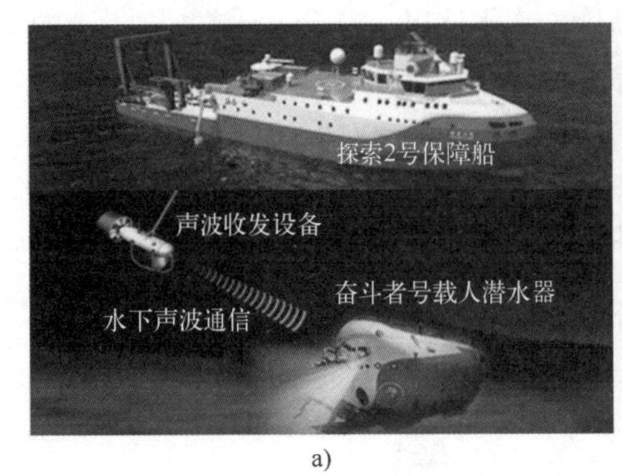

a)

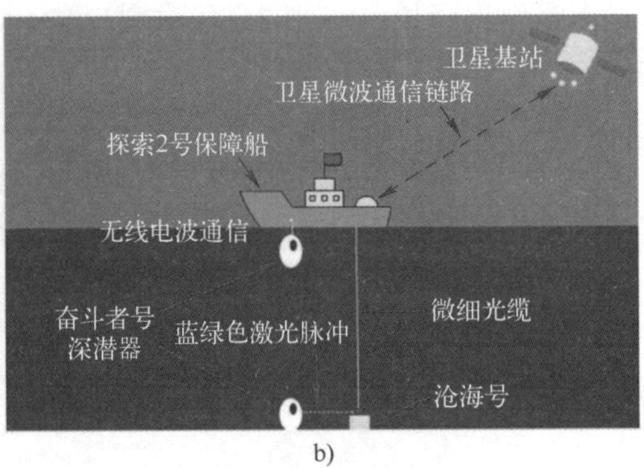

b)

图3-52　奋斗者号与探索2号保障船、沧海号和卫星之间的通信
a）奋斗者与探索2号的水声通信　b）奋斗者与沧海号、探索2号和卫星的通信

3.3.7　莫霍洛维奇眼中的地壳

自古以来人们一直认为脚下的大地不管多深都是由土壤、岩石、岩浆组成的结构，因此当电磁波以大地作为传输介质时，其传输特性应当是基本一致的。然而，由于莫霍洛维奇的多年研究，人类对熟悉的地球结构反而感到陌生了。

1857年1月，克罗地亚地球物理学家、地震学家安德里雅·莫霍洛维奇出生于一个制锚锻工家庭。他学习十分刻苦，15岁时已经学会了克罗地亚语、英语、法语和意大利语，后来又学会了拉丁语、希腊语、捷克语和德语。从布拉格大学毕业后，他在中学教了几年书，后应聘到里耶卡附近的巴卡尔皇家航海学院讲授气象学和海洋学，并在1877年建立了气象观测站。1891年莫霍洛维奇任萨格勒布海洋技术学院教授，1892年他担任了萨格勒布气象台台长，1897年接受萨格勒布大学哲学博士学位。他的这些背景似乎与他后来对地球结构认识的贡献毫无关系。

地震发生时，会产生纵向传播的P波和横向传播的S波，P波传播的速度比S波快，所以地震来临时人们首先感觉到上下震动然后才是左右晃动。然而就在1909年10月8日这天，当莫霍洛维奇研究距克罗地亚境内萨格勒布约40 km处的地震记录时，发现在地震产生的P波之后还有一个明显的P波群。通过分析他认为在地表下50 km处应该存在一个间断面，在这里由于物质发生急剧变化，使下层纵波传播速度大于上层纵波传播速度，因而出现两次P波。根据时距曲线他测出，该深度地震产生的纵波速度由6~7 km/s激增到8.0~8.2 km/s，由地震产生的S波速度由3.8 km/s增到4.4~4.6 km/s。后经进一步的观测证实，这一间断面不仅在欧洲，而且在全球都普遍存在。就这样，莫霍洛维奇揭示了大地结构不是均匀的，而是存在断层，这为地震预报、大陆漂移解释提供了新的思路。后人为了纪念莫霍洛维奇对地震研究的贡献，将他发现的这个间断面命名为莫霍洛维奇间断面，或简称为莫霍面。

现在人们已经知道，莫霍面以上的物质才是人们熟知的地壳，而莫霍面以下的物质则是人们不太熟悉的地幔。

20 世纪 50 年代以来，科学家通过人工源地震深部探测方法研究了地壳与上地幔比较精细的结构。图 3-53 所示为地球内部各层的分布状况。比较普遍的解释是，莫霍面是一个总厚度为数千米的过渡带，带内地震波速度随深度增大而增加。另一种解释是，莫霍面为多个高、低速相间的薄层结构。

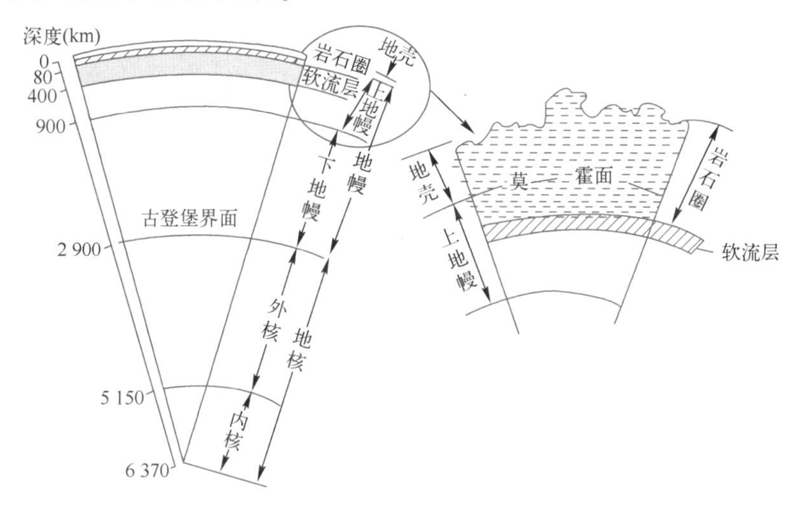

图 3-53　地球内部各层的分布状况

莫霍面这一层的岩浆可以流动，大陆在这些岩浆上面非常缓慢地朝着某个方向移动，这就是板块漂移。岩浆的温度大约为 1100℃，岩浆喷发出地表形成熔岩，熔岩冷却后又固化成岩石，这个过程不断进行，熔岩不断冷却，便形成了火山。

莫霍面的深度各地不同，一般在大洋的深度为 5~15 km 以下，岛弧地区为 20~30 km，大陆一般为 30~40 km，在中国西藏高原及天山地区深达 60~80 km。

对莫霍面以及其上面地壳的研究，为人类利用大地进行地下通信提供了理论基础。研究认为，地壳指地球表层 70~80 km 厚的坚硬部分，大致可分为三个层区：上区为沉积岩层，分布于地面下 3~7 km 和海洋底下 1~2 km，其电导率较高，一般为 10^{-1} ~ 10^{-4} S/m；中区主要是花岗岩和玄武岩，分布于沉积岩层以下直至 35~40 km 深处的莫霍面，电导率可低于 10^{-6} ~ 10^{-11} S/m；在莫霍面以下，由于温度随深度急剧增高，游离电荷增多，电导率随深度迅速增高，人们将它同地球上空的电离层相比，称之为热电离层。这样，在沉积层和热电离层之间的莫霍面中，就形成了一个低电导率的同心球壳层，即所谓的地壳波导。利用地下不同深度层的不同导电特性，就可以有针对性地提出与之相适应的地下通信技术。

人们这样定义地下通信：地下通信是将发射机、接收机和天线设置在地下工事、隧道或矿井内的无线电通信方式。地下通信承载信息的是电磁波，以地壳或地面波为传播媒质。

大多数地下信号传播问题只涉及较浅的沉积岩层。当电磁波在地下传播媒质中传播时，主要传播方式包括穿过有损媒质的传播、沿低电导率层的传播、以地下人为巷道作为空间波导的传播、泄漏馈电传播。

（1）穿过有损媒质的传播　电磁波在半导电的沉积岩中传播时按指数衰减。如要穿透几百米的岩层，一般采用 10 kHz 以下直至几十赫兹的频率。在军事坑道等收发两端或仅接收端处于浅地层时，电磁波自地下穿出以侧波或地面发射天线的地表面波方式沿地面传播，或先以天波传播方式经电离层反射，然后渗入地下到达接收点。

（2）沿低电导率层的传播　在煤、盐等矿层中，常常出现中间层电导率较低，而上、下层电导率较高的情况。例如，煤层电导率为 10^{-4} S/m，岩盐层电导率为 10^{-6} S/m，而上覆盖层和基底层的电导率为 10^{-2} S/m 量级，因而构成有损介质平板波导，可引导中、低频或高频电波以横电磁波模传播，工作频率一般选用 0. 5～10 MHz。试验表明，当存在岩盐层时，发射功率为几瓦的小型短波通信机，其通信距离可达十多千米。在 3～5 km 以下可能存在的厚度为几千米至几十千米的地壳波导，有可能引导几千赫以下的极低频电波，以横电磁波模传播较远的距离。当频率为 100～1 Hz 时，此波导模衰减率相应地为 0. 2～0. 02 dB/km。虽然地壳波导传播的衰减率较地面与电离层波导的衰减率高两个数量级，但因地壳波导中的自然和人为噪声功率比地面上的小 80 dB 以上，故若采用钻井将垂直极化收发天线伸进波导空间，则在理想情况下有可能达到几百千米的传播距离。

（3）以地下人为巷道作为空间波导的传播　地下巷道一般可理想化为有损矩形或半圆形波导。对应于一般巷道的几何尺寸与电特性，电波的截止频率为几十兆赫左右。当工作频率远高于截止频率时，波导模衰减率减小，可同时存在大量的波导模。400～1000 MHz 频段的实例研究表明，当频率太高时，巷道壁不光滑的散射损耗以及障碍和弯曲所引起的衰减会明显增加，故工作波段以 70～150 MHz 为宜。

（4）泄漏馈电传播　这种方式为沿巷道轴向悬挂泄漏电缆，以引导电磁波的传播。这实质上是一种半有线半无线的传播方式，能在一定程度上增加巷道中电波传播的距离，以满足移动业务的需要。泄漏电缆大致可分为两类：一类是连续泄漏电缆，其外导体为带孔的编织线或具有均匀分布的各种形状的开口；另一类是离散泄漏电缆，即采用完全屏蔽的电缆，而在需要的点或等间距点上接入各种泄漏单元，称为泄漏节或转换器。

目前研究的地下通信主要有岩层通信和漏泄电缆通信两种类型。

1. 岩层通信

岩层通信的特点是选择电导率适当的岩层或利用高电导率岩层间的波导，通过岩层传递电波。这种通信方式的最大优点是不受外界天电、工业和其他无线电台的干扰，信号稳定性好，隐蔽保密，但一般要求有兆瓦级大功率的电台和使用长波。岩层通信按电磁波传播途径可分为透过岩层模式、通过地下波导模式和“上-越-下”三种模式。

（1）透过岩层模式　采用这种模式需要开凿几百米至两三千米深的竖井，天线穿过高电导率的覆盖层，垂直伸入低电导率的岩层，让电磁波在低电导率的岩层中传播，如图3-54中的a传播路径。为了减少电磁波的衰减须使用较低的频率，一般用长波或甚长波。20世纪60年代初，美国曾对这种传播模式进行多次试验，当发射功率为100~200 W时，通信距离达几千米至几十千米。

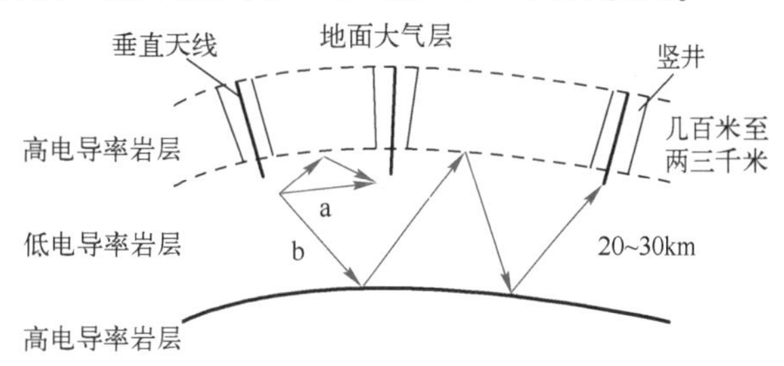

图3-54　电磁波不穿出地层的传播模式

a-透过岩层模式；b-地下波导模式

（2）地下波导模式　理论分析表明，若使用兆瓦极的大功率和更低的频率，并且岩层电导率约低于10^{-7} S/m，电磁波就可在覆盖层下缘与莫霍层上缘间来回反射进行远距离传播，如图3-54中的b传播路径。这种传播模式称为地下波导模式，其通信距离可超过1000~2000 km。

上述两种模式的主要优点是：高电导率覆盖层有屏蔽作用，通信几乎不受外界天电、工业及其他电台干扰，传输条件不随外界变化，信号稳定可靠，通信隐蔽，保密性好。其主要缺点是：电磁波全在岩层中传播，衰减很大，要达到较远的通信距离，发射功率必须很大，使用的频率很低，故通信容量很小，需要开凿深井。

（3）“上-越-下”模式　采用这种模式时，天线应水平架设在地下，电磁波自天线辐射出来，首先向上穿出地层。如按图3-55中的a传播路径，电磁波经折射沿地面传播，到达接收地域后，再经折射向下透入地层到达接收天线，工作频率通常选在中波或长波波段，频率过高则电磁波衰减太大，频率过低则天线效率太低，并且天电干扰也太大，均不利于通信。使用小功率或中功率的发射机，通信距离可达十余千米或百余千米。

按图3-55中的b传播路径是利用天波传输，通信距离可达数百千米，但此时宜工作于短波低频端，而且天线需要浅埋，埋深仅为1~2 m。“上-越-下”模式的信号稳定性、可靠性、隐蔽性比透过岩层和地下波导两种模式差。但它利用较小的功率就可以获得较远的通信距离，而且天线在隧道内架设方便，因此这种模式已进入实用阶段。在地下工事之间、导弹发射井与地下控制中心之间，有的已建立这种模式的通信系统。

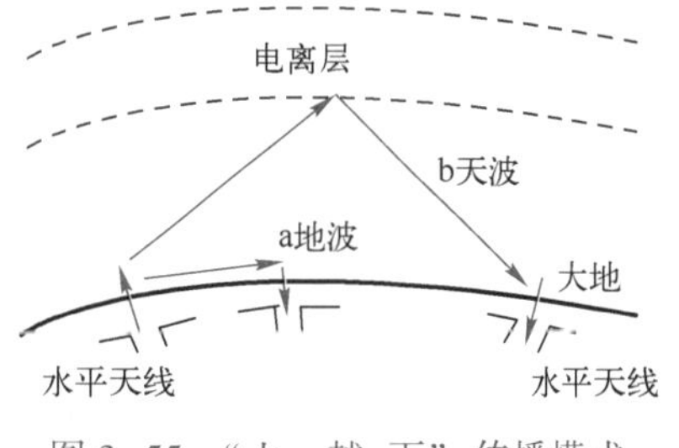

图3-55　“上-越-下”传播模式

2. 泄漏电缆通信

泄漏电缆（漏缆）通信主要由非屏蔽的高频泄漏电缆、基台或转发设备、中继器、功率分配器等组成。

泄漏电缆是一种专门用于泄漏高频电磁波的电缆，电缆外导体不是全屏蔽的，开有泄漏槽或稀疏编织，因此在泄漏电缆内部传输的一部分信号就通过泄漏槽或稀疏编织的孔泄漏到电缆附近外部空间，提供给移动的接收机，达到将无线电信号送入封闭空间的目的，如图 3-56 所示。同样，外部移动信号也可以通过泄漏槽或稀疏编织的孔穿过电缆外层导体进入泄漏电缆内部，加上必要的设备，就可以与基台组成泄漏通信系统，以满足沿泄漏电缆在一定范围内的移动通信。

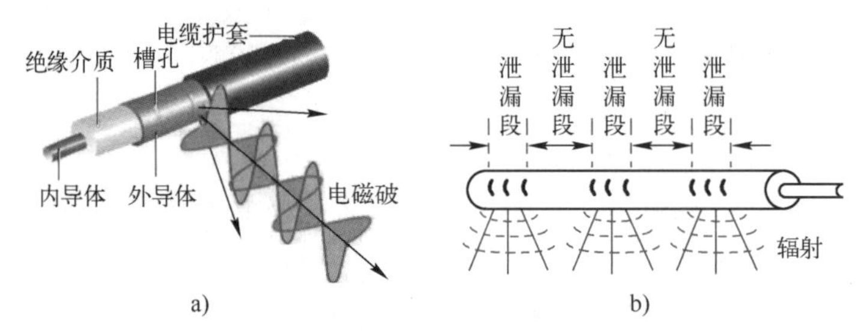

图 3-56　泄漏电缆构成、原理与辐射过程

a）泄漏同轴电缆构成和原理　b）泄漏电缆的辐射过程

图 3-57 中表示了射频信号经泄漏电缆传输的路由，泄漏电缆的输入功率为 P_{in}，输出功率为 P_{out}。泄漏电缆的纵向传输损耗是描述其内部所传输电磁能量损失程度的重要指标。信源产生的下行射频信号一边向前传输，一边向外泄漏。

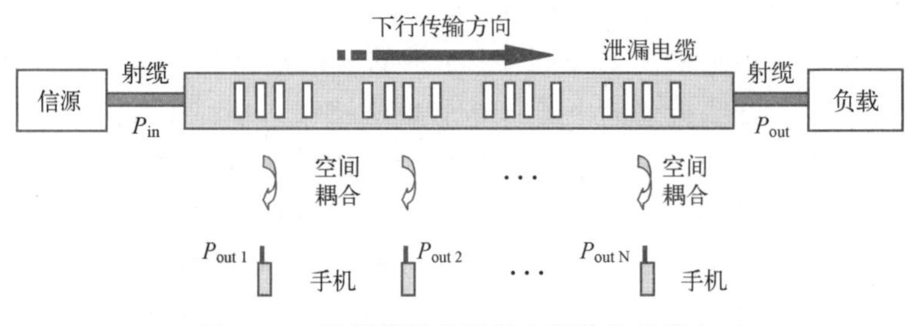

图 3-57　射频信号经泄漏电缆传输的路由

泄漏电缆通信的特点是在矿井或隧道内架设泄漏电缆，依靠电缆泄漏的电磁场和无线电台天线的耦合来进行无线电通信。这种通信方式一般工作在甚高频或特高频频段，只要用小功率电台就可以实现。可用于互不连通并且相隔一定距离的地下工事或隧道之间的通信以及矿井内部流动人员、移动车辆的通信和地铁固定台站与列车之间的通信。

此外，在铁路或公路隧道中运行的车辆需要接收无线电广播或与隧道外的台站进行通信时，也可采用这种方式，但需要在隧道口加设无线转接站，以便将隧道内的泄漏电缆和隧道外的无线信道连接起来。在矿井内部还可利用中频、低频或甚低频无线电波，使之穿过岩层进行近距离的通信，或在矿井塌陷处发出告警信号，供地面测向定位以作救生之用。如果在相应的地层中找不到合适的通信岩层，地下电台也可以把天线架设到竖井在地面的开口处，通过地面附近的空间传输电波。但这种方式受地形、地貌影响大，信道质量较差。

研究地下通信技术除了可解决地下设施、隧道、矿井的通信需求外，还可用于地下矿藏的探测。

对大地某区域加以电场和磁场，然后在周围预定区域探测电场和磁场的变化，从而判断该区域地质结构的方法称为电磁探矿法，或 TEM 法。图 3-58 所示为地-井 TEM 法在探矿中的应用。

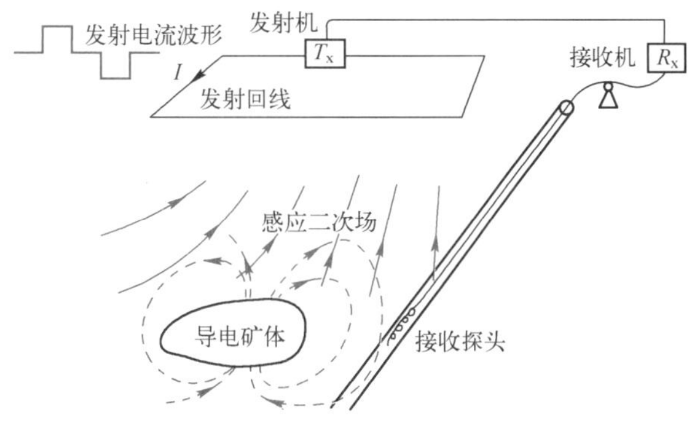

图 3-58　地-井 TEM 法在探矿中的应用

由于不同矿藏有不同的电导率，利用这一特性，可事先将不同已知矿藏在地下不同深度的电场和磁场值预先测试并记录下来，这个过程称为正演法。然后到要探测矿藏的地区用同样的方法在地面铺设回路，再在地下打孔安装接收探头，测量附近电场和磁场的变化情况，最后与正演结果比对，从而判断该区域地下是否存在某种矿藏，这种方法叫反演法。

此外，地下通信技术还可用于探测地雷、检测高速公路质量和铁路轨道铺设质量，如探测某处是否存在断裂，因为断裂会导致电磁场异常。图 3-59 所示为地下通信技术在地下探测中的应用。

图 3-59　地下通信技术在地下探测中的应用

地下通信在军事通信中具有重要价值。1952 年，抗美援朝进入阵地战阶段。针对美军绝对优势的空炮火力，志愿军构筑坑道工事，依托坑道进行防御作战，形成了一套坑道作战战法。这一战法要求步兵、炮兵密切协同，坑道内部队与纵深部队紧密配合。因此，通信联络保障至关重要，往往决定了战斗的成败。当时，前线部队主要使用的通信设备是图 3-60a 所示的步话机，这是一种单兵携带的无线通信设备，体积小、重量轻、易携带，但通信距离较近，而且在坑道内部由于大地的屏蔽作用往往无法使用。最初，志愿军通信兵必须冒着枪林弹雨冲出坑道、跑到空旷地带才能与后方指挥机关进行联络，然而往往会付出鲜血乃至牺牲的代价。就在这年的 5、6 月间，志愿军第 39 军第 117 师与美军第 45 师为争夺铁原西北 190.8 高地展开了激烈战斗。当时，有一个班的志愿军战士被困在坑道内，而上级并不知情。这个班携带有一部步话机，但敌军火力猛烈，封锁住了坑道口，无法出去与上级联络。步话机员急中生智，将天线埋在坑道内，结果意外与上级取得了联系，后方的部队立即反击，救出了他们。

这一现象引起了志愿军通信部门的高度重视，通信部门专门找来相关人员，组织座谈会进行总结推广。这当时在理论上是难以解释的，其机理究竟如何，能否大规模推广？这一难题上报到了军委通信兵部，领导马上想到了当时中国最优秀的电子学家“中国雷达之父”毕德显。毕德显曾经在美国师从大名鼎鼎的硅谷之父弗雷德·特曼教授、诺贝尔物理学奖得主罗伯特·安德鲁·密立根教授，获得过加州理工学院博士，与钱学森在加州理工学院火箭理论研究组共事半年，1947 年秋回国，后来在中共地下党组织帮助下进入了东北解放区。如图 3-60b 所示为年轻时的毕德显。

a)

b)

图 3-60　毕德显帮助志愿军解决坑道通信难题

a）志愿军用无线步话机通信　b）“中国雷达之父”毕德显

毕德显接到任务时，听说这是抗美援朝前线遇到的难题，便立即开始夜以继日地查资料、做计算，仅用了 3 天时间就向上级递交了报告。这份报告用科学、浅显的语言阐述了天线埋地传播信号的机理，对坑道通信的电波传播方式和坑道天线的辐射机理、基本形式结构、架设方法等都做了描述，使“天线埋在地下能够实施通信联络”的问题从理论上找到了答案。志愿军总部后来特意召开了“埋地天线”总结大会，评价“这一创举在战斗中起了很大作用”。而美国直到 1963 年 3 月，才公开发表了这方面的研究成果。毕德显发展了无线电通信的天线理论，为朝鲜战场上的志愿军们推广坑道通信经验做出了贡献，是当之无愧的坑道作战幕后英雄。1992年12月，毕德显生前执教过的南京解放军通信工程学院为这位一级教授、中国科学院学部委员立了铜像。2019年10月19日，西安电子科技大学电子工程学院为了纪念毕德显，依托雷达信号处理国家重点实验室，成立了“毕德显班”，培养引领电子信息领域科技发展和产业应用创新拔尖人才。

小结

自从电磁波的存在被证实后，人类就进入了利用无线通信的时代。二极管、晶体管、集成电路的发明，使无线电报、无线电话可以延伸到世界上任何角落，实现了世界各国之间跨越海洋的无线电通信。然而电报和电话只是在点对点的两个人之间进行，为了让重要讲话和演员的表演实时地被更多人听到和看到，人类又发明了无线电广播和电视，使原来只能通过报纸获得的新闻，可以实时通过收音机和电视机被全世界的人获取，实现了传输媒体的革命，加快了人类文明的传播。通过对电磁波传输机理认识的不断加深，人类根据不同频段无线电波的传输特性，针对性地设计出长波、中波、短波、微波、激光波段的各种无线电通信设备，以满足人类近距离、远距离通信的需要，并实现了对飞行器的远距离雷达探测。这时人类的通信能力已经延伸到向上与天外飞行器联系的宇宙通信、向下与深海潜艇联系的水下通信和与矿井人员联系的地下通信。而卫星导航技术的普及应用，为人类出行和地理测量带来了极大的便利，人们再也不用担心在荒漠或海洋中迷路了。

第4章

万人通话共信道的奥妙

作者有词《卜算子·信道复用》，点赞信道复用技术的价值和意义：

卜算子

信道复用

香农论信息，
通信谱基调。
转换时频傅里叶，
探密模数妙。

时频皆可分，
编码更深奥。
天地四维齐复用，
万众走同道。

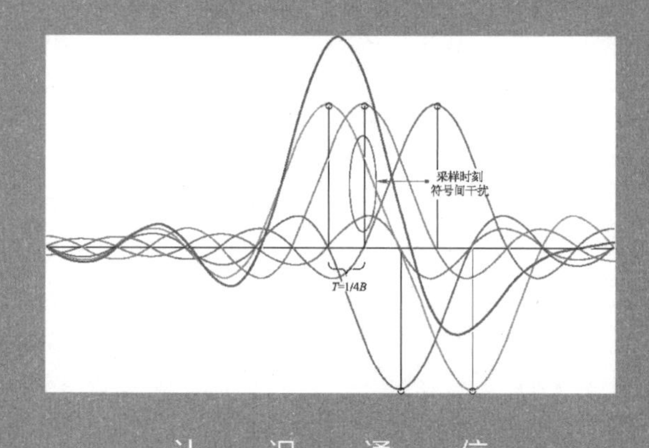

人们总是希望用最快的速度、最低的成本将所有信息传输到远方，这就对信道容量提出了很高的要求。无论是有线信道还是无线信道，究竟能传输多少信息？能否让成千上万的人共用一条电缆同时通信以节省成本？能否让成千上万的人同时使用无线通信以共享非常有限的无线频谱资源？这些基本问题不解决，就无法让电话普及到平常人家。

4.1　奠定通信基础的定理

4.1.1　香农定理

在美国密歇根州下半岛西北部的佩托斯基市盖洛德小镇上的一个法官家里，1916年4月30日诞生了一个叫克劳德·艾尔伍德·香农的小男孩，香农的母亲是镇里的中学校长。这是一个有良好教育环境的家庭，但身为农场主、爱好发明创新的祖父对香农的影响更多。香农的祖父曾经发明过洗衣机和许多农业机械，这对香农日后的创新产生了直接的影响。香农的家庭还与杰出发明家爱迪生有远亲关系。

1936年，香农获得密歇根大学数学与电气工程学士学位，又于1938年在麻省理工学院获得电气工程硕士学位，并于1940年获得该学院的数学博士学位。从1941年起，香农以数学研究员的身份进入新泽西州的AT&T贝尔电话公司，直到1972年才离开。香农于1956年成为麻省理工学院的访问教授，两年后成为正式教授，1978年退休。当2001年香农在马萨诸塞州梅德福德辞世时，贝尔实验室和麻省理工学院为他发表的讣告都尊崇香农为信息论及数字通信时代的奠基人。

香农是使这个世界能进入现代通信的少数杰出科学家和思想家之一，他是美国科学院院士、美国工程院院士。他获得过许多荣誉和奖励，如1949年的Morris奖、1955年的

Ballantine 奖、1962 年的 Kelly 奖、1966 年的国家科学奖章、IEEE 的荣誉奖章、1978 年的 Jaquard 奖、1983 年的 Fritz 奖、1985 年的基础科学京都奖。他接受的荣誉学位不胜枚举。人们怀念香农主要是因为他在信息理论、信息熵的概念、符号逻辑和开关理论方面的杰出贡献。我们更应该学习他好奇心强、重视实践、永不满足的科研精神，这是他获得成功的重要法宝。

香农一生取得了许多重要科研成果。还在攻读硕士时，香农就注意到了电话交换电路与布尔代数之间的类似性，即把布尔代数的“真”“假”和电路系统的“开”“关”对应起来，并用 1 和 0 表示。于是他用布尔代数分析并优化开关电路，从而奠定了数字电路的理论基础。香农将这些研究成果写成了《继电器与开关电路的符号分析》的硕士论文。哈佛大学的霍华德 · 加德纳教授说：“这可能是 20 世纪最重要、最著名的一篇硕士论文。”

当攻读数学博士学位时，香农的科学兴趣变得更加广泛，他将数学应用于人类遗传学，撰写了《理论遗传学的代数学》的博士论文。后来他在不同的学科中发表过许多有影响的文章。例如在攻读博士学位时，他还进行了微分分析器的研究，这是一种早期的机械模拟计算机，用于获得常微分方程的数值解，1941 年香农发表了论文《微分分析器的数学理论》。

1942 年香农发表了一篇《关于串并联网络的双终端数》的论文。这篇论文扩展了麦克马洪 1892 年在《电工》杂志上发表的论文理论。

1948 年，香农在《贝尔系统技术》期刊上发表长达数十页的题为《通信的一个数学理论》的论文。这篇论文给人类带来了一个被称为比特（bit）的全新概念。香农在论文中将比特作为测量信息的单位。对于常见的通信系统来讲，比特所传递的信息具有随机性，因而定量描述信息应基于随机事件，这样概率论成了香农的重要工具。香农认为，任何信息都存在冗余，冗余大小与信息中每个符号、数字、字母和单词出现的概率或不确定性有关。通常，一个信源发送出什么符号是不确定的，可以根据其出现的概率来度量。概率大，出现机会多，不确定性小；反之，不确定性就大。例如，信源只发送一种符号，则对接收端来说，该符号是确定的，无法从接收信息中获得任何新信息，该符号的信息量就是零；而如果发送端输出的符号为随机的 0 或 1，则接收端收到发 0 或 1 的概率就是 0. 5。为此，香农提出用信息熵来衡量信息的大小，方法是假定随机事件发生的不确定性概率 P_i 的函数为 $f(P_i)$，则 $f(P_i)$ 具有单调性，概率越大的事件，信息熵越小。$f(P_i)$ 具有非负性。$f(P_i)$ 具有可加性，多个随机事件同时发生的总不确定性的度量可以表示为各事件不确定性度量之和。

$$H = -\sum_{i=1}^{\pi} P_i \log P_i \tag{4-1}$$

式中，H 为总的信息熵。

信息熵不仅定量衡量了信息的大小，同时为信息编码提供了理论的最优值，即实用的编码平均码长的理论下界就是信息熵，信息熵为数据压缩的极限。香农的这篇《通信的一个数学理论》成为信息论正式诞生的里程碑。他系统论述了信息的定义、怎样量化信息、怎样更好地对信息进行编码。

在第二次世界大战时期，香农作为一位著名的密码破译者在贝尔实验室的破译团队工作，主要从事追踪德国飞机和火箭的工作，这为阻止德国火箭对英国进行闪电战起了很大作用。他从工作经验中提炼出论文《保密系统的通信理论》，并发表于 1949 年。该论文开辟了用信息论来研究密码学的新思路，使香农成为近代密码理论的奠基者和先驱。这篇论文发表后，香农被美国政府聘为政府密码事务顾问。香农认为，密码系统中对消息的加密变换作用类似于向信息中加入噪声。密文相当于经过有扰信道接收的信息，密码分析员相当于有扰信道下的接收者。不同于自然干扰，加密是人为设计和控制、选自有限集的强干扰，即为密钥，其目的是己方可方便地除去发端所加的强干扰，从密文中恢复出原来的信息，而使敌方难以从截获的密报中提取有用信息。所以密钥的随机性成为加密的关键所在。

香农曾提出三个定理，它们成了信息论的基础理论。香农三大定理是存在性定理，虽然并没有提供具体的编码实现方法，但为通信信息的研究指明了方向。香农第一定理是可变长无失真信源编码定理，第二定理是有噪信道编码定理，第三定理是保失真度准则下的有失真信源编码定理。

香农第一定理可数学化表述为：考虑序列发送系统，其中的序列都是来自 X 的 n 个字符。如果序列中的每一个字符都服从独立同分布 $p(x)$，那么有

$$H(X) \leqslant L_n < H(X) + \frac{1}{n} \tag{4-2}$$

式中，$H(X)$为信息熵，L_n为每输入字符期望码字长度。

因此，通过使用足够大的分组长度可以获得一个编码，使其每字符期望码长任意地接近熵。

例如，可以给出一张照片的熵的理论下界，之后所有无损压缩方法都只能不断地接近这个下界，但永远不可能得到下界值。我们日常生活中接触到的图片格式 JPEG、PDF、PNG 以及常见的视频格式 MP4 等，都没有摆脱香农第一定理的约束。

香农第一定理的意义为：如果将原始信源符号转化为新的码符号，使码符号尽量服从等概分布，从而每个码符号所携带的信息量达到最大，进而可以用尽量少的码符号传输信源信息。

香农第二定理为有噪信道编码定理，可以这样描述：当信道的信息传输速率不超过信道容量时，采用合适的信道编码方法可以实现任意高的传输可靠性，但若信息传输速率超过了信道容量，就不可能实现可靠的传输。

设某信道有 r 个输入符号，s 个输出符号，信道容量为 C。当信道的信息传输速率 $R<$

C，码长 N 足够长时，总可以在输入的含有 r^N 个长度为 N 的码符号序列集合中找到 $M(M\leqslant 2^{(N(C-\varepsilon))})$，$\varepsilon$ 为任意小的正数）个码字，分别代表 M 个等可能性的消息，组成一个码以及相应的译码规则，使信道输出端的最小平均错误译码概率 $P_{\min}$ 达到任意小。可用式（4-3）以比特每秒（bit/s）的形式给出一个传输链路容量的上限。

$$C=B\times\log_2\left(1+\frac{S}{N}\right) \tag{4-3}$$

式中，B 为信道带宽；S/N 为信号与噪声之比，通常用分贝（dB）表示。

该定理说明：一个通信系统的传输容量与信道的带宽成正比，与信息和噪声的比例即信噪比的对数成正比。

可以通过一个例子来详细说明。通常音频电话线容许的频率范围为 300～3300 Hz，则 $B=3300\text{ Hz}-300\text{ Hz}=3000\text{ Hz}$，而一般链路典型的信噪比是 30 dB，即 $S/N=1000$，因此有 $C=3000\times\log_2(1+1000)$，近似等于 30 kbit/s，这就是调制解调器的极限，即如果电话网络的信噪比没有改善或不使用压缩方法，调制解调器将只能最高以这个速率传输数据，否则就会产生传输错误。这就是为什么移动通信的 3G、4G、5G 通信频带越来越宽的原因，只有采用更大的带宽，才能获得更高的数据传输速率，如图 4-1 所示。

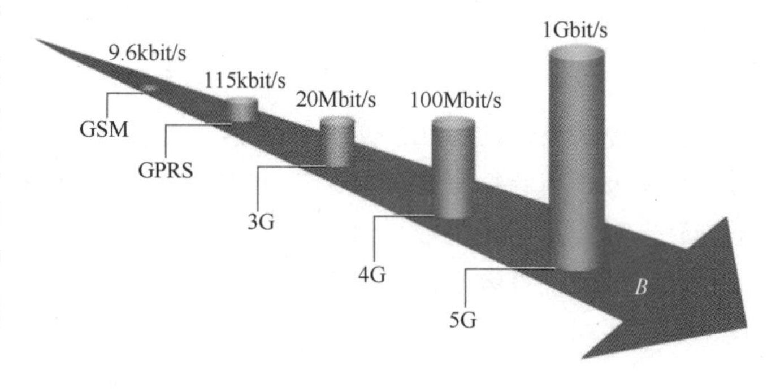

图 4-1　带宽与传输速率

香农第三定理为保失真度准则下的有失真信源编码定理，或称有损信源编码定理。可以这样描述该定理：只要码长足够长，总可以找到一种信源编码，使编码后的信息传输速率略大于率失真函数，而码的平均失真度 $\overline{D}$ 不大于给定的允许失真度 D，即 $\overline{D}\leqslant D$。这里设 $R(D)$ 为一离散无记忆信源的信息率失真函数，并且选定有限的失真函数，对于任意允许平均失真度 $D\geqslant 0$，和任意小的 $\varepsilon>0$，以及任意足够长的码长 k，一定存在一种信源编码 W，其码字个数为 $M\leqslant e^{k[R(D)+\varepsilon]}$，而编码后码的平均失真度 $\overline{D}(W)\leqslant D$。

香农第三定理解决了在允许一定失真的情况下的信源编码问题，即有 $0<R(D)<H(X)$。$R(D)$ 在实际工程中可以作为衡量各种压缩编码方法性能优劣的一种标尺。比如 JPEG 图像编码、MP3 音频编码都是有损的编码，都是在香农第三定理的约束之下得出的。

4.1.2　奈奎斯特定理

如果说香农是数字通信的奠基人，那么哈里·奈奎斯特则可以被认为是数字通信的引路人。哈利·奈奎斯特于 1889 年出生在瑞士的尼尔斯比。由于家庭经济状况不太好，奈奎斯特 14 岁时就开始靠从事建筑工作来谋生。1907 年移民美国，1912 年他进入北达科他大学。在这里，奈奎斯特仅用两年时间就获得了学士学位，一年后获得硕士学位，1917 年他又在耶鲁大学获得物理学博士学位。奈奎斯特于 1917 年~1934 年在 AT&T 公司工作，1934 年起在贝尔实验室工作至 1954 年退休。

还是贝尔实验室的工程师时，奈奎斯特就在研究热噪声和反馈放大器稳定性方面取得了成就，并因设计了稳定的控制系统而成名。他的奈奎斯特图被用于确定单闭环反馈系统的稳定性。奈奎斯特的早期工作集中在电报上。当时他注意到，一条线上的数据传输速率与频率的宽度成正比。1924 年，奈奎斯特在《贝尔系统技术》期刊上发表的《影响电报传输速率的因素》的论文，为后来香农的信息论奠定了基础。1927 年，奈奎斯特提出了著名的奈奎斯特采样定理。他指出，如果以至少两倍于最高频率分量的速度对模拟信号进行采样，那么模拟信号就能完美地重现。1928 年他又发表了《电报传输理论的一定论题》。奈奎斯特的研究成果是现代信息论诞生必不可少的知识基础，他将早期的模拟通信技术推向了数字通信技术的新领域。

奈奎斯特最重要的成就是他的采样定律。现在来解释一下采样定律。设在时间域中有包含许多频率成分的群信号 $x(t)$，如图 4-2b 所示。若群信号 $x(t)$ 中所有频率中的最高

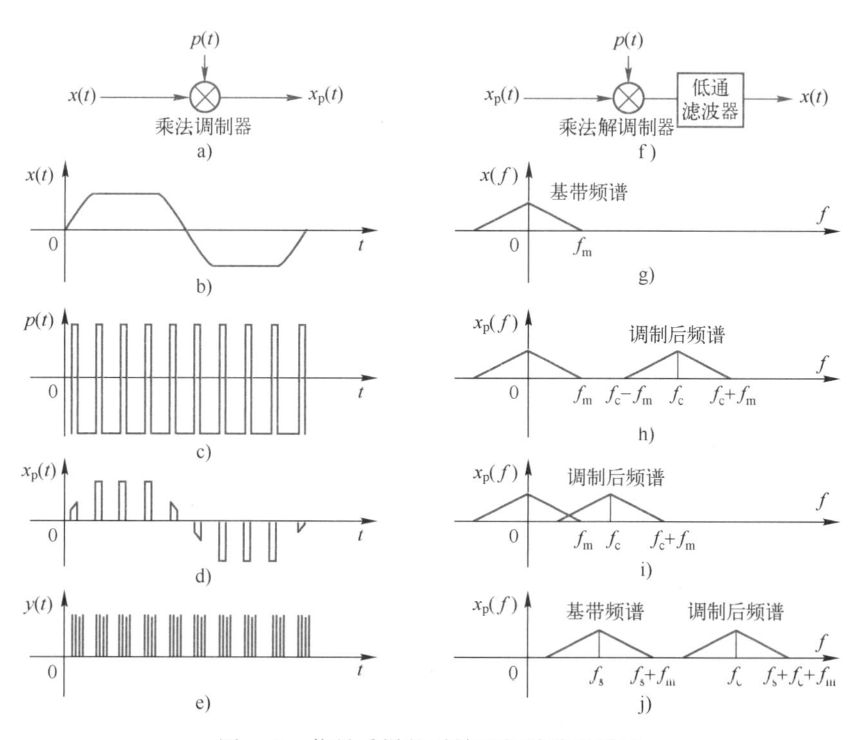

图 4-2　信号采样的时域和频域波形描述

频率为f_m，当在图 4-2a 所示乘法器中与图 4-2c 所示脉冲序列$p(t)$相乘进行信号调制时，将生成图 4-2d 所示的幅值受到调制的脉冲序列$x_p(t)$。若在$x(t)$的频域$X(f)$中有图 4-2g 所示的基带频谱分布，在$x_p(t)$的频域$X_p(f)$中可能会有图 4-2h、i 所示的频谱分布。若f_c为$p(t)$的频率，称为载波频率，则f_c的大小决定了信号被调制后频谱在频域中的位置。奈奎斯特指出，当$f_c \geqslant 2f_m$时，经图 4-2f 所示解调制后的信号频谱就不会与输入的基带信号频谱相重叠，如图 4-2h 所示。接收端通过低通滤波器就可还原得到图 4-2g 所示的原来$x(t)$的基带频域$X_p(f)$。否则若$f_c<2f_m$，调制后的频谱在频域中的位置就会落入输入基带信号的频谱中，如图 4-2i 所示，这时接收端就无法还原$x(t)$信号，从而产生信号失真。若基带为图 4-2j 所示的情况，当$f_c \geqslant 2f_m+f_s$时也可以在接收端正确还原原来的信号$x(t)$。这就是奈奎斯特采样定理的基本思想。

从图 4-2d 可见，$x_p(t)$是一个不连续的信号，如果将每一个采样值用二进制数 0、1 来表示（见图 4-2e），就可以实现数字通信，所以奈奎斯特采样定理奠定了数字通信的基础。

此外，如图 4-2h 所示，如果适当选取载波频率$f_{cn} \geqslant 2nf_m$，$n=1,2,3,\cdots$这样的正整数，就可以将n个基带信号顺序排列在整个频域中，并且互不重叠干扰，这就是实现多路载波通信的原理。

类似地，如果将 4-2e 所示的波形图中每个二进制数 0、1 码安排得很紧凑，就可安排N个信号同时编码传输，这就是实现多路时分通信的原理。

在图 4-2h 中，基带频谱与调制后频谱之间最大允许的抽样间隔称为“奈奎斯特间隔”，小于这个间隔时，原有频率成分就会与调制后的频率成分相叠加，这个现象叫作“混叠”。

消除混叠的方法有两种：一是提高采样频率f_c，即缩小采样时间间隔，然而实际的信号处理系统为了充分利用频谱，不可能将采样频率提高太多，所以通过采样频率避免混叠是有限制的；二是采用抗混叠滤波器，在载波频率f_c一定的前提下，通过低通滤波器或带通滤波器过滤掉无用的频率成分，通过滤波器的信号则可避免出现频率混叠。

4.1.3 三种重要时频变换法则

1. 傅里叶变换

傅里叶变换是一种分析信号的方法，可用来分析信号的频率成分，也可用这些成分合成信号。在分析和设计一个通信系统时，可以从时域进行考虑，即分析一个其幅值随时间变化的信号（如常见的语音信号），可分析该信号通过通信系统时会有怎样的输出结果。或者反过来，已知输入信号，希望得到预定的输出结果，应当怎样设计满足需求的通信系统。这种分析信号幅值随时间变化的方法称为时域分析法。类似地，在分析和设计一个通信系统时，也可以从频域进行考虑，即分析不同幅值和不同频率的信号经过通信系统后会产生怎样的输出结果。分析信号幅值随频率变化的方法称为频域分析法。傅里叶变换正是实现这种时域分析与频域分析相互转换的桥梁，也是实现模拟通信向数字通信转换的基础。

让·巴普蒂斯·约瑟夫·傅里叶 1768 年 3 月 21 日出生在法国中部欧塞尔一个裁缝家庭，9 岁时沦为孤儿，被当地一主教收养。1780 年起就读于地方军校，1795 年傅里叶任巴黎综合工科大学助教，1798 年随拿破仑军队远征埃及，受到拿破仑器重，回国后于 1801 年被任命为伊泽尔省格伦诺布尔地方长官。傅里叶由于对传热理论的贡献于 1817 年当选为巴黎科学院院士，1822 年担任该院终身秘书，后又任法兰西学院终身秘书和理工科大学校务委员会主席，敕封为男爵。由于傅里叶痴迷于热学，他认为热能包治百病，于是在一个夏天，他关上了家中的门窗，穿上厚厚的衣服，坐在火炉边，结果因 CO 中毒而不幸身亡，1830 年 5 月 16 日卒于法国巴黎。

傅里叶早在 1807 年就写成关于热传导的论文《热的传播》，随后他将论文呈交给巴黎科学院，但经拉格朗日、拉普拉斯和勒让德审阅后被科学院拒绝发表。1811 年他又提交了经修改后的论文，该论文虽然获得了科学院大奖，却未正式发表。傅里叶在论文中推导出著名的热传导方程 ，并在求解该方程时发现解函数可以由三角函数构成的级数形式表示，从而提出任一函数都可以展开成三角函数的无穷级数。傅里叶级数（或称三角级数）、傅里叶分析等理论均由此创立。1822 年，傅里叶出版了专著《热的解析理论》。这部经典著作将欧拉、伯努利等人在一些特殊情形下应用的三角级数方法发展成内容丰富的一般理论，三角级数后来就以傅里叶的名字命名。傅里叶应用三角级数求解热传导方程，为了处理无穷区域的热传导问题又导出了人们所熟知的“傅里叶积分”，这一切都极大地推动了偏微分方程边值问题的研究。傅里叶的工作迫使人们对函数概念做出修正和推广，特别是引起了对不连续函数的探讨。三角级数收敛性问题更促进了集合论的诞生。因此，《热的解析理论》影响了整个 19 世纪分析严格化的进程。为纪念傅里叶对科学的贡献，小行星 10101 号被取名为傅里叶星。傅里叶的名字还与其他 71 位法国科学家和工程师的名字一起镌刻在法国埃菲尔铁塔上。

傅里叶的主要贡献在于他的《热的传播》和《热的解析理论》两本专著，并依此创立了一套数学理论。他是最早使用定积分符号的人，还改进了代数方程符号法则的证法和实根个数的判别法等。从现代数学的眼光来看，傅里叶变换是一种特殊的积分变换，它能将满足一定条件的某个函数表示成正弦基函数的线性组合或者积分。

现在就来解释什么是傅里叶变换。傅里叶变换分为连续和离散变换两种。

先来看一下傅里叶如何将周期函数表示成正弦基函数的线性组合，这就是傅里叶级数表示法，它被定义为

$$f(t) = \sum_{n=-\infty}^{\infty} F_n \mathrm{e}^{\frac{\mathrm{j}2\pi nt/T}{T}} \tag{4-4}$$

式中，T 为函数的周期；F_n为傅里叶展开系数。

$$F_n = \frac{1}{T}\int_{-T/2}^{T/2} f(t)\mathrm{e}^{\mathrm{j}2\pi nt/T} \tag{4-5}$$

通信中常见的信号大多属于实值函数，其傅里叶级数可表达为

$$\begin{cases} f(t) = \dfrac{a_0}{2} + \sum\limits_{n=1}^{\infty}\left[a_n\cos\left(\dfrac{2\pi nt}{T}\right) + b_n\sin\left(\dfrac{2\pi nt}{T}\right)\right] \\ a_n = \dfrac{1}{\pi}\int_{-\pi}^{\pi} f(t)\cos nt\mathrm{d}t, \quad n = 0,1,2,\cdots \\ b_n = \dfrac{1}{\pi}\int_{-\pi}^{\pi} f(t)\sin nt\mathrm{d}t, \quad n = 1,2,3,\cdots \end{cases} \tag{4-6}$$

式中，a_n和 b_n是实频率 n 次谐波分量的振幅。

从式（4-6）可以看出，通信系统中的任意一个信号，在满足一定约束的条件下，都可以看成许多频率正弦波的组合形式。例如，经过对人类语音信号进行傅里叶分析可以发现，人类的语音信号是由 20 Hz～20 kHz 不同幅值的正弦波组合而成的。而人类能听清的语言频率主要集中在一个较小范围，因此国际电信联盟依据这些研究结果制定的电话通信频带标准为 300～3400 Hz，这样通信传输的信号频率范围就可大大减小，在相同的信道带宽情况下就可传输更多的电话用户信号，这就是理论对实践的指导作用。

下面再来看傅里叶变换和逆变换这一变换对的数学表达式。先定义连续形式的$f(t)$是 t 的周期函数，如果满足狄利赫里条件，则有式（4-7）成立，该式称为积分运算$f(t)$的傅里叶变换，式（4-8）的积分运算则称为 $F(\omega)$的傅里叶逆变换。

$$F(\omega) = F[f(t)] = \int_{-\infty}^{\infty} f(t)\mathrm{e}^{-\mathrm{j}\omega t}\mathrm{d}t \tag{4-7}$$

$$f(t) = F^{-1}[F(\omega)] = \frac{1}{2}\int_{-\infty}^{\infty} F(\omega)\mathrm{e}^{\mathrm{j}\omega t}\mathrm{d}\omega \tag{4-8}$$

连续形式的傅里叶变换其实是傅里叶级数的推广，因为积分其实是一种极限形式的求和算子。一般情况下，若“傅里叶变换”一词的前面未加任何限定语，则指的是“连续傅里叶变换”。函数$f(t)$称为原函数，而函数 $F(\omega)$称为傅里叶变换的像函数，原函数和像函数构成一个傅里叶变换对。当$f(t)$为奇函数时，其余弦分量为零，称这时的变换为余弦变换；当$f(t)$为偶函数时，其正弦分量为零，称这时的变换为正弦变换。

在进行离散时间傅里叶变换（DTFT）时，设有某无限长的数列$\{x_n\}$，则其 DTFT 定义为

$$F(\omega) = \sum_{n=-\infty}^{\infty} x_n\mathrm{e}^{-\mathrm{j}\omega n} \tag{4-9}$$

相应的逆变换为

$$x_n = \frac{1}{2\pi}\int_{-\infty}^{\infty} F(\omega)\mathrm{e}^{\mathrm{j}\omega n}\mathrm{d}\omega \tag{4-10}$$

DTFT 在时域上离散，在频域上则是周期的，它一般用来对离散时间信号进行频谱分析。

利用傅里叶变换不仅可以进行信号的频谱分析，还可将信号通过系统时的复杂卷积运算简化为乘积运算，从而提供了计算卷积的一种简单手段。

如图 4-3a 所示，当离散信号 $x(n)$ 通过系统 $h(n)$ 时，输出为

$$y(n)=h(n)\cdot x(n)=\sum_{k=-\infty}^{\infty}h(k)x(n-k) \tag{4-11}$$

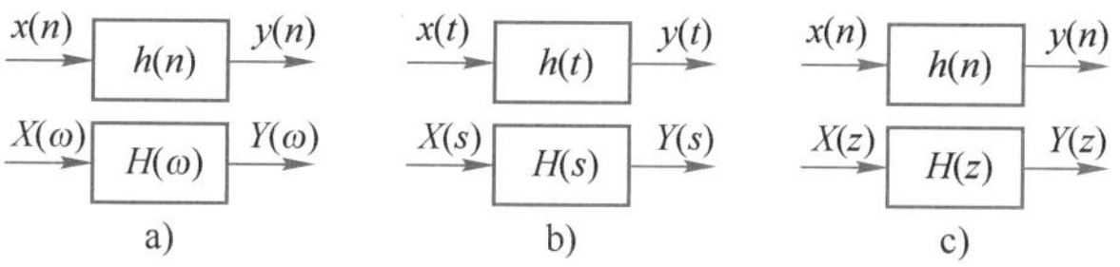

图 4-3　不同变换的输入信号与系统输出之间的关系
a）傅里叶变换　b）拉普拉斯变换　c）z 变换

这是一个比较复杂的卷积运算。但当利用傅里叶变换后，输入与输出的关系就变成

$$Y(\omega)=H(\omega)\cdot X(\omega) \tag{4-12}$$

这是简单的乘法运算关系，使计算大为简化。如果是一个连续时间输入信号经过一个连续时间系统，则只需将式（4-11）中的 n 换成 t，求和运算换成积分运算即可。

傅里叶变换在物理学、电子类学科、数论、组合数学、信号处理、概率论、统计学、密码学、声学、光学、海洋学、结构动力学等领域都有着广泛的应用。在电子学中，傅里叶级数是一种频域分析工具，可以理解成将一种复杂的周期波分解成直流项、基波（角频率为 ω）和各次谐波（角频率为 $n\omega$）的和，也就是级数中的各项。在通常的信号中，随着 n 的增大，各次谐波的能量逐渐衰减，所以一般从级数中取前 n 项之和就可以很好地近似原周期波形。

2. 拉普拉斯变换

皮埃尔-西蒙·拉普拉斯于 1749 年 3 月 23 日出生在法国西北部卡尔瓦多斯的博蒙昂诺日，父亲是一个农场主。拉普拉斯从少年时期就显示出卓越的数学才能。在 18 岁时，他带着一封推荐信前往巴黎拜访当时法国的著名学者达朗贝尔，希望能从事数学工作，但达朗贝尔并没有见他。拉普拉斯没有灰心，他又给达朗贝尔寄去一篇关于力学的论文。达朗贝尔被这篇出色的论文所征服，不但接纳了他还有意当他的教父。后来达朗贝尔又将拉普拉斯推荐到巴黎军事学院，拉普拉斯在这里当了数学教授。1795 年，拉普拉斯来到巴黎综合工科学校任教授，后又在高等师范学校任教授。1796 年，他的著作《宇宙体系论》问世，1799 年~1825 年，他连续出版了 5 卷 16 册的《天体力学》，1812 又出版了《概率分析理论》。他发表的天文学、数学和物理学论文有 270 多篇，专著合计有 4006 多

页。1799年，拉普拉斯还担任了法国经度局局长，并在拿破仑政府中任过6个星期的内政部长。1816年，拉普拉斯当选为法兰西学院院士，1817年任该院院长。1827年3月5日卒于巴黎。拉普拉斯在研究天体问题的过程中，创造和发展了许多数学方法，以他的名字命名的拉普拉斯变换、拉普拉斯定理和拉普拉斯方程在科学技术的各个领域有着广泛的应用。

现在来看一下拉普拉斯变换。可以这样描述拉普拉斯变换：对于 $t \geqslant 0$，函数值不为零的连续时间函数 $x(t)$ 通过式（4-13）变换为复变量 $s=\sigma+\mathrm{j}\omega$ 的函数 $X(s)$，它也是时间函数 $x(t)$ 的“复频域”表示方式。式（4-14）为拉普拉斯变换的逆变换，与式（4-13）成为一个拉普拉斯变换对。$X(s)$ 常称为 $x(t)$ 的象函数，记为 $X(s)=L[x(t)]$；$x(t)$ 称为 $X(s)$ 的原函数，记为 $x(t)=L^{-1}[X(s)]$。

$$X(s)=L[x(t)]=\int_0^{\infty} x(t)\mathrm{e}^{-\sigma t}\mathrm{e}^{-\mathrm{j}\omega t}\mathrm{d}t=\int_0^{\infty} x(t)\mathrm{e}^{-st}\mathrm{d}t \tag{4-13}$$

$$x(t)=L^{-1}[x(s)]=\frac{1}{2}\int_{-\infty}^{\infty} L(s)\mathrm{e}^{st}\mathrm{d}s \tag{4-14}$$

拉普拉斯变换实质上是在傅里叶变换中将原函数乘上随时间衰减的因子 $\mathrm{e}^{-\sigma t}$，从而解决了进行傅里叶变换时必须满足的狄利赫里条件，这就使有些不满足绝对可积的不能进行傅里叶变换的函数在 t 趋于 ∞ 时原函数可以衰减到零，从而满足了绝对可积的狄利赫里条件，即有 $s=\sigma+\mathrm{j}\omega$，当 $\sigma=0$ 时，拉普拉斯变换就变为傅里叶变换。拉普拉斯变换常用于描述连续信号通过系统时，用复频率描述的传输系统和输入输出之间的关系，分析反馈系统和系统的稳定性，如图4-3b所示。

例如在电路分析中，元件上电压与电流的伏安关系可以在复频域中表示，这样如果回路的激励电源为复频率电源，则电阻元件 R 上的电压为 Ri，电感元件 L 的电压为 sLi，电容元件 C 上的电压为 $1/sCi$。如果用电阻 R 与电容 C 串联，并在电容两端引出电压作为输出，那么就可用分压公式得出该系统的传递函数为 $H(s)=1/(1+sRC)$，于是响应的拉普拉斯变换 $Y(s)$ 就等于激励的拉普拉斯变换 $X(s)$ 与传递函数 $H(s)$ 的乘积，即 $Y(s)=H(s)\cdot X(s)$，这样输入与输出之间的关系就是简单的乘法运算关系，如图4-4a所示。

拉普拉斯变换是为简化计算而建立的实变量函数和复变量函数间的一种函数变换。对一个实变量函数做拉普拉斯变换，并在复数域中作各种运算，再将运算结果做拉普拉斯逆变换来求得实数域中的相应结果，往往比直接在实数域中求出同样的结果在计算上容易得多。拉普拉斯变换的这种运算步骤对于求解线性微分方程尤为有效，它可把微分方程化为容易求解的代数方程来处理，从而使计算简化。在经典控制理论中，对控制系统的分析和综合都是建立在拉普拉斯变换基础上的。引入拉普拉斯变换的一个主要优点，是可采用传递函数代替微分方程来描述系统的特性，这就为采用直观和简便的图解方法来确定控制系统的整个特性、分析控制系统的运动过程，以及综合控制系统的校正装置提供了可能性。

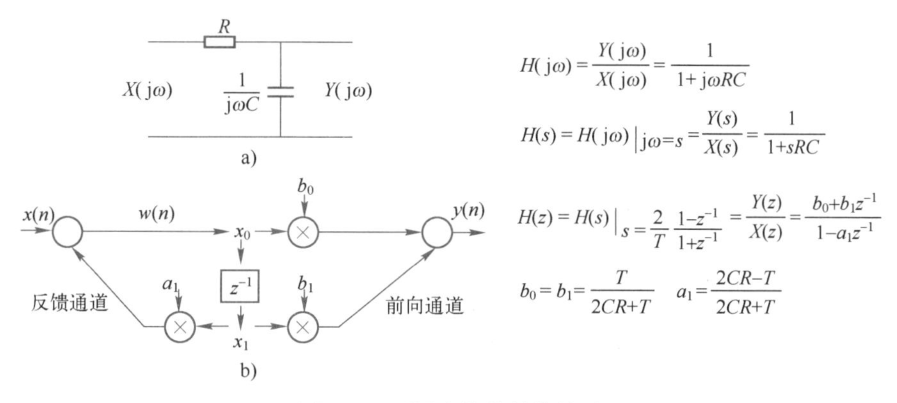

图4-4　不同变换的转换关系

a）复数域电路　b）z域电路

3. z变换

1947年，W. 霍尔维兹引入了一个用于对离散序列进行处理的变换。在此基础上，崔普金于1949年、拉格兹尼和扎德于1952年，分别提出和定义了z变换方法，该方法大大简化了对离散序列进行处理的运算步骤，并在此基础上发展起脉冲控制系统理论。由于z变换只能反映脉冲系统在采样点的运动规律，崔普金、巴克尔和朱利又分别于1950年、1951年和1956年提出了广义z变换和修正z变换的方法。

z变换是对离散序列进行的一种数学变换，它把线性移（时）不变离散系统的时域数学模型，即差分方程，转换为z域的代数方程，使离散系统的分析得以简化，还可以利用系统函数来分析系统的时域特性、频率响应及稳定性等。因此z变换在离散系统中的地位如同拉普拉斯变换在连续系统中的地位。z变换已成为分析线性时不变离散系统问题的重要工具，并且在数字信号处理、计算机控制系统等领域有着广泛的应用。

先来了解一下z变换是如何定义的：若序列为$x(n)$，$x(n)$的z变换和逆z变换分别为

$$X(z)=Z[x(n)]=\sum_{n=-\infty}^{\infty}x(n)z^{-n} \tag{4-15}$$

$$x(n)=Z^{-1}[X(z)]=\frac{1}{2\pi j}\oint_c X(z)z^{n-1}\mathrm{d}z \tag{4-16}$$

z变换中最具典型意义的是卷积特性。对于数字通信而言，信号都是用离散数字表示的，数字系统的任务是将输入信号序列经过某个系统的处理后输出所需要的信号序列。因此，首要的问题是如何由输入信号和所使用系统的特性求得输出信号。通过理论分析可知，若直接在时域中求解离散信号，则由于输出信号序列等于输入信号序列与所用系统单位抽样响应序列的卷积和，所以为求输出信号，必须进行以下烦琐的求卷积和的运算。

$$y(n)=h(n)\cdot x(n)=\sum_{k=-\infty}^{\infty}h(k)x(n-k) \tag{4-17}$$

而利用 z 变换的卷积特性则可将这一过程大大简化。只要先分别求出输入信号序列及系统单位抽样响应序列的 z 变换，然后求出二者乘积的逆变换即可得到输出信号序列。

$$Y(z)=H(z)\cdot X(z) \tag{4-18}$$

图 4-3c 所示为用 z 变换描述的系统传输函数和输入输出之间的关系。此时在时域中输出的 $y(n)$ 与输入信号 $x(n)$、传输函数 $h(n)$ 之间为式（4-17）所示的卷积关系。而在频域，输出信号 $Y(z)$ 为输入信号 $X(z)$ 与系统的传输函数 $H(z)$ 之积，见式（4-18）。

如果设 $z=\mathrm{e}^{\mathrm{j}\omega}$，按式（4-15）$z$ 变换的定义，$X(z)$ 可写成

$$X(\mathrm{e}^{\mathrm{j}\omega})=X(z)\big|_{z=\mathrm{e}^{-\mathrm{j}\omega}}=\sum_{n=-\infty}^{\infty}x(n)\mathrm{e}^{-\mathrm{j}\omega n} \tag{4-19}$$

所以序列在单位圆上的 z 变换即为序列的频谱，频谱与 z 变换是一种符号代换，单位圆上的 z 变换即为序列的傅里叶变换。

傅里叶变换、拉普拉斯变换和 z 变换都是进行信号和通信系统时域与频域分析、系统设计的重要工具。借助于傅里叶变换可以了解一个幅值随时间变化的信号在频域中占据多大的频率范围，从而确定通信系统设计时应当考虑提供多大的频率范围或带宽。更进一步，可以将模拟电路设计的通信系统传输函数 $H(\mathrm{j}\omega)$ 中的角频率 $\mathrm{j}\omega=\mathrm{j}2\pi f$ 用拉普拉斯变换的复频率代替，即有 $s=\mathrm{j}\omega=\mathrm{j}2\pi f$，就可得到由拉普拉斯变换表达的通信系统传输函数 $H(s)$，从而用拉普拉斯变换去分析电路的稳定性和相关特征。在此基础上，用双积分变换式将拉普拉斯表达式 $H(s)$ 替换为 z 变换 $H(z)$，就可以用 z 变换来设计数字通信系统了，如图 4-4b 所示。

$$s=\frac{2}{T}\cdot\frac{1-z^{-1}}{1+z^{-1}} \tag{4-20}$$

传统以电阻、电容、电感、放大器等模拟线性元件设计的通信系统称为模拟通信系统，其特点是系统的性能要改变时，必须改变这些元件，因此系统只能重新设计，原有系统被报废淘汰，从而造成极大的系统升级浪费。然而，当采用由 z 变换表达的数字通信系统后，任何一个线性时不变系统，总可以由 $H(\mathrm{j}\omega)$ 转换为 $H(z)$ 表达的系统，即

$$H(\mathrm{j}\omega)=H(s)\big|_{s=\mathrm{j}\omega}=H(z)\big|_{s=\frac{2}{T}\cdot\frac{1-z^{-1}}{1+z^{-1}}}=\frac{\sum_{i=0}^{N}b_iz^{-1}}{1-\sum_{j=0}^{N}a_jz^{-1}} \tag{4-21}$$

此时改变系统的性能，只需要修改参数 b_i、a_i 即可，硬件电路不需要做任何改变，这就是数字系统的突出优点。用差分方程所表达的时域数字通信系统为

$$y(n)=\sum_{i=0}^{M}b_ix(n-i)+\sum_{j=0}^{N}a_jy(n-j) \tag{4-22}$$

在设计数字通信系统时，先利用模拟/数字（A/D）芯片将模拟信号转换为数字信号，然后用图4-5所示的数字信号处理器芯片（DSP芯片）或现场可编程芯片（FGAP芯片）进行通信系统的设计。系统所有的功能都是通过编写程序来实现的，然后将程序下载到芯片中就能获得预定的功能。如果要给系统升级或增加新功能，只需编写并下载新的程序即可。这就是现在的数字手机或数字电视很少被更换的根本原因。手机或数字电视不断下载新程序，因而不断获得新功能，但手机或数字电视的硬件不变。

图4-5 DSP芯片和FPGA芯片
a）DSP芯片 b）FPGA芯片

4.2 载波频分让万人共线通信

当一个人想从成都给北京的朋友打电话时，电信公司为了提供相应的服务，就必须建设一条从成都到北京的传输信道，这个信道可以是有线或无线的信道方式。要建设这种远距离的通信设施，其建设成本和后续的维护成本都是十分巨大的。如果将这个成本通过收取一个用户的长途电话来承担，没有人能够负担。但是如果能让成千上万的用户同时在这条传输信道上通信而互不干扰，线路成本就可以分摊到所有用户身上，每个人就能够负担得起。于是，信道复用问题就被提了出来。目前实现通信传输信道复用的技术主要有频分复用、时分复用、空分利用和码分复用。

4.2.1 载波打开的信道天窗

利用对人类所能听到的声波信号进行的频谱分析，科学家们发现人耳能识别的声波范围为20 Hz～20 kHz，但语音的主要信息集中在0.3～3.4 kHz内。故国际电报电话委员会（CCITT）将0.3～3.4 kHz的语音频段定义为语音基带信号。为防止相邻信道的干扰，以0.0～0.3 kHz和3.4～4 kHz为隔离带，而将为0～4 kHz作为一个电话通路的频带宽度来计算，这个频带的信号也称为语音基带信号。

另外，科学家们也对传输导线、铜轴电缆、光纤、大气空间这些传输介质进行了大量的研究。测试发现，这些传输介质可以在很宽的频率范围内保持相对均匀而稳定的低传输损耗。如果让这些宽带传输介质只为一个人提供通信服务，实在是太浪费了。于是科学家们提出这样的设想，如果能将不同用户的基带信号搬移到长途传输信道的不同频段，让它们互相不重叠地共享传输信道，不就可以让传输介质为成千上万的人同时通信提供服务了吗？于是，基于载波的信道频率分割复用技术（简称频分复用）就此诞生，这就如同打开了一个广阔的信道天窗，使众多的用户可以在一条传输信道上同时通信。

载波通信利用基带信号去调制载波信号，从而将基带信号搬移到不同载波频率附近，只要各载波频率之间保持适当间隔，就可使不同的用户基带信号搬移到不同的频段上后互不重叠，从而实现对宽频带信道的共享。

根据对信号的理论分析，任一信号总可以在时域和频域对其进行表示，联系时域信号和频域信号的纽带是傅里叶变换、拉普拉斯变换和 z 变换。

对于一个模拟信号，根据傅里叶变换，总可将其表示为许多正弦信号之和的形式。而正弦信号是由振幅、频率和相位三要素决定的，通过对三个要素的适当处理，可得到新的正弦信号三要素受控制的信号，这个处理过程称为对信号的调制过程。

振幅、频率和相位三要素受控制的正弦信号称为载波信号或被调信号，控制载波信号振幅、频率和相位三要素的模拟信源信号称为调制信号。

调制的方法主要是通过改变载波信号正弦波的幅值、相位和频率来承载被传送的信息。其基本思想是把调制信号的特征寄生在载波信号的幅值、频率和相位参数中。

调制本身是一个电信号变换的过程，由调制信号去改变被调信号振幅、频率、相位等特征值，使得被调信号的这些特征值发生有规律的变化，这个规律是由调制信号本身的规律所决定的。由此，被调信号携带了调制信号的相关信息，通过相反处理，可以把被调信号上携带的调制信号释放出来，从而实现调制信号的还原，这就是解调制的过程。

4.2.2 让模拟信号搬家的载波调制

对载波信号振幅进行调制得到的信号称为调幅信号，对载波信号频率进行调制得到的信号称为调频信号，对载波信号相位进行调制得到的信号称为调相信号。

1. 对载波信号的振幅调制

如何才能实现基带信号的频谱搬移呢？在我们读中学时所学过的三角函数理论中，有一个叫作积化和差的公式可以为此解惑。

设有角频率 $\omega=2\pi f$ 的输入信号 $x(t)=A\sin(\omega t)$，如果乘以载波频率 $\omega_c=2\pi f_c$ 的正弦信号 $c(t)=\sin(\omega_c t)$，则有

$$f(t)=x(t)\cdot c(t)=A\sin(\omega t)\cdot\sin(\omega_c t)\rightarrow B\sin(\omega_c\pm\omega)t \tag{4-23}$$

从时域角度观察式（4 23）⊖可以将乘积看作输入信号 $x(t)$ 对载波信号 $c(t)$ 的幅值进行影响，调制后 $c(t)$ 的幅值随 $x(t)$ 的幅值变化而变化，故称之为对载波信号的振幅调制，如图4-6所示，相当于 $c(t)$ 承载了 $x(t)$，这就是“载波”一词的由来。

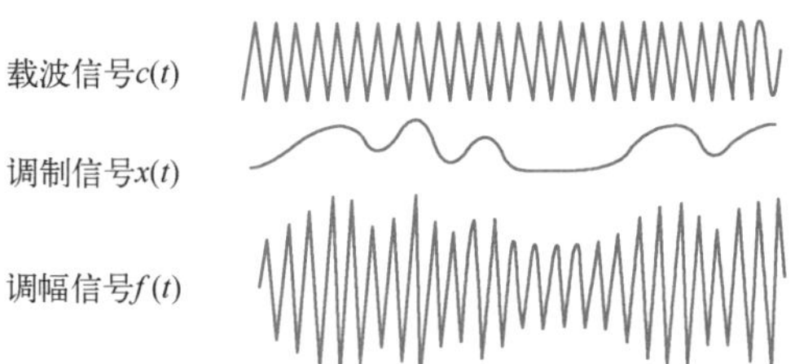

图4-6　对载波信号的幅值调制

从频域角度理解式（4-23），可以看出调制后输出信号 $f(t)$ 的频率是将输入信号 $x(t)$ 的频率 ω 搬移到了载波频率 ω_c 附近的频率，所以载波调制可以实现频率搬移的目的。

在信号的接收端，将接收信号 $f(t)$ 乘以与发送端相同的载波频率为 $\omega_c=2\pi f_c$ 的正弦信号 $c(t)=\sin(\omega_c t)$，则有

$$f'(t)=f(t)\cdot c(t)=A'\sin(\omega_c t\pm\omega t)\cdot\sin(\omega_c t)\rightarrow B'\sin(\omega\pm\omega_c\mp\omega_c)t\rightarrow B'\sin\omega t \tag{4-24}$$

从而还原出原来信号 $x(t)=A\sin(\omega t)$。幅值 A、B、B' 的大小无须关心，因为这是信号幅值问题，只需调整放大器的大小即可达到预定要求。

图4-7所示为以三路语音信号为例，通过两次载波调制获得线路上传输频谱的发送端幅值调制与接收端解调制原理图。

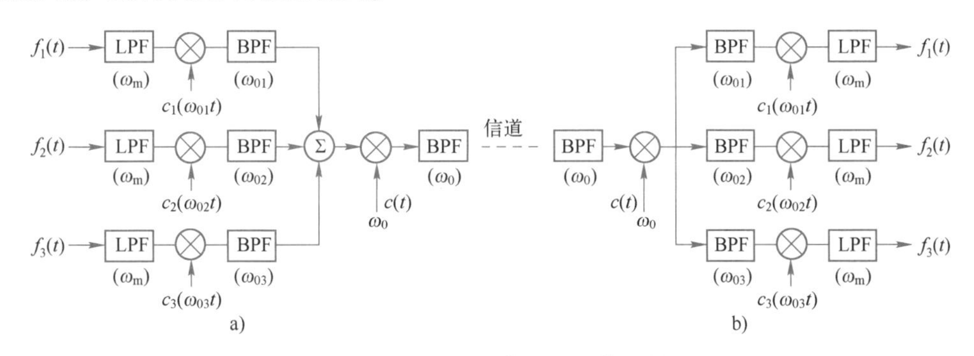

图4-7　三路载波信号的幅值调制
a）频分复用发送端原理图　b）频分复用接收端原理图

其中，LPF是截止角频率为 ω_m 的低通滤波器，用于限制语音信号输入的最高频率在3.4kHz以内。然后被限制了频带的输出信号经 $c_i(t)=\sin(\omega_{0i}t)$（$i=1$、2、3）的载波进行调制，通过乘法调制器后由带通滤波器BPF获取上边带，再由相加器将三路各占一个频段的调制信号相加，其输出频谱如图4-8中的第一次调制频谱所示。接着由线路载波信号 $c_0(t)=\sin(\omega_0 t)$ 进行第二次调制，将信号搬移到适合线路传输特性要求的频段，再用带通

⊖　这里不去严格区分正弦和余弦的差别，因为对于连续信号，相差90°的相位没有多大意义。

滤波器 BPF 取出第二次调制的上边带送入传输信道。接收端首先通过带通滤波器 BPF 取得信道中有用的传输信号，阻止频带外噪声的影响，经线路解调器解调制后，由分路带通滤波器分别取出相应的各路信号，再经各路解调器解调制得三路信号 $f_1(t)$、$f_2(t)$、$f_3(t)$ 并输出。由图 4-8 可见，除了三路信号各自占据的频带外，每个话路间还预留有防止邻路相互干扰的邻路间隔防护频带。

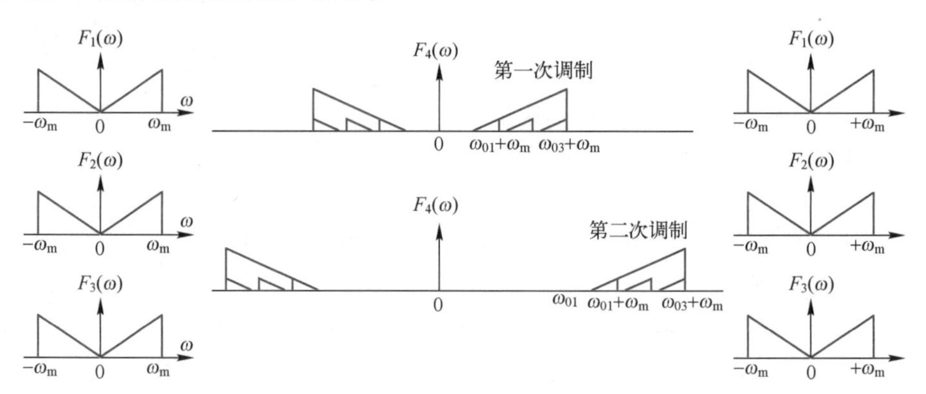

图 4-8　三路载波信号调制与解调制的频谱变化

这是一个复合调制系统，第二次调制只是将第一次调制后的合成频谱再进行一次频谱搬移，其频带宽度没有改变，但在传输信道中的频谱位置变了。接收端解调制与发送端调制所用的载波频率必须严格在频率和相位上相同，这样才能正确恢复各路调制信号，否则会产生接收信号频率偏移，引起信号失真。

信号经过调制后在输出端会有多个分量，如上下边带信号、基带调制信号、载波信号。根据对这些输出信号的取舍不同，在输出端通常要接一个适当的滤波器来选择输出信号。根据滤波器的不同可得到不同的输出信号。例如，如果让上、下边带信号都通过滤波器，则称这种调制为双边带（DDS）调制，所得到的载波输出信号称为双边带调制信号；如果只让单一边带信号通过，不论是上边带还是下边带，统称为单边带（SSB）调制，输出信号称为单边带调制信号；如果让上、下边带信号和载波信号都通过，则称为幅值（AM）调制，所得信号为调幅信号；如果让上、下边带部分信号和载波信号都通过，则称为残留边带（VSB）调制，输出信号称为残留边带调制信号，如图 4-9 所

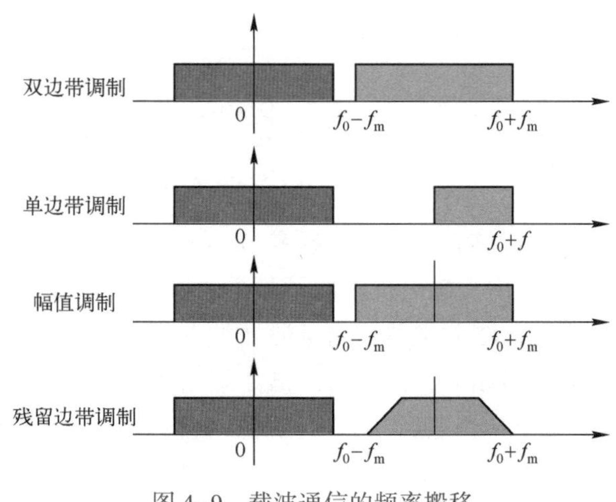

图 4-9　载波通信的频率搬移

示。其中，单边带调制方式常用于长途电话通信，是最节省信道资源的一种方式，例如，有线 1800 路载波通信和微波 960 路载波电话通信系统都采用了这种调制方式。

在传统的频分复用技术中，典型的应用是有线长途载波通信和无线微波长途载波通信。在这种频率复用方式中，大容量和中容量的载波电话采用多级调制和解调制方式，这样可减小滤波器过渡带和电路实现的难度。图 4-10 所示为经多级调制的国产 1800 路载波系统频谱图。

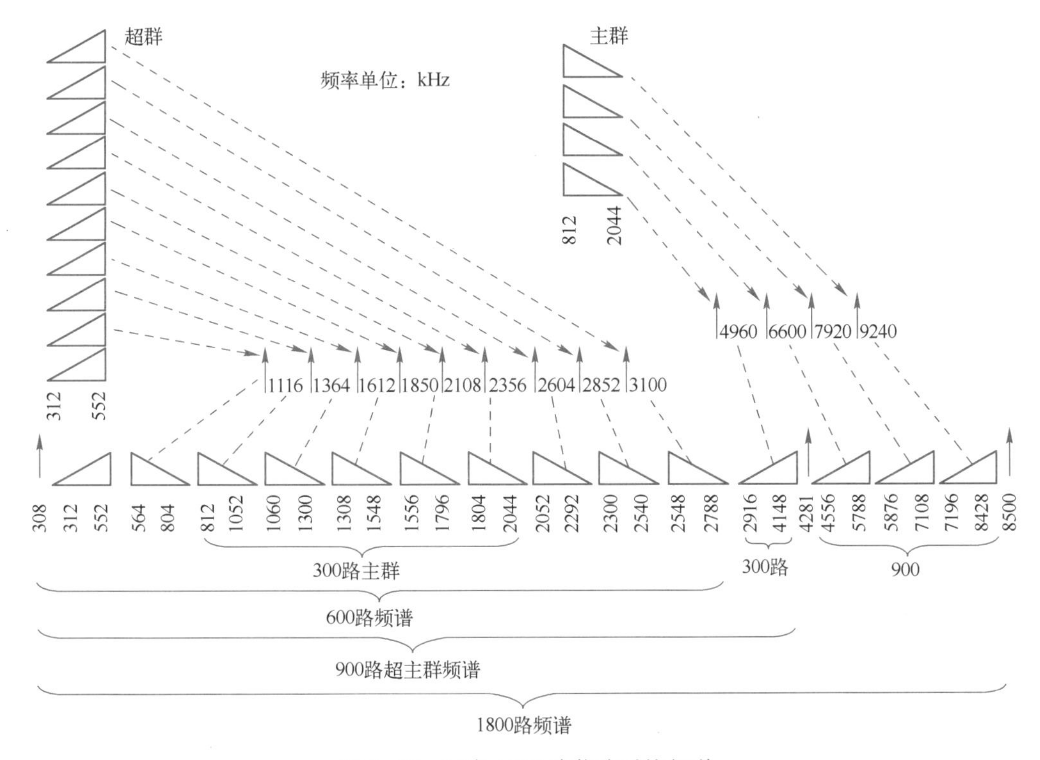

图 4-10　国产 1800 路载波系统频谱

载波通信系统采用多级调制方式将多个电话基带调制后，分别组成前群、基群、超群、主群、超主群等。在载波通信中，一个话路或一个信道被称为 1 路或单路。3 路称为前群（我国规定为 12~24 kHz）；国际规定 12 路电话为一个基群（60~108 kHz）；60 路电话称为一个超群（312~552 kHz）；300 路称为一个主群（812~2044 kHz）；900 路称超主群等。高次群由若干低次群调制组合而成。

有线载波电话通信系统主要由终端设备、增音设备和传输线路组成。

（1）终端设备　又称终端站，由发送部分、接收部分和相应的载频供给电路组成。发送部分将各路音频信号经一次或多次调制后汇接在一起，组成线路传输频带信号。接收部分将对方传输来的线路频带信号经一次或多次解调制，分别还原为各路音频信号。载频供给电路供给各级调制所用的载波频率和导频。导频是用于监视群路信号传输过程中电平大小而加入的频率，如图 4-10 中的 308 kHz、4281 kHz、8500 kHz 导频。

（2）增音设备　又称增音站，主要由线路放大器、均衡器和自动电平调节设备组成。线路放大器用于补偿信号在线路传输中的损耗；均衡器主要用于校正在传输过程中线路和设备所引起的某些部分频率电平的偏差，以使整个传输频带上所有频率的幅值一致；自动电平调节设备的作用是借助线路导频调节随时间变化的电平偏差。埋在地下或装在地下人井内的增音设备不需要维护人员经常看管，称为无人值守增音机（简称无人增音机）。有人增音站的增音设备一般都装有为无人增音机供电的远距离供电系统（或称遥供系统）、故障定位系统（或称遥测系统）和电缆漏气报警系统（或称遥信系统）。根据需要，增音设备可以设有自动转换的备用系统，以提高系统的可靠性。图 4-11 所示为收、发终端站与中间有人增音站和中间无人增音站的分布关系图。

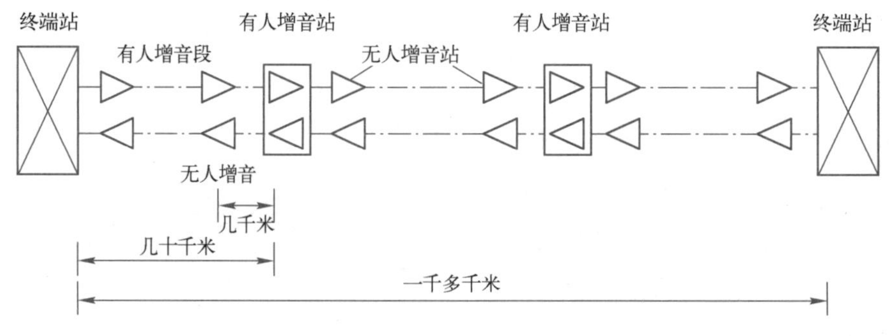

图 4-11　收、发终端站与中间有人增音站和中间无人增音站的分布关系

（3）传输线路　包括架空明线、地下电缆、海底电缆以及电力线等。

载波电话通信系统按传输介质的不同主要有四类。

（1）明线载波电话　发话和受话采用不同的信号传输频段，在架空明线的同一对导线上传输，有单路、3 路、12 路和高 12 路等。因受串音和无线电波干扰以及气候等影响，进一步扩大容量受到限制。

（2）对称电缆载波电话　发话和受话采用相同频段，分别在两对双绞电线中传输。话路容量有 12 路、24 路、60 路和 120 路。受衰减和串音影响，进一步扩大容量受到限制。

（3）同轴电缆载波电话　发话和受话一般采用相同频段，分别在同一电缆中的两根同轴管中传输。小同轴电缆载波电话的话路容量有 300 路、960 路、2700 路、3600 路。中同轴电缆载波电话的话路容量系列国际上常用的有两种：一种是 960 路、2700 路和 10800 路；另一种是 1860 或 1920 路、3600 路、10800 或 13200 路。中国采用的是 1800 路和 4380 路。此外还有单管中同轴电缆载波电话，话路容量有 120 路、300 路等。

（4）海底电缆载波电话　采用单电缆单同轴管传输，发话与受话采用不同频段，话路容量可达数百路至数千路。

对于长途无线载波系统，通常使用微波中继接力或卫星中继接力来实现通信距离的延长。但由于受空中无线电信号带宽限制的约束，无线长途通信的信道带宽和通信容量都远小于有线长途通信，因此无线微波通信主要用于不便敷设有线线路的场景。

2. 对载波信号的正交调制

目前除传统意义上的采用奈奎斯特间隔进行频分复用外，还发展出了图4-12所示的正交频分复用（OFDM）。

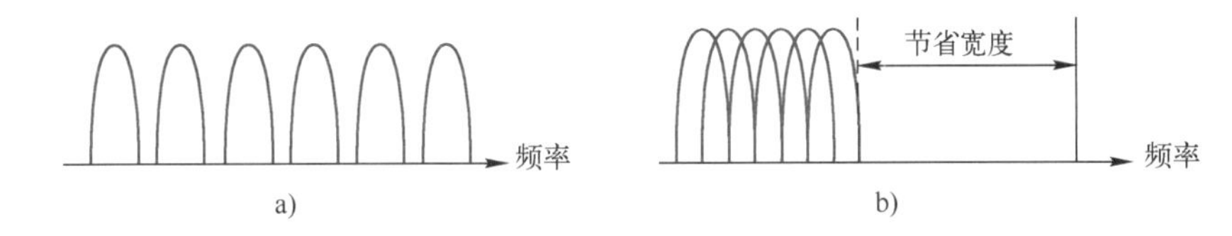

图4-12　频分复用技术

a）传统的频分复用（FDM）多载波技术　b）OFDM多载波调制技术

OFDM实际是一种多载波数字调制技术。OFDM的全部载波频率有相等的频率间隔，所有载波都是一个基本振荡频率的整数倍。OFDM包括以下类型：V-OFDM、W-OFDM、F-OFDM、MIMO-OFDM、多带-OFDM。

这里所说的正交是指，有两组序列$\sin(2\pi\Delta f_i t)$和$\cos(2\pi\Delta f_i t)$，Δf为固定选取的频率间隔，i为正整数，如果两组信号或它们中的任何一个与另一组信号的乘积在区间［0, 2π］上的积分为0，则称这两组序列相互正交。这样，用$\sin(2\pi\Delta f_i t)$去调制信号a_i，$\cos(2\pi\Delta f_i t)$去调制信号b_i，然后合起来传输得到的信号$f(t)$为

$$f(t)=\sum_{i=0}^{k}a_i\sin(2\pi\Delta f_i t)+\sum_{i=0}^{k}b_i\cos(2\pi\Delta f_i t)=\sum_{i=0}^{k}F_i e^{j2\pi\Delta f_i t} \tag{4-25}$$

这就是傅里叶级数。如果将t离散化，那么就是离散傅里叶变换，可以用快速傅里叶变换（FFT）来实现OFDM。OFDM系统比FDM系统要求的带宽要小得多。如图4-12a所示，FDM中各个子频带之间必须保留一个奈奎斯特间隔才不至于产生频率混叠。而由于OFDM使用无干扰正交载波技术，各个子载波间无需保护频带，如图4-12b所示，即使各子频带发生重叠也可正确解调制还原信号，这样使得可用频谱的使用效率更高。另外，为获得最大的数据吞吐量，多载波调制器可以智能地分配更多的数据到噪声小的子信道上。

目前OFDM技术已被广泛应用于音/视频领域以及民用通信系统中，主要的应用包括非对称的数字用户环线（ADSL）、数字视频广播（DVB）、高清晰度电视（HDTV）、无线局域网（WLAN）和第四/五代（4/5G）移动通信系统等。

载波调制的实质是用调制信号的幅值去改变载波信号的幅值，因此当在传输过程中受到噪声干扰后，干扰信号会叠加在信号幅值上，这种通带内的噪声和干扰信号难以进行消除。

3. 对载波信号的频率调制

如果用调制信号的幅值去改变载波信号的频率，使载波信号的频率随调制信号的幅值变化而变化，这种调制方式称为频率调制（FM）。频率调制得到的输出是调频信号，如图4-13所示。频率调制的原理可表达为

$$f(t)=A\sin 2\pi(f_c+x(t))t=A\sin 2\pi(f_c+\sin\omega t)t \tag{4-26}$$

调频信号占用频带较宽，但优点在于当信号在传输过程中受到噪声和干扰时，通过限幅放大可消除这些噪声和干扰，这就是调频收音机音质优于调幅收音机的原因。

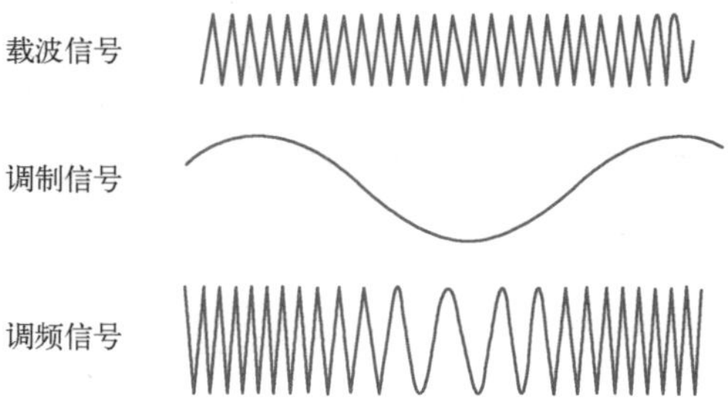

载波信号

调制信号

调频信号

图4-13　对载波信号的频率调制

4. 对载波信号的相位调制

如果用调制信号的幅值去改变载波信号的相位，使载波信号的相位随调制信号的幅值变化而变化，就叫相位调制（PM）。相位调制得到的输出称为调相信号。相位调制的工作原理可表达为

$$f(t)=A\sin(\omega_c t+x(t))=A\sin(\omega_c t+\sin\omega t) \tag{4-27}$$

载波信号的频率和相位尽管都可以被调制，但由于这两种方式存在占用频带宽的缺点，所以在大通路宽带信道中使用不多。

4.2.3　让数字信号搬家的载波调制

利用载波不仅可以进行对随时间连续变化的模拟信号的频率搬移调制，也可实现对离散数字信号的频谱搬移调制。

在数字通信系统中，调制信号不再是模拟的信号，而是只有0、1两种状态的数字信号，这种原始数字信号常称为数字基带信号。用数字基带信号去调制模拟载波信号 $\cos\omega_c t$ 可将基带信号搬移到高频载波频段上，以便于传输和信道复用。如进行数字信号的无线电发射时，需将数字信号转换为高频正弦波信号才有利于信号的发送。用数字信号去调制载波信号也可分为调幅、调频、调相。

1. 对载波信号的2ASK调制

数字幅值调制或幅值键控（ASK）调制方式是指载波信号的幅值随数字基带信号而变化，因此可以实现将基带信号搬移到载波频段。2ASK是利用代表数字信息0或1的基带矩形脉冲去键控一个连续的载波信号，使载波时断时续地输出，有载波输出时表示发

送1，无载波输出时表示发送0。设基带信号$s(t)$为

$$\begin{cases} s(t)=\sum_{n} a_n g(t-nT_s) \\ a_n=\begin{cases} 0, & \text{发送概率为 } p \\ 1, & \text{发送概率为 } 1-p \end{cases} \\ g(t)=\begin{cases} 1, & 0 \leqslant t \leqslant T_s \\ 0, & \text{其他} \end{cases} \end{cases} \tag{4-28}$$

设$\cos\omega_c t$为载波信号，则2ASK信号的时域表达式为

$$e_{2ASK}(t)=\sum_{n} a_n g(t-nT_s)\cos\omega_c t \tag{4-29}$$

二进制振幅键控信号的时间波形如图4-14所示。从中可见，2ASK信号波形随二进制基带信号$s(t)$高低变化，所以又称为通断键控（OOK）信号。式（4-29）中，ω_c为载波角频率；$s(t)$为单极性归零（NRZ）矩形脉冲序列；$g(t)$是持续时间为T_b、幅值为1的矩形脉冲，常称为门函数；a_n为二进制数字出现的概率。

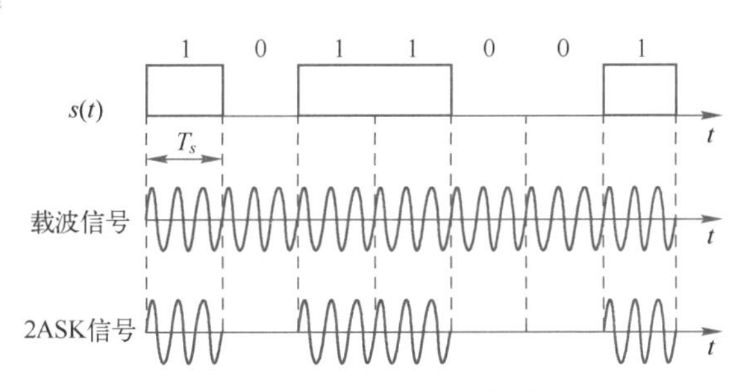

图4-14　二进制振幅键控信号

2ASK信号的产生方法有两种，如图4-15所示。图4-15a所示为一般的模拟幅值调制方法；图4-15b所示为一种键控方法，其开关电路受$s(t)$控制；图4-15c所示为2ASK信号时域波形。图4-15d所示为$s(t)$基带频谱，图4-15e所示为2ASK信号的频谱。

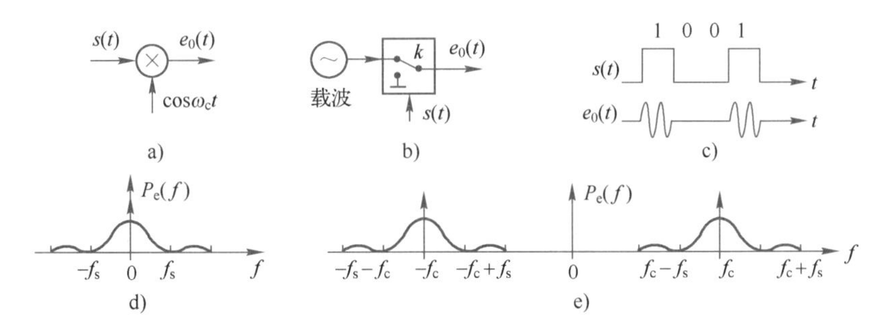

图4-15　2ASK信号的产生和频谱

2ASK信号解调制的常用方法主要有包络检波法和相干检测法。在相同信噪比情况下，2ASK信号相干解调制时的误码率总是低于包络检波时的误码率，即相干解调制2ASK系统的抗噪声性能优于非相干解调制系统。然而，包络检波解调制不需要稳定的本

地相干载波，故在电路实现上要比相干解调制简单。虽然2ASK信号中存在着载波分量，原则上可以通过窄带滤波器或锁相环来提取同步载波，但这会增加接收设备的复杂性。由于包络检波法存在门限效应，相干检测法无门限效应，所以大信噪比条件下使用包络检测法，即非相干解调制，而小信噪比条件下使用相干解调制。

2. 对载波信号的2FSK调制

频移键控（FSK）调制方式指载波信号的频率随数字基带信号而变化，从而实现将基带搬移到载波频段上。二进制频移键控记作2FSK。2FSK信号是用载波频率的变化来表征调制信号所携带的信息，载波信号的频率随调制信号二进制序列的0、1状态而变化，即载频为f_0时表示传0，载频为f_1时表示传1。2FSK信号的一般时域数学表达式为

$$\begin{cases} e_{2FSK}(t) = \left[\sum_n a_n g(t - nT_s) \right]\cos\omega_0 t + \left[\sum_n \overline{a_n} g(t - nT_s) \right]\cos\omega_1 t \\ a_n = \begin{cases} 0, & \text{概率为 } P \\ 1, & \text{概率为 } 1 - P_1 \end{cases} \quad \overline{a_n} = \begin{cases} 1, & \text{概率为 } P \\ 0, & \text{概率为 } 1 - P_1 \end{cases} \end{cases} \tag{4-30}$$

式中，角频率$\omega_0 = 2\pi f_0$，$\omega_1 = 2\pi f_1$。2FSK信号的时域波形如图4-16所示。

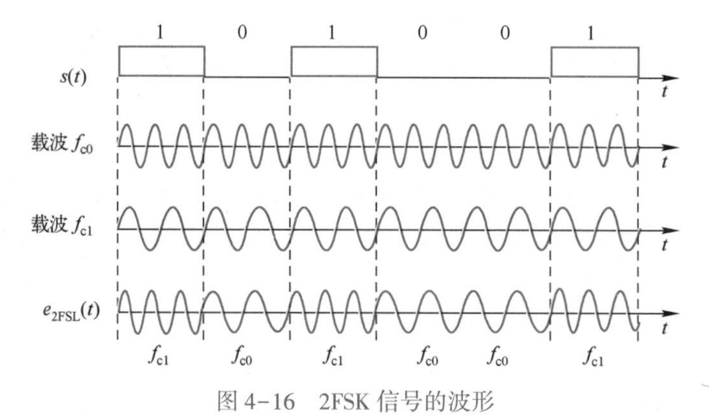

图4-16　2FSK信号的波形

2FSK信号可用模拟调频法或键控法产生。模拟调频法是利用一个矩形脉冲序列对两个载波进行调频，是频移键控通信方式早期采用的方法。键控法是利用受矩形脉冲序列控制的选择电路对两个不同的独立频率源进行选通。2FSK的解调方法有包络检波法、相干解调法、鉴频法、过零检测法及差分检波法等。

频移键控的特点是方法简单、易于实现，并且解调制不需要恢复本地载波，可以异步传输，抗噪声和抗衰落性能较强，因此2FSK调制技术在通信中得到了广泛应用，主要用于低、中速数据传输。

3. 对载波信号的2PSK调制

相移键控（PSK）调制方式指载波信号的相位随数字基带信号而变化，从而实现将基

带搬移到载波频段上。二进制相移键控记作 2PSK。2PSK 信号是用载波信号相位的变化来表征调制信号所携带的信息，被调载波的相位随二进制序列的 0、1 状态而变化。当数字信号的振幅为 1 时，载波起始相位取 0；当数字信号的振幅为 0 时，载波起始相位取 180°。2PSK 信号的一般时域数学表达式为

$$\begin{cases} e_{2PSK}(t)=\left[\sum\limits_{n} a_n g(t-nT_s)\right]\cos(\omega_c t+0)+\left[\sum\limits_{n} \overline{a_n} g(t-nT_s)\right]\cos(\omega_c t+\pi) \\ a_n=\begin{cases}0, & 概率为 P \\ 1, & 概率为 1-P\end{cases} \\ \overline{a_n}=\begin{cases}1, & 概率为 P \\ 0, & 概率为 1-P\end{cases} \end{cases} \tag{4-31}$$

2PSK 信号的波形如图 4-17 所示。相移键控的特点是抗干扰能力强，但在解调时需要有一个正确的参考相位，即需要相干解调。由于当恢复的相干载波产生 180°倒相时，解调出的数字基带信号将与发送的数字基带信号正好相反，解调器输出的数字基带信号全部出错，这种现象通常称为“倒 π”现象。2PSK 不常用，而是采用 2DPSK 调制。

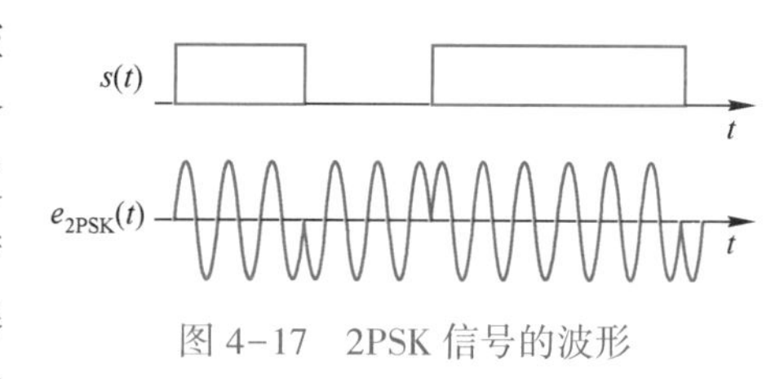

图 4-17　2PSK 信号的波形

4. 对载波信号的 DPSK 调制

差分相移键控（DPSK）调制方式指利用调制信号前后码元之间载波相对相位的变化来传递信息，从而实现将基带信号搬移到载波频段上。DPSK 调制规定传送 1 时后一码元相对于前一码元的载波相位变化 180°，而传送 0 时前后码元之间的载波相位不发生变化。因此，解调时只看载波相位的相对变化。而不看它的绝对相位。只要相位发生 180°跃变，就表示传输 1；若相位无变化，则传输的是 0。例如：

	数字信息		1	1	0	1	0	0	1	1	1	0
	2DPSK 信号相位	π	0	0	π	π	π	0	π	0	0
或		π	0	π	π	0	0	0	π	0	π	π

差分相移键控抗干扰能力强，且不要求传送参考相位，因此实现较简单，如图 4-18 所示。

除了上面提到的调制外，新型调制技术还包括线性调制技术（如 QPSK、DQPSK、OK-QPSK 等）和恒定包络调制技术（如 MSK、GMSK、GFSK、TFM 等）。

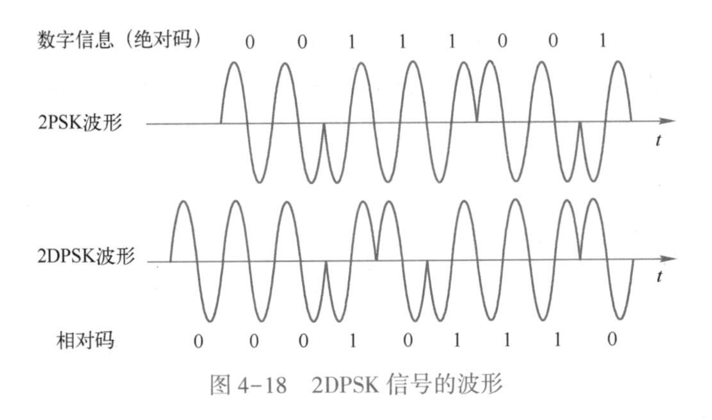

图 4-18　2DPSK 信号的波形

4.3　轮流分时断续传输也能通信

4.3.1　时隙打开的另一个信道天窗

根据奈奎斯特定理，一个连续时间信号，如果其最高频率为f_m，则用频率为f_c的信号对其进行采样，只要满足$f_c \leqslant 2f_m$，就能将原信号的频谱搬移到以f_c为中心的上下频带，并且不会与原基带信号的频谱相重叠，如图 4-2 所示。

另外，从时域来看，如果有一个时间连续信号$f(t)$，其最高频率为f_m，则用时间间隔为$T_s \leqslant 1/2f_m$的脉冲序列信号$\delta_T(t)$与$f(t)$相乘，获得断续信号$f_s(nT_s)$，则$f(t)$可被样值信号$f_s(nT_s)$唯一地表示。这种对信号按离散时间取值的过程称为对信号的采样，可表达为

$$\begin{cases}\delta_T(t)=\sum\limits_{n=0}^{\infty}\delta(t-nT_s)\\ f_s(nT_s)=f(t)\cdot\delta_T(t)\end{cases}\tag{4-32}$$

$f_s(nT_s)$ 的信号频谱为

$$F_s(\omega)=\frac{1}{T_s}\sum_{n=0}^{\infty}F(\omega-n\omega_s)\tag{4-33}$$

图 4-19 所示为连续信号$f(t)$被脉冲序列信号$\delta_T(t)$调制采样获得$f_s(nT_s)$的过程，$n=0,1,2,3,\cdots$。这时$f_s(nT_s)$是被采样后的样值，如果每个样值之间的时间间隔$T_s \leqslant 1/2f_m$，在频域上就不会与基带信号频谱相重叠，接收端就可恢复出发送端的信号$f(t)$。

可以看到，$f_s(t)$只在采样点nT_s时刻有值，其他时间的值都为零，因此可以利用这段传输 0 值的时间传送其他信号，如$f_{si}(nT_s), i=1,2,3,\cdots$。这就相当于打开了一个时间复用的天窗，让成千上万的用户可以在一个时间段内轮流通信而互不干扰。这个时间段T_s称作时隙，并有$T_s \leqslant 1/2f_m$。

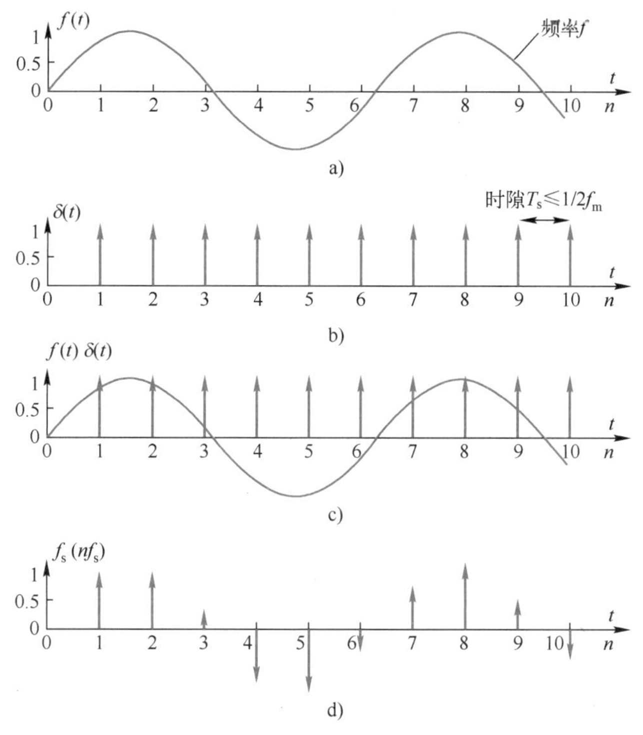

图 4-19　连续信号被冲激序列采样波形

a）连续信号　b）冲激序列　c）相乘序列　d）输出脉冲序列

如果以 0~4 kHz 作为一个电话通路的频带宽度来计算，则 $f_m = 4\ \text{kHz}$，因而 $T_s \leqslant 1/2f_m = 1/(2\times4000\ \text{Hz}) = 125\ \mu\text{s}$，即一个电话通路的时隙为 125 μs。时分通信的机理就在于用 125 μs 的时间片段使同一条传输信道上的所有电话用户轮流各传输一个采样值。

4.3.2　模拟与数字转换的桥梁

将用户电话输出的幅值随时间变化的声音模拟信号转换成幅值只在采样时间才有，而在其他时间没有的离散时间信号进行传输时，采样信号 $f_s(nT_s)$ 的幅值仍然是连续的，即幅值可以是任意数值，如果在传输时有干扰信号叠加在信号幅值上，接收端就很难去除这种干扰。

为此，常将各种连续取值的幅值采样值也离散化成有限取值的刻度，然后将这些刻度值用二进制 0、1 码表示并进行传输。传输时，只要干扰信号不大于对 0、1 码的判决电平，即不大于 0、1 码信号幅值的判决电平，在接收端就可以正确恢复原来的二进制码，从而排除干扰的影响，这就是数字通信独特的抗干扰能力。

如果传输信道上传输的信号都是以 0、1 码形式表示的，则称这种通信方式为数字通信。由于数字通信系统有较强的抗干扰能力，所以已被广泛采用。

将发送端的模拟信号转换成数字信号进行传输需要一个桥梁，这就是模数转换（A/D转换）；在接收端将接收的数字信号转换成模拟信号也需要一个桥梁，这就是数模转换（D/A转换）。模数转换和数模转换是实现模拟通信转化为数字通信的桥梁。实现模数转换需要经过对模拟信号的采样、量化与编码三个环节。

1. 采样

采样即利用采样脉冲序列 $\delta_T(t)$，从连续时间信号 $f(t)$ 中抽取一系列离散样值，使之成为采样信号 $f_s(nT_s)$ 的过程。T_s 称为采样间隔，或采样周期，nT_s 是样值的出现时间，$f_s=1/T_s$ 称为采样频率。

由于后续的量化和编码过程需要一定的时间 τ，对于幅值随时间变化的模拟输入信号，要求瞬时采样值在时间 τ 内保持不变，这样才能保证模数转换的正确性和转换精度，这个过程叫作采样保持。一般用电容器来保持时间 τ 内的采样值，即在这段时间内对电容充电，所以电容中的信号幅值 $f_s(nT_s)$ 实际上是一个保持时间 τ 内的平均信号幅值，这与真实值有少许偏差，这种偏差在接收端反映为噪声。

对一个基带信号进行采样获得的采样信号是一个脉冲幅值调制（PAM）信号，接收端对采样信号 $f_s(nT_s)$ 进行检波和平滑滤波，即可还原出原来的模拟信号。PAM 信号虽然是时间轴上离散的信号，但仍然是模拟信号，其幅值样值在一定的取值范围内是连续可取的，可有无限多个值，必须采用四舍五入的方法把样值分级取整，使一定取值范围内的样值由无限多个变为有限个。若将有限个量化样值的绝对值从小到大排列，并依次赋予一个十进制数字代码，在代码前以“+”“-”为前缀来区分样值的正、负，则量化后的采样信号就转化为按抽样时序排列的一串十进制数字码流，即十进制数字信号。简单高效的数据系统是二进制编码系统，因此，应将十进制数字代码变换成二进制编码。

2. 量化与编码

把采样信号 $f_s(nT_s)$ 的幅值经过四舍五入或截尾的方法变为只有有限个有效数值的幅值，这一过程称为量化。如图 4-20 所示，当 $f(1)$ 的幅值为 4.5 时，被四舍五入量化成 5；当 $f(3)$ 的幅值为 -0.2 时，被四舍五入量化成 0。对信号的量化与编码分为线性和非线性两类。

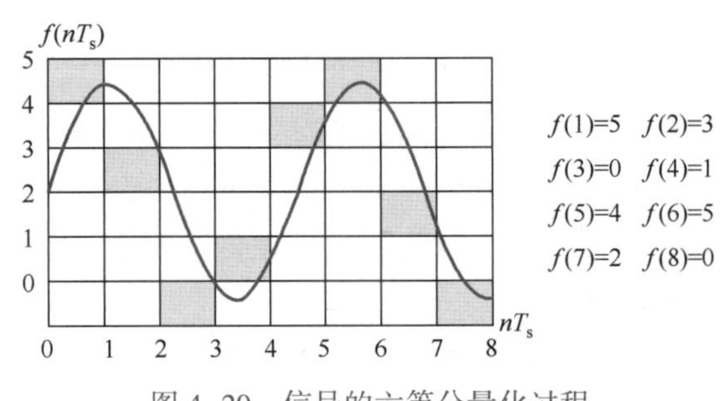

图 4-20　信号的六等分量化过程

(1) 线性量化与编码

若取信号 $f(t)$ 可能出现的最大值范围为（$-V,V$），将其均匀地分为 2^N 个幅值刻度，N 为正整数，则每个刻度范围值为 $\Delta=2V/2^N$，Δ 称为量化增量或量化步长，这种量化称为均匀量化，或线性量化，N 称为分辨率或位宽。

线性量化的优点是采样值编码简单，常用于对精度要求不高的场合。缺点是当输入信号幅值很小时，若仍采用 Δ 来衡量，小信号就会被四舍五入成 0 或 1，接收端就无法识别这些小信号并正确还原。从信号与噪声的比值来看，线性量化的编码取值。将导致高幅值信号的信噪比偏高，低幅值信号的信噪比偏低，而低幅值信号的比例往往远大于高幅值信号，从而使平均传输信号的信噪比降低。

例如，当输入信号幅值为 5 V 时，若取 $\Delta=2\times5/2^8$ V = 0.039 V，则取值的最大误差为 Δ，由此产生的噪声与输入信号的比值，即信噪比为 5 V/0.039V = 128。但若输入信号幅值为 0.5 V，由此产生的信噪比为 0.5 V/0.039 V = 12.8。这样在传输低幅值信号时，通信质量就无法得到均衡的保证。一般又把量化误差看成模拟信号作数字化处理时的可加噪声，称为舍入噪声或截尾噪声。量化增量 Δ 越大，量化误差越大。

对信号的编码是将经过量化以后的离散有限取值的幅值变为二进制数字的过程。其编码位数 N 有 8 位、10 位、12 位、14 位、16 位、20 位、24 位、32 位。常用的模数转换编码方法包括逐次逼近法、积分法、并行比较法/串并行法、Σ-Δ 调制法、电容阵列逐次比较法及电压频率转换法。

① 逐次逼近法

由一个比较器和 D/A 转换器通过逐次比较逻辑构成，从最高位（MSB）开始，顺序地将输入电压与内置 D/A 转换器输出进行比较，经 N 次比较获得输出数字值。其电路规模属于中等，优点是速度较高、功耗低。

图 4-21 所示为逐次逼近法的电路原理图。其工作过程是：在启动控制信号作用下，置数选择逻辑电路首先将逐次逼近寄存器最高位置 1 经 D/A 转换器转换成最大模拟量的一半后与输入模拟量进行比较。如果输入量大于或等于经 D/A 转换器输出的量，则比较器输出为 1，否则输出为 0。置数选择逻辑电路根据比较器输出的结果修改逐次逼近寄存器中的内容，使其经 D/A 转换器转换后的模拟量逐次逼近输入模拟量。这样经过若干次修改后，逐次逼近寄存器输出的数字量便是 A/D 转换后的二进制数。

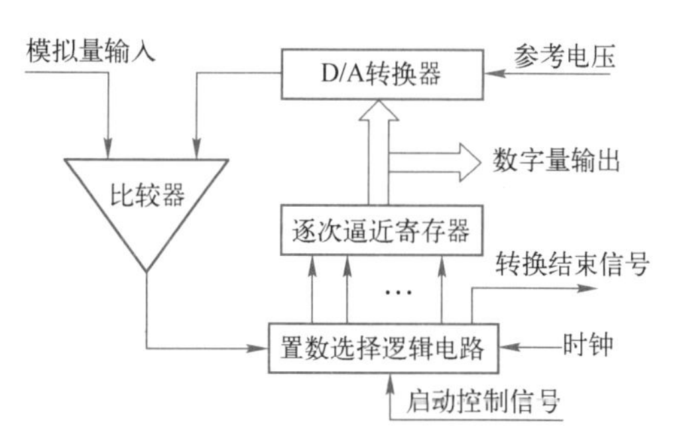

图 4-21　逐次逼近法电路原理图

② 积分型模数转换

积分型模数转换原理是将输入电压转换成时间或频率，然后由定时器/计数器获得数字值。其优点是用简单电路就能获得高分辨率，缺点是转换精度依赖于积分时间，因此转换速度低。初期的单片 A/D 转换器大多采用积分型，现在逐次逼近法已逐步成为主流。

③ 并行比较/串并行比较法模数转换

并行比较法采用多个比较器，仅作一次比较而实行转换，又称快速（FLash）型。转换速度极高，n 位的转换需要 $2n-1$ 个比较器，因此电路规模也极大，价格也高，只适用于视频 A/D 转换器等速度特别高的领域。串并行比较结构上介于并行和逐次逼近法之间，最典型的是由两个 $n/2$ 位的并行法 A/D 转换器配合 D/A 转换器组成，用两次比较来实现转换，所以称为半快速（Half Flash）型。还有分成三步或多步实现 A/D 转换的方式，叫作分级法，从转换时序角度来看，又可称为流水线法。现代的分级法中还加入了对多次转换结果作数字运算来修正特性等功能。这类 A/D 转换的速度比逐次逼近法高，电路规模比并行法小。

④ Σ-Δ 调制法模数转换

由积分器、比较器、1 位 D/A 转换器和数字滤波器等组成。Σ-Δ 调制法的原理近似于积分法，它将输入电压转换成用脉冲宽度反映的时间信号，用数字滤波器处理后得到数字值。电路的数字部分容易单片化，因此容易做到高分辨率，主要用于音频和测量。

⑤ 电容阵列逐次比较法模数转换

电容阵列逐次比较法模数转换在内置 D/A 转换器中采用电容矩阵方式，也可称为电荷再分配法。一般的电阻阵列 D/A 转换器中多数电阻的值必须一致，在单芯片上生成高精度的电阻并不容易。如果用电容阵列取代电阻阵列，则可以用低成本制成高精度单片 A/D 转换器。

⑥ 电压频率转换法

电压频率转换法采用由积分器、比较器、开关电路和加法器组成的 A/D 转换器。开关电路通过加法器控制输入电压或电流对积分器中的电容充电或放电，积分器的输出电压与比较器的参考电压进行比较。当积分器输出电压高于参考电压时，比较器输出低电压使开关电路截止，并对积分器中的电容充电。随着充电电压的增加，积分电路输出电压降低，当小于比较器的参考电压时，比较器输出高电压使开关电路接通，积分器中的电容进行放电，并重新使积分器输出高电压，使开关电路截止。如此往复，便在比较器中输出脉冲信号。脉冲信号的频率正比于输入端的电压或电流，从而完成将不同的输入电压或电流转换为不同频率的脉冲信号。

（2）非线性量化与编码

为使语音编码的数据便于计算机处理，人们常将语音编码的位长选定为 $N=8$ 位，即与计算机字节的位长相同。当采用 8 位线性编码时，可获得的信号幅值刻度只有 $2^8=256$ 个，这在信号幅值较小时就会难以分辨，同时信噪比也得不到保障。为实现对小信号的精确识别，使大信号幅值与小信号幅值的信噪比基本均衡一致，在语音通信中，常用不同大小的 Δ 去量化输入的样值信号，即对小信号使用更精细刻度的 Δ 取值，而对人耳不太敏感的大信号则用较大的 Δ 取值刻度，这种根据样值幅值选取不同量化刻度的量化方法称为不均匀量化，或称非线性量化。

对语音信号的编码常用的是欧洲的 13 折线 A 律和北美的 15 折线 μ 律非线量化方法，由这两种非线性量化方法对信号进行的编码称为脉冲编码调制或 PCM 编码方法。

在图 4-22 所示的 13 折线 A 律编码方式中，设在直角坐标系中，x 轴和 y 轴分别表示输入信号和输出编码。先将 y 轴分为均匀的 8 段，再将每一段均匀地分为 16 等分，每一等分就是一个量化级。这样，若 y 轴取值区间为（0，1），y 轴就被分为 128 个均匀量化级，每个量化级都是 $1/2^7$。若 x 轴的取值区间为（0，1），则将这个取值范围不均匀地分成 8 段，分段的规律是：首先以 1/2～1 为一段，再将余下的 0～1/2 平分，取 1/4～1/2 为一段，再将余下的 0～1/4 平分，取 1/8～1/4 为一段，以此类推一直平分下去，直到分成 8 段为止。这 8 段的长度由小到大依次为：第 1、2 段长度为 $1/2^7$，第 3 段为 $1/2^6$、第 4 段为 $1/2^5$，第 5 段为 $1/2^4$、第 6 段为$1/2^3$，第 7 段为 $1/2^2$，第 8 段为 $1/2^1$。将 y 轴上 8 段划分点的坐标与 x 轴分段的坐标组成一个点，再将这些点连接起来就形成 8 段折线。其中，正、负第一段和第二段在 x 轴的长度相等，都是 $1/2^7$。而 y 轴每段距离都相等，故它们的斜率相同，因而连接合并成一条直线段，形成了 13 个折线段。

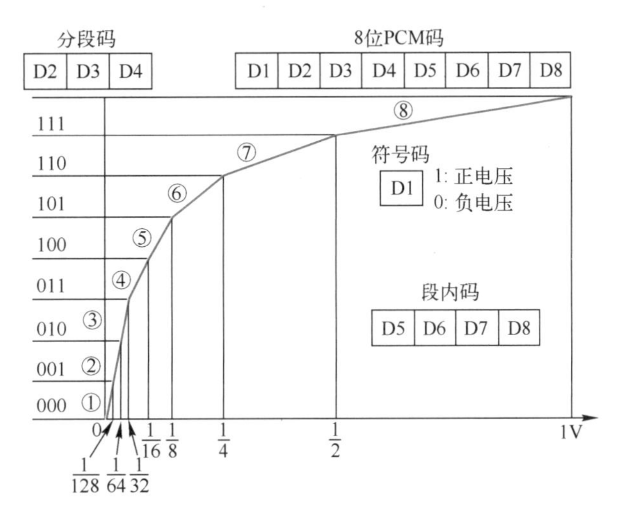

图 4-22　13 折线 A 律量化和 PCM 编码

用 D1 代表信号的+、-电平编码。用 D2、D3、D4 代表信号幅值绝对值处于 x 轴 8 段线中的第几段，称分段码。然后再在 x 轴的每个线段内划分出 2^4 个均匀区间对输入信号进行取值，用 D5、D6、D7、D8 表示，称段内码。这样对一个采样值，共用 8 位表示。其中，x 轴最小的刻度为 $1/2^7 \times 1/2^4 = 1/2^{11} = 1/2048$，即用 8 位 0、1 码表达了 11 位线性编码才能表达的量化刻度，并使不同幅值信号的信噪比基本一致，从而改善了传输性能。

例如，当输入信号幅值为 0.6 V 时，处于第 8 段，该段的量化刻度为 $\Delta = 2^{-1} \times 2^{-4} = 2^{-5}$，这个刻度也是量化的最大误差，此时的信噪比为 $0.6/2^{-5} = 19.2$。当输入信号为 0.063 时，外于第 5 段，该段的量化刻度为 $\Delta = 2^{-4} \times 2^{-4} = 2^{-8}$，这个刻度也是量化的最大误差，此时的信噪比为 $0.063/2^{-8} = 16.1$。可见，大信号与小信号的信噪比基本一致。

4.3.3　多路数字通信的时间分割

当采用数字编码通信后，每一个采样值只在一个很短的时隙中传输一次，如果将剩下的时间用于传输其他话路，就可实现在公共信道上多用户共享信道的数字多路通信。

1. 数字时分复用

可以这样来定义时分复用信道（TDM）工作方式：为了使若干独立信号能在一条公共通路上传输且互不影响，而将各用户分别配置在分立的周期性时间间隔上的复用方式。

时分复用通信采用同一物理连接的不同时段来传输不同用户的信号，从而达到多路传输的目的。时分复用以时间作为信号分割的参量，故必须使各路信号在时间轴上互不重叠。图 4-23 所示为 4 路时分复用系统的示意图。其中的时分复路器在不同的时间段轮流让 4 个话路接通，达到它们之间互不干扰的目的。一个时隙平分为 4 个小的时间片，每个话路占 1/4 个时隙，在接收端的解时分复路器按相应的时间片在一个时隙中按 1/4 个时隙的时间片让每个话路分别接通，从而达到分开 4 个话路的目的。

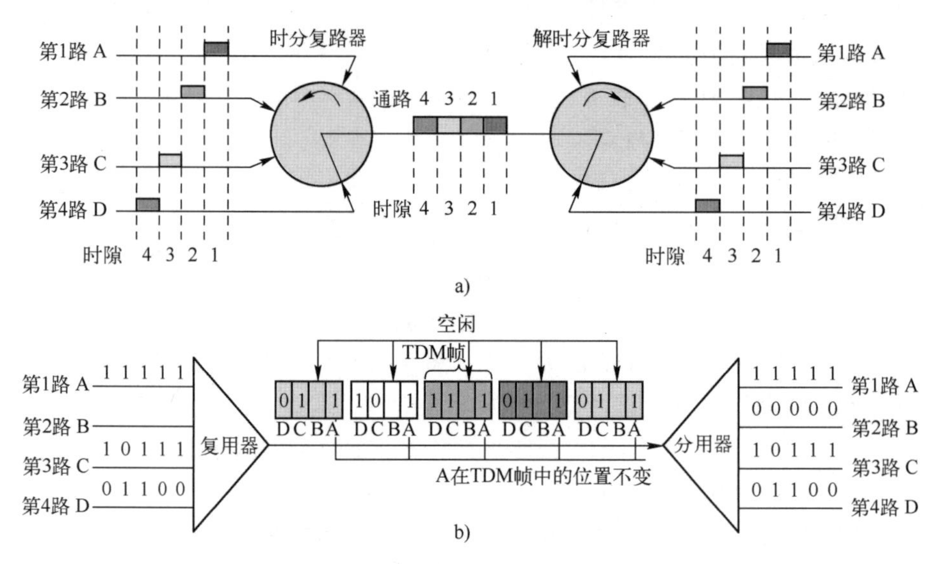

图 4-23　4 路时分复用系统示意图
a）4 路时分复用系统　b）每时隙中的编码位置

假设每路输入的信号为按奈奎斯特定理采样的语音信号，即每秒采样 8000 次，且按 PCM 对每个样值进行 8 位编码，这样每个用户每秒传输的数据为 8000 Hz×8 bit = 64 kbit/s。这样在传输介质上传输 4 路数字信号时，信道上总的数字传输速率为 256 kbit/s。

实现时分复用的系统可以分为同步时分和异步时分两种。其中，同步时分复用系统又可分为准同步系列（PDH）和同步系列（SDH）。PDH 常用于光纤接入网，SDH 常用于骨干网络的光纤通信。异步时分复用系统又称统计时分复用系统，如 X. 25 协议、帧中继、ATM、数据报方式、TCP/IP 协议。图 4-24 所示为 4 路统计时分复用系统的示意图，其中每个时隙并不固定留给某一用户使用，而是根据用户数据到达的时间排队使用，如果某一用户没有数据发送，则时隙分配给其他用户使用。统计时分复用要求每一个用户

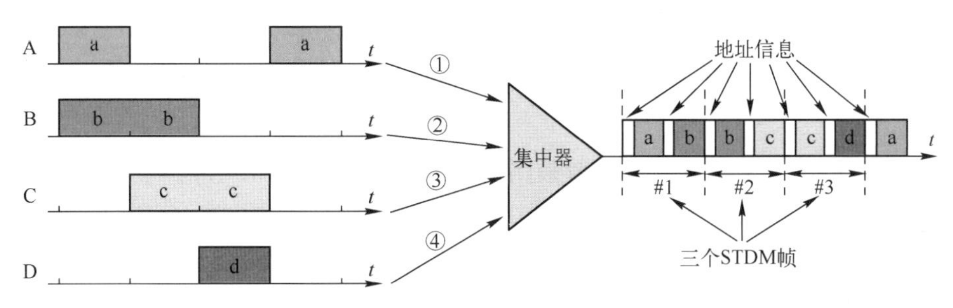

图 4-24　4 路统计时分复用系统示意图

的数据需要添加地址信息或信道标识信息，接收端根据这个信息分离出各个信道的数据，而不是根据时隙编号来分离用户数据。

目前，在远距离、大容量的长途通信中，主要是利用光纤信道来完成。利用时分复用的方式可以实现单根光纤 400 Gbit/s 以上的传输速率。为了进一步提高光通信系统的通信容量，人们把研究的重点集中在了光波分复用（WDM）和光时分复用（OTDM）两种复用方式上。

2. 光波分复用

光波分复用是指在一根光纤中能同时传输多个波长的光信号的一种技术。如图 4-25 所示，在发送端将不同波长的光信号通过光合波器组合起来，经光功率放大器后耦合到光缆线路上，在同一根光纤中进行传输。在接收端经前置放大器后，由光分波器再将组合波长的光信号分开，恢复出原单一波长的光信号后送入不同的光接收终端机。这实际上是一种光载波复用方式，不同波长的光波相当于不同频率的载波，从而形成在光域的载波频分复用。

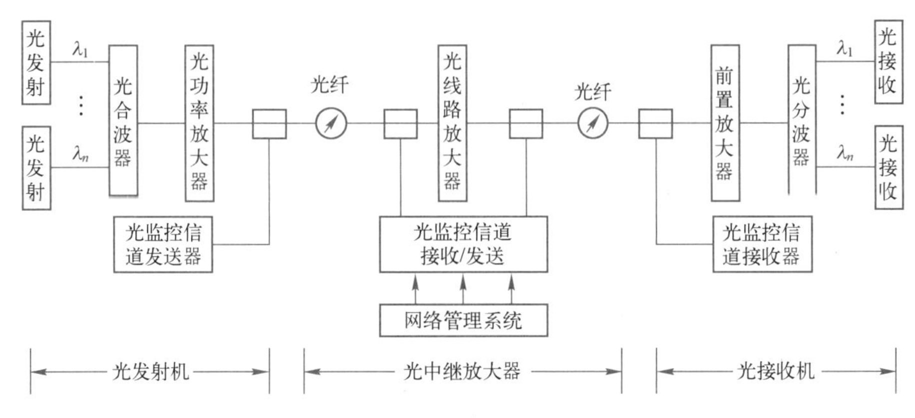

图 4-25　光波分复用系统的组成

按各信道间波长间隔的不同，光波分复用可分为密集波分复用和稀疏波分复用。密集波分复用指两个光波信道之间的光波长间隔为 1~10 nm。稀疏波分复用两个光波信道之间的光波长间隔在 10~100 nm 以上。

波分复用系统一般由光发射机、光中继放大器、光接收机、光监控信道和网络管理系统五部分组成。

在图 4-25 中，光中继放大器一般采用掺铒光纤放大器（EDFA），主要用于补偿光信号由于长距离传输所造成的信号衰减。光监控信道会监控系统内各信道的传输情况，在发送端插入本节点产生的波长的光监控信号，与主信道的光信号混合输出。在接收端，将接收到的光信号分波，获得光监控信号。帧同步字节、公务字节和网管所用的开销字节均通过光监控信道来传递。

网络管理系统是通过光监控信道的物理层传送开销字节到其他节点，或接收其他节点的开销字节对光波分复用系统进行管理，主要实现配置、故障、性能、安全管理等功能，并与上层管理系统相连。

波分复用技术利用光纤的宽带特性，提高了光纤的传输效率，是长距离光纤干线通信系统扩容的一种行之有效的办法。与掺铒光纤放大器结合使用后，波分复用技术的优越性更加明显。使用光纤放大器可将原来的电-光-电中继改为全光中继，使中继过程大大简化，而且系统的“透明”度也大为增加。当变换码率、增加信道数或变换传输体制时，只需更换首尾端机，无须变更中继放大器，因而在长途干线中具有广阔的应用前景。

3. 光时分复用

光时分复用在一根光纤上只传输一个波长的光信号，并把光信号传输的时间划分成若干个时间片，如图 4-26 所示。每个通路的基带数据光脉冲被轮流分配占用一个时间片，形成一个通路信道，4 个通路的基带信道复合成一个时隙的高速光数据流信号。在一个时隙中传输的数据称为一帧数据。

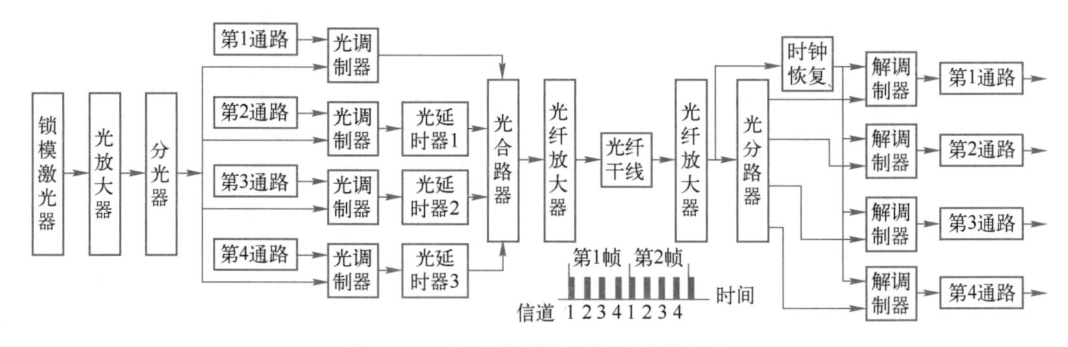

图 4-26　光时分复用通信系统的组成

图 4-26 所示的光时分复用通信系统主要由光发射部分、传输线路和接收部分等组成。光发射部分主要由锁模激光器产生激光脉冲，该脉冲串经过光放大器放大以后，由分光器分成 4 条支路，分别进入 4 个马赫-曾德尔干涉仪式调制器，被 4 个通路的电信号

调制，得到4个光数字信号流，3路光信号经过不同的光延时器进行各自的时间延迟，再进入光合路器，正好镶嵌在第一路光脉冲各帧的时隙之间，合成4倍于单路比特率的光数据流，完成了光的时分复用。复用后的信号经过光纤放大器放大，送入光纤传输。在接收端，在传输过程中衰减了的光信号再由光分路器分为4路光信号，然后在恢复了的时钟信号驱动下进行解调制，还原得到4路电信号输出。这里的时钟恢复电路主要是从光脉冲串中提取出与发端同步的时钟信号，实现收发之间的同步数据传输。

光波分复用和光时分复用各有优点，两者相结合将更大地提高光通信容量，成为未来光通信发展的一个趋势。

4. 数字通信的复用群划分

在常见的CD、DVD编码中，以人耳能够感觉到的频率20 Hz~22.05 kHz进行考虑，采样率为44.1 kHz，并按16位进行编码，如果采用双声道编码，则双声道PCM编码波形文件（WAV格式）的数据速率为44100×16×2 bit/s = 1411.2 kbit/s，因此人们听到的语音效果就比电话中听到的语音效果好。人们常用的MP3对应的WAV格式参数也是1411.2 kbit/s，这个参数也被称为数据带宽。如果将码率除以每字节的8位可得到字节数176.4 kB/s。

在电话通信中，按8kHz进行采样，8位进行编码，因此语音信号转换为数字信号的数据速率为64 kbit/s，并以此作为数字多路通信中每一话路的基带信号。在准同步数字系列系统中，由多路PCM信号组成的数字群路信号按表4-1中的方法进行群路划分。

表4-1　准同步数字系列的PCM群路划分

信号名称	复用路数	传输速率	简　称
单路信号	1路	64 kbit/s	欧洲
	1路	54 kbit/s	北美、日本
一次群信号	30路	2048 kbit/s	E1（欧洲）
	24路	1544 kbit/s	T1（北美、日本）
二次群信号	120路	8.448 Mbit/s	欧洲
	96路	6.312 Mbit/s	北美、日本
三次群信号	480路	34.368 Mbit/s	欧洲
	480路	32.064 Mbit/s	北美、日本
四次群信号	1920路	139.264 Mbit/s	欧洲
	1440路	97.728 Mbit/s	北美、日本

在将多个话路组合成一个群路信号时，一个话路所占用的时间段称为一个时隙（TS）。

E1是PCM群路组合方式的其中一个标准。E1共分32个时隙（TS0~TS31），每个时隙为 64 kbit/s，其中，TS0 被帧同步码、Si、Sa4、Sa5、Sa6、Sa7、A 比特占用，若系统运用了 CRC 校验，则 Si 比特位置改传奇偶校验码（CRC）。TS16 为信令时隙，当用到信令（共路信令或随路信令）时，该时隙用来传输信令，不可用来传输用户数据。所以 2 Mbit/s 的 PCM 码型如下。

1）PCM30：PCM30 表示用户可用时隙为 30 个，包括 TS1～TS15 和 TS17～TS31。TS16 传送信令，无 CRC 校验。

2）PCM31：PCM31 用户可用时隙为 31 个，包括 TS1～TS31。TS16 不传送信令，无 CRC 校验。

3）PCM30C：PCM30C 用户可用时隙为 30 个，包括 TS1～TS15 和 TS17～TS31。TS16 传送信令，有 CRC 校验。

4）PCM31C：PCM31C 用户可用时隙为 31 个，包括 TS1～TS31。TS16 不传送信令，有 CRC 校验。

我国的 E1 把 2 Mbit/s 的传输分成了 30 个 64 kbit/s 的时隙，一般写成 N×64。E1 最多可有时隙 1～31 共 31 个信道承载数据，时隙 0 传输同步数据。

PCM E1 标准的阻抗有非平衡式的 75 Ω、平衡的 120 Ω 两种接口。

接口是指在通信中两个相邻接的设备相连接时，在接合部必须有相同的电平、频率、数据传输速率、阻抗等电器指标，否则会影响信号的正确传输。

目前世界上有欧洲、北美、日本三种异步复接体制，三者接口互不兼容，进行国际互联互通时必须进行转换。另外，目前只有统一的电接口标准（G. 703），而没有统一的光接口标准，即使在同一种异步复接体制中，也不能保证光接口的互通。同为欧洲体制的 4 次群系统，光接口就可能有多种，如用 5B6B 码型，输出光信号码率为 167. 1168 Mbit/s；用 7B8B 码型，输出光信号码率为 159. 1589 Mbit/s；用 8B1H 线路码型，输出光信号码率又为 156. 6620 Mbit/s。光信号的码型、码率都不同时，很难互通，只有通过光电变换将光接口转换为电接口后才能保证互通。

在同步数字系列系统和同步光网络（SONET）的 PCM 群中，数字群路信号按表 4-2 中的方法进行群路划分。

表 4-2　同步数字系列、同步光网络比较

同步数字体系		同步光网络		
等级	速率/(Mbit/s)	等级		速率/(Mbit/s)
		STM-1	OC-1	51. 840
STM-1	155. 520	STM-3	OC-3	155. 520
		STM-9	OC-9	466. 560
STM-4	622. 080	STM-12	OC-12	622. 080

（续）

同步数字体系		同步光网络		
等级	速率/(Mbit/s)	等级		速率/(Mbit/s)
		STM-18	OC-18	933.120
		STM-24	OC-24	1244.160
		STM-36	OC-36	1866.240
STM-16	2488.320	STM-48	OC-48	2488.320
STM-64	9953.280	STM-192	OC-192	9953.280
STM-256	40000			

同步光网络的电信号称为同步传输信号（STS），光信号称为光载体（OC），它的基本速率是51.840 Mbit/s；同步数字系列的基本速率为155.520 Mbit/s，其速率分级名称为同步传输模块（STM）。我国采用同步数字系列标准，因此按同步数字系列分级方式。

随着数据传输内容和速率要求的增加，传统的同步数字系列体制正被新的传输体制和协议取代。如中国电信目前在骨干传输网采用的是城域光传输网（MOTN）体制，而中国移动则采用切片分组网（SPN）体制，中国联通采用的是城域融合超宽带光接入（G.MTRO）体制。

4.3.4　辉煌一时的SDH网络

在20世纪70至80年代，随着数字通信和计算机技术的发展，要求传送的信息不仅是语音，还有文字、数据、图像和视频等，加之陆续出现了T1（DS1）/E1数字传输系统（1.544/2.048 Mbit/s）、X.25帧中继、综合业务数字网（ISDN）和光纤分布式数据接口（FDDI）等多种网络技术，人们希望现代信息传输网络能快速、经济、有效地提供各种电路和业务。于是，美国的贝尔通信技术研究所提出了同步光网络概念，国际电话电报咨询委员会（CCITT）（现ITU-T）于1988年接受了同步光网络概念，并重新命名为同步数字系列（SDH），使其成为不仅适用于光纤，也适用于微波和卫星传输的通用技术体制，还可与光波分复用、ATM技术、Internet技术等结合使用。SDH解决了由于入户媒质的带宽限制而跟不上骨干网和用户业务需求的发展，产生了用户与核心网之间的接入瓶颈的问题，提高了传输网上大量带宽的利用率。自从20世纪90年代引入SDH技术以来，由于其同步复用能力、标准化的光接口、强大的网管能力、灵活的网络拓扑能力和高可靠性，已在骨干网和接入网中广泛采用，且价格越来越低。

1. SDH的帧结构

SDH采用的信息结构等级称为同步传送模块（STM-N，N=1，4，16，64）。SDH最基本的模块为STM-1，4个STM-1同步复用构成STM-4，16个STM-1或4个STM-4同步复用构成STM-16，4个STM-16同步复用构成STM-64。SDH采用块状的帧结构来承载数据，如图 4-27 所示。SDH 的每帧由纵向 9 行和横向 270×*N* 列字节组成，每个字节含 8bit，整个帧结构分成再生段开销（RSOH）、管理单元指针（AU-PTR）、复用段开销（MSOH）、STM-*N* 净负荷区（Payload）。

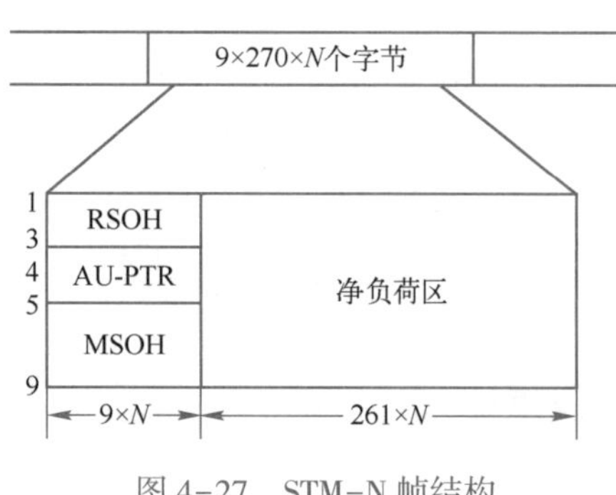

图 4-27　STM-N 帧结构

（1）净负荷区　用于存放真正用于数据业务的比特和少量用于通道维护管理的通道开销（POH）字节。POH 作为净负荷的一部分与信号业务一起装载在 STM-*N* 中传送，负责对打包的低速信号进行通道性能监视、管理和控制。

（2）管理单元指针　在 STM-*N* 帧中的位置是第 4 行的 9×*N* 列，共 9×*N* 个字节，用来指示净负荷区内信息首字节在 STM-*N* 帧内的准确位置，以便接收时能根据这个位置指示符的指针值正确分离净负荷。

（3）段开销　主要用于网络的运行、管理和维护（OAM）及指配，以保证信息能够正常、灵活地传送。段开销可对 STM-*N* 中的净负荷是否有损坏进行监控，而通道开销在有损坏时可监控具体是哪个净负荷损坏了。再生段开销和复用段开销分别对相应的段进行监控，例如，若光纤上传输的是 2.5 Gbit/s 的信号，则 RSOH 监控的是 STM-16 整体的传输性能，MSOH 监控的是 STM-16 信号中每个 STM-1 的性能情况，通道开销则是监控 STM-1 中每一个打包了的低速信号（如 2 Mbit/s）的传输状态。再生段开销在 STM-*N* 帧中的位置是第 1~3 行的第 1~9×*N* 列，共 3×9×*N* 个字节；复用段开销在 STM-*N* 帧中的位置是第 5~9 行的第 1~9×*N* 列，共 5×9×*N* 个字节。

SDH 的帧传输时按由左到右、由上到下的顺序排成串型码流依次传输，每帧传输时间为 125 μs，每秒传输 8000 帧。对于 8 bit 的 PCM 语音编码数据而言，传输速率为 64 kbit/s；对有 32 个时隙的一次群数字信号 E1 而言，传输速率为 2.048 Mbit/s；对 STM-1 而言，传输速率为 155.520 Mbit/s；STM-4 的传输速率为 622.080 Mbit/s；STM-16 的传输速率为 2.5 Gbit/s。

2. SDH 对传输信号的处理过程

SDH 传输业务信号时，各种速率的业务信号进入 SDH 的帧时都要经过映射、定位和复用三个步骤。

（1）映射　映射是将各种速率的信号先经过码速调整装入相应的标准容器（C），再加入通道开销形成虚容器（VC）的过程。

（2）定位　帧相位发生偏差称为帧偏移。定位是将帧偏移信息收进支路单元（TU）或管理单元（AU）的过程。通过支路单元指针（TU-PTR）或管理单元指针的功能来实现定位。

（3）复用　复用是一种把多个低阶通道层的信号适配进高阶通道层或把多个高阶通道层信号适配进复用层的过程。复用也就是通过字节交错间插方式把 TU 组织到高阶 VC

或把 AU 组织到 STM-N 的过程。由于经过 TU 和 AU 指针处理后的各 VC 支路信号已相位同步，因此该复用过程及同步复用原理与数据的并串变换相类似。

信号在 SDH 中的传输过程如图 4-28 所示。来自不同网络的信号，如 PDH、ATM、IP 信号，先要在传输终端（TM）经过打包，封装成 SDH 的块状帧结构数据包，然后在 STM-N 的网络中传输，经分插复用器（ADM）上载到 SDH 传输网中，再经数字交叉连接设备（DXC）、分插复用器等网络节点传输到接收方的分插复用器下载，最后到传输终端进行解复用和拆包，还原出原来的 PDH、ATM、IP 信号。在 SDH 传输网中，分插复用器用于 SDH 传输网络的转接点处，如链的中间节点或环上节点，作用是将低速支路信号交叉复用到线路上去，或从线路端口收到的线路信号中拆分出低速支路信号。数字交叉连接设备主要完成 STM-N 信号的交叉连接，可将输入的 M 路 STM-N 信号交叉连接到输出的 N 路 STM-N 信号上。其核心是交叉矩阵，功能强大的数字交叉连接设备能够实现高速信号在交叉矩阵内的低级别交叉。

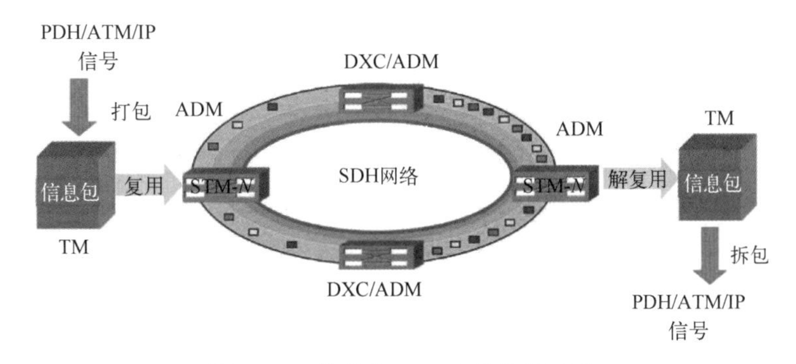

图 4-28　信号在 SDH 中的传输过程

3. SDH 传输网的分层模型

SDH 传输网可以分为电路层、通道层和传输媒质层，其分层模块如图 4-29 所示。

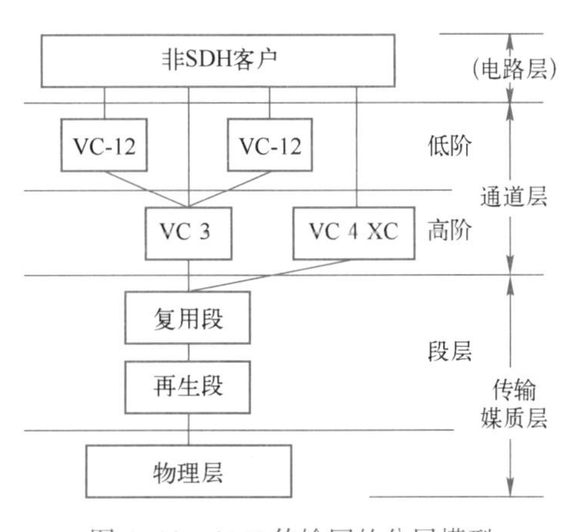

图 4-29　SDH 传输网的分层模型

（1）电路层网络　电路层网络是面向业务的，不属于 SDH 传输网，但它由 SDH 传输网支撑。电路层网络直接为用户提供通信业务，如电话交换、分组交换等，主要节点设备有交换机、分组交换机等。电路层网络与相邻的通道层网络是相互独立的。

（2）通道层网络　通道层网络可以支持一个或多个电路层网络，它为电路层网络的节点设备提供透明的通道。通道层网络可以进一步划分为高阶通道层（VC-3、VC-4）和低阶通道层

(VC-12)。其中，VC-12是电路层网络节点间通道的基本传送单位，VC-3和VC-4是骨干通道的基本传送单位。SDH传送网的一个重要特点是能够对通道层网络的连接进行管理与控制，因此网络应用方便灵活。通道层网络与相邻的传输媒质层网络是相互独立的。

SDH的复用单元中，C表示容器、VC表示虚容器、TU表示支路单元、TUG表示支路单元组、AU表示管理单元、AUG表示管理单元组，因此，VC-4为用来装载C-4容器的虚容器。VC-4也代表了不同的速率等级。参与SDH复用的各种速率的业务信号都应首先通过码率调整适配技术装进一个与信号速率级别相对应的标准容器：VC-12的一个复帧由144字节组成，信号速率2 Mbit/s可装进C-12、34 Mbit/s可装进C-3、140 Mbit/s可装进C-4。容器的主要作用就是进行速率调整。

C-4是9行260列，加上一列高价通道开销变成9行261列，这样的结构就是一个VC-4了。在VC-4基础上添加AU-PTR构成AU-4，在AU-4上添加再生段开销和复用段开销就构成了一个9行270列的STM-1帧结构。一个VC-4时隙包含三个VC-3时隙，可以容纳三个34 Mbit/s信号。三个TU-12复用成一个TUG-2，七个TUG-2复用成一个TUG-3，三个TUG-3复用成一个VC-4，即一个VC-4时隙包含63/64个VC-12时隙。

(3) 传输媒质层网络　传输媒质层网络与传输媒质（光缆或微波）有关，它可以支持一个或多个通道层网络，为通道层网络节点之间提供合适的通道容量。STM-N可以作为传输媒质层网络的标准等级容量。传输媒质层网络可进一步划分为段层网络和物理媒质层网络(简称物理层)。段层网络涉及信息传输的所有功能，而物理层网络涉及具体的传输媒质，如光缆或微波。在SDH传送网中，段层网络还可以细分为复用段层和再生段层。其中，复用段层网络为通道提供同步与复用功能，并完成复用段开销的处理与传送；再生段层网络则完成再生器之间、再生器与复用段之间的信息传送，如定帧、扰码、再生段误码检测、再生段开销的处理与传输等。物理层网络主要完成以光或电脉冲形式出现的比特传输任务。

由于SDH的众多特性，使其在广域网领域和专用网领域得到了巨大的发展。中国移动、电信、联通、广电等电信运营商都大规模建设了基于SDH的骨干光传输网络。利用大容量的SDH环路承载IP业务、ATM业务，或直接以租用电路的方式出租给企事业单位。一些大型的专用网络也采用了SDH技术，架设系统内部的SDH光环路，以承载各种业务。很多对组网迫切但又没有能力架设专用SDH环路的单位，大都采用了租用电信运营商电路的方式。

由于SDH基于物理层的特点，单位可在租用电路上承载各种业务而不受传输的限制。承载方式有很多种，可以利用基于时分复用技术的综合复用设备实现多业务的复用，也可以利用基于IP的设备实现多业务的分组交换。SDH技术可真正实现租用电路的带宽保证，安全性方面也优于VPN等方式。一般来说，SDH可提供E1、E3、STM-1或STM-4等接口，完全可以满足各种带宽要求。

近年来，随着SDH设备逐渐老化，故障率增加，维护成本增加，加上第四代移动通信的广泛应用，骨干网上传输的主要信息由原来的语音信号变为分组数据，导致SDH越来越难以满足新的需求，逐渐退出了几大电信运营商在主干网中的应用。

4. SONET 概念

SONET（同步光纤网络）是 20 世纪 80 年代由 Bellcore 提出的，现在是一个 ANSI 的光纤传输系统标准。SONET 定义接口的标准位于国际标准化组织（ISO）提出的七层模型结构的物理层，这个标准定义了接口速率的层次，并且允许数据以多种速率进行多路复用。国际电信联盟（ITU）改编 SONET 成 SDH，SONET 现在被认为是 SDH 的子集，但是术语“SONET/SDH”在北美很通用。

SONET 的基本组成块结构为 STS-1 信号，速率为 51.84 Mbit/s，适合装载 1 路 DS-3 信号。SONET 体系达到 STS-48，即 48 路 STS-1 信号，能够传输 32256 路语音信号，容量为 2488.32 Mbit/s，其中，STS 表示电信号接口，相应的光信号标准表示为 OC-1、OC-2 等。

图 4-30 描绘了一个 SONET/SDH 网络。小的接入环网连接到较大的区域或主干环网上，再依次连接到地区和全国环网上。从小环网到大环网的转接涉及向更高 OC（光载波）级别的转换。接入环网通常运行在 OC-3（155 Mbit/s）上。这些环网汇入 OC-12（622 Mbit/s）或 OC-48（2.4 Gbit/s）区域环路，转而汇入运行在 OC-96（4.9 Gbit/s）或 OC-192（10 Gbit/s）的主干环网。环网通过 ADM 和 DXC 互联。另外，存在点（PoP）设备通过分插复用器和接入环网互联。光电和电光转换在连接点处发生。在 PoP 内的数字交叉连接为语音和数据通信提供连接点。

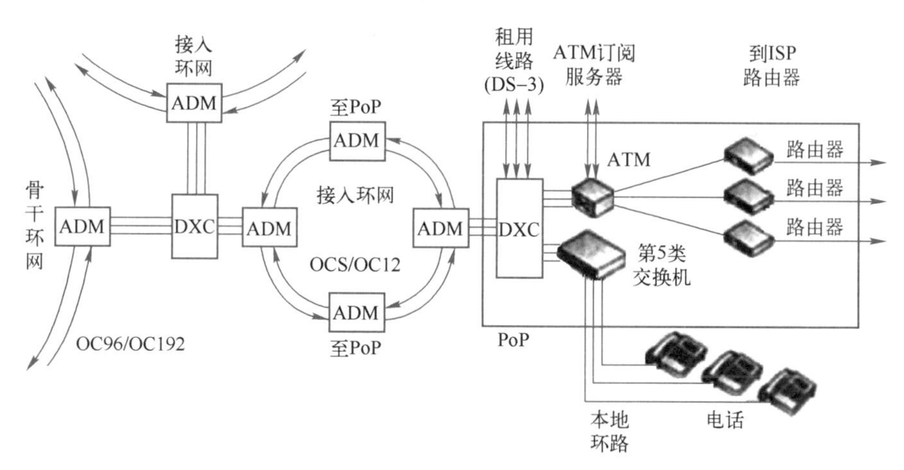

图 4-30　SONET 光网络环和 PoP 组件

4.3.5　各种各样的数字编码

通常表示二进制编码是用持续一个周期的高电平表示 1，再用一个周期的低电平表示 0，这是一种只有高低两个电平、单极性、平均电压不归零的编码方法。然而由于通信体系和传输环境不同，这种简单表达的 0、1 数字信号不能适应一些特殊要求。例如，单极性码中包含了不含信息量的直流分量，造成电能的消耗，而且在有隔离变压器或电容的传输中是无法传输直流分量的。又如，在同步数字通信中，如果长时间没有信号传输，就无法从信号中提取出同步信号，导致无法正确接收数据。此外，没有保护机制的编码在移动通信中会因为信道衰减而造成数据丢失，在卫星通信中会因为噪声淹没信号而造成数据错误。

为解决这些问题，就需要根据通信体系的不同特点采用相应的编码方式，来保证数据的正确传输。此外，对一些文字符号的传输也需要进行编码。在数字传输通信中，对传输的0、1信号进行编码的方式很多，大致可分为文字字符的编码、数字基带信号的编码及传输信号的编码。

1. 文字字符的编码

文字字符的编码是指将文字、数字和特殊符号等字符信息转换为用二进制数字表示的数据。由于计算机只能识别、存储和处理二进制信息，而字符信息又是重要的数据信息，为了使计算机能处理字符，国际上规定了字符和二进制数之间对应的编码关系。

对汉字的编码是我国特有的编码方式，我国规定用4位十进制数字表示一个汉字。汉字的编码又可分为国标码、区位码和电报码。

国标码是指国家标准汉字编码。一般是指国家标准局1981年发布的《信息交换用汉字编码字符集（基本集）》，简称GB-2312。在这个集中，收入汉字6763个，其中一级汉字3755个，二级汉字3008个。一级汉字为常用字，按拼音排列，二级汉字为次常用字，按部首排列。

区位码基本上可以被认为就是国标码。GB-2312中，汉字分为94个区，每个区94个位。每个收入的汉字有一个固定的区位。区位码汉字“中”用数字“5448”表示，“国”用数字“2590”表示。

区位码和国标码的区别在于GB-2312中预留了一些空位，可以进行补充、扩展，经扩展的区位码就从数量、范围上超过了GB-2312。此外，我国的台湾地区、香港地区，以及一些汉语国家，也是用区位码，但区位号不一定相同。

电报码可通过《标准电码本》查得每一个汉字对应的十进制数。《标准电码本》是按电码数字顺序排列的，从0000起到9999止，每页100个字，共100页，收入汉字7000个左右，还有一些标点符号、代码等。按电码找汉字比较方便。用《标准电码本》翻译汉字的电码，过去是按照汉字笔画部首查找的，有些字是大写的，如“电”，要在“雨”字部里找。新版的《标准电码本》有按拼音字母查找的，就方便一些了。电报码汉字“中”用数字“0022”表示，“国”用数字“0948”表示。

对英文字母的编码方式，国际上通用的是美国国家标准局（ANSI）制定的ASCII码，该方法用7位二进制数字表示一个字符。再加上一位奇偶校验位构成8位码组。7位二进制数可以表示$2^7=128$种状态，每种状态都唯一地编为一个7位的二进制码，对应一个字符或控制码。所以7位ASCII码是用7位二进制数进行编码的，可以表示128个字符。第0~32号及第127号共34个是控制符或通信专用字符，控制符有LF（换行）、CR（回车)、FF（换页)、DEL（删除)、BS（退格)、BEL（振铃）等；通信专用字符有 SOH（文头)、EOT（文尾)、ACK（确认）等。第 33~126 号共 94 个是字符，其中，第 48~57 号用来表示 0~9 十个阿拉伯数字；65~90 号用来表示 26 个大写英文字母，97~122 号用来表示 26 个小写英文字母，其余为一些标点符号、运算符号等，见表 4-3。

表 4-3　ASCII 码

二进制	十进制	缩写	二进制	十进制	缩写	二进制	十进制	缩写	二进制	十进制	缩写
00000000	0	NUL	00100000	32	(空格)(SP)	01000000	64	@	01100000	96	`
00000001	1	SOH	00100001	33	!	01000001	65	A	01100001	97	a
00000010	2	STX	00100010	34	"	01000010	66	B	01100010	98	b
00000011	3	ETX	00100011	35	#	01000011	67	C	01100011	99	c
00000100	4	EOT	00100100	36	$	01000100	68	D	01100100	100	d
00000101	5	ENQ	00100101	37	%	01000101	69	E	01100101	101	e
00000110	6	ACK	00100110	38	&	01000110	70	F	01100110	102	f
00000111	7	BEL	00100111	39	’	01000111	71	G	01100111	103	g
00001000	8	BS	00101000	40	(	01001000	72	H	01101000	104	h
00001001	9	HT	00101001	41	)	01001001	73	I	01101001	105	i
00001010	10	LF	00101010	42	*	01001010	74	J	01101010	106	j
00001011	11	VT	00101011	43	+	01001011	75	K	01101011	107	k
00001100	12	FF	00101100	44	,	01001100	76	L	01101100	108	l
00001101	13	CR	00101101	45	-	01001101	77	M	01101101	109	m
00001110	14	SO	00101110	46	.	01001110	78	N	01101110	110	n
00001111	15	SI	00101111	47	/	01001111	79	O	01101111	111	o
00010000	16	DLE	00110000	48	0	01010000	80	P	01110000	112	p
00010001	17	DC1	00110001	49	1	01010001	81	Q	01110001	113	q
00010010	18	DC2	00110010	50	2	01010010	82	R	01110010	114	r
00010011	19	DC3	00110011	51	3	01010011	83	S	01110011	115	s
00010100	20	DC4	00110100	52	4	01010100	84	T	01110100	116	t
00010101	21	NAK	00110101	53	5	01010101	85	U	01110101	117	u
00010110	22	SYN	00110110	54	6	01010110	86	V	01110110	118	v
00010111	23	ETB	00110111	55	7	01010111	87	W	01110111	119	w
00011000	24	CAN	00111000	56	8	01011000	88	X	01111000	120	x
00011001	25	EM	00111001	57	9	01011001	89	Y	01111001	121	y
00011010	26	SUB	00111010	58	:	01011010	90	Z	01111010	122	z
00011011	27	ESC	00111011	59	;	01011011	91	[	01111011	123	{
00011100	28	FS	00111100	60	<	01011100	92	\	01111100	124	|
00011101	29	GS	00111101	61	=	01011101	93	]	01111101	125	}
00011110	30	RS	00111110	62	>	01011110	94	^	01111110	126	~
00011111	31	US	00111111	63	?	01011111	95	_			
01111111	127	DEL									

ASCII 码中的奇偶校验是在代码传输过程中用来检验是否出现错误的一种方法，一般分奇校验和偶校验两种。其中，奇校验规定在正确的代码中一个字节内“1”的个数必须是奇数，若非奇数，则在最高位添加“1”；偶校验规定在正确的代码中一个字节内“1”的个数必须是偶数，若非偶数，则在最高位添加“1”。

BCD 码又称 8421 码，是将一位十进制数用 4 位二进制编码表示的方法，即“二进制编码的十进制数”。ASCII 码用来在计算机中表示各种字符和字母，BCD 码则用来方便地表示十进制数。

2. 数字基带信号的编码

将信号用电脉冲的高低电平、正或负表示为二进制编码的 0、1 符号时，所形成的信号称为数字基带信号，将数字基带信号直接在信道中传输的方式称为基带传输方式。

如果把数字信号调制成不同频率的信号再进行传输，称这种传输方式为频带传输。

一个基带信号可以用多种形式的电压以及电压的持续时间来表示，其所获得的 0、1 码的表现形式称为码型。

数字基带信号的常见码型有二电平码、单极性非归零码（NRZ 码）、双极性非归零码码、单极性归零码（RZ 码）、双极性归零码、差分码、多电平码等，如图 4-31 所示。

（1）单极性非归零码　如图 4-31a 所示，信号的高、低电平在整个码元持续期间保持不变。

（2）双极性非归零码　如图 4-31b 所示，正电平为 1，负电平为 0，若线路上的电压为 0，则说明当前线路上没有信号传输。这种码的优点是平均电压接近 0，基本不含直流成分；缺点是不易提取同步信息，特别是在长 0 或长 1 串行时，很难确定一个位的起止时刻。

（3）单极性归零码　如图 4-31c 所示，每个 1 码只在部分码元宽度内持续为高电平。设 1 码高电平持续时间为 τ，与码元宽度 T_s 之比（τ/T_s）称为占空比，通常为 50%。

（4）双极性归零码　如图 4-31d 所示，双极性归零码使用正电平表示 1、负电平表示 0，每个码元的占空比为 50%。双极性归零码是自同步编码，可以从信号中提取同步信息。通过归零使每个位

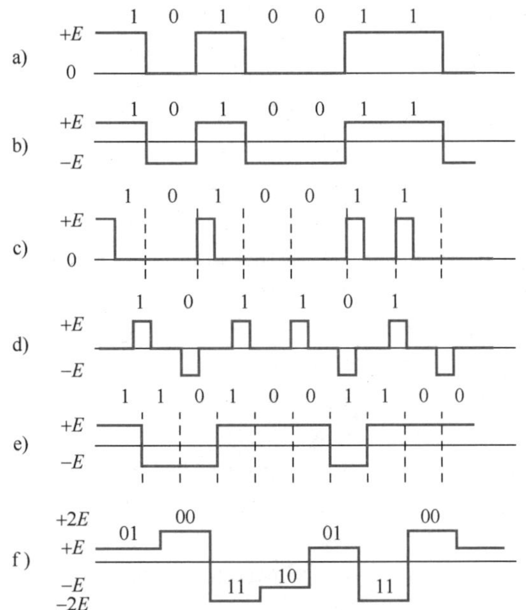

图 4-31　常见的数字基带信号码

a）单极性非归零码　b）双极性非归零码　c）单极性归零码　d）双极性归零码　e）差分码　f）多电平码

（码元）都发生信号变化，接收端可利用信号跳变建立与发送端之间的同步。这种编码方式的缺点是每个位发生两次信号变化，多占用了带宽。一个编码良好的数字信号必须携带同步信息。

（5）差分码　如图4-31e所示，如果传输一个位的起始时刻发生了电平跳变，那么这个位就是二进制1，如果起始时刻没有发生电平跳变，那么这个位就代表二进制的0。

（6）多电平码　如图4-31f所示，用不同的电平表示不同的码，因此在一个码位上有多个电平取值，相当于传输了多个数字，缺点是受到干扰后易造成接收端误判码型。

3. 数字基带传输信号编码

数字基带传输信号编码是为了适应信道特征、多路复用、同步信号的提取、直流信号的消除、抗干扰等多种目的而在数字基带信号传输前对数字基带信号码型所做的变换码型。

常见的有双极性信号交替反转码（AMI）、CCITT推荐的三阶高密度双极性3零码（HDB3）、局域网中常用的双相码（曼彻斯特码）、差分曼彻斯特码、用于卫星低速基带数传机的密勒（Miller）码、PCM四次群接口用的CMI码、SDH三、四次群线路用的nBmB码（如1B2B、2B3B、5B6B）、较高速率传输用的4B/3T码。此外，通信中为安全考虑还会安排许多加密编码、纠错编码等。

（1）双极性信号交替反转码　如图4-32a所示，零电平代表二进制0，交替出现的正、负电压表示1，码流中所含的平均直流分量为零。这种编码实现了两个目标：一是直流分量为零；二是可对连续的位1进行同步，但对一连串的位0则无法同步。为实现位0的同步，又对这种编码进行变型产生了B8ZS和HDB3码，前者在北美使用，后者用于日本、欧洲及我国。

（2）高密度双极性3零码　如图4-32b所示，自上次替换以来传输的位1个数为奇数时，用000D代替0000，否则，用100D代替0000，D称为破坏点；1的正负与前边最近的1相反，D的正负与前边最近的1相同；接收端通过比较最近的两个位1的极性来确定需还原的序列位置。HDB3码不含直流分量。

举个例子，将数据100000000010000编制成HDB3码，假设位于这段数据序列首部的位1极性为正，且其前面数据是4个连续的位0，编码过程为：①已知这段数据序列前面数据是4个连续的位0，因此这段数据开始的第一个1为奇数，故第一个1后面的0000用000D代替；②根据D的正负应与前边最近的1相同，现已知这段数据序列首部的比特1极性为正，故D为正；③由于这时已有两个1（第一个1为数据自身的1，第二个1为D转换的1），故接下来的4个连续零应用100D替换；④根据1的正负应与前边最近的1相反，前面的D为正1，故现在100D中的1应为负；⑤根据D的正负应与前边最近的1相同，100D中的1已经为负，则100D中的D应为负1；⑥后续的01不足4个连续的零，不用000D或100D代替，直接考虑01中1的极性，根据1的正负应与前边最近的1相反，最近的1是由100D中的D得到的，且为负1，故01中的1应为正1；⑦最后4个0前已

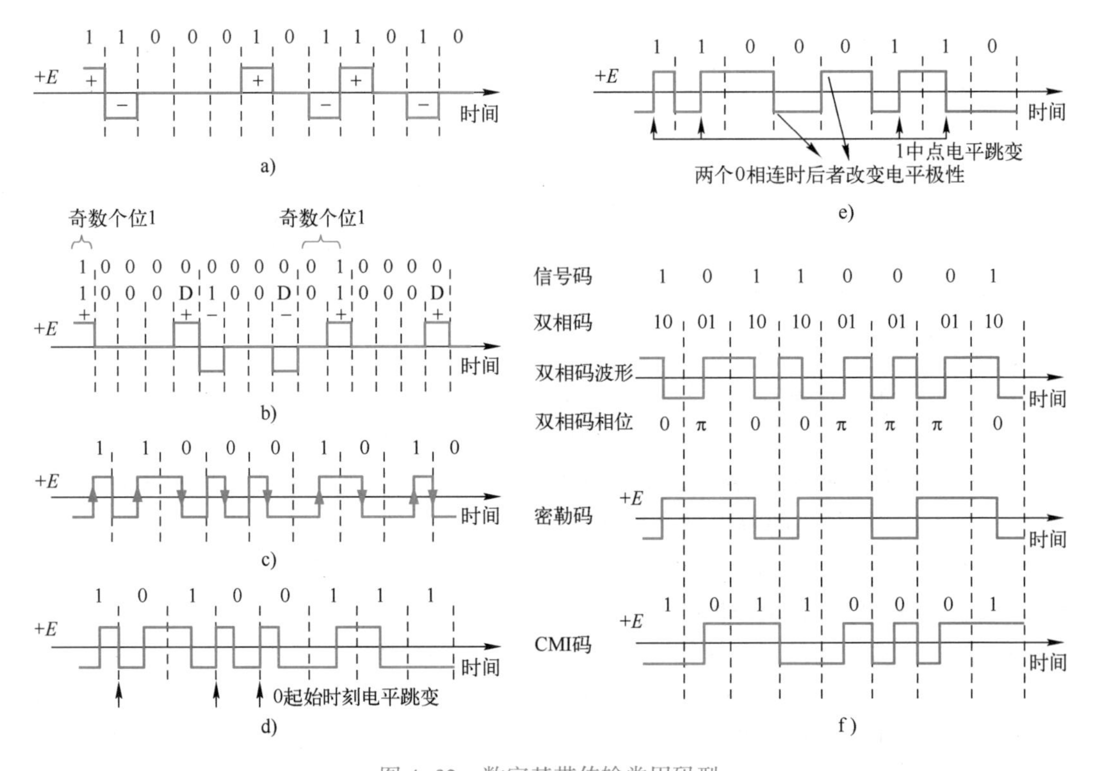

图 4-32 数字基带传输常用码型

a）双极性信号交替反转码（AMI） b）高密度双极性 3 零码（HDB3）

c）曼彻斯特码 d）差分曼彻斯特码 e）密勒码 f）CMI 码

有 5 个 1，即奇数个 1，故最后 4 个连续 0 应用 000D 代替 0000，根据 D 的正负应与前边最近的 1 相同，前面为正 1，故 D 为正 1。

（3）曼彻斯特码 如图 4-32c 所示，每一位数据都有半个周期为高电平，半个周期为低电平，以比特中点位置上出现跳变来表示数据信息；当比特中点位置从负电平跳变到正电平时表示 1，当比特中点位置从正电平跳变到负电平时表示 0。因曼彻斯特码不含直流分量，故传输中以比特中点位置的跳变作为同步信息。

（4）差分曼彻斯特码 如图 4-32d 所示，每一位数据都有半个周期为高电平，半个周期为低电平，比特中点位置上出现跳变；当比特起始时刻不出现电平跳变时表示 1，当比特起始时刻出现电平跳变时表示 0。差分曼彻斯特码不含直流分量。

（5）密勒码 如图 4-32e 所示，比特中点的电平跳转（起始时刻不跳变）表示 1，比特中点、起始时刻没有出现电平跳转表示 0，有连续两个 0 时，后边的 0 改变极性。密勒码也是一种利用电平跳变表示数据信息的码型，它较好地解决了双相码带宽太宽的问题。

（6）CMI 码 如图 4-32f 所示，消息码 1 交替用正和负电压表示，或者说交替用 11 和 00 表示；信息码 0 用 01 表示。

更复杂的编码还有卷积编码、Viterbi 编码、纠错编码、霍夫曼编码等。

4.4　空间蜂窝分割突破的无线瓶颈

4.4.1　贝尔实验室精妙的蜂窝构思

当无线电波从发射机的天线发出后，在没有约束的情况下就会向四周扩散，使处于电磁波扩散空间范围内的用户在移动情况下也能收到无线电信号。但带来的问题是，一旦某一频段被某用户占用后，其他用户如果也想使用相同频段进行通信就会造成干扰或泄密，因此其他用户只能使用不同的频段。遗憾的是，无线电频率是一种不可再生的有限资源，因此各国政府都对无线电频率的使用进行了严格的管制。我国的无线电频率使用权由国家无线电管理委员会进行分配、监督和管理，过去主要分配给军事、警务、民航、海事、广播电视、应急救灾等重点特殊领域，分配给业余无线电爱好者或普通民用的频段非常有限。

由于无线电通信具有通信位置不受限制的优点，所以人们一直在不断探索它的普及应用。早在 1900 年，马可尼等人就成功利用电磁波进行远距离无线电通信。1928 年，美国普渡大学学生发明了工作于 2MHz 的超外差式无线电接收机，并很快在底特律的警察局投入使用，这是世界上第一种可以有效工作的移动通信系统。20 世纪 30 年代初，第一部调幅制式的双向移动通信系统在美国新泽西的警察局投入使用。20 世纪 30 年代末，第一部调频制式的移动通信系统诞生。实验表明调频制式的移动通信系统比调幅制式的移动通信系统更加有效。20 世纪 40 年代，调频制式的移动通信系统逐渐占据主流地位，这个时期主要完成通信实验和电磁波传输的实验工作，在短波波段上实现了小容量专用移动通信系统。这种移动通信系统的工作频率较低、语音质量差、自动化程度低，难以与公众网络互通。“二战”期间，军用无线通信的需求促进了移动通信的发展。“二战”结束后，军事移动通信技术逐渐应用于民用领域。到 20 世纪 50 年代，美国和欧洲部分国家相继成功研制出了公用移动电话系统，在技术上实现了移动电话系统的移动交换中心（MSC）与公用电话交换网（PSTN）的互通。从 20 世纪 60 年代中期至 20 世纪 70 年代中期，美国推出了使用 150 MHz 和 450 MHz 频段的改进型移动电话系统，实现了无线频道自动选择及自动接入公用电话网。

随着民用移动通信用户数量的增加和业务范围的扩大，有限的频谱供给与可用频道数需求增加之间的矛盾日益突出。

大家知道，中、短波无线电波可以通过电离层反射回地球表面，因而可以传播很远的距离，如电台可覆盖上千千米的范围，这就形成大范围内的单个用户独占频率，因此这些频段无法实现广大区域内的频率共享。

当使用 300 MHz~3000 GHz 频段内的微波进行通信时，电磁波会穿透电离层而不会反射回地面，因此传播距离受限，只能进行视距内的直射传播。另外，如果将无线电发射功率减到足够小的程度，则电磁波传播一定距离后的能量就会衰减到足够小，从而不会让这个距离以外的用户检测到，这样区域以外的用户就可以再次使用这个频率而不会受到同频干扰，同一频段的无线电频率就可以被不同空间区域的用户共享，这就是无线电频率和信道的空分复用原理。

为此，20 世纪 70 年代中期，美国贝尔实验室根据无线电波不同频率在大气空间传播过程中的衰减情况，提出利用微波频段按蜂窝形状分割空间区域来获取重复使用信道的设想。方法是将移动电话的服务区划分成若干个小区，每个小区设立一个基站，只有位于该基站无线电波覆盖范围内的移动用户才可以接收基站发来的信号，基站服务区以外的用户则接收不到信号。图 4-33 所示为蜂窝移动通信的空分复用结构图。将无线电传输范围控制在蜂窝区域的思想突破了无线电通信技术普及应用的瓶颈。

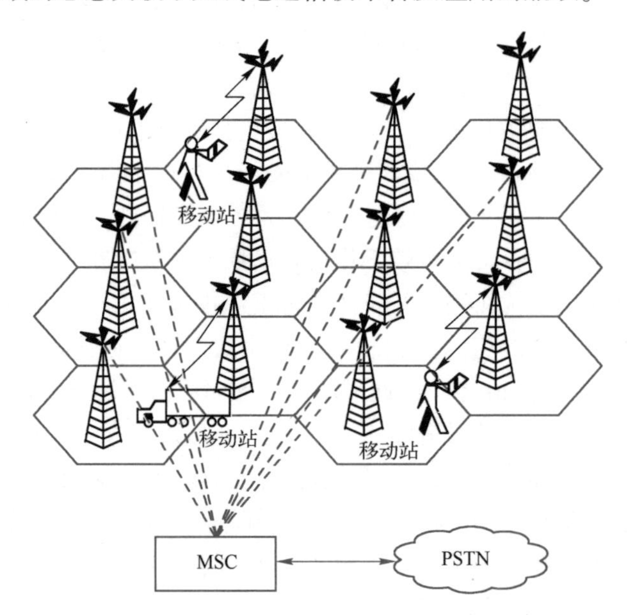

图 4-33　蜂窝移动通信的空分复用结构图

实际应用中，蜂窝小区的大小可以根据该区域的人口密度来确定。目前的蜂窝小区结构按宏蜂窝、微蜂窝和微微蜂窝三个层次进行分级。在人口密度小的农村、山区，由于人少地广，蜂窝的覆盖面积可以划分得大些，这种蜂窝称为宏蜂窝。宏蜂窝小区的基站天线较高，基站发射功率较大，基站覆盖半径为 1~2.5 km，最大半径为 20 km 以上。宏蜂窝可以处理快速移动车辆的业务，减少小区切换引起的信号中断。在人口密度较大的城市、用户集中的小区以及繁华的街区则采用微蜂窝。微蜂窝的基站覆盖半径大约为 100 m~1 km，一般在 200 m 左右，基站发射功率为 2 W 左右，天线高度为 15 m 左右。微蜂窝用于处理低速移动通信的场合。在人口高度稠密的市区、商业区，则采用微微蜂窝，主要覆盖商场和办公区等室内区域，解决商业中心、会议中心等室内热点的通信问题。微微蜂窝的覆盖半径一般只有10~30 m，特点是基站发射功率大约在几十毫瓦，天线一般装于建筑物内业务集中的地点。

小区制蜂窝组网理论的提出，对移动通信的发展具有里程碑式的意义，此举解决了移动通信中的频谱紧张问题，就如同打开了一个巨大的天窗，使人人用手机进行通信成为可能，并从此将人类带入了一个新的、充满无限潜力的通信时代。

4.4.2　低轨卫星的空间分割

陆地移动通信解决了城市和临近地区人们在移动条件下的通信问题，但难以解决沙漠、无人区、山区、湖泊、海洋这些没有基站或难以架设基站地区的移动通信问题。于是人们想到利用通信卫星来解决这些区域的通信覆盖问题。然而，与地面无线通信相同的问题是，一颗卫星的转发器相当于一个无线基站，基站覆盖区域内只能有一个用户独占某一频段，否则就会造成同频干扰。例如，同步轨道卫星可以覆盖地球表面三分之一的地区，也就是说这个区域内在同一时间只能有一条通信链路使用某一个频段，其他用户不能再用该频段。于是人们将陆地小区制蜂窝组网的概念用在了通信卫星上。方法是降低卫星的飞行高度，使其覆盖地表的区域缩小，这样在该区域以外就可以重复使用相同的频率，达到空间频率复用的目的，如图4-34所示。当卫星高度降低后，由于微波覆盖区域缩小，要想实现全球范围的通信覆盖，就需要发送成千上万颗卫星，通常将这些卫星群称为星座。采用低轨道移动的卫星通信系统具有卫星小、成本低、效益高、不需要大型运载工具、能一箭多星、传播损耗和延迟时间少、传输质量较可靠等优点。

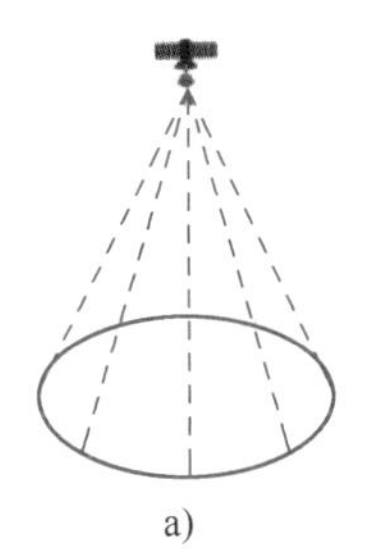

a)

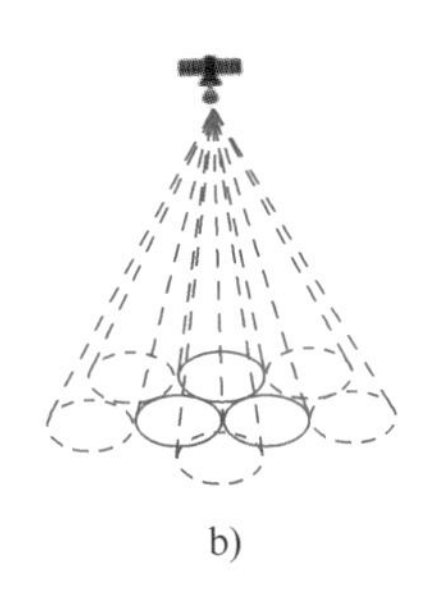

b)

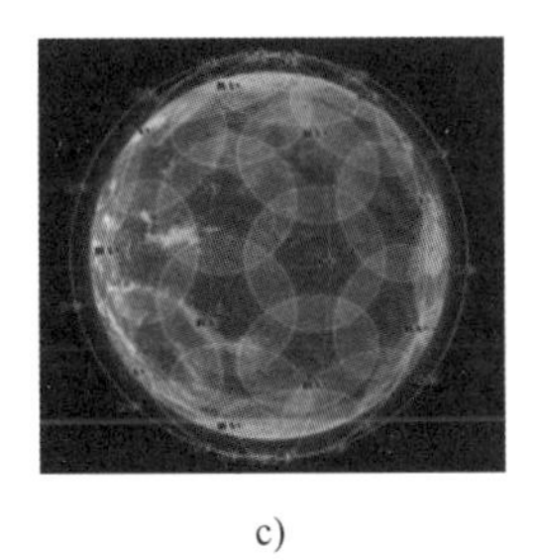

c)

图4-34　低轨道卫星与高轨道卫星的覆盖区域比较

a）传统宽波束卫星系统　b）低轨道高通量卫星系统　c）卫星蜂窝覆盖

例如，美国太空探索技术公司（SpaceX）提出的星链（StarLink）项目计划在太空搭建由约11943颗卫星组成的星链网络提供互联网服务，其中，1584颗将部署在地球上空550 km处的近地轨道，而在1200 km高度的卫星向地面投射的单波束直径约为60 km，形成面积约2800 km^2 的空间分割小区。该计划的第一步是用1600颗卫星完成初步覆盖，第二步是用 2825 颗卫星完成全球组网，第三步是用 7518 颗卫星组成低轨星座。预计星链网络第一期需要发送 4425 颗卫星，系统总容量为 94 Tbit/s。为了将如此众多的卫星送上轨道，SpaceX 公司采用猎鹰 9 火箭一次将 60 颗卫星送入轨道。图 4-35 所示为星链网络的部分轨道和空间分割小区。

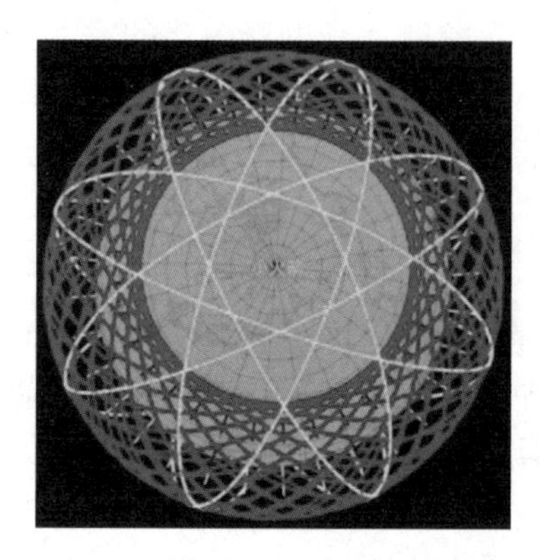

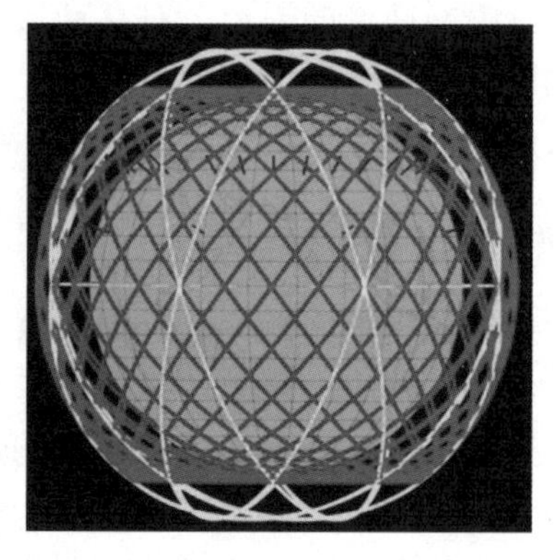

图 4-35 星链网络的部分轨道和空间分割小区

与此同时，中国航天科工集团提出了“五云一车”计划，即虹云工程、飞云工程、行云工程、腾云工程、快云工程、飞行列车六大项目。其中，虹云工程计划在距离地球表面 1000 km 左右的上空布置 156 颗低轨宽带卫星，建设一个能够覆盖全球的无线通信网络，为中国以及世界其他地区提供无线宽带服务。虹云工程定位的用户群体主要是集群的用户群体，包括飞机、轮船、客货车辆、野外场区、作业团队、无人机、无人驾驶行业，以及一些偏远地区的村庄、岛屿等。飞云工程是在 20～100 km 空域，基于临近空间的太阳能无人机，构建空中局域网，可实现超过一周时间的应急通信保障，它的空间分割区域更小。行云工程计划发射 80 颗行云小卫星，建设低轨窄带通信卫星星座，打造最终覆盖全球的天基物联网。腾云工程属于空天往返飞行项目，其主要目标是在 2030 年之前，设计并制造完成中国首架可水平起飞、水平着陆，并且可以多次重复使用的空天往返飞行器。快云工程旨在构建可到达平流层的浮空机动平台，提供水文地质观测、重大灾情监测、信息支持保障等服务。飞行列车工程旨在研制高速飞行列车，通过近真空管道线路大幅度减小空气阻力，利用电磁推进技术提供强大的加速能力和高速巡航能力，实现时速 1000 km 高速飞行列车近地飞行，后续还将研制最大运行速度 2000 km 和 4000 km 的超级高速列车。另外，中国航天科技集团公司提出鸿雁全球卫星星座通信系统，由 300 颗低轨道小卫星构成，在距离地面 1000 km 的轨道上组网运行。如图 4-36 所示，日本研制出了翅膀型飞行列车。

除了通过增加卫星数来增加蜂窝小区数之外，另一措施是在一颗卫星上增加转发天线数量，形成多波束卫星，让每个波束朝向不同的覆盖区域来达到增加小区数的目的，实现一星多区，以节省卫星成本。图 4-37 所示为多波束卫星的蜂窝小区覆盖图。

图 4-36　日本研制的翅膀型飞行列车

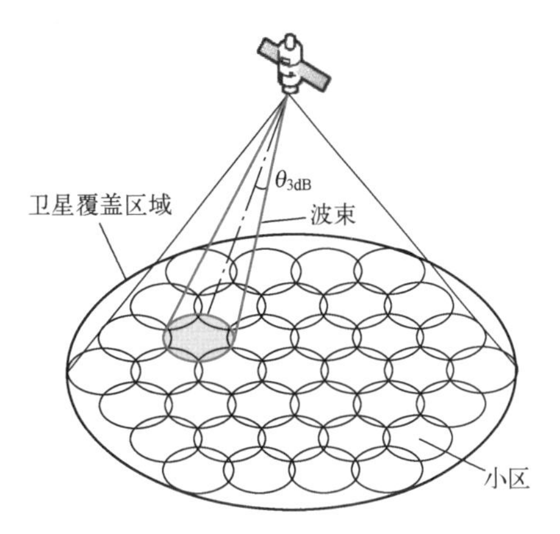

图 4-37　多波束卫星的蜂窝小区覆盖图

4.4.3　认知无线电的时空分割

随着无线电技术的广泛应用，频谱资源越来越紧张，成为比黄金和石油还紧缺的不可再生资源，是制约无线电通信的重要瓶颈。利用蜂窝小区通过空间分割可以实现频率的重复使用，但是如果某一区域已经分配了某频段给固定用户使用，而用户并不是24小时都在使用这些频段，这实际上也是一种对珍贵频谱资源的浪费。最典型的例子就是无线电视频段，许多电视台在深夜后就停止播放节目，因此可以让其他用户在电视台停播后使用该频段。于是认知无线电（CR）的概念被提了出来。

1999年8月，美国一家专为政府提供政策咨询的公司MITRE，其顾问、瑞典皇家技术学院的约瑟夫·米托拉博士研究生和马奎尔教授提出认知无线电的概念。美国联邦通信委员会（FCC）委托相关单位进行的大量研究表明：一些非授权频段，如工业、科学和医用频段，即ISM频段，以及用于陆地移动通信的2GHz左右的频段过于拥挤，而有些频段却经常空闲，如图4-38所示。FCC于2002年11月发表的一份关于改善美国频谱管理方式的报告指出：频谱的使用已经变为比频谱的资源缺乏更重要的问题，因为传统的频谱分配法规已经限制了潜在的用户获得这些频谱资源。2003年12月，FCC在相当于美国《电波法》的《FCC规则第15章（FCC rule Part15）》中明确表示，只要具备认知无线电功能，即使是其用途未获许可的无线终端，也能使用需要无线电许可的现有无线频段。

IEEE 802.22工作组负责进行认知无线电的标准化工作，其目的是研究基于认知无线电的物理层、媒体访问控制（MAC）层和空中接口，以无干扰的方式使用已分配给电视广播的频段，将分配给电视广播的甚高频/超高频（VHF/UHF）频段（北美为54~862MHz）作为宽带接入频段。国际学术界和IEEE标准化组织越来越对认知无线电技术

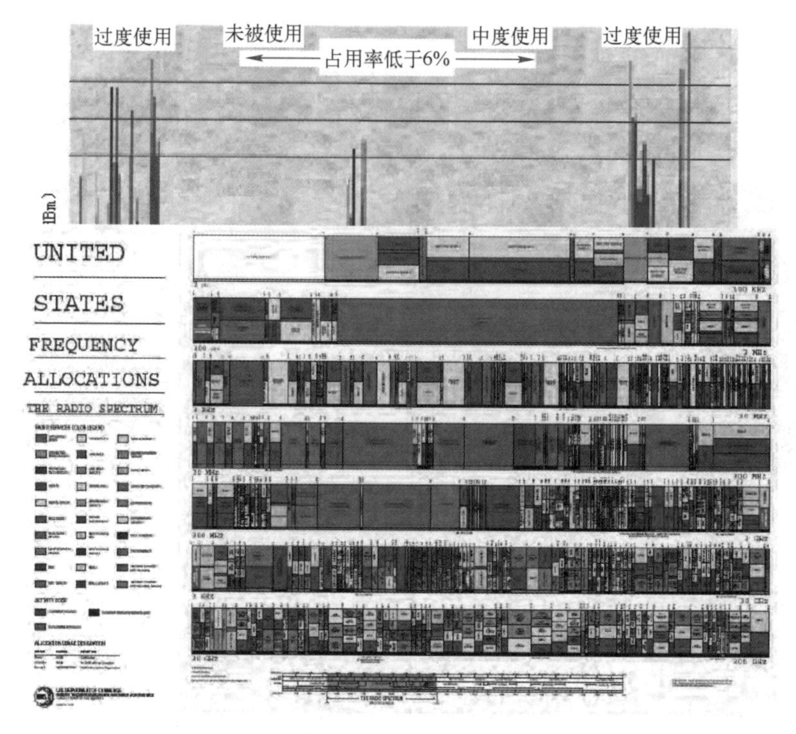

图 4-38　过于拥挤的无线频谱

感兴趣，称其为无线通信领域的“下一个大事件”。

认知无线电技术也叫动态频谱访问（DSA）技术，是一种为解决软件无线电中的频谱利用问题而提出的技术。其核心思想是：可以通过学习、理解等方式与周围环境交互信息，以感知其所在空间的可用频谱，通过自适应地调整内部的通信机理、实时改变特定的无线操作参数（如功率、载波调制和编码）等来适应外部无线环境，自主寻找和使用空闲频谱，并限制和降低冲突的发生，甚至能够根据现有的或者即将获得的无线资源延迟或主动发起通信。

FCC 更确切地把认知无线电定义为基于与操作环境的交互，能动态改变其发射机参数的无线电，具有环境感知和传输参数自主修改的功能。这种功能使其能够在宽频带上可靠地感知频谱环境，探测合法授权用户（主用户）的出现，自适应地占用即时可用的本地频谱，同时在整个通信过程中不给主用户带来有害干扰。无线电环境中的无线信道和干扰是随时间变化的，这就暗示认知无线电将具有较高的灵活性。

认知无线电根据其授权用户对频谱占用程度的不同，可将频谱分为三类：白色频谱、灰色频谱和黑色频谱。白色频谱是无授权用户工作的频段，可供认知无线电使用的最有保障的频谱；灰色频谱是未授权用户工作的、其影响是可以被授权用户接受的频段，是可以争取的频段；而完全被授权用户占用的黑色频谱是不能用的。

（1）白色频谱的可用性

按照FCC的规定，未获得无线频谱使用授权的用户（第二用户）工作应以不对授权用户（第一用户）的正常工作造成影响为前提，因此第二用户只能工作在白色频谱与灰色频谱区域。在3 KHz～300 GHz的频谱范围，尤其在300 MHz～3 GHz这一段频谱，资源非常紧张。白色频谱于管理层面是不存在的，但在实际上，由于技术和应用的变化，许多频谱虽然被登记占用，但并未实际使用或只有部分时间使用，从而成为白色频谱，如模拟电视信号转为数字信号后，频率利用率提高，使一些频谱空余了出来。再有，一些地方改用有线电视后，已不再使用无线频道，其频谱也被空了出来。

除完全空出来的频段可作为白色频谱外，在已分配频谱中，间断使用的空闲时间也能提供白色频谱。据美国FFC所做的测量显示，在被分配的频率中，70%的频率并未得到很好的利用。调查进一步发现，这些频率使用的持续时间也存在较大差别，有的只有几毫秒，有的长达数小时。这种间断出现的白色频谱有的是可以预知的，如广播和电视的开播时间，有的是随机的，如移动通信的通路占用间隙。固定的白色频谱可为第二用户提供固定的信道容量，而随机出现的白色信道，则需要通过频谱探测来获得，一旦授权用户工作时，第二用户应立即让出该频谱。

（2）灰色频谱的可用性

在认知无线电的研究中，具有挑战性的是灰色频谱的利用，即授权用户与第二用户同时工作，但后者不能对授权用户的正常通信造成影响。

在不影响授权用户正常通信的前提下，让其他用户共享频谱资源，为解决日益紧张的无线电频谱资源提供了新的思路。由于白色频谱资源有限，研究灰色频谱资源的利用具有更深远的意义和价值，这也是认知无线电研究中最有挑战性的问题之一。研究表明，在不严重影响授权用户信噪比指标的前提下，第二用户的通信环境通常会很差，动态跟踪通信环境，适时调整第二用户的发射功率，采用通信间隙高速传输，可对第二用户的通信起到一定的改善作用。

认知无线电系统应该具备检测、分析、学习、推理、调整等功能，而这些功能的实现需要一系列的技术来支持，主要包括干扰温度的界定与测量、动态频谱分配、传输功率控制以及原始用户检测等。

认知无线电网络是一个智能多用户无线通信网，它的基本特征主要体现在：①通过认知无线电用户接收机对周围环境的实时监测达到对无线电环境的掌握，建立可用频谱池，储备有用频段以供调用；②通过对通信环境的学习实时调整无线电收发机的射频前端参数；③通过多用户之间自组织形式的合作，使通信过程更加顺畅；④通过对频谱池资源的合理分配对有竞争关系的用户通信进行控制，使每个通信过程都能顺利进行。

图4-39所示为认知无线电网络的结构，分为中心控制结构、分布式控制结构和网状控制结构三类。对于中心控制结构，其主要特点是发射信号的控制设计相对简单，但受

制于基站的建立，如图 4-39a 所示；对于分布式控制结构，其主要不足是发射信号的控制设计相对困难，而且网络组建技术还不成熟，如图 4-39b 所示；对于网状控制结构，其主要特点是本地通信采用点对点的特殊自组织对等式多跳移动通信网络（Ad-hoc）路由，非本地通信利用接入节点进行通信，中心控制器作为接入节点，用于完成不同本地网间的信号传输，如图 4-39c 所示。

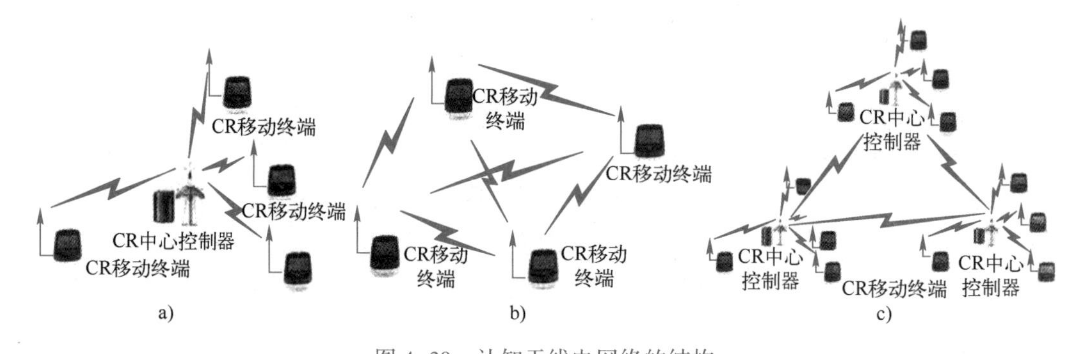

图 4-39　认知无线电网络的结构
a）中心控制结构　b）分布式控制结构　c）网状控制结构

在网状控制结构中，当一个认知无线电用户进入本地通信网后，它应该具有下面的基本功能才能保证实现通信的无缝接入：能够发现临近用户的认知无线电移动终端；能够发现接入节点的认知无线电中心控制器；能够不断地更新临近用户的信息；能够在本地网中以无线自组网的方式建立与接收节点的通信路径；能够通过接入节点建立与其他本地网接收节点的通信。

当某一移动终端要进行通信时，作为新接入的节点，它通过广播通信信道与中心控制器进行联系，并能够发现其周围的节点。有两种可选方案：一是自适应中心控制器的公共控制信道，此时每个命令的传输均是在与节点等价的认知信道中进行的，这样做的结果是系统的复杂性增加；二是采用预先分配的控制信道，此种信道易于实现，但是需要从有限的频谱资源中分配出可观的一部分用于控制信道，这与认知无线电的精神相背离。如果移动终端要通信的节点在本中心控制器所辖本地网中，则可采用 Ad-hoc 路由，如果要与其他本地网用户通信，则需要利用中心控制器接入节点进行路由转接。

4.5　码分多址形成的独特信道复用

4.5.1　信道重叠的码分多址

在探索信道复用的路上，许多人进行过多种多样探索与尝试，码分多址（CDMA）技术的出现源于人类对更高质量无线通信的需求。第二次世界大战期间，因战争的需要而研发出 CDMA 技术，其初衷是防止敌方对己方通信的干扰，在战争期间广泛应用于军事抗干扰通信，后来由美国高通公司更新成为商用蜂窝通信技术。1995 年，第一个 CDMA 商用系统运行之后，CDMA 技术理论上的诸多优势在实践中得到了检验，从而在北美、南美和亚洲等地得到了迅速推广和应用。

CDMA 技术的标准化经历了几个阶段。IS-95 是 CDMAONE 系列标准中最先发布的标准，真正在全球得到广泛应用的第一个 CDMA 标准是 IS-95A，这一标准支持 8K 编码语音服务。其后又分别发布了 13K 语音编码器的 TSB74 标准和支持 1.9 GHz CDMAPCS 系统的 STD-008 标准，其中，13K 编码语音服务质量已非常接近有线电话的语音质量。1998 年 2 月，美国高通公司宣布将 IS-95B 标准用于 CDMA 基础平台。IS-95B 可提供 CDMA 系统性能，并增加了用户移动通信设备的数据流量，提供对 64 kbit/s 数据业务的支持。其后，CDMA2000 成为窄带 CDMA 系统向第三代移动通信系统过渡的标准。CDMA 技术完全适用于现代移动通信网所要求的大容量、高质量、综合业务、软切换等，受到越来越多的运营商和用户青睐。第三代移动通信（3G）标准采用的 TD-SCDMA（中国移动），WCDMA（中国联通、欧洲），CDMA2000（中国电信、美国）中都有 CDMA 的影子。

码分复用（CDM）是用一组包含互相正交的码字的码组携带多路信号的信道复用方式。所采用的是 CDMA 方法为每个用户分配的各自特定的地址码，利用公共信道来传输信息。CDMA 系统的地址码相互具有正交性，通过地址码区分用户，因而可以实现在时间、频率重叠的情况下，多个用户共享信道进行信号的传输而不会产生相互干扰。

CDMA 的技术原理是基于扩频技术，即将需传送的具有一定信号带宽的数据用一个带宽远大于信号带宽的高速伪随机码（PN）进行调制，使原数据信号的带宽被扩展，再经载波调制到预定传输频段后发送出去；接收端先解调制载波后，再使用完全相同的伪随机码对接收的带宽信号做相关处理，把宽带信号转换成原数据的窄带信号（即解扩），最终获取原传输数据，实现信息通信。

在 CDMA 基础上发展起来的同步码分多址（SCDMA）的伪随机码之间是同步正交的，它意味着代表所有用户的伪随机码在到达基站时是同步的，又由于伪随机码之间的同步正交性，所以可以有效地消除码间干扰，使系统容量得到进一步的改善。

CDMA 的特点是抗干扰能力强；宽带传输，抗衰落能力强；在信道中传输的有用信号功率比干扰信号功率低得多，因此信号就像隐蔽在噪声中；利用扩频码的相关性来获取用户的信息，抗截获的能力强。

4.5.2 揭开码分多址的面纱

在 CDMA 的信号调制中，每发送一个 0、1 码，都以一组 m 位编码序列来代表它们，这样就将每位的时间分成 m 个更短的时间片，称为码片（Chip）。通常情况下每位有 64 或 128 码片。这意味着每位原来的时间片被划分成 m 个时间片，m 位中每位的时间缩短，占用的频率范围大大增加，因此 CDMA 是一种扩频通信。

图 4-40 所示为分配给某一用户的唯一码片序列 m=00011011。发送 1 时为用该码片序列 m=00011011 替代原码 1；发送 0 时用该码片序列的反码$\overline{m}$=11100100 替代原码 0。这些码片序列在传输时，如果传输的是 m 中的 1 码，则用+1 来表示；如果传输的是 m 中的 0 码，则用-1 来表示。因此传输用户的 1 码时传输的 00011011 相当于传输-1-1-1+1+1-1+1+1，传输用户的 0 码时传输的 11100100 相当于传输+1+1+1-1-1+1-1-1。

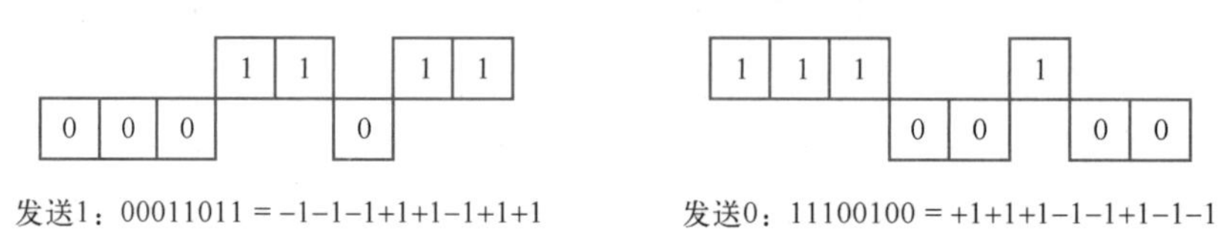

图 4-40　分配给某一用户的唯一码片序列

在图 4-41 中，若用户 1 向 A 手机发送数据 110，当发送 1 时就发送码片序列本身（-1，-1，-1，+1，+1，-1，+1，+1），发送 0 时就发送码片序列的反码（+1，+1，+1，-1，-1，+1，-1，-1）。用户 2 向 B 手机发送的 010 数据也以同样的方式发送。用户 3 未向 C 手机发送数据。基站将用户 1 和用户 2 向 A、B 两个手机发送的数据信号叠加，然后发送出去。假设此时 A、B、C 三个手机都接收到这些叠加后的信息，它们会将叠加后的信号与各自手机分配的码片序列进行规一化内积运算，即将收到的内容与自己手机的码片相乘后除以 8。如果得数为 1，说明收到数字信号为 1；如果得数为-1，说明得到的数据信号是 0。如果得到的数据为 0，说明这个信号不是给自己的。

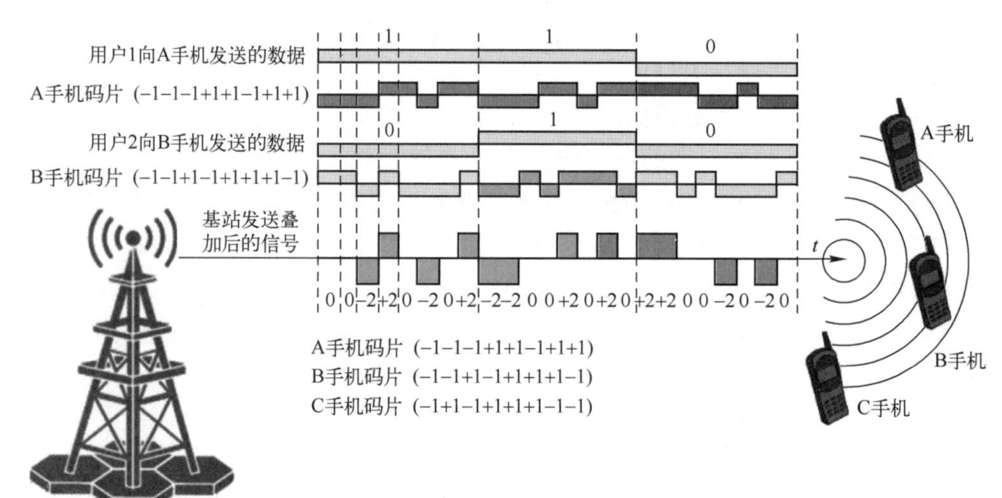

图 4-41　分配给某一用户的惟一码片序列

根据内积运算规则，若有两个向量 $\boldsymbol{a}=[a_1, a_2, \cdots, a_m]$ 和 $\boldsymbol{b}=[b_1, b_2, \cdots, b_m]$，则它们的规一化内积定义为

$$\boldsymbol{a}\cdot\boldsymbol{b}/m=(a_1b_1+a_2b_2+\cdots+a_mb_m)/m=\sum_{i=1}^{m}a_ib_i/m \tag{4-34}$$

CDMA 在解调制信号时，正是采用这种规一化内积运算进行信号的解调制。因此若 A 手机中被分配的地址为唯一码片序列 $m_a=00011011$，表示为（−1−1−1+1+1−1+1+1）；B 手机中被分配的地址为唯一码片序列 $m_b=00101110$，表示为（−1−1+1−1+1+1+1−1），C 手机中被分配的地址为唯一码片序列 $m_c=01011100$，表示为（−1+1−1+1+1+1−1−1），则在解码接收到（0，0，−2，+2，0，−2，0，+2）信号时，会有如下结果：

A：$[0\times(-1)+0\times(-1)+(-2)\times(-1)+2\times1+0\times1+(-2)\times(-1)+0\times1+2\times1]/8=1$，收到信号 1。

B：$[0\times(-1)+0\times(-1)+(-2)\times1+2\times(-1)+0\times1+(-2)\times1+0\times1+2\times(-1)]/8=-1$，收到信号 0。

C：$[0\times(-1)+0\times1+(-2)\times(-1)+2\times1+0\times1+(-2)\times1+0\times(-1)+2\times(-1)]/8=0$，未收信号。

因此 A 手机解码接收到用户 1 发来的信号是 1 码元，B 手机解码接收到用户 2 发来的信号 0 码元，C 手机则未接收到用户 3 发来的信号。

实现 CDMA 调制的关键在于每个用户的唯一码片序列为 m_i，相互之间必须是正交的，即有

$$\boldsymbol{a}\cdot\boldsymbol{b}/m=(a_1b_1+a_2b_2+\cdots+a_mb_m)/m=\sum_{i=1}^{m}a_ib_i/m=0 \tag{4-35}$$

$$\boldsymbol{a}\cdot\boldsymbol{a}/m=(a_1a_1+a_2a_2+\cdots+a_ma_m)/m=\sum_{i=1}^{m}a_ia_i/m=1 \tag{4-36}$$

$$\boldsymbol{a}\cdot\bar{\boldsymbol{a}}/m=(a_1\bar{a}_1+a_2\bar{a}_2+\cdots+a_m\bar{a}_m)/m=\sum_{i=1}^{m}a_i\bar{a}_i/m=-1 \tag{4-37}$$

满足互相关运算的式（4−35）说明两个信号是不相关的，且是正交的，不会产生相互干扰，解码后输出为零；满足自相关运算的式（4−36）和式（4−37）说明两个信号是自相关的，有最人输出值，解码后可还原发送端的原始码形。

在实际的 CDMA 通信中，输入的待发送信号 $a(t)$ 被地址码 $m(t)$ 编码扩频后的信号 $g(t)$，还需要进行载波调制成适应信道的载波信号 $s(t)$；接收端先进行解载波调制获得 $s'(t)$，通过滤波器过滤高频成分 $\cos(2\omega_c t)$ 获得 $g'(t)$，再进行解正交调制，最后获得发送端原始数据 $a(t)$。

$$g(t)=a(t)m(t) \tag{4-38}$$

$$s(t)=a(t)m(t)\cos(\omega_c t) \tag{4-39}$$

$$s'(t)=[a(t)m(t)\cos(\omega_c t)]\cos(\omega_c t)=\frac{1}{2}a(t)m(t)[1+\cos(2\omega_c t)] \tag{4-40}$$

$$g'(t)=\frac{1}{2}a(t)m(t) \tag{4-41}$$

图 4-42 所示为 CDMA 的扩频、调制与解调制、解扩过程，其中，接收端的解调制载波信号频率与相位必须与发送端严格一致。

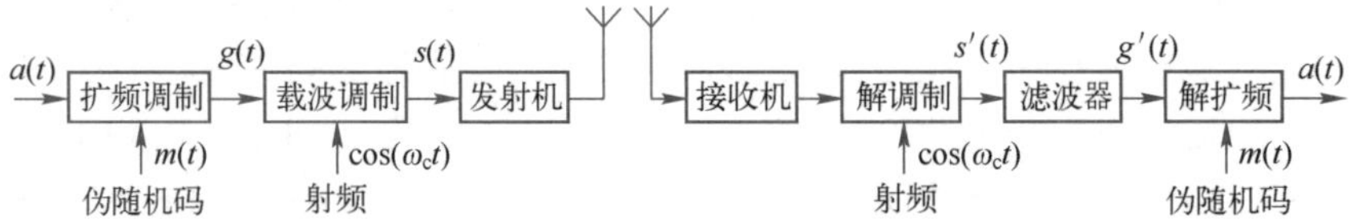

图 4-42　CDMA 的扩频、调制与解调制、解扩过程

小结

为了尽可能利用有限的信道资源传输尽可能多的信息，人类对信号与信道进行了深入研究。香农提出了信息论，揭示了信息和通信传输内容的本质，指出了信道传输能力的计算公式，尤其是信道的总传输容量远大于单个用户所要传输的信息量，这才使信道复用成为可能。奈奎斯特指出了多路信号传输时各路信号频率间的最小间隔，为不失真信道复用提供了依据。傅里叶则揭示了信号时域与频域之间的内在联系，为以时、频两种方式进行相同信号传输奠定了基础。频率复用、时间复用、空间复用、码分复用使信道的传输能力得到了充分挖掘，而不同编码可使信号更适应信道的特点。今天我们能够在有限的通信信道上共同分享便捷的通信服务，是所有这些技术共同作用的结果。

第 5 章

无处不在的通信网

作者有词《念奴娇 · 神奇通信网》，点赞无处不在的通信网络对人类的影响：

念　奴　娇

神奇通信网

路由汇聚，
赖总机交换，
千家接续。
杆线沿街拉四处，
城市乡村林立。
音视编码，
报文数据，
宽带有余地。
信息世界，
咫尺天涯无距。

我欲交友 QQ，
手机轻点，
圈里朋友叙。
床上指尖淘万件，
查询办公容易。
送卖小哥，
美女刷卡，
北斗导航细。
宇宙村小，
一网直到天际。

认　识　通　信

信息时代的人们早已不满足于本地电话提供的语音服务，还希望与世界各国的人们进行长途通信，更想让遍及全球的计算机之间也能通信，而且希望在移动情况下也能利用手机查询世界任何角落的数据。这不仅需要建立一个庞大的网络来连接所有电话机、计算机与数据库，还需要建立一种机制，让网络中的数据能够自动选择通向目标的路径，以节省成本。

5.1 走进寻常人家的电话网

5.1.1 斯特罗格对话务员的猜疑

当 1877 年电话机问世后，这种使相距遥远的两个人能够通话的机器吸引了人们的极大兴趣，大家都企盼着拥有一部自己的电话，就像今天所有人都有手机一样，不仅方便谈生意，也便于交流思想。

然而人们很快发现，安装电话的价格是如此昂贵，即便是大资本家或上层人物也难以承受，因为如果要使所有人之间都能进行电话通信，就需要建立与所有人之间的电话线。如果有 n 个人要进行电话通信，需架设的电话线数目 S 为

$$S=\frac{n\ (n-1)}{2} \tag{5-1}$$

如果只是有两个人要通话，如图 5-1a 所示，那么只需要架设一条电话线就够了。但如果有 100 个人想安装电话，并要使其中任意两个人能接通通话，就需要架设 4950 条电话线路，如图 5-1b 所示。这时，若每条电话线路的平均建设成本按 10 万元计算，总建设费用将达到 4.95 亿元，如果将这笔巨大的成本分摊给每个用户，则平均每个用户要交 495 万元的电话安装费。

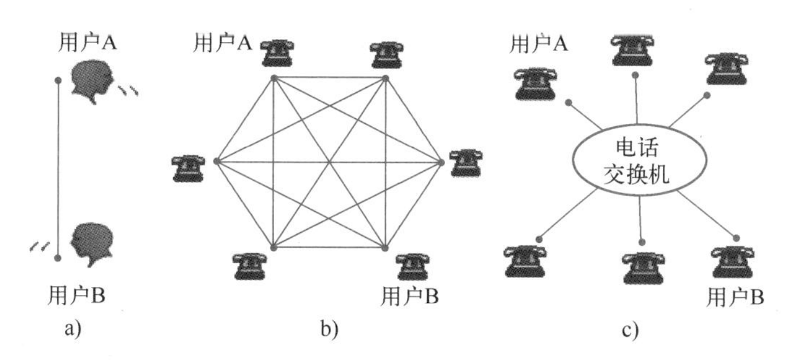

图 5-1　电话交换概念的产生

为了节省电话线路的成本，人们想出了一个解决办法，那就是将所有电话用户的线路集中到一个地方的设备上，再找一个接线员专门负责联通两个用户之间的连线，从而大大减少电话线路的数量，如图 5-1c 所示。这个接线员就是现在所称的话务员，而这个汇接所有电话用户线的设备就叫人工电话交换机。在两个或多个电话机连线之间，通过改变不同通话线路间的连接来实现通话的接通过程，称为电话交换。完成电话交换的设备叫电话交换机。集中所有电话线路，并提供电话接续服务的单位就叫电话局，或现在所称的电信公司。这样一来，用户通过电话局来为自己架设电话线路，安装电话机，提供电话呼叫和接续服务，维护通信线路。从此，一个新的行业，即电信业诞生了，人类从此走上通往信息时代的征程。

1878 年，也就是在电话机问世后的第二年，由电话发明人贝尔和格雷设计出第一台人工电话交换机。这年 1 月 28 日，美国康涅狄格州的纽好恩开通了第一个市内电话交换所，当时只有 20 个用户。同年 5 月 17 日，在美国波士顿华盛顿大街的霍姆斯公司，一台由波士顿警备公司安装的电话交换机开始使用。利用这台交换机，公司将客户中的四家银行与一名电工技师的报警系统连接起来，白天接通电话，晚上作为自动报警系统。1878 年 9 月 1 日，埃玛 · M. 娜特成为世界上第一位女性话务员。

有了人工电话交换机，就可以由话务员通过人工方法使各电话用户相互接通。人工电话交换机的工作过程是这样的：当用户 A 要与用户 B 通电话时，先通过磁石电话机的摇柄摇动手摇发电机，向磁石电话交换机发出请求呼叫信号，或通过共电电话机向共电式电话交换机发出呼叫信号；在磁石电话交换机上，每一个用户都被分配一个标记有该用户名称的号牌，号牌下面有一个插座塞孔，而在共电式电话交换机上，每一个用户都被分配一个指示灯，上面标记有用户名称，指示灯上面有一个插座塞孔；当用户通过电话机振铃使磁石电话交换机的用户号牌倒下，或通过摘机使供电式电话交换机的指示灯点亮时，话务员根据倒下的号牌或指示灯获知有用户发起呼叫；然后话务员将一条公用塞绳的一个头插入用户 A 的插座塞孔中，通过搬键将自己的耳机和话筒与用户 A 接通，并询问用户 A 要通话的对象；接下来话务员将塞绳的另一头插入用户 B 的插座塞孔中，通过振铃搬键向用户 B 发振铃信号；用户 B 听到呼叫后拿起电话机与话务员通话，话务员告之有用户 A 要与其通话，若用户 B 同意通话，话务员就通知用户 A 现在可以通话了，并保持两个用户之间的绳路连接；当话务员监听到两个用户开始通话后便退出监听链路，准备为其他用户服务。图 5-2 所示为磁石电话交换机和供电式电话交换机外观面板，以及话务员的接线座席。

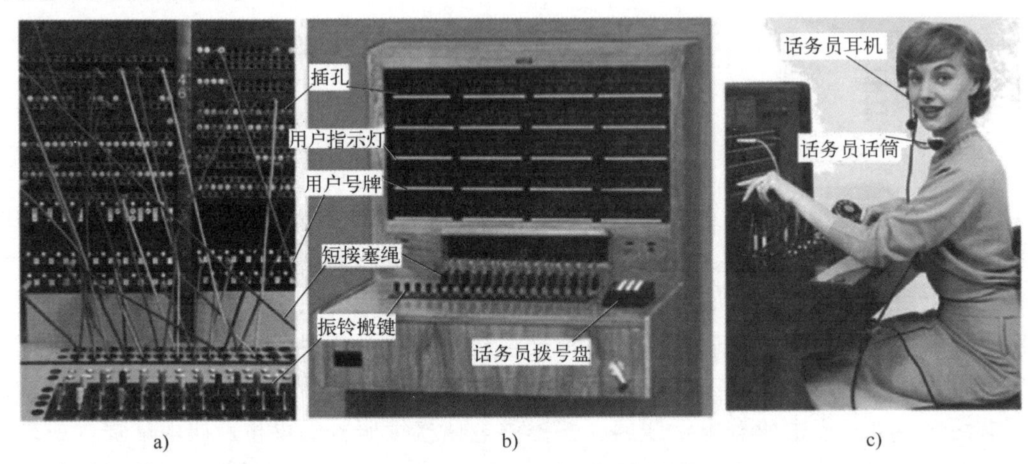

图 5-2　人工电话交换机

a）磁石电话交换机　b）供电式电话交换机　c）话务员座席

随着电话用户的逐渐增多，为了区别和记忆不同用户的电话座机，1879 年底，电话局开始使用电话号码来为每个用户的电话进行编号。1881 年，意大利罗马、法国巴黎、德国柏林先后开通了各自的第一个电话局。

当用电话号码来表示用户后，话务员必须准确记住哪个号码代表哪个用户。用户太多后，就对话务员的记忆力提出了要求。一般话务员需要记住几百个号码对应的用户名。另外，当同时有多个用户发起呼叫时，话务员只能根据用户的优先顺序进行接续，先接通重要用户，最后接通普通用户，这就会让普通用户不满意，认为接续电话太慢。为了得知用户是否已经结束通话，话务员还会不时监听用户通话，照成电话内容泄密。

在美国就发生了一件令用户不愉快的事情，并最终导致了后来人工电话交换机的淘汰。有个叫阿尔蒙·斯特罗格（史端乔）的美国堪萨斯市殡仪馆老板，一天，他从报纸上得知自己的一个朋友去世。然而，他朋友的亲人却没有将这位朋友的遗体送到斯特罗格这里进行火化，这使他感到很纳闷。后来斯特罗格发现，原来电话局的电话接线员是他竞争对手的妻子，打给斯特罗格的电话被告知电话忙，然后被直接转接到了斯特罗格的竞争对手那里，使他失去了这笔生意。斯特罗格猜想，应该过去还有多笔其他生意以同样方式被接线员转走了，这使他感到十分恼火。除此之外，斯特罗格的电话还时常出现故障，他经常向电话公司提出投诉，这也使他同样感到不满。斯特罗格意识到，要从根本上解决生意不流失的问题，就需要发明一种不需要话务员接线的自动接线器。

斯特罗格这个没有一点电学基础的殡仪馆老板，为了发明他梦想的自动接线器，利用圆形硬纸盒、针和铅笔制作了一个模型。他在硬纸盒上插了10排10列共100根针，通过控制铅笔的水平和垂直运动，铅笔就可以接通100根针中的一个。他最初带着设计的模型去找贝尔实验室，但对方并不感兴趣。

1889年3月12日，斯特罗格经过努力发明的步进制电话交换机的关键部件，即他的三磁铁上升旋转型选择器获得了专利，他以此为基础提出了步进制电话交换机的原理。1891年，斯特罗格和他的商业伙伴们成立了斯特罗格自动电话交换机公司。1892年11月3日，用斯特罗格发明的接线器制成的步进制电话交换机在美国印第安纳州的拉波特城投入使用，这便是世界上第一个使用自动电话机的电话局。

不久这台交换机就以“不需要话务员小姐、不要态度”而闻名。有了它，不需要手工操作就能自动处理用户的呼叫和电话的接通工作。从此，电话通信跨入了自动交换接续的新时代。1896年，人们开始为电话机设置一个转盘，拨号电话机从此问世，也使自动交换机的作用能更有效地发挥出来。1898年，斯特罗格从公司退休，他以1800美元的价格卖掉了自己的专利，而他所占的股份则卖到了1万美元。1916年，贝尔公司以250万美元的价格买下了专利。卖掉股份以后，因为患了胃病与肝病，他开始以水银治疗，随后迎娶了自己的护士苏珊·斯特罗格作为他的第三个妻子。后来他又干起了老本行，继续开殡仪馆，直到1902年去世。

步进制电话交换机是依靠选择器来完成电话通话接续过程的。选择器有旋转型和上升旋转型两种。最简单的上升旋转型选择器有一个轴，轴的周围有10层弧线，每层弧线含有10个接点。轴上装有弧刷，能在各层弧线间上下移动，同时也能沿弧线水平旋转，与各接点相连接。例如，当主叫电话用户拨叫25号用户时，弧刷随即上升两步到达第二层弧线上，然后再旋转5步，最终停在25号接点的位置，使主叫用户同25号被叫用户的电话接通。

在一个较大的电话局中，为了能让步进制电话交换机完成众多用户间的电话接续，一般需要将多个选择器组合起来形成若干级，以分担选择出线和选择用户号码的任务。如果用户数在100号以内，只需两位拨号。装设一个100线的上升旋转型选择器（选择器用在这种位置时叫作终接器），就可以完成100号电话中的某一用户呼叫其他用户，但是每个用户必须有一个专用的终接器。为了节省终接器并提高它的利用率，可设置少量终接器供所有用户公用，并在每个用户电话机与终接器之间加装一个只旋转而不上升的选择器，叫作预选器。当用户摘机呼叫时，预选器自动旋转寻找空闲的终接器，之后即可按用户所拨号码使终接器接到被叫用户。当用户数大于100但不超过1000时，须用三位拨号，可将每100号的用户作为一组，增加一级选择器，叫作选组器。呼叫时，选组器先选被叫用户所在的组，然后再经终接器从该组中选接被叫用户，其中继方式如图5-3所示。同样，当用户数大于1000但不超过10000时，则须采用四位制，仍按分组办法，由第一级选组器选千位号，第二级选组器选百位号，终接器选被叫用户的十位和个位号码。显然，每增一位拨号，电话局内就相应增加一级选择器。

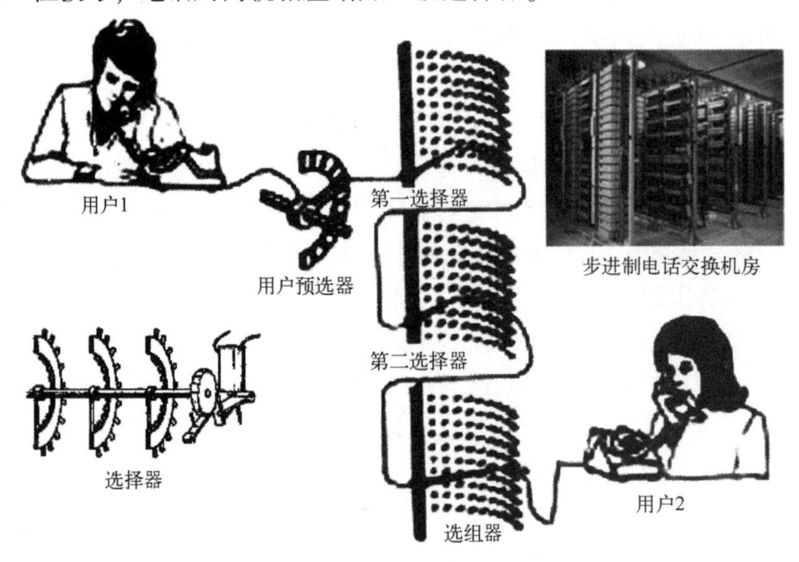

图 5-3　多个选择器组成的路由交换

例如，组成数千门（号）单局制的交换局时，假设用户所拨被叫用户号码为 2345，则第一位脉冲“2”由第一选组器吸收选接到第二千号组，第二位脉冲“3”由第二选组器吸收选接到第三百号组，第三、四位脉冲“4”和“5”由终接器吸收，在该百号组内选十位 4 和个位 5，从而到达被叫用户，如被叫用户空闲，则发送振铃信号呼叫被叫用户，当用户摘机并应答后，双方用户即可通话。

单局制交换局使用两级选组器和终接器，最大局容量可达 8000 个用户。0、1 开头的是专用电话号码，不能分配给用户个人使用。0 作用长途识别号的起始拨号，1 作为特殊服务用的号码，如 112、113、114、116、119 等，而 9 有时也作特殊号或备用，所以在 0~9 的号码范围内，只有 2~8 共 7 个数字可选用，从而使形成的电话号码最多只有 7000 个。

步进制电话交换机完成通话接续的最大特点是用户拨号产生的直流脉冲直接控制各级选组器的选线接续动作。另一特点是控制接续部件和通话电路部件合装在各选组器和终接器中，因此用户在拨号和通话过程中所占用的那些控制接续部件都要被占用，直到通话结束才能复原。

步进制电话交换机除主要完成电话接续功能外，还具有以下的配合功能和辅助功能：①经供电桥路向双方用户供给通话电源；②具备灵活的通话复原方式，具备主叫控制、被叫控制、双方互不控制三种复原方式；③具有单式计次、复式计次的通话计次功能；④具有专用的配合设备，可圆满完成长途全自动、半自动来话和去话接续；⑤经配合设备可与其他制式交换机在电话网中配合工作；⑥具有特种服务业务功能，可自动接通各类特种服务业务设备；⑦具有自动测试系统，可配合测量台完成对用户设备的测试；⑧可接入各类制式的用户电话交换机；⑨可接入投币式电话机。

有了步进制电话交换机，原来由话务员根据用户呼叫接通对方电话的操作就被用户发出的拨号信号代替。用户拨出对方的号码后，选择器就会按照这个号码自动寻找对方的电话线，并正确地搭接到对方的电话线路上。后来西门子公司把选择器改为两个电磁铁，称为西门子式步进制电话交换机。

步进制电话交换机的优点是电路简单，每个选择器都有各自的话路部分和控制部分，发生故障时影响面小；缺点是接续速度慢、机件易磨损、杂音大、号码编排不灵活、线群利用率低。步进制电话交换机不具备迂回中继功能，难以构成经济、安全、灵活的电话网，尤其难以构成规模较大的电话网，也不适应数据、传真等通信业务的需要，因此逐渐被纵横制电话交换机所取代。

为了克服步进制电话交换机的不足，1913 年美国首先提出纵横制原理。1919 年，瑞典的电话工程师帕尔姆格伦和贝塔兰德发明了纵横制接线器，并申请了专利。1923 年，瑞典首先制造出可实际使用的纵横制接线器。1926 年，瑞典制造出第一台大容量纵横制电话交换机。1929 年，瑞典松兹瓦尔市建成了世界上第一个大型纵横制电话局，拥有 3500 个用户。

纵横制接线器由纵线（入线）和横线（出线）组成。平时纵线同横线互相隔离，但在每个交叉点处有一组接点。根据需要使一组接点闭合，就能使某一纵线与某一横线接通，如图 5-4 所示。10 条纵线和 10 条横线有 100 个交叉点，控制这 100 个交叉点处的接点组的闭合，最多能接通 10 个各自独立的通路。在实际的 10×10 接线器中，这 100 个接点是由 5 条横棒和 10 条纵棒控制的。每个横棒需要两个电磁铁驱动，每个纵棒由一个电磁铁驱动。此外，实际的纵横制接线器纵线和横线并不限于 10×10，加一条两位置的转换横棒，即可扩大为 20 条横线，成为 10×20 接线器，加一条三位置转换横棒，即可扩大为 30 条横线，构成 10×30 接线器。

纵横制交换机是机电式交换机中较完善的一种，它的接续元件为纵横制接线器，控制元件为继电器。纵横制交换机采取交换和控制两种功能分离的方式，可以大大简化通话接续部分的电路，控制接线部分可以公用。它的接线器采用贵金属推压式接点，比步进制可靠性高、杂音小、通话质量好。此外，它的机件不易磨损、寿命长、障碍少、维护简单、功能多、组网灵活方便、容易实现长途电话自动化等。20 世纪五六十年代，纵横制交换机在世界各地得到了广泛应用。然而，纵横制交换机仍未跳出机械动作的思路，耗费贵金属较多、制造成本高、机房占地面积大，因此，当计算机技术兴起后，它逐步被电子自动交换机所取代。

5.1.2　程控交换机使电话费降到白菜价

随着集成电路和计算机的应用，1965 年 5 月，美国贝尔公司研制出了由计算机控制

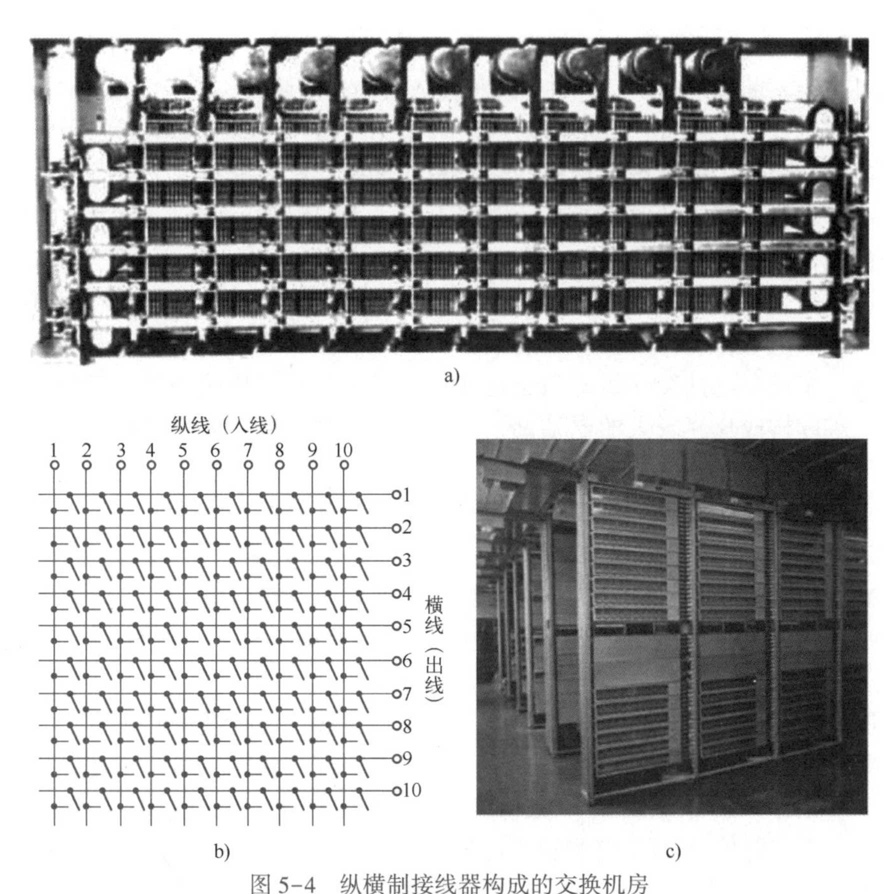

图 5-4 纵横制接线器构成的交换机房

a）纵横制接线器 b）纵横制连接器交叉点示意图 c）纵横制交换机房

的世界上第一部程控电话交换机，在交换机的控制中使用了专门的电子计算机，人们根据需要把事先编制好的程序存入计算机，设备就能自动完成电话的交换功能。这年美国萨加桑纳开通了2000线空分程控电话交换机。从1965年到1975年这10年间，绝大部分程控交换机都是空分、模拟的。1970年，世界上第一部存储程序式数字电话交换机，简称程控交换机，在法国巴黎开通并投入商用试验，这标志着数字电话全面应用和数字通信新时代的到来。程控交换机采用时分复用技术和大规模集成电路来解决数字电话的路由交换问题。由于程控交换机大量使用集成电路、存储器、计算机自动控制，其设备体积、耗电量、成本大大减少，安装和使用电话的费用达到普通人都能接受的水平。进入21世纪后，很快实现了电话的普及。今天的电话已经不再是身份的象征，也不再是奢侈品，而是人们日常工作与生活的必备工具。下面就来解读一下程控交换机的主要特点。

1. 程控交换机的构成

程控交换机由硬件系统和软件系统构成。

（1）程控交换机的硬件系统

程控交换机的硬件系统由进行通话的话路系统和连接话路的控制系统及外围设备、维护管理系统构成。

图 5-5 所示为程控交换机的基本硬件结构，其中的中继线指连接两个电话交换局之间的用户电话通信线路，用以完成两个不同电话交换局之间的电话用户线连接。离开某交换局的线路称为出中继线，进入某交换局的线路称为入中继线，连接模拟电话的中继线称为模拟中继，连接数字电话的中继线称为数字中继。将出中继线集中进行管理的设备称为出中继器，对入中继线进管理的设备称为入中继器。

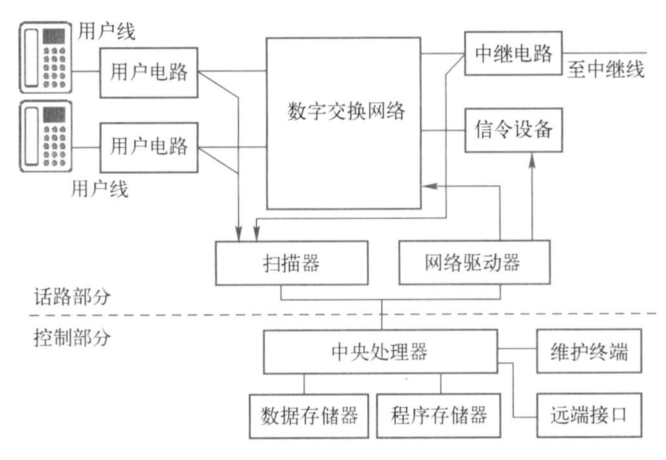

图 5-5　程控交换机的基本组成

图 5-5 中，负责用户电话接续的电路部分称为话路部分，包括由用户电路构成的用户模块、远端用户模块，由链路选组级构成的数字交换网络，由入中继器、出中继器、模拟中继、数字中继等构成的各种中继接口、绳路、信令设备等。

话路部分的主要任务是根据用户拨号请求，实现用户之间数字通路的接续。其中，数字交换网络为参与交换的数字信号提供接续通路；用户电路与用户线之间的接口电路用于完成模拟/数字（A/D）和数字/模拟（D/A）电话信号的变换，同时为用户提供馈电、过电压保护、振铃、监视、二/四线转换等辅助功能；中继电路是交换机与中继线的接口电路，具有码型变换、时钟提取、帧同步等功能；扫描器收集用户的状态信息，如摘机、挂机等动作；网络驱动器在控制部分控制下具体执行数字交换网络中通路的建立和释放；信令设备产生控制信号，主要包括信号音发生器，可产生拨号音、忙音、回铃音、等待音等。另外还包括话机双音频（DTMF）号码接收器、交换局之间多频互控信号发生器和接收器以及完成 7 号共路信令（CCITT No. 7 号）的部件。

图 5-5 中，负责用户系统各种控制功能的电路部分称为控制部分，主要包括拨号译码、忙闲测试、路由选择、链路选择、驱动控制、计费等设备。控制系统一般可分为三

级：第一级为电话外设控制级，完成对靠近交换网络部分及其他电话外设部分的控制；第二级为呼叫处理控制级，它是整个交换机的核心；第三级为维护测试级。

控制部分的主要任务是根据外部用户与内部维护管理的要求执行控制程序，以控制相应硬件实现交换及管理功能。其中，中央处理器为普通计算机或交换专用计算机，用于控制、管理、监测和维护交换系统的运行；程序和数据存储器分别存储交换系统的控制程序和执行过程中用到的数据；维护终端包括键盘、显示器、打印机等设备；远端接口在分散控制方式下实现远程控制连接。

其他外围设备包括磁盘机、维护终端设备、测试设备、时钟、录音通知设备、监视告警设备等。

程控交换机还有一套维护管理系统，其功能主要是进行交换机日常数据配置、计费话单处理、话务监控管理、故障查看、系统诊断测试、信令跟踪、呼损观察等。

（2）程控交换机的软件系统

程控交换机的软件系统由支援软件和运行软件两大类组成。

支援软件包括编译程序、连接装配程序、调试程序、局数据生成程序和用户数据生成程序等。

运行软件包括操作系统、数据库、业务控制、信令处理、操作维护管理、话单、话务统计、告警、系统控制、112 测试等。

在设计程控交换机时，将各种控制功能预先编写为功能模块存入存储器，并根据对交换机外部状态作周期扫描所取得的数据，通过中断方式调用相应的功能模块对交换机实施控制，协调运行交换系统的工作。程控交换机的各类软件及功能总结如图 5-6 所示。

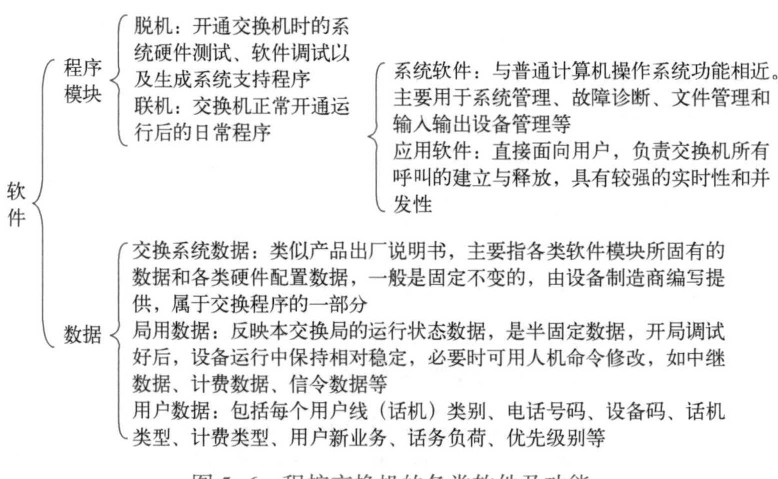

图 5-6　程控交换机的各类软件及功能

随着数字通信终端的大量使用，以电话语音为交换内容设计的电话交换机开始用来完成数据的交换。但语音的数据传输速率为 64 kbit/s，使电话交换机交换数据的传输速率受到限制。

2. 程控交换机的接线器

程控交换机中，完成电话路由交换的基本单元称为空分接线器（S 接线器）和时分接线器（T 接线器）。这些接线器能够将任何来自输入端 PCM 复用线上的任一时隙交换到任何输出端 PCM 复用线上的任一时隙中去。因此，程控交换机的电路交换系统有空分交换和时分交换两种交换方式。

空分交换是入线在空间位置上选择出线并建立连接的交换方式，由电子交叉矩阵和控制存储器组成，完成不同入线和不同出线之间的交换。

在时分交换方式中，通过时隙交换网络完成语音的时隙搬移。时分接线器由语音存储器和控制存储器组成，完成同一个入线上和出线上的时隙交换。

（1）S 接线器

S 接线器按照存储器配置方式的不同，分为输入控制方式和输出控制方式。按输入线配置的称为输入控制方式，如图 5-7a 所示；按输出线配置的称为输出控制方式，如图 5-7b 所示。

从图 5-7 所示 S 接线器结构上看，空分接线器由电子交叉矩阵和控制存储器（CM）构成。下面以 4 条输入线和 4 条输出线组成的 4×4 S 接线器的工作原理为例说明 S 接线器的工作过程。

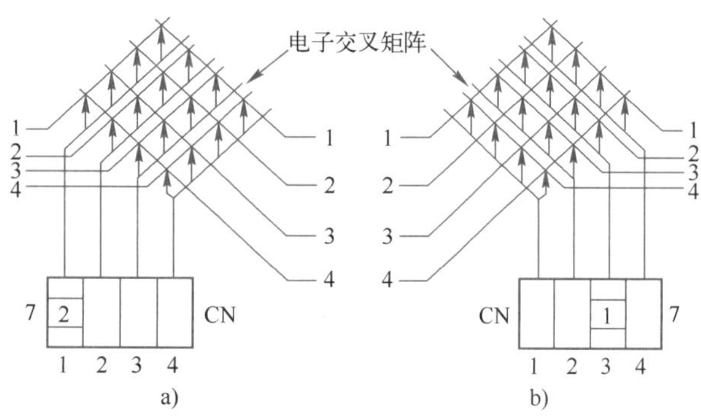

图 5-7　S 接线器
a）输入控制方式　b）输出控制方式

S 接线器每条入线和出线都是时分复用线，其上传送由若干个时隙组成的同步时分复用信号，任一条输入复用线可以选通任一条输出复用线。因为每条复用线上具有若干个时隙，也即每条复用线上传送了若干个用户的信息，所以输入复用线与输出复用线应在某一个指定时隙接通。例如，第 1 条输入复用线的第 1 个时隙可以选通第 2 个输出复用线的第 1 个时隙，它的第 2 个时隙可能选通第 3 条输出复用线的第 2 个时隙，它的第 3 个时隙可能选通第 1 条输出复用线的第 3 个时隙。因此，空分接线器不进行时隙交换，而仅仅实现同一时隙的空间位置交换。而在这个意义上，S 接线器是以时分方式工作的。

各个交叉点在哪些时隙应闭合或断开，取决于处理机通过控制存储器所完成的选择功能。在图 5-7a 中，每条入线有一个控制存储器，用于控制该入线上每个时隙接通哪一条出线。控制存储器的地址对应时隙号，其内容为该时隙所应接通的出线编号，所以控制存储器的容量等于每一条复用线上的时隙数，每个存储单元的字长则取决于出线地址编号的二进制码位数。如果交叉矩阵为 32×32，每条复用线有 512 个时隙，则应有 32 个控制存储器，每个控制存储器有 512 个存储单元，每个单元的字长为 5 位，即可选择 $2^5=32$ 条出线。

图 5-7b 与图 5-7a 基本相同，不同的是后者的每个控制存储器对应一条出线，用于控制该出线在每个时隙接通哪一条入线。所以，控制存储器的地址仍对应时隙号，其内容为该时隙所应接通的入线编号，字长为入线地址编号的二进制码位数。

电子交叉矩阵在不同时隙闭合和断开，要求其开关速度极快，所以它不是普通的开关，通常由电子选择器组成。电子选择器也是一种多路选择交换器，其控制信号来源于控制存储器。

在图 5-7a 中，第 1 个存储器第 7 单元由处理机控制写入 2。故第 7 单元对应第 7 个时隙，当每帧的第 7 个时隙到达时，读出第 7 单元中的 2，表示在第 7 个时隙应将第 1 条入线与第 2 条出线接通，也就是第 1 条入线与第 2 个出线的交叉点在第 7 时隙中应该接通。

在图 5-7b 中，要使第 1 条入线与第 3 条出线在第 7 时隙接通，应由处理机第 3 个控制存储器的第 7 单元写入入线号码 1，然后在第 7 个时隙到达时，读出第 7 单元中的 1，控制第 3 条出线与第 1 条入线的交叉点在第 7 时隙接通。

在同步时分复用信号的每一帧期间，所有控制存储器的各单元内容依次读出，控制矩阵中各个交叉点的通断。

输出控制方式有一个优点：某一入线某一个时隙的内容可以同时在几条出线上输出，即具有同步和广播功能。例如，在 4 个控制存储器的第 K 个单元中都写入了入线号码 i，使得入线 i 第 K 个时隙中的内容同时在出线 1~4 上输出，而在输入控制方式中，若在多个控制存储器的相同单元中写入相同的内容，只会造成重接或出线冲突，这对于正常的通话来说是不允许的。

（2）T 接线器

T 接线器的结构如图 5-8 所示。结构上，T 接线器采用缓冲存储器暂存语音的数字信息，并用控制读出或控制写入的方法来实现时隙交换。时隙交换就是把 PCM 系统有关的时隙内容在时间位置上进行搬移，因此，T 接线器主要由语音存储器（SM）和控制存储器（CM）构成。语音存储器和控制存储器都采用随机存取存储器（RAM）。

按照 PCM 编码方式，每个话路时隙有 8 位编码，故语音存储器的每个单元应至少具有 8 位。语音存储器的容量等于输入复用线上的时隙数，假定输入复用线上有 512 个时隙，则语音存储器要有 512 个单元。

T 接线器按控制存储器对语音存储器控制方式的不同，有输出控制和输入控制两种控制方式。对于输出控制方式来讲，对语音存储器是顺序写入，控制输出；对于输入控制方式来讲，对语音存储器是控制写入，顺序输出。图 5-8a 所示为输出控制方式，图 5-8b

所示为输入控制方式。

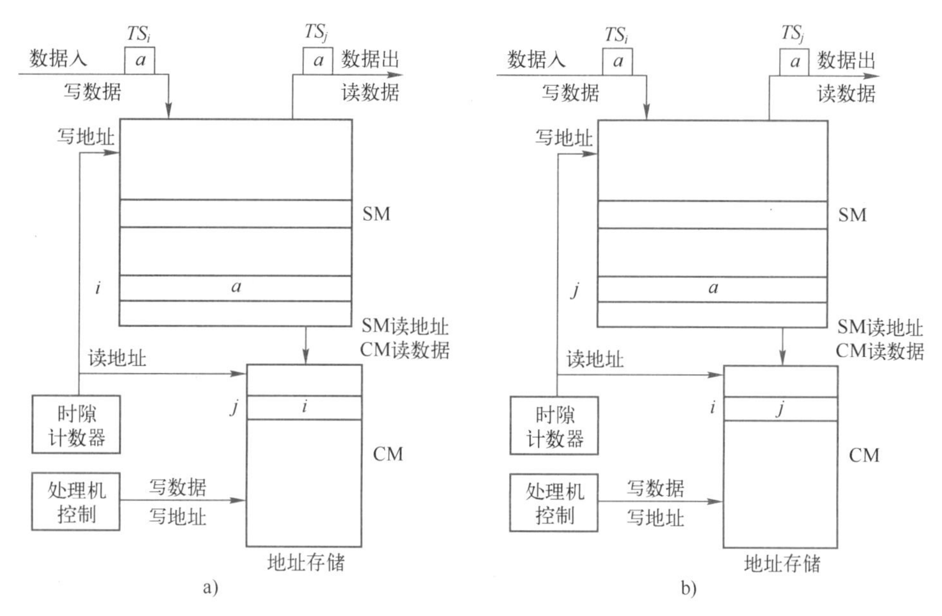

图 5-8　时分接线器

a）输出控制方式　b）输入控制方式

控制存储器的容量通常等于语音存储器的容量，每个单元所存储的内容是由处理器控制写入的。在图 5-8 中，控制存储器的输出控制语音存储器的读出地址。如果要将语音存储器输入时隙 TS_i 的内容 a 在时隙 TS_j 中输出，可在控制存储器的第 j 单元中写入 i。控制存储器每单元的位数取决于语音存储器的单元数，也取决于复用线上的时隙数。每个输入时隙都对应着语音存储器的一个单元数，这意味着由空间位置的划分来实现时隙交换，从这个意义上说，T 接线器带有空分的性质，是按空分方式工作的。

下面以图 5-8a 中输出控制方式为例说明时隙交换的过程。各个输入时隙的信息在时钟控制下依次写入语音存储器的各个单元，时隙 1 的内容写入第 1 个存储单元，时隙 2 的内容写入第 2 个存储单元，以此类推。控制存储器在时钟控制下依次读出各单元内容，读至第 j 单元时，对应于语音存储器输出时隙 TS_j，其内容 i 用于控制语音存储器在输出时隙 TS_j 读出第 i 单元的内容，从而完成所需的时隙交换。

输入时隙和输出时隙选定后，由处理器控制写入控制存储器的内容在整个通话期间是保持不变的。于是，每一帧都重复以上的读写过程，输入时隙 TS_i 的语音信息，在每一帧中都在时隙 TS_j 输出，直到通话终止。

图 5-8b 所示的工作原理与输出控制方式相似，不同之处是控制存储器用于控制语音存储器的写入。当第 i 个输入时隙到达时，由于控制存储器第 i 个单元写入的内容是 j，作为语音存储器的写入地址，就使得第 i 个输入时隙中的语音信息写入语音存储器的第 j 个

单元。当第 j 个时隙到达时，语音存储器按顺序读出内容 a，完成交换。实际上，在一个时钟脉冲周期内，由 RAM 构成的语音存储器和控制存储器都要完成写入和读出两个动作，这是由 RAM 本身提供的读、写控制线控制，在时钟脉冲的正、负半周分别完成的。

为了使数字交换网兼有空分交换和时隙交换的功能，扩大路由选择范围和交换机的容量，在程控交换机中的数字交换网常常由 T 接线器和 S 接线器组合而成。

一个 N 路时隙的 T 接线器可完成一个 $N\times N$ 的交换，一个 N 路输入和输出的 S 接线器可完成一个 $N\times N$ 的交换。如果将 T 接线器的输出与 S 接线器入线中的一条线相接，就可实现用 T 接线器改变时隙，用 S 接线器改变连线，从而增加路由交换的灵活性。将 T 接线器和 S 接线器混合是电话交换机进行路由交换的常用办法。根据要求的不同，组合形式有 TST、STS、TSST、TSSST、SSTSS、TTT 等。图 5-9 所示为 TST 数字交换网交换过程示意图。

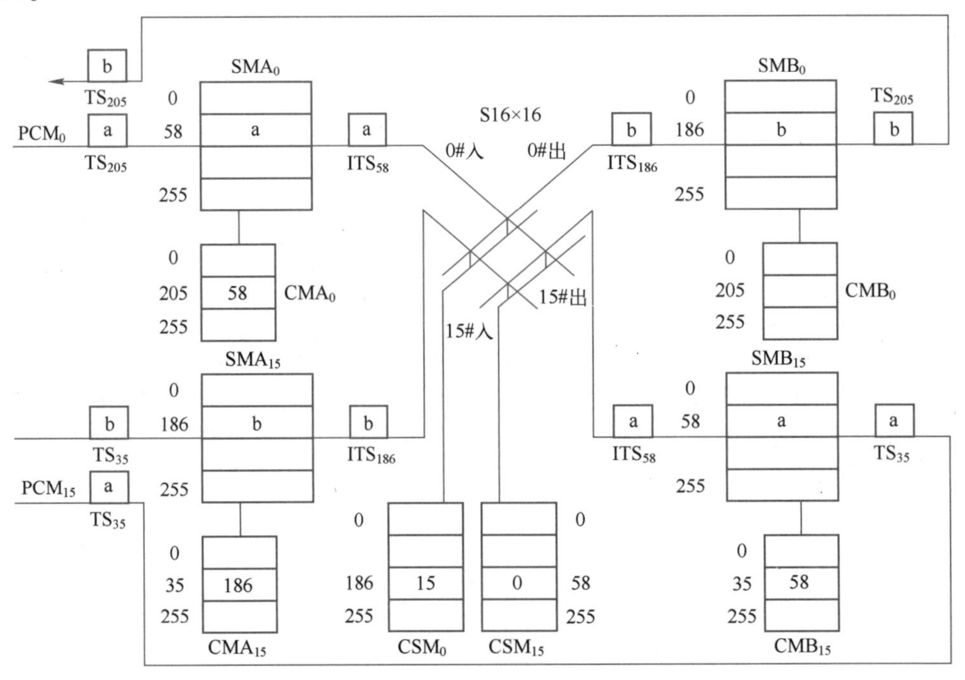

图 5-9　TST 数字交换网交换过程示意图

下面举例说明把图 5-9 中输入端 PCM_0 的 TS_{205} 时隙的语音信号交换到输出端 PCM_{15} 的 TS_{35} 时隙中的过程。假设选中了输入侧 T 接线器的 TS_{58} 时隙，则中央处理器分别在输入侧 T 接线器 CMA_0 的第 205 号单元写入“58”，在 S 接线器 CSM_{15} 的第 58 号单元写入“0”以选择 0 号复用线，在输出侧 T 接线器 CMB_{15} 的第 35 号单元写入“58”，于是各控制存储器分别控制各级接线器动作。首先，当 PCM_0 的 TS_{205} 时隙信息到来时，由 CMA_0 控制写入 SMA_0 的第 58 号单元；当 TS_{58} 时隙到来时，该信息被顺序读出到 S 接线器输入端的 0 号入线，并由 CSM_{15} 控制交叉开关点 0 入/15 出闭合接通至输出侧 T 接线器第 15 个的入线端，同时写入 SMB_{15} 的第 58 号单元；最后当 TS_{35} 到来时，再由 CMB_{15} 控制从 SMB_{15} 的第 58 号单元读出至接收端 B 的解码接收电路 TS_{35} 时隙中去。

3. 程控交换机的呼叫建立过程

程控交换机系统所具有的基本功能应包含检测用户终端状态、收集用户终端信息、向用户终端传送信息的信令、与用户终端的接口功能、电话交换接续功能和控制功能。利用电路交换进行电话通信或数据通信必须经历三个阶段：建立电路阶段、传送语音或数据阶段和拆除电路阶段。

（1）固定电话呼叫的建立过程

固定电话呼叫建立的过程分为八个步骤：用户摘机→送拨号音→收号→号码分析→接至被叫用户→振铃→被叫应答通话→话终挂机。

① 用户摘机　主叫用户摘机是一次呼叫的开始。交换机为了能及时发现用户摘机事件，通过扫描电路周期性地对用户线状态进行扫描，检测出用户电话线上有无呼叫请求。

② 送拨号音　用户摘机后，交换机通过用户线状态的变化情况确认主叫用户的摘机呼叫请求，然后检查完成接续的一些必要资源是否空闲：是否有空闲时隙，是否有空闲寄存器和存储器。若以上资源都有空闲，处理器立即安排一个通道向主叫用户发送拨号音，并准备好与用户话机类型相适应的收号器和收号通道，以便接受拨号信息。

③ 收号　主叫用户听到拨号音后，就可进行拨号。用户拨号所发出的号码信息形式有两种：一种是号盘话机所发出的电流脉冲，脉冲的个数表示号码数字，这要用脉冲收号器进行收号，目前这种话机已很少使用；另一种是按钮话机所发出的双音多频信号，它以两个不同频率的信号组合来表示号码数字，要用双音频收号器进行收号。与此同时，用一个限时计时器来限制用户听到拨号音后在规定的时间（一般为 10 s 左右）内拨出第一个号码数字，否则，交换机将拆除收号器，并向用户送忙音。

④ 号码分析　交换机收到主叫用户拨出的第一位号码后停送拨号音，并进行号码分析。号码分析的第一项内容是查询主叫用户的话务等级，不同的话务等级表示不同的通话范围，如国际长话、国内长话或市话。如果该用户不能拨打国内长话，但拨的第一位码为“0”，就向该用户送特殊信号音，以提示用户拨号有误。接收 1~3 位号码后，就可进行局向分析，并决定应该收几位被叫号码。

⑤ 接至被叫用户　如果局向分析确定是本局呼叫，交换机就逐位接收并存储主叫用户所拨的被叫号码，然后从 T 接线器、S 接线器组成的交换网络中找出一条通向被叫的空闲通路。如果没有空闲路由，就向主叫送忙音或稍等的提示音。

⑥ 振铃　交换机检测被叫用户是否为合法用户，若非合法用户，则给主叫发送特殊信号音。若用户是合法用户，交换机还要查询被叫的忙闲状态。若被叫空闲，就将振铃信号送往被叫，同时向主叫送回铃音；若被叫忙，则向主叫送忙音。

⑦ 被叫应答通话　交换机检测到被叫摘机应答后，停止向被叫送振铃信号和向主叫停送回铃音，同时接通话路让主被叫通话，并监视主被叫的用户线状态。

⑧ 话终挂机　交换机检测到挂机状态后，释放交换资源，路由复原。如果话终后挂机信号来自主叫，则向被叫送忙音；如果话终后挂机信号来自被叫，则向主叫送忙音。

除上述基本动作外，在接通主被叫通道和拆除通道期间，交换机还要对信道的接通使用进行计时，以便按通话时长计算话费。通话结束时间的确定有两种方式，一种是将主叫挂机作为通信结束，另一种将被叫挂机作为结束。

（2）固定电话呼叫移动手机的工作过程

固定电话呼叫移动手机的过程比固定电话之间建立呼叫过程要复杂，简述如下。

1）固定电话网的用户摘机并拨打移动用户的电话号码。

2）固定电话程控交换机分析用户所拨打的移动用户号码，得知此用户是要接入移动用户网，然后转接到移动网的关口移动交换中心（GMSC）。

3）关口移动交换中心分析用户所拨打的移动用户号码。因为移动交换中心没有被叫用户的位置信息，而用户的位置信息只存放在用户办理手机开户时登记的归属寄存器（HLR）和访问登记表（VLR）中，所以移动交换中心分析用户所拨打的移动用户号码，得到被呼用户所在的归属寄存器地址，取得被呼用户的位置信息，得到被叫用户的所在地区，同时也得到与该用户建立话路的信息。这个过程称为归属寄存器查询。

4）关口移动交换中心找到当前为被叫移动用户服务的移动交换中心。

5）由正在服务于被叫用户的移动交换中心得到呼叫的路由信息。正在服务于被叫用户的移动交换中心产生一个手机漫游号码（MSRN），给出呼叫路由信息。这里的手机漫游号码是一个临时移动用户的号码，该号码在接续完成后即可释放给其他用户使用。

6）移动交换中心与被呼叫的用户所在基站连接，完成呼叫。

（3）移动手机发起呼叫的工作过程

当一个移动用户要建立一个呼叫时，只需拨打被用户的号码，再按“发送”键，移动用户便启动呼叫程序。首先，移动用户通过随机接入信道（RACH）向系统发送接入请求消息，移动交换中心便分配给主叫一个专用信道，查看主叫用户的类别并标记此主叫用户正忙，若系统允许该主叫用户接入网络，则移动交换中心发送证实接入请求消息。

如果被叫用户是固定用户，则系统直接将被叫用户号码送入固定电话网（PSTN），固定电话网交换机根据被叫号码将通道线路连接至目的地。这种连接方式与固定电话的区别仅在于发送端的移动性，即移动台先接入移动交换中心，移动交换中心再与固定电话网相连，之后就按与固定电话接续相同的方式由固定电话网接到被呼叫的用户端。

如果被呼号是同一移动网中的另一个移动台，则移动交换中心以类似从固定网发起呼叫的处理方式，进行归属寄存器的请求过程，转接被叫用户的移动交换机，一旦接通被叫用户的链路准备好，网络便向主叫用户发出呼叫建立证实信号，并给主叫分配专用业务信道（TCH）。主叫用户等候被叫用户响应证实信号，从而完成移动用户主叫呼叫过程。因此，移动台呼叫移动台是“移动台呼叫固定电话网用户”以及“固定电话网用户呼叫移动台”两者的结合。但由于移动台的移动性，就造成呼叫过程更复杂，要求也更高。其复杂之处在于移动台与移动交换中心之间的信息交换，包括基站与移动台之间的连接以及基站与移动交换中心之间的连接。

5.1.3　电话号码背后的秘密

随着程控交换机的普及使用，用户电话数目呈爆发式增长，用户遍及世界各个角落，亟需一种有效的方式来管理用户的电话号码，使每个用户能有一个全球唯一的号码，以便实现全球互通且不会发生号码冲突。这样，用户电话号码就成了一种不可再生的资源，一旦被某人占用，其他人就不能再用了。对电话号码的管理旨在确定电话号码资源的分配和使用规则，包括固定电话和移动电话号码的分配。

1. 固定电话号码的分配规则

ITU曾经试图提出一个全球通用的标准，但是目前世界上不同地区的电话号码分类形式依然各不相同。例如，ITU建议成员国家采用“00”作为国际接入号，然而美国和加拿大等国家却采用了北美的电话号码分类计划。澳大利亚也有自己的标准。ITU制定的《E.164国际电信网编号》标准具体定义了国家区号并限制了一个完整的国际电话号码的最大长度。每个号码表明了一个国家或一组国家，每个国家可以自己定义国内电话的分类。根据该标准，固定电话号码的组织结构为：国际或国内接入号+国家区号+地区号+本地号码。

1）国际或国内接入号：只有拨打国际和国内非本地电话时需要输入的电话号码。最常用的国内接入号是“0”，最常用的国际接入号是“00”。这是我们常见的长途区号字冠。

2）国家区号：代表一个国家名称的电话号码，只有拨打某一国家的电话时需要输入。

3）地区号：代表一个地区名字的电话号码，固定电话只有拨打国内非本地电话时才需要输入。

4）本地号码：代表本地电话网内某一用户名字的电话号码，任何时候都需要输入。

如果拨打本地和长途电话的方式不同，称这种电话组织方式为开放拨号系统。在这种系统中，拨打同一个城市或地区的电话号码，呼叫方只需要拨本地号码，但如果拨打区域外的号码，则需要加拨区号。区号之前有一个长途字冠码‘0’，而国际长途则可以省去国内长途码的这个‘0’。

如果拨号用户的电话号码长度是固定的标准，称这种电话号码组织方式为封闭拨号系统。在这种系统中，拨打所有地区电话用户的呼叫方式都是相同的，即使是在同一地区的用户也如此。这种方式主要用于小国家或地区，不需要地区号，因此长途字冠码‘0’也可以省略。

我国电话号码分配体制采用的是开放拨号系统，地区号码和用户电话号码长度采用不等位制，一个完整的国内电话号码总长度为 11 位，这样一来，拨打国际电话的一般顺序是：国际长途字冠码+国际电话区号+国内电话区号+开放电话号码。

例如，如果从国外拨打成都理工大学校内用户的电话，其拨号为“00 86 28 8407 xxxx”，其中，00 为国际字冠码，我国的国际长途电话区号为 86，成都地区的长途区号为 28，成都市电信公司第四分公司编号为 84，成都理工大学校内用户交换机编号为 07，xxxx 为用户电话号码。若要从四川省拨打成都该用户的电话，其拨号为“028 8407 xxxx”，其中，0 为国内长途冠码，28 为成都地区的长途区号。若要从成都拨打该本地用户电话，就不用再拨打 028 了。从这里可以看出，成都本地电话 8 位号码中，前两位的 84 表示的是中国电信（8），成都市电信公司第四分公司（4），负责的是成都市东北片区，而 07 反映的是成都理工大学，是成都市东北片区中的一个小区，最后的 4 位数字才是这个小区中某一用户被分配的电话号码。因此，从一个电话号码中就能大致确定一个用户所在的小区位置，这样有利于对用户电话的管理，方便程控交换电路资源的调度和管理。图 5-10 所示为长途电话的区号分配示例（部分地区）。从中可见，北京、直辖市的区号只有两位数字，这是因为这些地方的人口多，可预留 8 位数字给用户分配号码；而地级市的区号有 3 位，因为这些地方的人口相对少些，只预留 7 位数字给用户分配号码就够了。

北京市	010	哈尔滨市	0451	金华市	0579	新余市	0790	湖北省	
上海市	021	齐齐哈尔市	0452	衢州市	0570	九江市	0792	武汉市	027
天津市	022	大庆市	0459	舟山市	0580	鹰潭市	0701	黄石市	0714
重庆市	023	伊春市	0458	温州市	0577	上饶市	0793	襄樊市	0710
河北省		牡丹江市	0453	台州市	0576	宜春市	0795	十堰市	0719
石家庄市	0311	佳木斯市	0454	安徽省		临川市	0794	宜昌市	0717
邯郸市	0310	绥化市	0455	合肥市	0551	吉安市	0796	荆门市	0724
邢台市	0319	黑河市	0456	淮南市	0554	赣州市	0797	孝感市	0712
保定市	0312	江苏省		蚌埠市	0552	山东省		黄冈市	0713
张家口市	0313	南京市	025	马鞍山市	0555	济南市	0531	恩施市	0718
承德市	0314	徐州市	0516	安庆市	0556	青岛市	0532	荆州市	0716
唐山市	0315	连云港市	0518	黄山市	0559	淄博市	0533	湖南省	
秦皇岛市	0335	淮安市	0517	滁州市	0550	德州市	0534	长沙市	0731
沧州市	0317	宿迁市	0527	宿州市	0557	烟台市	0535	株洲市	0733
衡水市	0318	盐城市	0515	巢湖市	0565	潍坊市	0536	湘潭市	0732
廊坊市	0316	扬州市	0514	宣州市	0563	济宁市	0537	衡阳市	0734
山西省		南通市	0513	福建省		泰安市	0538	岳阳市	0730
太原	0351	镇江市	0511	福州市	0591	临沂市	0539	常德市	0736
大同市	0352			厦门市	0592	滨州市	0543	郴州市	0735
				三明市	0598	东营市	0546	益阳市	0737
						威海市	0631		
						枣庄市	0632		
						日照市	0633		

图 5-10　长途电话的区号分配示例（部分地区）

2. 移动电话号码的分配规则

移动用户的手机号码被称为 MSISDN，MSISDN＝CC（国家码）+NDC（7 位国内目的地码）+SN（4 位用户号码）。

目前我国规定移动用户的手机号码为 11 位，其中各段的含意为：前 3 位表示网络识别号，第 4~7 位表示地区编码，第 8~11 位表示用户号码，一般用前 7 位决定移动用户所在的位置。

例如，手机号码的前 3 位表示网络识别号，即识别该号码由哪个公司提供服务，这 3 位的分配如下。

中国移动：134、135、136、137、138、139、147、150、151、152、157、158、159、172、178、182、183、184、187、188、198。

中国联通：130、131、132、145、155、156、166、171、175、176、185、186、166。

中国电信：133、149、153、173、177、180、181、189、199、1349 卫通。

手机号码中的第 4~7 位也叫归属用户位置寄存器（HLR）号，例如，1347284 表示中国移动公司上海分公司提供的服务；1367854 表示中国移动公司贵州都匀的电话服务；1340556 表示用户所在位置为江苏扬州。

5.1.4　从骨干网到本地网的分级

一个用户可以与同一个电话交换机中的其他用户通过交换机中的交换路由进行连接，但一个电话交换机可直接连接的用户数量总是有限的，通常只能解决某一地理区域内用户的电话路由交换。为了解决更大范围内众多用户的电话连接，通常的做法是将大一点的区域拆分成若干小一点的区域，每个小区域由一个电话交换局的交换机负责其中的用户电话连接，再通过中继线将各小区域的交换机连接起来形成一个大区域。例如，一个省会城市通常会在每个区设一个交换局，每个所辖县级设一个交换局。类似地，一个省范围的电话由各地级市的交换机通过长途中继线互联成全省的电话交换网络，而全国各省之间用户的电话交换则通过省际长途中继线连接成全国范围的电话交换网。更进一步，世界各国之间的电话通信则是通过国际长途中继线连接形成全球电话通信网。这样一来，电话网就形成了县区级、地市级、省级、国家级、全球级的分层网络，如图 5-11。其中，连接各地交换局的线路都属于局间中继线，根据通信容量的大小，中继线采用了不同的传输介质，目前主要是大容量的光纤干线。下面来看一下连通千家万户的电话网是如何进行管理的。

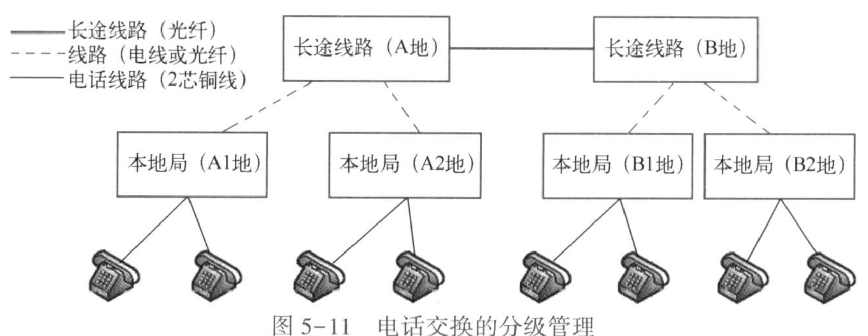

图 5-11　电话交换的分级管理

1. 电话网的概念

先来认识一下电话网。电话网是指传递电话信息的通信网，是一种面向连接、点对点、可以进行交互式语音通信、开放电话业务的通信网。由于过去电话业务主要由电信部门提供，故常将公共交换电话网（PSTN）称为电话网。此外，还有专门为某些部门内部用户通信组建的电话网，如铁道、电力、航空、军队、公安等内部用的电话网，这些电话网使用范围受限，常称专用通信网或专用电话网。根据电话终端是否可移动，电话网又可分为固定电话网和移动电话网。

电话网主要由交换机、用户线和局间中继线、用户终端设备三部分组成。

2. 本地电话网的概念

本地电话网（LTN）是指在一个统一号码长度的编号区内，由端局、汇接局、局间中继线、长市中继线，以及用户线、电话机组成的电话网。从地域范围来看，本地电话网包括大、中、小城市和区县一级的电话网络。例如，北京市本地电话网的服务范围包括市区部分、郊区部分和所辖县城及其农村部分，是一个大型本地电话网。

为了便于长途电话的传输，常将多个本地电话网通过中继线连接在一个交换局，称为电话汇接，完成电话汇接的交换局称为汇接局。如果一个电话局接收外地打来的电话，则该电话称为来话，该线路叫来话线路，对方电话局称为来话局。反之，一个电话局往另一个电话局打电话，则称该电话为去话，该线路为去话线路，该电话局为去话局。

在电信网上采用的汇接方式主要有去话汇接、来话汇接、来去话汇接、集中汇接、主辅汇接等，如图 5-12 所示。去话汇接方式中，汇接区 1 的所有交换端局，如端局 1、端局 2，要与汇接区 2 的用户通电话，需先通过中继线汇接到汇接区 1 的去话汇接局，统一由去话汇接局通过中继线连接到汇接区 2 的所有交换端局，如端局 3、端局 4。

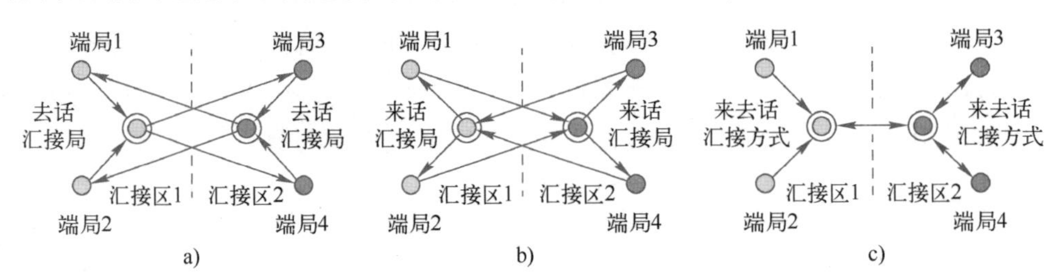

图 5-12　本地电话网的汇接方式

a）去话汇接方式　b）来话汇接方式　c）来去话汇接方式

3. 接入网的概念

接入网是指骨干传输网络到用户终端之间的所有设备。其长度一般为几百米到几千米，因而被形象地称为“最后一公里”。接入网的接入方式包括普通电话铜线接入、光纤接入、有线电视电缆中的光纤同轴电缆混合接入、无线接入和以太网接入等方式。利用接入网可以将电话网、电视网、互联网所提供的各种业务接入到用户家庭。

根据ITU关于接入网框架的建议（G.902），接入网是由业务节点接口（SNI）和相关用户网络接口（UNI）组成的，是为传送电信业务提供所需承载能力的系统，经管理接口（Q3）接口进行配置和管理。因此，接入网可由三个接口界定，即网络侧经由SNI与业务节点相连，用户侧由UNI与用户相连，管理方面则经Q3与电信管理网（TMN）相连。接入网不解释信令。

用户接入网在通信全网中的位置如图5-13所示。其中，CPN是指从用户驻地业务集中的地点到用户终端的传输及线路等相关设施，简称用户驻地网。

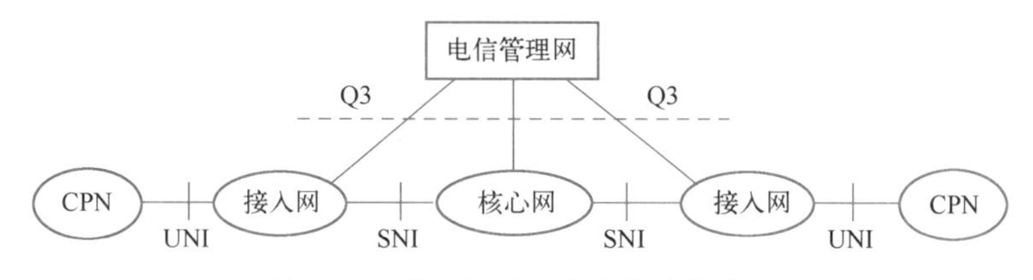

图5-13　用户接入网在通信中的位置

业务节点是提供业务的实体，可提供规定业务的业务节点有本地交换机、租用线业务节点或特定配置的点播电视和广播电视业务节点等。SNI是接入网和业务节点之间的接口，可分为支持单一接入的SNI和支持综合接入的SNI。接入网与用户间的UNI能够支持目前网络所能够提供的各种接入类型和业务。接入网对用户和业务节点的接口如图5-14所示。

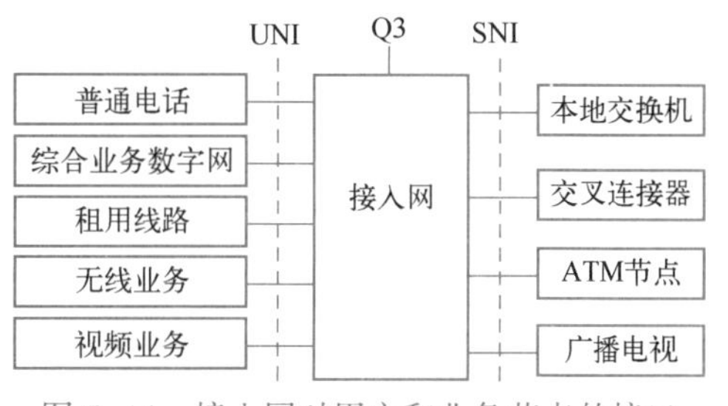

图5-14　接入网对用户和业务节点的接口

接入网的管理由TMN负责，以便统一协调管理不同的网元。接入网的管理不但要完成接入网各功能块的管理，而且要附加完成用户线的测试和故障定位。

传统的接入网用户接入技术主要有以双绞线为基础的铜缆技术、混合光纤/同轴（FHC）网技术和混合光纤/无线接入技术、无线本地环路技术（WLL/DWLL）及以太网技术。

目前接入网接入技术应用最多的是无源光纤网络（PON）接入技术。PON是指光配线网（ODN）中不含有任何电子器件及供电电源，全部由光纤和光分路器等无源器件组成，不需要贵重的有源电子设备。而有源光纤网络的光网络单元使用了放大器，因而需要供电电源，同时放大器使信号不能双向传输。

PON包括一个安装于中心控制站的用于连接光纤干线的光线路终端（OLT），以及一些配套的安装于用户场所的以广播方式发送以太网数据的光网络单元（ONU）。在OLT与光网络用户终端（ONT）之间的光配线网包含了光纤以及无源分光器或者耦合器。PON

网络结构如图 5-15 所示。

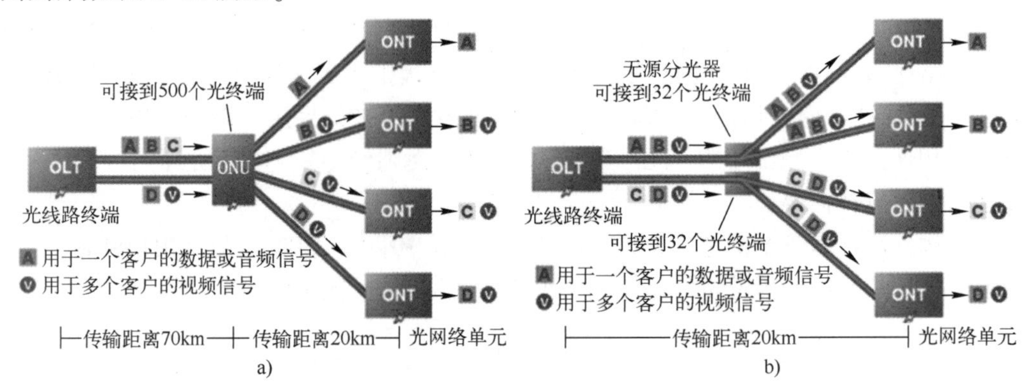

图 5-15　PON 网络结构
a）有源光网络　b）无源光网络

PON 主要用于解决用户通信的宽带接入问题。从整个网络的结构来看，由于光纤的大量敷设，光密集波分复用（DWDM）等新技术的应用使得主干网络达到 100 Gbit/s 以上。但传统采用电话线连接网络主干和局域网到家庭用户住处使传输速率受到限制。在这种情况下，PON 被认为是最好的解决办法。由于 PON 消除了局端与用户端之间的有源设备，从而使得维护简单、可靠性高、成本低，而且能节约光纤资源，是未来光纤到户（FTTH）的主要解决方案。目前的 PON 技术主要有 APON、EPON 和 GPON 等几种。

APON 是 20 世纪 90 年代中期就被 ITU 和全业务接入网论坛（FSAN）标准化的 PON 技术，FSAN 在 2001 年底又将 APON 更名为 BPON。在 PON 中采用 ATM 技术就成为 ATM-PON，简称 APON，其最高速率为 622 Mbit/s。APON 实现用户与 PSTN/ISDN 宽带业务、BISDN 宽带业务和非 ATM 业务节点之一的连接。APON 的第二层协议采用的是 ATM 封装和传送技术，因此存在带宽不足、技术复杂、价格高、承载 IP 业务效率低等问题。

为更好适应 IP 业务，第一英里以太网联盟（EFMA）在 2001 年初提出了在第二层协议采用以太网取代 ATM 的 EPON 技术，IEEE 802.3ah 工作小组对其进行了标准化，使 EPON 可以支持 1.25 Gbit/s 对称速率，将来速率还能升级到 10 Gbit/s。EPON 产品得到了更大程度的商用，由于其将以太网技术与 PON 技术很好地结合，因此成了适合 IP 业务的宽带接入技术。对于 Gbit/s 速率的 EPON 系统也常被称为 GE-PON。EPON 与 APON 最大的区别是 EPON 根据 IEEE 802.3 协议，数据包长可变至 1518 字节来传送数据，而 APON 根据 ATM 协议按照固定长度 53 个字节包来传送数据，其中有 48 个字节的负荷，5 个字节的开销。

在 EFMA 提出 EPON 概念的同时，FSAN 又提出了 GPON，FSAN 与 ITU 已对其进行了标准化，其技术特色是在第二层协议采用 ITU-T 定义的通用成帧规程（GFP），对 Ethernet、TDM、ATM 等多种业务进行封装映射，能提供 1.25 Gbit/s 和 2.5 Gbit/s 下行速率和所有标准的上行速率。

PON 的优点是：①消除了户外的有源设备，所有的信号处理功能均在交换机和用户宅内设备完成，而且这种接入方式的前期投资小，大部分资金要推迟到用户真正接入时才投入，因此建设初期相对成本低；②它是纯介质网络，彻底避免了电磁干扰和雷电影响，适合在自然条件恶劣的地区使用，传输途中不需要电源，没有电子部件，因此容易敷设，基本不用维护，长期运营成本和管理成本低；③传输距离比有源光纤接入系统短，覆盖的范围较小，但它造价低，无须另设机房，容易维护、扩展、升级，因此这种结构可以经济地为居家用户服务；④提供高的带宽，EPON 目前可以提供上下行对称 1.25 Gbit/s 的带宽，并可以升级到 10 Gbit/s，GPON 则是高达 2.5 Gbit/s 的带宽；⑤服务范围大，PON 作为一种点到多点网络，以一种光分路方式来节省资源，服务大量用户，用户共享局端设备和光纤的方式节省了用户投资；⑥带宽分配灵活，服务有保证，可以实现用户级的服务水平协议（SLA）。

4. 国内长途电话网的概念

长途电话网简称长途网，是一种能提供不同编号区域城市之间或省与省之间用户的长途电话业务和接入国际长途电话业务的电话网，一般与本地电话网在固定的几个交换中心完成汇接。在各城市都设一个或多个长途电话交换中心，各长途交换中心间由各级长途传输设施连接起来。这些传输设施包括传输终端设备与交换设备以及两交换局之间的传输线路，如架空明线、电缆、光缆、载波或数字传输系统以及无线传输设备、数字微波或卫星通信设备等。

在由原邮电部门所管理的我国长途电话网中，其基本网络构成为四级网，分别为 C1~C4。C1 为大区交换中心。到 1992 年底，我国共有 8 个大区交换中心，包括北京、天津、沈阳、上海、南京、广州、西安、成都；有 3 个国际局，包括北京、上海和广州。现设为 6 个大区交换中心，即西安、北京、沈阳、南京、武汉、成都，另设天津、重庆、广州、上海作为辅助中心。大区交换中心的长途电话区号只用两位表示，如北京为 10、广州为 20、上海为 21、天津为 22、重庆为 23、沈阳为 24、南京为 25、武汉为 27、成都为 28、西安为 29。图 5-16 所示为 10 个大区交换中心的长途电话区号和部分骨干路由。

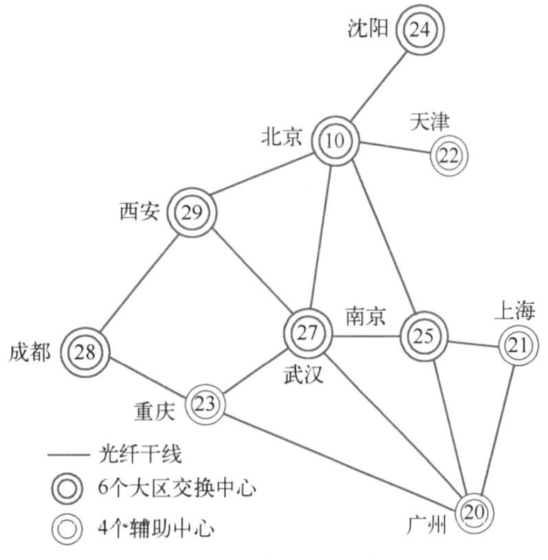

图 5-16　10 个大区交换中心的长途电话区号和部分骨干路由

C2 为省级长途交换中心，C3 为地级市长途交换中心，C4 为区县级长途交换中心，如

图 5-17 所示。地级市长途交换中心的长途区号由 3 位数字构成，县级长途交换中心的长途区号由 4 位构成。这种不等位的长途区号分配方案可以保证长途区号+本地电话号码的总和为 11 位。图 5-17 指出了成都理工大学用户的 11 位完整国内电话号码 028 84071234 的形成过程。

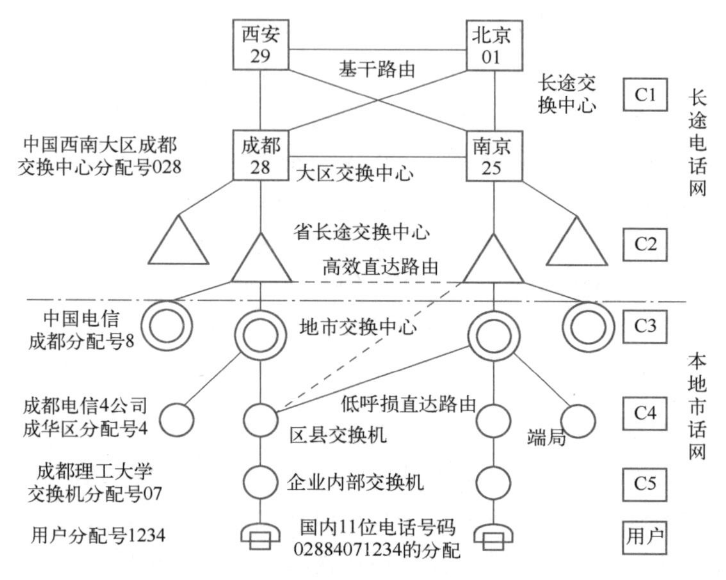

图 5-17　长途电话网的分级和路由示例

在实际的跨省长途电话接续路由选择中，通常是先选用户话机到本地的区县级交换机的路由，再到地市级交换机的路由、省级交换机的路由、大区交换中心的路由，最后到另一个大区交换中心的路由，这样的路由称为基干路由。但如果两个邻近省的邻近乡镇选择这样的基干路由将占用大量的传输线路，因此常在两个省的邻近县、邻近市之间建设一些直接到达的传输线路，称为低呼损直达路由或高效直达路由，这样，两个跨省用户电话接续的路由选择原则为：先选直达路由，再选迂回路由。选迂回路由时应尽量选择汇接次数少的路由。

5. 国际长途电话网的概念

国际长途电话网是指将世界各国的电话网相互连接起来进行国际通话的电话网。为此，每个国家都需设一个或几个国际电话局进行国际去话和来话的连接。一个国际长途通话实际上是由发话国的国内网部分、发话国的国际局、国际电路和受话国的国际局以及受话国的国内电话网等几部分组成的。国际局也分三级：CT1 国际中心局、CT2 国际汇接局、CT3 国际出入局。

5.1.5　软交换对传统交换模式的终结

由于历史的原因，现有通信网根据所提供的不同业务被垂直分为几个单业务网络，如电话网、数据网、CATV 网、移动网。这些网络都是针对某类特定业务设计的，因而制约了向其他类型业务的扩展。传统的基于电路交换的网络体系结构中，业务与交换、控制与交换结构互不分离，缺乏开放性和灵活性。

随着通信网络技术的飞速发展，人们对于宽带及业务的要求也在迅速增长，为了向用户提供更加灵活、多样的现有业务和新增业务，以及更加个性化的服务，有人提出了下一代网络的概念，且目前各大电信运营商已着手进行下一代通信网络的实验，软交换技术又是下一代通信网络解决方案中的焦点之一。

20 世纪 90 年代中期，朗讯的贝尔实验室提出软交换概念，1999 年国际软交换论坛（ISC）建立。根据国际软交换论坛的定义，软交换是基于分组网利用程控软件提供呼叫控制功能和媒体处理相分离的设备和系统。因此，软交换的基本含义是将呼叫控制功能从媒体网关（传输层）中分离出来，通过软件实现基本呼叫控制功能，从而实现呼叫传输与呼叫控制的分离，为控制、交换和软件可编程功能建立分离的平面。软交换主要提供连接控制、翻译和选路、网关管理、呼叫控制、带宽管理、信令、安全性和呼叫详细记录等功能。与此同时，软交换还将网络资源、网络能力封装起来，通过标准开放的业务接口和业务应用层相连，可方便地在网络上快速提供新的业务。软交换功能框图如图 5-18 所示。

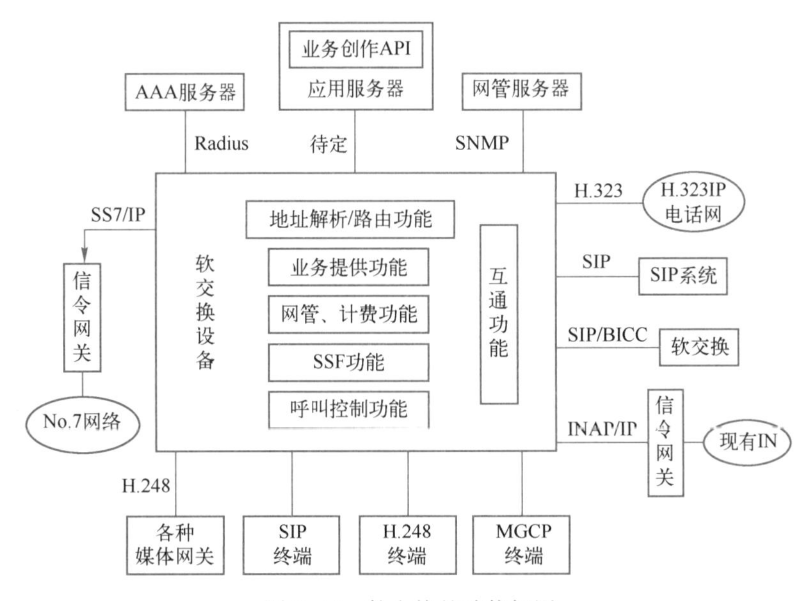

图 5-18　软交换的功能框图

软交换技术是一组由多个功能平面中的网元协同执行并完成交换功能，建立端到端通信连接，利用集成电路交换与分组交换，并传送融合业务功能，提供语音、数据、传真和视频相结合的业务，以及未来通过开放应用程序接口（API）提供新业务的技术。软交换的目标是在媒体设备和媒体网关的配合下，通过计算机软件编程的方式来对各种媒体流进行协议转换，并基于分组网络（IP/ATM）的架构实现 IP 网、ATM 网、PSTN 网等的互联，以提供和电路交换机具有相同功能且便于业务增值和灵活伸缩的设备。

软交换可看作一种控制设备，它诞生于这样一种思路：把传统交换机按功能肢解，控制功能由软交换完成，承载功能由媒体网关完成，信令功能由信令网关完成。软交换技术采用了电话交换机的先进体系结构，并采用互联网中的 IP 包来承载语音、数据以及多媒体流等多种信息。图 5-19 所示所示为软交换结构。

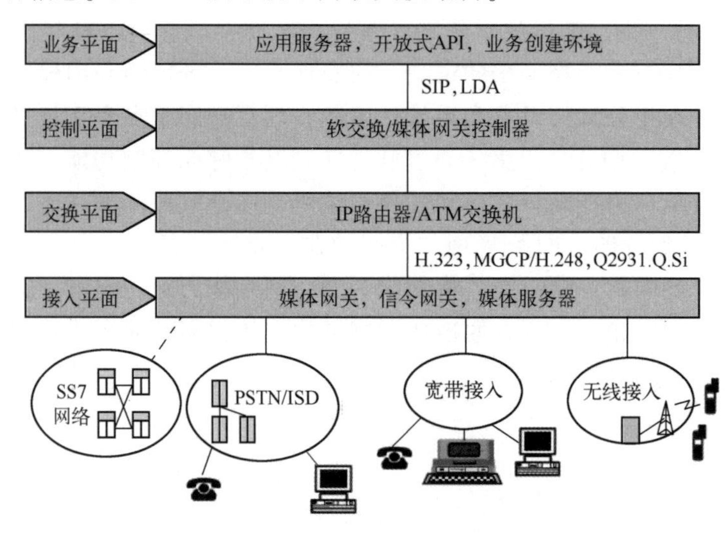

图 5-19　软交换结构框图

（1）业务平面

包含应用服务器、开放式 API 和业务创建环境。应用服务器提供增强业务、管理和计费的执行，如统一消息业务、预付费卡业务和 IP 呼叫等待业务等。具有至控制平面的信令接口，并提供用于创建和配置各种业务的 API。

（2）控制平面

主要由媒体网关控制器（MGC）组成，业界通常将其称为软交换机。它提供传统有线网、无线网、7 号信令网和 IP 网的桥接功能，包括建立电话呼叫、管理通过各种网络的语音和数据业务流量，是软交换技术中的呼叫控制引擎。

媒体网关控制器主要执行以下功能：呼叫控制、根据媒体网关控制协议控制媒体网关、支持 H. 323 和会话发起协议（SIP）等会话层协议、提供业务等级/业务质量控制、提供 7 号信令（SS7）与 IP 的接口、为受控媒体网关和 7 号信令（SS7）网关提供各种配置、有选择地支持带宽管理控制和关守功能、支持选路和编号。

（3）交换平面

由 IP 路由器/ATM 交换机组成。

（4）接入平面

包括媒体网关（MGW）、信令网关（SGW）和媒体服务器（MS）。

媒体网关执行不同媒体流之间的转换处理功能，如ATM/IP分组网与传统公用电话交换网（PSTN）之间需提供电路交换与分组资源之间的转换处理，包括语音和视频压缩、回波抵消、传真、中继等所需的DSP资源管理、TDM时隙指配、实时传输协议（RTP）以及媒体网关控制协议的执行等。媒体网关可通过SS7接口与原先的系统集成为现有用户带来新业务。根据所处位置或所处理媒体流的不同，媒体网关可分为中继网关、接入网关、无线网关以及多媒体网关等几种类型。

信令网关用于桥接7号信令与PSTN、ATM/IP网，建立信令网关到软交换之间用ATM/IP承载7号信令所需的协议、定时和组帧，以便在SGW与软交换机之间传送SS7信息。

媒体服务器用于提供特殊资源（如会议、传真、通知、语音识别和处理）至网关的承载接口等。它的功能有时也可在媒体网关中构建。

H.323是一个单一标准，对于呼叫的建立、管理以及所传输媒体格式等各个方面都有完善而严格的规定。一个遵守H.323标准建立的多媒体系统，可以保证实现客户稳定完善的多媒体通信应用。

SIP标准是一个实现实时多媒体应用的信令标准，它采用了基于文本的编码方式，使得它在点到点的应用环境中具有极大的灵活性、扩充性以及跨平台使用的兼容性，这一点使得运营商可以十分方便地利用现有的网络环境实现大规模的推广应用。

软交换位于网络控制层，较好地实现了基于分组网利用程控软件提供呼叫控制功能和媒体处理相分离的功能。软交换是实现传统程控交换机呼叫控制功能的实体，但传统的呼叫控制功能是和业务结合在一起的，不同的业务所需要的呼叫控制功能不同，而软交换是与业务无关的，这要求软交换提供的呼叫控制功能是各种业务的基本呼叫控制。

5.1.6　殊途同归的网络电话

采用软交换技术后，加速了电话网与互联网的融合，使互联网能像传输数据业务一样传输语音数据，导致了网络电话的普及。

1. 网络电话的VoIP实现方法

VoIP即互联网电话（或称网络电话）和IP电话，指将模拟的声音信号经过压缩与封包之后，以数据封包的形式在互联网环境下进行语音信号的传输。

VoIP的基本原理是通过语音的压缩算法对语音数据编码进行压缩处理，然后把这些语音数据按TCP/IP标准进行打包，使之可以采用无连接的UDP协议进行传输，经过互联网网络把数据包送至接收方，再把这些语音数据包串联起来，经过解压处理后恢复成原来的语音信号，从而达到由互联网传送语音的目的。

实现在一个 IP 网络上传输语音信号需要两个或多个具有 VoIP 功能的设备，这些设备通过 IP 网络进行连接。收发两者之间的网络必须支持 IP 传输，且可以是 IP 路由器和网络链路的任意组合，因此可以简单地将 VoIP 的传输过程分为下列几个阶段。

（1）语音到数据的转换　为了通过 IP 方式来传输语音，首先要将模拟语音信号转换为数字信号，即对模拟语音信号进行 8 位或 16 位的量化，然后送入缓冲存储区，缓冲器的大小可以根据延迟和编码的要求选择。许多低比特率的编码器以帧为单位进行编码，典型帧长为 10~30 ms。考虑传输过程中的代价，语音包通常由 60 ms、120 ms 或 240 ms 的语音数据组成。数字化可以使用各种语音编码方案来实现，目前采用的语音编码标准主要有 ITU-T G. 711。源和目的地的语音编码器必须实现相同的算法，这样目的地的语音设备才可以还原模拟语音信号。

（2）将原数据转换为 IP 数据包的过程　将语音码片以特定的帧长进行压缩编码，大部分的编码器都有特定的帧长，若一个编码器使用 15 ms 的帧，则把各 60 ms 的语音数据包分成 4 帧，并按顺序进行编码。抽样率为 8 kHz 的语音信号，每个帧含(8000/1000)×15=120 个语音样点。编码后，将 4 个压缩的帧合成一个压缩的语音包送入网络处理器，由网络处理器为语音添加包头、时标和其他信息后通过网络传送到另一端点。IP 网络不像电路交换网络，它不会形成点对点的连接，而是把数据放在可变长的数据报或分组中，然后给每个数据报附带寻址和控制信息，并通过网络发送逐站转发到目的地。

（3）传送　在 IP 网络通道中，全部网络被看成一个从输入端接收语音包，然后在一定时间 t 内将其传送到网络输出端的整体。通常 t 是变化的，反映了网络传输中的抖动。网络中的各节点检查每个 IP 数据附带的寻址信息，并使用这个信息把该数据报转发到传送路径上的下一站。网络链路可以是支持 IP 数据流的任何拓扑结构或访问方法。

（4）将 IP 包还原为语音数据过程　目的地 VoIP 设备接收语音 IP 数据包并进行处理。网络终端设置有一个可变长度的缓冲器，用来调节网络产生的抖动。该缓冲器可容纳许多语音包，用户可以选择缓冲器的大小。小的缓冲器产生延迟较小，但对抖动的调节能力较弱。接收端的解压缩器将经压缩的 IP 语音包解压缩后还原为成帧的语音包，这个帧长应与发送端的帧长相同。在数据报的处理过程中，去掉寻址和控制信息，保留原始数据，然后把原数据提供给解码器。

（5）数字语音转换为模拟语音信号　播放驱动器将缓冲器中的 120×4=480 个语音样点取出送入声卡，通过扬声器按预定的频率（如 8 kHz）播出。

IP 电话系统建设应遵循五项基本原则。

1）延时 400 ms 的基本原则。只有端到端延迟降低到 400 ms 以下，将丢包率降低到 5%~8%，才能使 IP 电话达到传统电话所具有的语音质量。因此必须自始至终保证这两项指标。

2）99. 9999%可靠电信原则。要达到电信服务质量、通用业务、全球互通良好，必须有99.9999%的可靠性、内容丰富的服务及收费质量等。

3）多媒体应用发展原则。IP电话可提供多媒体功能和呼叫管理功能，如交互式Web商务、呼叫中心、LAN PBX、协商计算、企业传真等。

4）网络的开放原则。IP电话网络的开放性使用户可以随时买到最先进的程序或者自己编写需要的程序，而不是必须依赖于某些厂商，增大了用户应用的自由度。

5）后方管理的保障原则。大规模的语音业务需要后方管理工具和措施以支撑其商业运作和服务，内容包括用户管理、认证授权、异地漫游且精确到秒或字节的可靠计费系统、网络管理和大规模的业务管理、管理安全性、大规模网络配置和监控等，都是运营商提高网络运营效率必须具备的条件。

IP电话的核心与关键设备是IP网关，它把各地区电话区号映射为相应的地区网关IP地址。这些信息存放在一个数据库中，数据接续处理软件将完成呼叫处理、数字语音打包、路由管理等功能。在用户拨打长途电话时，网关根据电话区号数据库确定相应网关的IP地址，并将此IP地址加入IP数据包中，同时选择最佳路由，以减少传输时延，IP数据包经互联网到达目的地的网关。在一些互联网尚未延伸到或暂时未设立网关的地区，可设置路由，由最近的网关通过长途电话网转接，实现通信业务。

VoIP的种类包括PC到PC、PC到电话、电话到电话。PC到PC和PC到电话称为软件电话，指在PC上下载和安装软件，然后购买网络电话卡，通过耳麦实现和对方固话或手机的通话。电话到电话是一种硬件电话，首先要安装一个语音网关，网关一边接到路由器上，另一边接到普通的话机上，然后普通话机即可直接通过网络进行通话。

图5-20所示为IP运营商网络与用户端的连接网络。支持VoIP功能涉及一些协议栈，如H.323、SIP、MEGACO和MGCP。其中，ITU的H.323系列协议定义了在无业务质量保证的互联网或其他分组网络上进行多媒体通信的协议及其规程。SIP是一种比较简单的会话初始化协议，可以应用于多媒体会议、远程教学及互联网电话等领域。MEGACO/H.248说明了用于转换电路交换语音到基于分组数据包的通信流量的媒体网关（MG）和用于规定这种流量的服务逻辑的媒介网关控制器之间的联系。MEGACO/H.248通知MG将来自数据包或单元数据网络之外的数据流连接到数据包或单元数据流上，如实时传输协议（RTP）。MGCP用于将网关功能分解成负责媒体流处理的媒体网关（MG），以及掌控呼叫建立与控制的媒体网关控制器（MGC）两大部分。同时，MG和MGC的控制下，实现跨网域的多媒体电信业务。

2. 网络电话的VoLTE实现方法

VoLTE指建立在第四代移动通信（LTE）中的多媒体子系统IMS基础上的语音提供方案。

在最初的1G时代，手机只能打电话。到了2G/3G时代，手机除了打电话之外，新增了发短信和上网功能。然而，打电话、发短信和上网属于不同类型的业务，所用的网络、

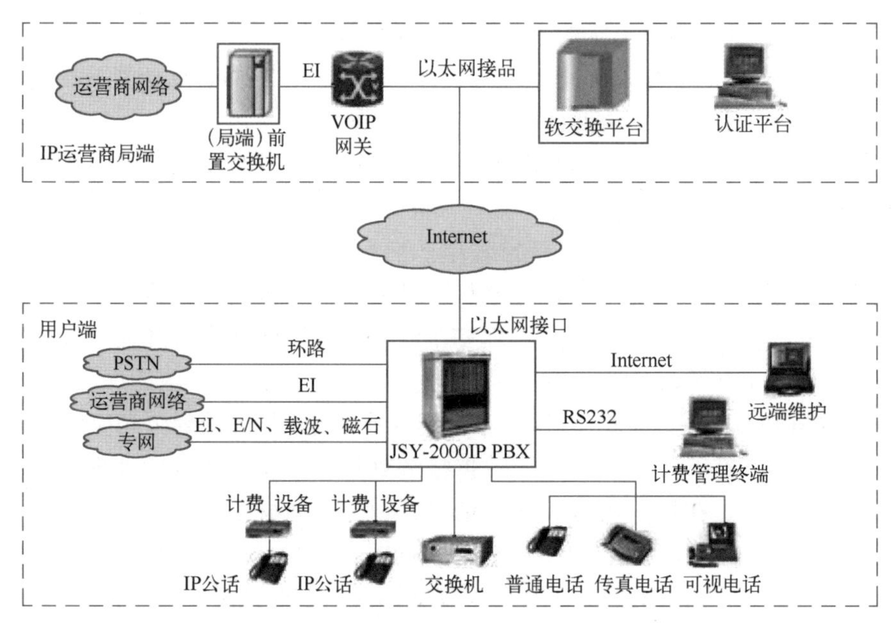

图 5-20　IP 运营商网络与用户端的连接网络

设备和工作原理都不同。图 5-21 所示为移动通信业务和网络的演进。其中，电路交换 CS 是先建立一条专用的电话通道，在通信的整个过程中会一直占用这个通道。例如打电话时，当电话接通后线路将一直被占用至通信结束。而分组交换 PS 是把数据分割为一个一个的数据包进行传输，在通信过程中，并不会一直占用通道。例如，上网时点击链接后才会有数据传输，传完之后就释放通道给别人或别的业务用。

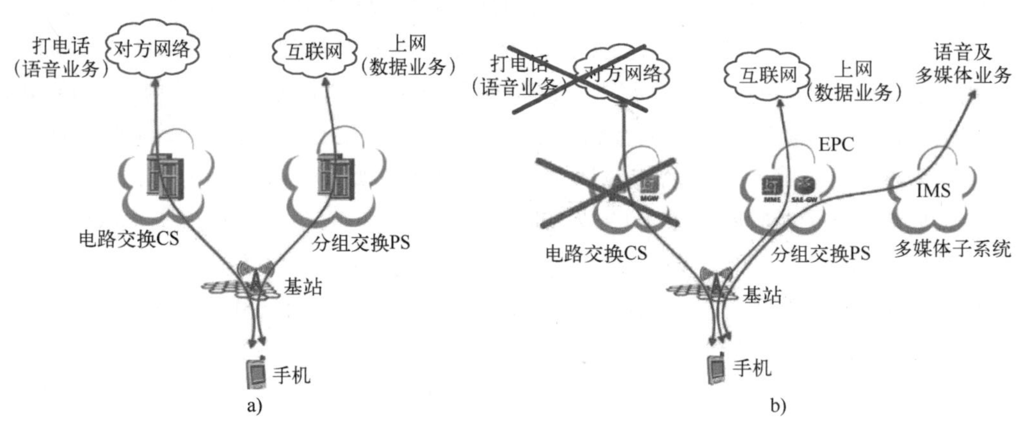

图 5-21　移动通信业务和网络的演进

a）2G/3G 时代的手机业务　b）4G 时代的手机业务

3G 时代 CS 和 PS 同时存在，这需要更多的设备、更多的维护人力、更复杂的网络，因此 4G/5G 以后通过增加多媒体子系统（IMS）来取代电路交换的功能。IMS 既可以使

4G/5G 打语音电话，还能实现视频电话等更多的多媒体功能。3G 时代的 PS 网络变成了 4G/5G 时代增强的分组电路 EPC（分组核心网）网络。

IMS 提供包括 VoIP 在内的多媒体 IP 服务。因为 4G/5G 网络只传送数据包，所以 4G/5G 把语音和相关信令看成和其他数据一样，都打包为数据包进行传输；IMS 网络接收和处理这些数据包，并区分这些数据包的信令和语音数据部分，管理语音的信令包和媒体包。

IMS 是一个在应用层上的网络，工作于 2G、3G、4G，甚至 WiFi 网络之上，包含很多实体、接口、协议等。IMS 网络结构可简化为会话初始协议服务器和媒体网关两部分。会话初始协议服务器负责管理信令部分的功能，媒体网关负责媒体的处理。SIP 服务器类似于 2G/3G 网络的移动交换中心（MSC）。

SIP 也分为注册服务器、呼叫代理服务器，但 SIP 的注册服务器只是记录一个 SIP 账号当前的 IP 地址数据、认证账号密码是否正确；IMS 里的本地用户服务器（HSS）是在 SIP 的注册服务器基础上增加了来电显示业务、呼叫等待业务、彩铃业务等的开关，即收费的计费点。

VoIP 一般在企业内部使用，所以 VoIP 的 SIP 软件、SIP 电话机网关可以直接通过 IP 地址和账号注册上去，然后呼叫在多台服务器上互相路由就可以完成呼叫的目的。这些服务器一般是 SIP 代理服务器，当涉及和固定电话、手机号码互通时，会有 FXO 网关、E1 网关等负责转换。而 IMS 作为运营商的方案，有上亿用户规模，且又分为各省市地分公司，涉及通信漫游。

在图 5-22 所示 IMS 的网络架构中，SIP 代理服务器在 IMS 里称为呼叫会话控制功能（CSCF），包含多个子系统，其中，代理 CSCF（PCSCF）负责直接与 IMS 的终端（类似 SIP 的软电话、硬件电话等）交互。可能会把 SIP 进行压缩或者加密，然后交给查询 CSCF（ICSCF）。ICSCF 通过查询 HSS（Home Subscriber Server，归属用户服务器，用来存

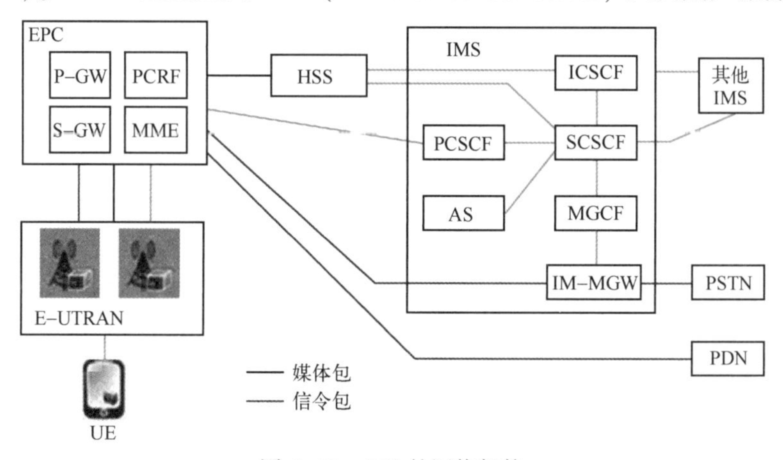

图 5-22　IMS 的网络架构

储用户信息）数据来对用户名和密码进行认证，并查询是否欠费，开通或关闭了哪些业务，以及用户是从哪个 PCSCF 来的，以判断是否为漫游。整个呼叫过程中，PCSCF 只负责接收 SIP 消息，相当于对外联络点。ICSCF 是运营商的核心网络，是运营商内部网络的入口，它根据 HSS 查找用户属于哪个地区，对应分配一个空闲的为该地区服务的服务 CSCF（SCSCF），此时，SCSCF 才是 VoIP 里真正的代理服务器的角色，SCSCF 完成用户注册认证和呼叫的路由处理，以及电话业务的触发（IMS 称为 AS，另外独立成一个子系统）。

综合来分析，PCSCF 和 ICSCF 只起到一个边界安全防护、会话边界控制器（SBC）服务器、负载平衡、服务器分流这类功能，真正处理 SIP 注册和呼叫的原先 VoIP 里标准逻辑的组件是 SCSCF。

从物理上看，PCSCF 可能是全国或省一级中心统一的服务器集群，配合更多的 ICSCF 服务器分布在主干核心网上做分流，背靠一个大的 HSS 服务器群，将不同市县的用户分配到各地的 SCSCF 上进行实际处理，并且 SCSCF 会更多地与当地通信机房里原有的 2G、3G 发生交流，也就是媒体网关（MGW），负责把新的 4G 手机终端和旧的 3G、2G 以及固定电话等对接起来，保持兼容，也就是分组交换 PS、电话交换 CS 域的互通。从这里可以看出，IMS 完全取代了原程控交换机所扮演的角色。

因此，一个最精简的 IMS 的核心组件包含 HSS、CSCF（P、I、S）即可，即把 VoIPSIP 的核心注册服务器和代理服务器按运营需求进行发展。而 MGW 是市面上大量被使用的 VoIP 的模拟网关、数字中继网关，只是运营商对稳定性要求更高，需要额外的集中管理和控制能力，提供一些即时通信（IM）服务，面向个人用户。所以一般还要加上存在服务器、推送服务器、离线存储服务器等云的概念，提供类似 QQ 或微信的功能。

同样，通信不只是面向个人的，也要面向企业，因此还需加入应用服务器（AS）子系统，即现在通信行业内的增值方案，提供电话会议、语音留言、企业语音导航（IVR）、电话呼入自动分配（ACD）等，这样，VoIP 就发展成为具备运营商级的 VoLTE。

VoLTE 的基本电话接续流程：①VoLTE 终端手机接入 LTE 网络，进行 LEE 附着；②附着成功后从 PGW 得到 IP 地址并建立到 IMS 网络的信令承载；③VoLTE 终端通过 IMS 信令承载注册到 IMS 网络；④VoLTE 终端通过客户端发起面向另一 VoLTE 终端的高清语音或视频呼叫；⑤IMS 网络对被叫进行寻址呼叫，被叫振铃；⑥被叫摘机，呼叫成功，双方进行通话。

VoLTE 的最大特点是打电话和上网可以同时进行。VoLTE 相当于在使用 LTE 数据通道的基础上，给电话语音业务开辟了一条高优先级的 VIP 通道，因此不用担心打电话时网络中断。VoLTE 的另一特点是语音的取声频率范围从 300~3400 Hz 扩大到 50~7000 Hz，这是由于 LTE 数据带宽大大增加，VoLTE 将以前的 AMR 编码变成了 AMR-WB 编码，声音码率从 12.2 kbit/s 提升到了 23.85 kbit/s。VoLTE 增加的 3400~7000 Hz 这个频率范围刚好是唇齿音所在的区域，会影响语音中辅音的清晰度。VoLTE 增加这个范围后，用户明显能感觉到 VoLTE 通话比 2G/3G 通话清晰很多，尤其是女性声音频率较高，音质改善更明显。VoLTE 也支持视频通话，画质分辨率由 3G 的 176×144 提高到 480×640 以上。VoLTE 的接续时间也从普通电话接通时间的 5~8 s 缩短至 0.5~2 s。

3. 网络电话的 VoWiFi 实现方法

VoWiFi 技术是用户使用具有 VoWiFi 能力的智能终端，在 WiFi 环境下能够通过传统的拨号方式进行语音和视频通话的一种技术。

相比传统的通话服务，VoWiFi 利用 WiFi 联网完成通话功能，实现移动网络及 WiFi 网络间的自动转换，用户无须特别设置就可以在不同地点实现通话。利用 WiFi 联网克服了移动基站在室内或地下室信号不良的问题，在网络覆盖较弱或受干扰的地方，只要能连上 WiFi，就可拨打或接听电话。

由于 LTE 和 WiFi 都是只传送数据的网络，因此可以像 VoLTE 一样，把 WiFi 作为接入网接入 IMS 实现 VoWiFi。

在图 5-23 所示 VoLTE 和 VoWiFi 并存的 4G 网络结构中，通过运营商自己的 WiFi 经可信无线本地局域网（WLAN）接入网关（TWAG）接入的叫可信任 WiFi，通过家里或公共 WiFi 经演进型分组数据网关（ePDG）接入的叫不可信任 WiFi。不管是可信任的还是不可信任的 WiFi，两者最后都接入 IMS 域。

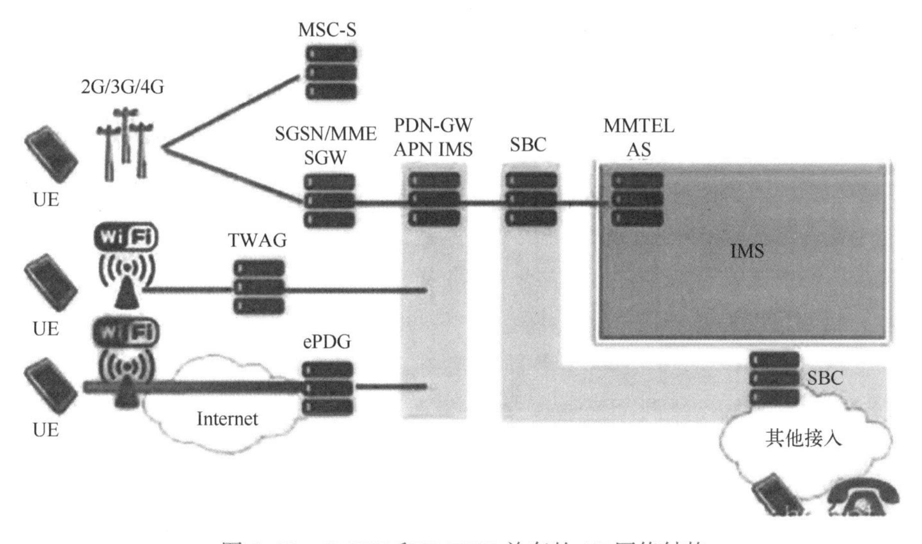

图 5-23　VoLTE 和 VoWiFi 并存的 4G 网络结构

不可信任用户设备（UE）接入必须通过 ePDG 接入核心网，UE 和演进的分组数据网关（ePDG）之间采用 IP 的安全协议（IPSec）隧道承载数据，使得不可信任网络的网元无法感知数据传输，从而保证数据传输的安全性。此时，客户识别模块（SIM）卡将被用于认证，使入侵者无法访问 ePDG 和核心网。可信任 UE 接入移动运营商自建的 WLAN 网络，直接通过分组数据网关（PDN-GW）就能接入移动核心网。

应用于可信任 WiFi 网络和核心网的接口叫 S2a 接口，采用 GTP/PMIP 协议。为了支持互通，需要对现有固网进行较大的改动。例如，需要对固网设备（BRAS/BNG）进行增强改造，使之支持移动性要求。但这种接入方式符合国内运营商的运营环境，对终端影响小。

应用于不可信任 WiFi 网络和核心网的接口叫 S2b 接口，采用 GTP/PMIP 协议。固网通过 ePDG 接入 PDN-GW，通过增强 ePDG 以实现非信任固网和全 IP 的 EPC 互通，对固网改造较小。但 S2b 方式要求终端和 ePDG 之间建立 IPSec，额外开销比较大。

当建立不可信任或可信任 WiFi 网络连接时，验证、授权和记账（AAA）服务器会选择一个已经在归属位置寄存器（HLR）/HSS 登记的接入点 APN。PDN-GW（PGW）会从这个 APN 的地址池里为 WiFi 终端动态分配一个 IP 地址。这个终端设备的 IP 地址被 VoWiFi SIP 用户代理（UA）用于注册 IMS 网络的联系信息。假如设备中的 SIP UA 不能使用 SIM 进行身份验证，则需要通过用户名/密码来进行。通常情况下，对于 VoWiFi 和 VoLTE，有单独的 UA，它们通常被注册到同一个 IMS APN，但会使用不同凭证和联系地址。

IMS 可以处理来自同一用户的不同 IP 地址，由于有多个 UA，网络需要增加接入转换网关（ATGW）/接入转换控制功能（ATCF），以实时分流下行媒体流，包括实时传输协议/实时传输控制协议（RTP/RTCP）包。

对于 WiFi 网络与蜂窝网络之间的切换，过去使用 MIP 和 IPSec 解决方案，但这种解决方案需要保留 IP 地址，用户需要在不同的接入系统中同时建立不同的 PDN 连接。最新的基于 S2a 的 GTP 移动性（SaMOG）技术方案无须保留 IP 地址，可实现终端在 WLAN 网络和 LTE 网络间切换时 IP 地址同时发生改变，但需要对终端进行改动。

VoWiFi 和 VoIP 的区别是，VoWiFi 只是将 WiFi 作为接入网，最终接入 IMS，它是运营商可以控制和管理的 IP 语音服务。网络采用 IMS 来控制和管理语音数据包后，IMS 为每一个数据连接分配一个代码，叫服务质量类标识符（QCI）。QCI 确定了每个数据连接的优先级，被存储在路由表里，描述了传输要求，包括最大时延、可接受的丢包数量、是否要求保证速率，如视频电话的 QCI 为 1，则无论网络是否拥挤，都必须保证 99.99% 的数据包在 100 ms 内到达目的地。而通常的互联网数据，如 E-mail 或浏览网页，被分配一个较低的优先级，QCI 为 8 或 9。路由器根据 QCI 对数据包序列排队，这样就防止了 VoLTE 数据包卡在交通堵塞的道路上。

对于终端用户而言，运营商的 VoWiFi 有两种实现方式：OTT 应用和终端内置式。OTT 指通过互联网向用户提供各种应用服务。基于 OTT 的 VoWiFi 需要下载应用程序（App），通过 App 拨打/接听电话或收发短信，不过它无法实现 WiFi 和蜂窝网之间的切换，即并没有实现蜂窝网和 WiFi 的融合。而终端内置式的 VoWiFi 应用无须下载 App，直接内置终端，接入移动运营商核心网络，由运营商统一管理。

5.1.7　IM 田地里长出来的 QQ 和微信

即时通信（IM）指能够即时发送和接收互联网消息等的业务，是一种使人们能在网上识别在线用户并与他们实时交换消息的技术。

即时通信源自四位以色列籍年轻人在 1996 年 7 月成立的叫作 Mirabilis 的公司，他们同年 11 月推出了全世界第一个即时通信软件 ICQ，意为“我在找你”（“I Seek You”，简称 ICQ）。1998 年面世以来，即时通信的功能日益丰富，逐渐集成了电子邮件、博客、音乐、电视、游戏和搜索等多种功能。今天的即时通信不再是一个单纯的聊天工具，它已经发展成集交流、资讯、娱乐、搜索、电子商务、办公协作和企业客户服务等为一体的综合化信息平台。它最初是由 AOL、微软、雅虎、腾讯等独立于电信运营商的即时通信服务商提供的。目前最具代表性的几款即时通信软件有国际上的 MSN、Google Talk、Yahoo、Messenger，我国的微信、E 话通、QQ、UC、商务通、网易泡泡、盛大圈圈，淘宝旺旺及电信营运商提供的相关系统等。

即时通信软件已开发出 PC 版、手机版、网页版等多个版本，各个版本之间实现消息互通，支持文字对话、音视频对话、文件传输、远程协助、网络硬盘、资源共享、电子传真及 VoIP 等强大功能。

目前的即时通信系统，如 AOL IM、Yahoo IM 和 MSN IM，使用了不同的技术，而且它们互不兼容，没有即时通信的统一标准。但它们主要采用的协议包括 IETF 的对话初始协议（SIP）以及即时通信对话初始协议和表示扩展（SIMPLE）协议、基于 XML 且开放的可扩展通信和表示协议（XMPP）、Jabber 协议、网际转发聊天协议（IRCP）、应用交换协议（APEX）、显示和即时通信协议（PRIM）。

SIMPLE 协议为 SIP 指定了一整套的架构和扩展方面的规范，而 SIP 是一种网际电话协议，可用于支持即时通信的消息表示。SIP 能够传送多种方式的信号，如 INVITE 信号和 BYE 信号，分别用于启动和结束会话。SIMPLE 协议在此基础上还增加了另一种方式的请求，即 MESSAGE 信号，可用于发送单一分页的即时通信内容，实现分页模式的即时通信。SUBSCRIBE 信号用于请求把显示信息发送给请求者，而 NOTIFY 信号则用于传输显示信息。较长即时通信对话的参与者们需要传输多种延时信息，它们使用 INVITE 和消息会话中继协议（MSRP）。与 SIMPLE 协议结合，MSRP 协议可用于即时通信的文本传输，正如与 SIP 相结合，实时传输协议（RTP）就可以用于传输 IP 电话中的语音数据包一样。

XMPP 用于流式传输准实时通信、表示和请求/响应服务等的 XML 元素。XMPP 是基于 Jabber 协议用于即时通信的一个开放且常用的协议。尽管 XMPP 没有被任何指定的网络架构所融合，它还是经常会被用于客户机/服务器架构当中，客户机需要利用 XMPP 通过 TCP 连接来访问服务器，而服务器也是通过 TCP 来进行相互连接。

Jabber 是一种开放的、基于 XML 的协议，用于即时通信消息的传输与表示。国际互联网中成千上万的服务器都使用了基于 Jabber 协议的软件。Jabber 支持用户使用其他协议访问网络，如 AIM 和 ICQ、MSN Messenger 和 Windows Messenger、SMS 或 E-mail。

IRCP 支持两个客户计算机之间、一对多（全部）客户计算机和服务器对服务器之间的通信。该协议为大多数网际即时通信和聊天系统提供了技术基础。IRC 协议在 TCP/IP 网络系统中已经得到了开发，尽管没有需求指定这是 IRC 协议的唯一操作环境。IRC 协议是一种基于文本的协议，使用最简单的客户端程序就可作为其连接服务器的接口（socket）程序。

即时通信是一种基于互联网的通信技术，涉及 IP/TCP/UDP/Socket、P2P、C/S、多媒体音视频编解码/传送、Web Service 等多种技术手段。无论即时通信系统的功能如何复杂，它们大都基于相同的技术原理，主要包括客户/服务器（C/S）通信模式和对等通信（P2P）模式。

C/S 结构以数据库服务为核心将连接在网络中的多个计算机形成一个有机的整体，客户端（Client）和服务器（Server）分别完成不同的功能。

P2P 模式是非中心结构的对等通信模式，每一个客户（Peer）都是平等的参与者，承担服务使用者和服务提供者两个角色。客户之间进行直接通信，可充分利用网络带宽，减少网络的拥塞状况，使资源的利用率大大提高。同时由于没有中央节点的集中控制，系统的伸缩性较强，也能避免单点故障，提高系统的容错性能。

当前使用的即时通信系统大都组合使用了 C/S 和 P2P 模式。在登录即时通信系统进行身份认证阶段是工作在 C/S 方式，随后如果客户端之间可以直接通信则使用 P2P 方式工作，否则以 C/S 方式通过系统服务器通信。

在图 5-24 中，用户 A 希望和用户 B 通信，必须先与服务器建立连接，从服务器获取用户 B 的 IP 地址和端口号，然后 A 向 B 发送通信信息。B 收到 A 发送的信息后，可以按照 A 的 IP 和端口直接与其建立 TCP 连接，与 A 进行通信。此后的通信过程中，A 与 B 之间的通信则不再依赖即时通信系统服务器，而采用 P2P 方式。由此可见，即时通信系统结合了 C/S 模式与 P2P 模式，首先客户端与服务器之间采用 C/S 模式进行注册、登录，获取通信成员列表等，随后，客户端之间可以采用 P2P 通信模式交互信息。

腾讯公司于 1999 年 2 月推出的 QQ 就属于即时通信，支持在线聊天、视频/语音聊天、点对点断点续传文件、共享文件、网络硬盘、自定义面板、远程控制、QQ 邮箱、传送离线文件等多种功能，并可与移动通信终端等多种通信设备相连接。2011 年 3 月底，腾讯公司推出的微信软件也属于即时通信的应用。腾讯提供的微信具有零资费、跨平台沟通、显示实时输入状态等功能，与传统的短信沟通方式相比，更灵活智能，且节省资费。

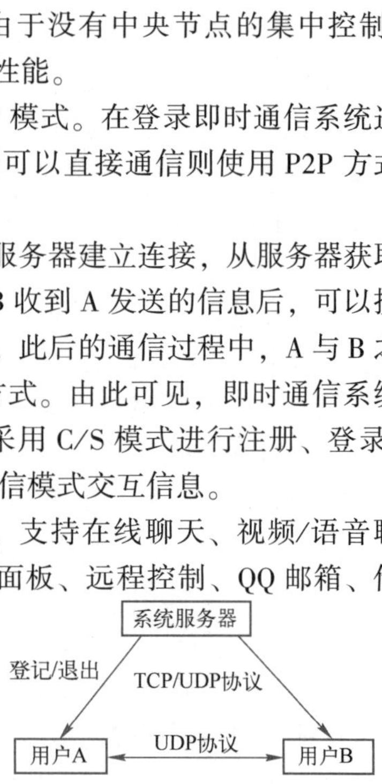

图 5-24　即时通信技术原理

5.2　分组交换激发的互联网时代

5.2.1　谁是互联网之父

我们生活在互联网时代，学习、工作、生活处处依赖互联网，手机使各行各业的男女老少都成了低头族。人们从手机中获得的文字、图像、音乐都是信息，是来自世界各地的千千万万计算机或手机中的数据，这是一种信息共享的结果。没有互联网就没有今天的信息共享。为了建设这种可共享信息的互联网络，有无数科学家和工程师做出了贡献，因此要回答谁发明了互联网，只能说是他们这一群人从不同的角度去探索，逐渐形成了今天的互联网。

互联网的前世今生要从二战后的冷战时期说起。当时美苏竞争激烈，美国在全球80多个国家和地区建立了800多个军事基地，配置了不计其数的军舰、航母、飞机、坦克等，试图以此抗衡来自红色苏联的威胁。但如此众多的军事基地之间缺乏统一便捷的指挥调度系统，只能依靠传统电话通信来进行联络，难以协调和共享资源。例如，美国本土的大型计算机无法为其他海外军事基地提供导弹轨道计算能力，使用效率大打折扣。同时美军也担心在通信网络的控制中心被摧毁时，整个通信与指挥网络也会毁于一旦。

为此，1958年美国创建了国防部高级研究规划署（简称阿帕，ARPA，现在叫DARPA），其核心机构之一是主要进行计算机图形学、网络通信、超级计算机等研究的信息处理处。1962年10月，一个叫作利克里德的教授离开麻省理工学院，加入了国防部高级研究规划署担任主任，全面主持网络研究室的工作。这使他有机会将自己早期提出的“人机共生”想法付诸实践，尤其是打造一个他想象中的“星际计算机网络”。但是，人类和机器组成的团队巨大且分散，他需要一种高效的方式来推动，从而跟上程序语言和技术协议的发展。

利克里德想到了一个解决办法：建立一个通信网络，把工作人员和机器联系起来。阿帕在他的任期内提出了计算机研究理论，几乎整个美国计算机科学领域研究的70%由阿帕赞助，结果阿帕不仅成为网络诞生地，同样也是计算机图形学、计算机模拟飞行等重要成果的诞生地。后来的继任者罗伯特·泰勒第一个萌发了新型计算机网络试验的设想，完成了被称作阿帕网（ARPAnet）的立项工作，因此被称为互联网之父之一。阿帕网的目的是建立一种网络，实现无论地处何方，无论是坦克装甲车还是飞机、轮船、航母，或使用不同操作系统的计算机，都可以共用该网络中的资源。在阿帕网之前，所有连接到网络的计算机都必须是相同的才能连接，从而限制了使用。

阿帕网的全部项目计划、架构、投标、工艺选择和监督等都是决策者、最终拍板者、总设计师拉里·罗伯茨完成的。1967年，罗伯茨正式进入阿帕，上任不到一年他就提出了阿帕网的构想，即《多计算机网络与计算机间通信》。罗伯茨在描图纸上陆续绘制了数以百计的网络连接设计图，使之结构日益成熟。1968 年，罗伯茨提交了一份题为《资源共享的计算机网络》的报告，其中主要表述的就是让阿帕的计算机互相连接，以达到大家信息共享的目的，罗伯茨也因此被称为阿帕网之父。

阿帕网项目首先要解决的是硬件问题，即让不同操作系统的计算机能够相互接连。阿帕网的建设凝聚了很多人的智慧和心血，众多科学家、研究生参与研究、试验。一个名叫迈克·温菲尔德的工程师设计了一种允许不同计算机通过同一网络进行通信的接口设备，使计算机可与阿帕网的信息处理器（IMP）连接。1969 年 9 月阿帕网开始投入运行，运行后发现各个阿帕网的接口信息处理机连接时，需要考虑用各种计算都认可的信号来打开通信管道，数据通过后还要关闭通道，否则这些处理机不会知道什么时候应该接收信号或结束接收。这是因为当时还缺少一种协调动作的通信协议。

1969 年 10 月 29 日晚上 10 点半，加州大学洛杉矶分校伦纳德·克莱因罗克领导的研究团队中一名研究生通过计算机向位于几百英里外，位于门洛帕克的斯坦福研究所的计算机发送了一条信息“LO”，这名学生原本打算发送“LOGIN”（登录），但阿帕网在整个信息输入之前就崩溃了，然而这却是通过计算机网络实现的第一次数据传输。

同年 11 月，阿帕网通过租用电话线路将分布在美国不同地区四所大学的主机连成一个网络，通过这个网络来进行分组交换设备、网络通信协议、网络通信与系统操作软件等方面的研究。这四个节点就是最初的阿帕网的原型，如图 5-25 所示。第一个节点选在加州大学洛杉矶分校，因为当时负责项目的罗伯茨的朋友、后来也被称为互联网之父之一的克莱因罗克教授正在加州大学研究网络。第二个节点选在斯坦福大学，因为后来也被称为互联网之父之一的道格拉斯·恩戈巴特教授在斯坦福研究院。恩戈巴特教授参与发明了超文本系统、网格计算机、硬盘等，还因发明了鼠标而被称为鼠标之父。第三个和第四个节点分别选在加州大学圣巴巴拉分校和盐湖城的犹他州州立大学，这两个学校在计算机图形学方面领先于其他学校，而且犹他州有被称为虚拟现实之父的伊凡·苏泽兰教授。苏泽兰由于在计算机图形学和虚拟现实领域的成就获得了 1988 年的图灵奖。

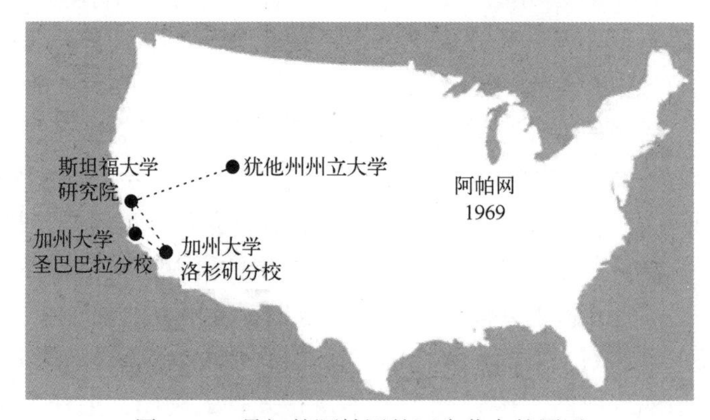

图 5-25　最初的阿帕网的四个节点的原型

1970年12月，由罗伯特·卡恩开发，温顿·瑟夫参与，制定出了阿帕网最初的通信协议，即网络控制协议（NCP）。但因为当年计算机设备五花八门，每个计算机都使用自己的语言，信息的传达极不方便，要真正建立一个共同的标准非常困难。

1971年，雷·汤姆林森奉命寻找一种电子邮箱地址的表现格式，他首先编写了一个小程序，可以把程序的文件转移协议与另外一个程序的发信和收信能力结合起来，从而使一封信能够从一台主机发送到另外一台主机。于是，第一封电子邮件诞生了。雷·汤姆林森被称为电子邮件之父。

这年一个叫 Abhay Bhushan 的专家提出开发文件传输协议（FTP）的原始规范。文件传输协议是一种客户端/服务器协议，用于将文件传输到主机或与主机交换文件。它可以使用用户名和密码进行身份验证。匿名文件传输协议允许用户从互联网访问文件、程序和其他数据，而无需用户身份 ID 或密码。网站有时被设计为允许用户使用“匿名”或“访客”作为用户身份 ID 和密码的电子邮件地址。FTP 也是使用 TCP/IP 网络将文件从一台计算机传输到另一台计算机的互联网标准。

针对阿帕网中 NCP 协议存在的问题，提出 NCP 协议的卡恩认识到，只有深入理解各种操作系统的细节才能建立一种对各种操作系统普适的协议。1973年，卡恩请瑟夫一起考虑满足这个要求的新协议的各个细节，他们开发出了在开放系统下的所有网民和网管人员都在使用的传输控制协议（TCP）和互联网协议（IP）。这个协议的功能是：由 TCP 负责发现数据在传输中的问题，一旦有问题就发出信号，要求重新传输，直到所有数据安全、正确地传输到目的地，而 IP 是给互联网上的每一台计算机规定一个地址。

当时美国国防部共与三个科学家小组签订了完成 TCP/IP 的协议，结果由瑟夫领衔的小组捷足先登，首先制定出了详细定义的 TCP/IP 协议标准。1974年12月，卡恩与瑟夫正式发表了第一份 TCP 协议详细说明。当时做了一个这样的试验，即将信息包通过点对点的卫星网络，再通过陆地电缆、卫星网络，由地面传输，贯穿欧洲和美国，经过各种计算机系统，全程9.4万千米竟然没有丢失一个数据位，远距离的可靠数据传输证明了 TCP/IP 协议的成功。1977年，经过改进的 TCP/IP 协议将 TCP 用来检测网络传输中的差错，IP 专门负责对不同网络进行互联，从此 TCP/IP 协议诞生。

1983年，阿帕网宣布将过去的网络控制协议（NCP）向新的传输控制协议/互联网协议（TCP/IP）过渡。NCP 的停止使用和 TCP/IP 协议的启用意味着当初内部试验的阿帕网向更加开放的互联网的转型。TCP/IP 协议作为互联网上所有主机之间的共同协议，从此被作为一种必须遵守的规则被肯定和应用。同年，保罗·莫卡派乔斯发明域名系统（DNS）体系结构。之前连接到互联网的设备都是以一系列数字的地址表示，但大多数人并不擅长记住长串的数字。莫卡派乔斯开发的域名系统让人们输入基于单词的地址，计算机就可以与数字地址数据库交叉引用。

1986年，美国国家科学基金会（NSF）利用阿帕网发展出来的 TCP/IP 通信协议，在全美国建立了六个超级计算机中心，包括位于新泽西州普林斯顿的冯·诺依曼国家超级计算机中心、位于加州大学的圣地亚哥超级计算机中心、位于伊利诺斯大学的美国国立超级计算应用中心、位于康奈尔大学的康奈尔国家超级计算机研究室、由西屋电气公司及卡内基·梅隆大学和匹兹堡大学联合运作的匹兹堡超级计算机中心、位于布尔德的美国国立大气研究中心科学计算分部。这年7月，NSF资助了一个直接连接这些中心的主干网络，即国家科学基金网（NSFNet），并且允许研究人员对互联网进行访问，以使他们能够共享研究成果并查找信息。图5-26所示为NSFNet广域网拓扑。最初，这个NSFNet主干网采用的是56 Kbit/s的线路，到1988年7月，它便升级到1.5 Mbit/s的线路。很多大学、研究机构乃至私营的研究机构纷纷把自己的局域网并入NSFNet中，于是NFSNet发展成为互联网中枢，这样一来阿帕网的重要性便被逐渐削弱。1989年阿帕网系统被关闭，NFSNet于1990年6月彻底取代阿帕网ARPAnet而成为互联网的主干网，至此阿帕网也宣告永久退役。1986年~1991年，并入NSFNet的子网从100多个增加到3000个，各个子网负责自己的网络架构和运营，同时子网通过NSFNet互联起来。

图5-26　NSFNet广域网拓扑

TCP/IP协议解决的是互联网的硬件连接问题，由于使用技术复杂，当时只有计算机方面的军方专家和科学家才能使用，知道互联网的人寥寥无几。要使所有不懂计算机的人都能访问计算机网络的资源，还必须设计出一种方便普通用户上网使用的软件。这个任务落到了蒂姆·伯纳斯·李身上。

蒂姆·伯纳斯·李于1955年6月8日出生在英国伦敦的一个书香门第，父母都是数学家，在计算机研究领域成就显著，曾经参与了英国第一台商业计算机费兰蒂·马克I的设计制造。博纳斯·李是家中长子，小时候在家总爱用纸板箱子摆出计算机的样子，要不就在厨房桌子上和父母做数学游戏。他从小就有很强的探索心，对周围的一切都感到好奇。他在自己房间里曾发现一本落满灰尘的维多利亚女王时代的百科全书《探询一切事物》，这本书可以说是他发明万维网的最初灵感。在进入牛津大学女王学院学习物理学期间，他曾用烙铁将一台旧电视机和摩托罗拉的 M6800 处理器等组装成了自己的第一台计算机。

1980 年，一个偶然的机会，博纳斯・李来到位于瑞士日内瓦的欧洲核子研究中心担任软件工程师。他的工作是频繁地与世界各地的科学家们沟通联系，和他们交换、分析数不清的报告和数据。他经常不得不重复回答一些问题，烦琐的过程使他感到十分烦恼，这使他萌发了设计一个通用工具的想法，让人们不管身处何地都能够通过计算机网络去简单快捷地访问其他人的数据。于是博纳斯・李开始利用业余时间编写一个软件程序，想通过一系列的超文本链接首先将自己计算机上的重要文档存储地址都“串”起来，这样就可以像从一本书的目录检索到其中内容那样，通过很简单的操作找到想要的重要文档。他将这个程序命名为“探询”，即儿时喜爱的那本百科全书的名字。这个没有发布过的程序就是后来万维网的雏形。它能够存储信息，将文档链接到一起，但当时还只能在一台计算机上进行这些操作。后来博纳斯・李到一家图像计算机系统公司工作了一段时间，1984 年重返欧洲核子研究中心后，博纳斯・李对“探询”程序仍旧念念不忘，他尝试在此基础上设计一个能够连接全球计算机的超级工具。1989 年，他将一台计算机上的文档通过超文本链接到了互联网上，让身处世界各地的人能够轻松共享该文档。博纳斯・李将这个成型的系统命名为“World Wide Web（万维网）”。1991 年夏天，万维网正式向世人公布。伯纳斯・李博士被认为是迎接互联网出生的第一人，他开发出了世界上第一个网页浏览器。能够进入寻常百姓家而不是只有专家才能用的互联网就此诞生，伯纳斯・李博士也被称为互联网之父。

博纳斯・李的万维网在互联网中引入了直观的图形界面，取代了抽象难懂的命令格式，从而使上网不再是专业人员的特权，普通人也能够方便地使用浩瀚的网络资源。经过多年的发展完善，万维网如今已经成为计算机网络中一种成熟的信息服务系统，能以超文本标记语言设计网页和良好的交互式图形界面，方便用户在互联网上搜索和浏览多媒体信息。博纳斯・李本可以为他的万维网申请专利，但生性淡泊的他却未从这个改变世界的发明中牟取一分一厘，而是无私地将万维网贡献给全世界。人们今天能利用手机方便地上网购物、娱乐、聊天、查阅和传送资料，都离不开背后的万维网软件平台。

2002 年，博纳斯・李与丘吉尔和牛顿等英国名人一起入选“有史以来 100 位最伟大的英国人”。2003 年底，他又荣登英国的“新年荣誉榜单”，并被英国女王加封为爵士，以表彰他在互联网领域做出的杰出贡献。芬兰总统哈洛宁在芬兰首都赫尔辛基举行的“千年技术奖”颁奖仪式上，将 100 万欧元的巨额奖金和名为“顶峰”的纪念奖品颁发给博纳斯・李，充分肯定了他为提高人类生活质量并促进经济的可持续发展而做出的重大贡献。

博纳斯·李发明第一个网页浏览器后，1993 年，伊利诺斯大学美国国家超级计算机应用中心的学生马克·安德里森等人开发出了叫“Mosaic”的浏览器。1994 年，网景（Netscape）公司发布了第一款商业浏览器 Netscape Navigator，此后互联网开始得以爆炸性普及。1995 年，微软发布了自己的浏览器 IE。2003 年，苹果发布 Safari 浏览器，后来被包括谷歌（Google）之类的厂商用于手机浏览器。2004 年，火狐（Firefox）公司推出 Firefox 1.0 浏览器。2008 年，谷歌发布了自己的浏览器。

为互联网工作做出重要贡献的人中，还有被誉为包交换技术奠基人之一的美籍波兰人保罗·巴兰，他不仅系统地阐述了分散式网路理论，而且提出了包切换理论。英国物理学家 D. W. 戴维斯也提出过分散式网路理论，除对数据包的命名不同之外，其原理与巴兰的构想基本相同。巴兰将拆分的、便于传送的数据称为“块”，而戴维斯经过深思熟虑，并请教语言学家后，选择了“包”（Packet）这个术语，从此拆分传送数据的方式也就被称为“包切换”。另外，戴维斯构想包切换的初衷也同巴兰的为军方服务有所不同，他是想建立一个更加有效的网络系统，从而使更多的人可以利用网路。

互联网并不是一个人发明的，而是由许许多多人的合作共同孕育出了今天的互联网。有些人做的贡献大一些，有些人做的贡献小一些。有些科学家发明了基础的协议，有些工程师制作了基础的芯片，有些企业提供了所需资金，有些官员招募了大批的科学家，有些酒吧提供了啤酒和聊天的环境。图 5-27 所示为世界公认的互联网之父，他们是：鲍勃·泰勒，他的想法促使了互联网前身阿帕网的诞生；拉里·罗伯茨，他是阿帕网、互联网从构思到实施的总设计师；克莱因罗克，他成功用计算机发送“LOGIN”单词；恩戈巴特，他参与发明了超文本系统、网格计算机、鼠标；伯纳斯·李，他发明了第一个浏览器；温顿·瑟夫，他是互联网 TCP/IP 协议和互联网架构的设计者之一；罗伯特·卡恩，他是 TCP/IP 协议的合作发明者和阿帕网系统设计者，以及信息高速公路概念创立人。

泰勒　罗伯茨　克莱因罗克　恩戈巴特　伯纳斯·李　瑟夫　卡恩

图 5-27　世界公认的互联网之父

5.2.2　文件传输的数据路由交换

电话交换完成的是在通信双方之间建立一条固定的专用于语音传输的交换路径，一旦这样的路径被建立，在整个通话过程中这条通道将始终被独占，因而连接可靠、保密性强、实时性好，这种通信方式常被称为面向连接的通信方式。

随着数字通信和计算机通信的出现，在通信网络中开始要求传输文件数据。数据传输的特点是具有突发性，数据长度不同。如果为了传输只有几个或几十个字节的数据，也要像打电话那样建立一条专用信道，启动众多的机线设备，传输完数据后再拆除，这对通信系统资源来说显得太浪费。20世纪60年代早期，唐纳德·戴维斯和保罗·巴兰提出了分组交换和包交换的概念。1961年，美国麻省理工学院的伦纳德·克兰罗克博士发表了分组交换技术的论文，该技术后来成为互联网的标准通信方式。

分组交换的基本思想是把用户文件分割成许多小段，然后再将这些小段加上一些称为包头的路由控制字节后，封装成一组组称为数据包的分组数据。每个待传输数据包的包头中含有用来标识该数据包要去的目的地址的内容，类似于被叫电话号码，然后将目的地相同的其他用户的数据包合在一起发送。交换设备根据包头中的地址寻找最近路由和空闲路由转发分组数据。这样到达目的地的数据可能会走不同的路径，可能有的先到有的后到，接收终端根据这些数据包包头中的标记信息，重新按发送时的先后顺序进行组合，恢复数据文件原貌。这种传输路由不确定、不专有，会导致实时性下降、数据丢失、数据被截获、保密性受影响。这种文件传输中不同数据块传输路径不确定的通信方式常被称为面向无连接的通信方式。

可以这样来进行定义数据交换：在多个数据终端设备（DTE）之间，为任意两个终端设备建立数据通信的临时通路的过程称为数据交换。数据交换可以分为电路交换、报文交换、分组交换和信元交换。下面讲解前三种类型，信元交换在5.3.1节介绍。

1. 电路交换

电路交换指在数据传输前，先像电话交换一样建立起收发两端点对点的通信链路，只是在链路上传输的不是电话而是数据。因此电路交换原理与电话交换原理基本相同。即当两个用户之间要传输数据时，由源交换机根据信息要到达的目的地址，把线路接到目的交换机，这个过程称为线路接续。电路接通后，就形成了一条主叫用户终端和被叫用户终端之间的端对端信息通路。此后用户便可传输数据，并一直占用到数据传输完毕后拆除电路为止。通信完毕，由通信双方的某一方向自己所属的交换机发出拆除线路的要求，交换机收到此信号后就将此线路拆除，以供别的用户呼叫使用。图5-28所示为电路交换链路建立与拆除过程。

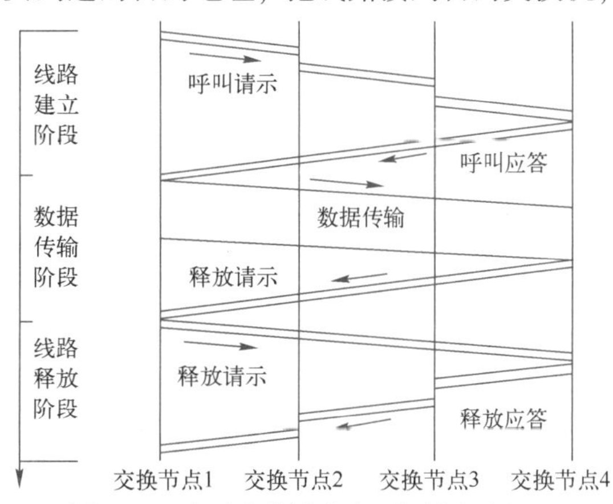

图5-28　电路交换链路建立与拆除过程

电路交换的特点是：①呼叫建立时间长，并且存在呼损；②对传送信息没有差错控制；③除信令外，对通信信息不做任何处理，用户数据原封不动地传送；④线路利用率低，通信用户间必须建立专用的物理连接通路；⑤实时性较好；⑥适用于实时、大批量、连续的数据传输，如传真机传输数据或图文。

2. 报文交换

报文交换是一种存储转发交换方式，也称为电文交换。与电路交换的原理不同，在报文交换中，不需要为通信双方提供专用的物理连接通路，其数据传输的单位是报文，即源节点一次性要发送的数据块，长度不限且可变。报文交换的发信端用户首先把要发送的数据编成报文，然后把一个目的地址附加在报文上，发往本地交换中心，在那里把这些报文完整地存储起来，再根据报文上的目的地址信息把报文发送到下一个节点，最终逐个节点地转送到目的节点。

在报文交换时，报文中除了用户要传送的信息以外，还有目的地址和源地址。交换节点要分析目的地址和选择路由，并让报文在该路由上排队。当本地交换机的输出口有空时，就将排队的报文转发到下一个交换机或交换节点，最后由收信端的交换机将电文传递到用户。这种分散收集报文然后集中转发的通信方式，提高了电路的利用率。

由于每份报文的头部都含有被寻址用户的完整地址，所以每条路由不是固定分配给某一个用户，而是由多个用户进行统计复用。报文交换虽然提高了电路的利用率，但报文经存储转发后会产生较大的时延。这种通信方式常用于电传打字机发送电报。图 5-29 所示为报文交换过程。输入 a、b、c 被确定路由后不是立即发送，而是根据报文头部的地址去相应的 d、e、f 通路存器排队，最后在路由空闲的适当时候发送出去。

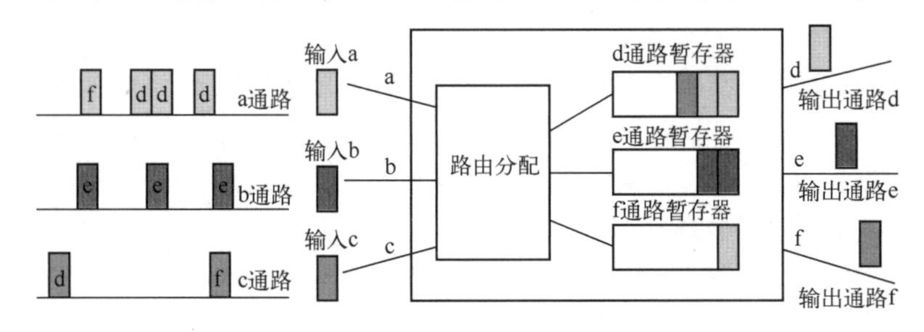

图 5-29　报文交换存储转发过程

报文交换的特点是：①传输可靠性高，可以有效地采用差错校验和重发技术；②线路利用率高，可以把多条低速电路集中后用高速电路传输，并且可以使多个用户共享一个信道，可以发送多目的地址的报文；③使用灵活，可以进行代码变换、速率变换等预处理工作，因而它能在类型、速率、协议不同的终端之间传输数据；④报文交换过程中，没有电路的接续过程，也不存在把一条电路固定分配给一对用户使用，一条链路可进行多路复用，从而大大提高了链路的利用率；⑤不需要收发两端同时处于激活状态，传送信息通过交换网时延较长，时延变化大，不利于交互型实时业务；⑥对设备要求较高，交换机必须具有大容量存储、高速处理和分析报文的能力；⑦适用于电报和电子函件业务，目前这种技术仍用在电子信箱等领域。

3. 分组交换

分组交换也是一种存储转发交换方式，但与报文交换不同，分组交换是把报文划分为一定长度的分组，以分组为单位进行存储转发的数据交换方式，因此，它不但具备了报文交换方式提高电路利用率的优点，同时克服了传输时延大的缺点。这种通信方式常用于计算机通信。图 5-30 所示为数据报传输过程。

分组交换中，每一个分组独立寻找路由，分组内除数据信息外还包括一个分组头，分组头中都带有目的主机地址、可供选路的信息和其他控制信息，它们在交换机内作为一个整体进行交换。分组交换节点对所收到的各个分组分别处理，按其中的选路信息选择去向，以发送到能到达目的地的下一个交换节点。每个分组在交换网内的传输路径可以不同，目的主机收到的分组顺序可能和源主机的分组发送顺序不同。分组交换也采用存储转发技术，并进行差错检验、重发、反馈响应等操作，最后收信端把接收的全部分组按顺序重新组合成原发送端的数据。

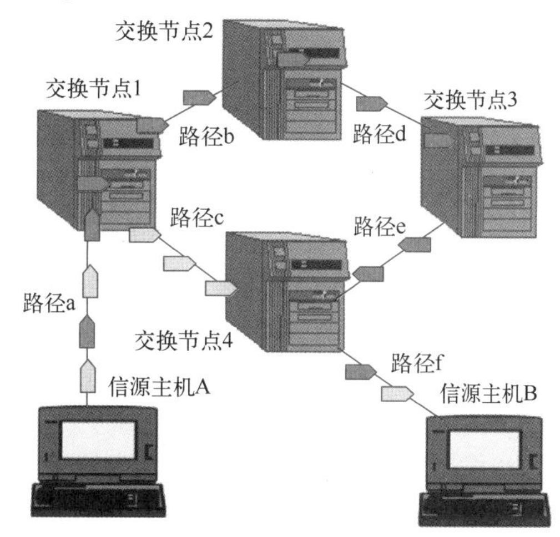

图 5-30　数据报传输过程

分组交换的特点是：①信息的传输时延较小，而且变化不大，能较好地满足交互型通信的实时性要求，在报文交换中，总的传输时延是每个节点上接收与转发整个报文时延的总和，而在分组交换中，某个分组发送给一个节点后，就可以接着发送下一个分组，使总的时延减小；②经济性好，易于实现链路的统计时分多路复用，提高链路的利用率；③每个节点所需要的缓存器容量减小，有利于提高节点存储资源的利用率，容易建立灵活的通信环境，便于在传输速率、信息格式、编码类型、同步方式以及通信协议等方面都不相同的数据终端之间实现互通；④可靠性高，传输有差错时，只需要重发一个或若干个分组，而不必重发整个报文，这样可以提高传输效率；⑤每个分组要附加一些控制信息，这会使分组交换的传输效率降低，当报文较长时更是如此；⑥实现技术复杂，交换机要对各种类型的分组进行分析处理，这就要求交换机具有较强的处理功能。

为适应不同的业务要求，分组交换可提供虚电路交换和数据报交换两种服务方式。

（1）虚电路交换　虚电路是指两个用户的终端设备在开始互相发送和接收数据之前需要通过通信网建立逻辑上的路径，发送数据时，所有的分组都沿着这条虚电路按顺序传送。图 5-31 所示为虚电路方式分组交换。

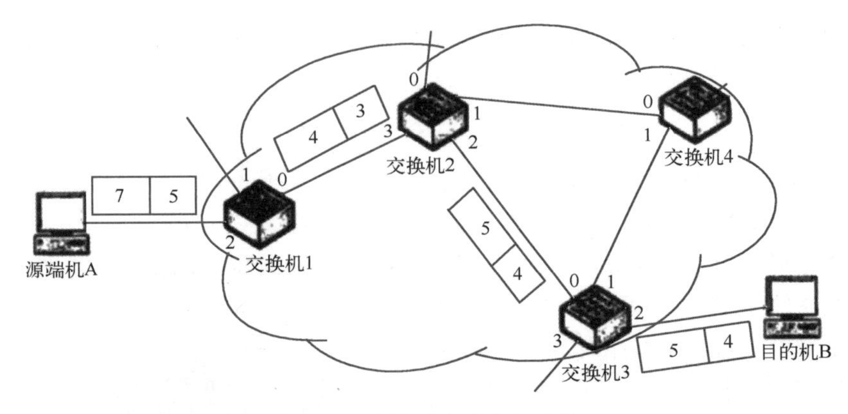

图 5-31　虚电路方式分组交换

虚电路方式是在交换节点之间建立路由，即在交换节点的路由表内创建一个表项，当交换节点收到一个分组后，它会检查路由表，按照匹配项的出口发送分组。

虚电路不同于实体电路。实体电路一旦建立就始终占用，不管是否传输数据，而虚电路仅在传输数据时才占用，即仅是动态地使用实体电路。数据分组沿着所建立的虚电路传输，其接收顺序和发送顺序是相同的，数据传输结束后就拆除这条虚电路，这种虚电路称为交换型虚电路（SVC）。如果在特定的用户之间永久地建立虚电路，就没有建立和拆除虚电路的过程，而只有数据传输的过程，这种虚电路称为永久型虚电路（PVC）。虚电路方式比较适合通信时间较长的交互式会话操作。

（2）数据报交换　数据报交换要求每个数据分组均带有发信端和收信端的全网络地址，节点交换机对每一分组确定传输路径，同一报文的不同分组可以由不同的传输路径通过通信子网，这样同一报文的不同分组到达目的节点时分组的接收顺序和发送顺序可能不同，可能出现乱序、重复或丢失的现象，因此，在到达接收站之后还需对数据报进行排序重组，才能恢复成原来的报文。

使用数据报方式时，报文传输延迟较大，比较适合突发性通信、只包含单个分组的短电文传输，如状态信息、控制信息等，不适用于长报文和会话式通信。数据报方式适用于面向事务的询问/响应型数据业务。

5.2.3　数据在互联网上怎样传输

按照计算机网络连接的区域和范围来分，计算机网络可分为因特网（Internet）、广域网（WAN）、局域网（LAN）。图 5-32 所示为美国某地的 IP 网，不同颜色为不同的局域网。如果按照传输技术来分类，计算机网络可分为以太网（Ethernet）、异步传输模式网（ATM）、光纤分布式数据接口网（FDDIN）等。我们日常登录互联网用的是电信运营商、公司、机构、用户连接起来的网络的总称，采用的技术主要是 TCP/IP 技术，所有设备，包括计算机上的接口（网卡）、WiFi 接口、交换机、路由器、网线等，都是互联网的组成部分。正是由于互联网的成功推广，才使得TCP/IP协议成为应用最为广泛的实际标准。通常所说的以太网属于网络底层协议，在OSI模型的物理层和数据链路层操作。而因特网（Internet）是一个建立在网络互连基础上的最大的、开放的全球性互联网络。所有采用TCP/IP协议的计算机都可以加入因特网，实现信息共享和互相通信。

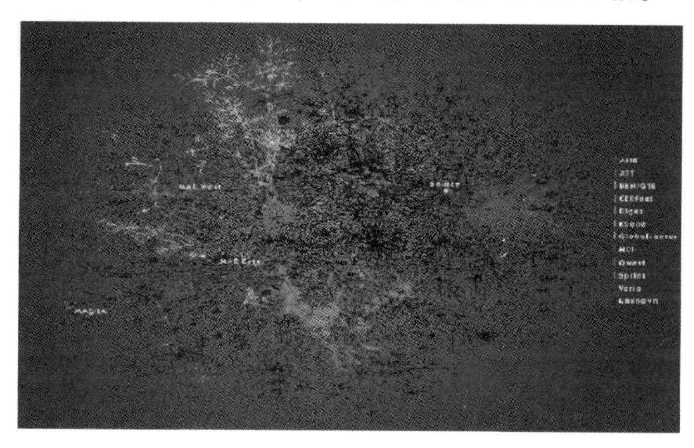

图5-32　美国某地的IP网

因此这里所讲的互联网络通信协议是指采用的TCP/IP因特网协议。实际上因特网协议包含许多协议构成的协议簇，其中比较重要的有SLIP协议、PPP协议、IP协议、ICMP协议、ARP协议、TCP协议、UDP协议、FTP协议、DNS协议、SMTP协议等，只是因为TCP协议和IP协议最具代表性，因特网协议才常常被简称为TCP/IP协议。

为了使不同计算机上的文件和数据能在互联网上传输和共享，互联网设计者们曾经编写了数不清的程序和文件。为了有序管理，人们将这些程序根据完成功能的不同进行了归类和组合，称之为协议。协议是一种约定，其具体内容是协议所涉及行为必须遵循的规范。图5-33所示为复杂的IP协议簇。

1. 因特网的分层管理

互联网根据用户应用软件和硬件实体的功能不同进行了分层管理。TCP/IP协议模型分为应用层、传输层、网络层和数据链路层。此外，国际标准化组织（ISO）对互联网也进行了分层，包括应用层、表示层、会话层、传输层、网络层、数据链路层和物理层协议，即OSI参考模型，见表5-1。两种分层的区别在于，OSI参考模型注重通信协议必要的功能是什么，而TCP/IP协议模型则更强调在计算机上实现协议应该开发哪种程序。由于TCP/IP认为OSI的应用层、表示层、会话层提供的服务较接近，故将它们合并为应用层。而传输层和网络层在网络协议中的地位相对重要，所以在TCP/IP中作为独立的两个层次。类似地，数据链路层和物理层的内容相差不多，所以在TCP/IP中归并在数据链路层。只有四层体系结构的TCP/IP协议，与有七层体系结构的OSI相比要简单些，故TCP/IP协议在实际的应用中效率更高，成本更低。

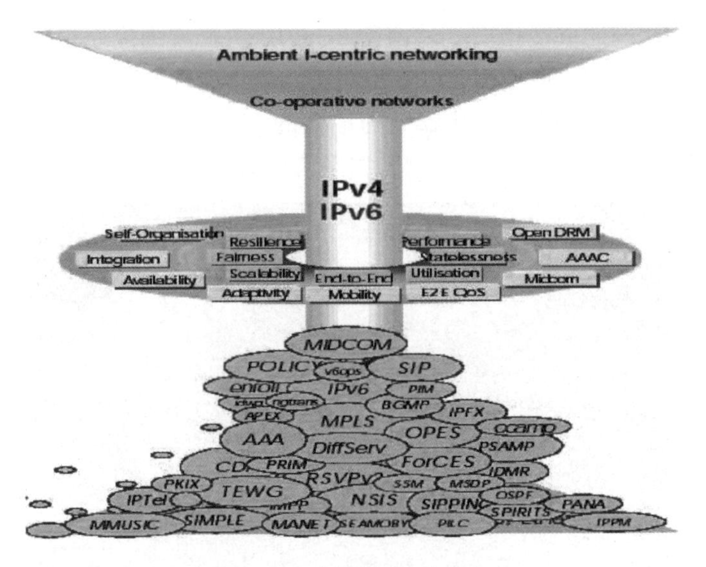

图 5-33　复杂的 IP 协议簇

表 5-1　计算机网络结构分层与比较

OSI 参考模型	TCP/IP 协议模型	TCP/IP 协议族	各层功能
应用层	应用层	HTTP、SNMP、FTP、SMTP、DNS、Telnet	文件传输、电子邮件、文件服务、虚拟终端
表示层	传输层	TCP、UDP	数据格式化、代码转换、数据加密
会话层			解除或建立与另一节点的联系
传输层			提供端对端的接口
网络层	网络层	IP、ICMP、RIP、OSPF、BGP、ARP	为数据包选择路由
数据链路层	数据链路层	SLIP、CSLIP、PPP、ARP、RARP、MTU	传输有地址的帧和错误检测功能
物理层		ISO 02110、IEEE 802.2、IEEE 802.3	以二进制数据形式在物理媒体上传输数据

TCP/IP 协议有这样的特点：协议标准完全开放，可供用户免费使用，并且独立于特定的计算机硬件与操作系统；独立于网络硬件系统，可以运行在广域网，更适合互联网；网络地址统一分配，网络中每一设备和终端都具有一个唯一地址；高层协议标准化，可以提供多种多样的可靠网络服务。

在因特网通信的过程中，将发出数据的计算机称为源主机，接收数据的计算机称为目的主机。当源主机发出数据时，数据在源主机中从上层向下层传送。源主机中的应用进程先将数据交给应用层，应用层加上必要的控制信息就成了报文流，向下传给传输层。传输层将收到的数据单元加上本层的控制信息，形成报文段、数据报，再交给网络层。网络层加上本层的控制信息，形成 IP 数据报，传给数据链路层。数据链路层将网络层传送来的 IP 数据报组装成帧，并以比特流的形式传给网络硬件（即物理层），数据就离开源主机。

（1）数据链路层的功能　在TCP/IP协议中，数据链路层的主要作用是在同一种数据链路的节点之间进行包传递。而一旦跨越多种数据链路，就需要借助网络层。网络层可以跨越不同的数据链路，即使是在不同的数据链路上也能实现两端节点之间的数据包传输。数据链路层对电信号进行分组并形成具有特定意义的数据帧，然后以广播的形式通过物理传输介质发送给接收方。因特网协议规定，接入网络的设备都必须安装网络适配器，即网卡，数据包必须是从一块网卡传送到另一块网卡。而网卡上的物理地址（MAC地址）就是数据包在该计算机的发送地址和接收地址，有了MAC地址以后，因特网采用广播形式把数据包发给该局域网或子网内所有主机，子网内每台主机在接收到这个包以后，都会读取数据包首部里的目标MAC地址，然后和自己的MAC地址进行对比，如果相同就做下一步处理，如果不同，就丢弃这个数据包。

（2）网络层的功能　在TCP/IP协议中，网络层的主要工作是定义网络IP地址、区分网段、子网内MAC寻址、对不同子网的数据包进行路由，实现终端节点之间的点对点通信。网络层的网际控制报文协议（ICMP）用来报告网络上的某些出错信息。ARP是在32位IP地址和48位局域网地址之间执行翻译的协议。网络层中的IP协议指定IP地址（或叫网络地址），以便区分两台主机是否同属一个网络。IP协议将这个32位的地址分为两部分，前面部分代表网络地址，后面部分表示该主机在局域网中的地址。具有相同网络地址和不同主机地址的计算机所构成的网络称为子网，故子网的网络地址一定相同。为了判断IP地址中的网络地址，IP协议还引入了子网掩码，IP地址和子网掩码按位与运算后就可以得到网络地址。

（3）传输层的功能　传输层提供源主机和目的主机上对等层之间进行对话的机制。主要工作是定义端口，标识应用程序身份，实现端口到端口的通信，TCP协议可以保证数据传输的可靠性。数据链路层定义了主机的身份，即MAC地址，而网络层定义了IP地址，明确了主机所在的网段。有了这两个地址，数据包就可以从一个主机发送到另一台主机。但实际上数据包是从一个主机的某个应用程序发出，然后由对方主机的应用程序接收的，每台计算机都有可能同时运行着很多应用程序，所以当数据包被发送到主机上以后，无法确定哪个应用程序需要接收这个数据包。

因此传输层引入了UDP协议来给每个应用程序标识身份。方法是用UDP协议为每个应用程序指定唯一的端口号，并且规定网络中传输的数据包必须加上端口信息，当数据包到达主机以后，就可以根据端口号找到对应的应用程序了。图5-34所示为通过端口号识别应用程序。从中可见，要将数据发往FTP服务器，就要将数据发往目标IP地址为192.168.4.20的主机中，端口号为TCP21的应用程序FTP服务器端口。

UDP协议比较简单，但它没有确认机制，数据包发出后无法知道对方是否收到，因此可靠性较差。而TCP协议是一种面向连接的、可靠的、基于字节流的通信协议。TCP

是有确认机制的 UDP 协议，每发出一个数据包都要求确认，如果有一个数据包丢失，就收不到确认信息，发送方就必须重发这个数据包。为了保证传输的可靠性，TCP 协议在 UDP 基础之上建立了三次对话的确认机制，即在正式收发数据前，必须和对方建立可靠的连接。TCP 数据包和 UDP 一样，都由首部和数据两部分组成，唯一不同的是，TCP 数据包没有长度限制，但是为了保证网络的效率，通常 TCP 数据包的长度不会超过 IP 数据包的长度，以确保单个 TCP 数据包不必再分割。

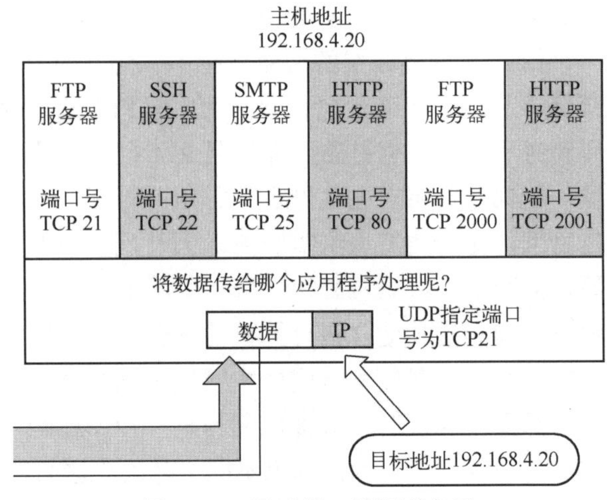

图 5-34　通过端口号识别应用

图 5-35 所示为 TCP 报文的数据格式。其中，16 位的源端口中包含初始化通信的端口。源端口的作用是标识报文的返回地址。16 位的目的端口域指明报文接收计算机上的应用程序地址接口。32 位的序列号由接收端计算机使用。当 SYN 出现时，序列码实际上是初始序列码（ISN），而第一个数据字节是 ISN+1。这个序列号（序列码）可用来补偿传输中的不一致。如果设置了 ACK 控制位，这个值表示一个准备接收的包的序列码。

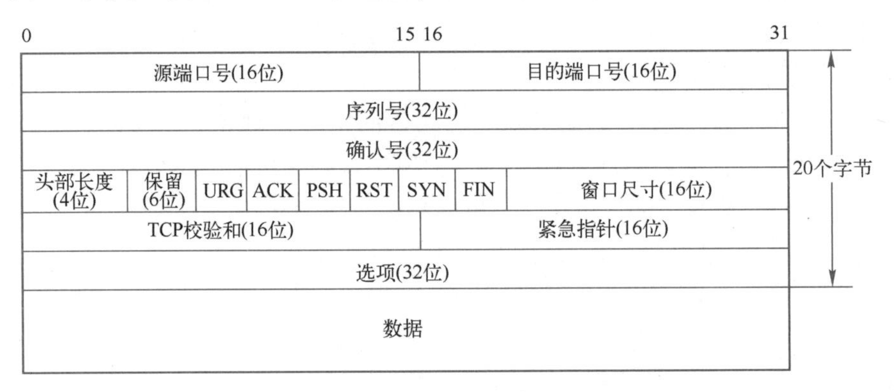

图 5-35　TCP 报文的数据格式

4 位头部长度包括 TCP 头大小，指示数据在何处开始。6 位保留位必须是 0，为了将来定义新的用途而保留。6 位标志域表示为：紧急标志 URG、有意义的应答标志 ACK、推标志 PSH、重置连接标志 RST、同步序列号标志 SYN、完成发送数据标志 FIN。16 位窗口尺寸用来表示要收到的每个 TCP 数据段的大小，最大为 65535 字节。16 位校验和表示源机器基于数据内容计算的一个数值，收信机器的校验和要与源机器的校验和数值结果完全一致，以确保数据的有效性。16 位紧急指针指向后面是优先数据的字节，在 URG 标志设置时才有效。如果 URG 标志没有被设置，紧急域作为填充，加快处理标示为紧急的数据段。32 位选项的长度不定，但长度必须为 32 位的整数倍，如果没有选项，就表示这个域等于 0。数据表示该 TCP 协议包负载的数据。

图 5-36 所示为 IP 包的格式。其中的版本栏表示 IP 协议的版本号，如果为 IPV4 此字段值为 4，如果为 IPV6 此字段为 6。首部长度域表示除去数据整个头部的数据长度。服务类型域包括：3 位的优先权，现在已经忽略；最小延迟（D），D 值为 1 表示请求低时延；最大吞吐量（T），T 值为 1 表示请求高吞吐量；最高可靠性（R），R 值为 1 表示请求高可靠性；最小费用（F），F 值为 1 表示请求低费用。这 4 个位中最多只有一个位置 1，如果全为 0，表示为一般服务。服务类型主要用在有两个路由方式可以选择的时候，路由器读取这些字段，判断用那种方式。总长度域表示以字节为单位的数据报文长度，包含 IP 的头部和数据部分，最大可达到 65535 个字节。在给 IP 每发一份数据报文时就会填写一个标识表示此数据包此为标识域。片偏移域表示数据在原数据报文中的偏移地址。生存时间 TTL 域表示数据报文最多可以经过的路由器数量，一般为 32 或者 64，经过一个路由器 TTL 减 1。协议类型域表示 IP 上承载的是什么高级协议。头部校验和（或使用循环冗余校验）作用是保证 IP 帧的完整性。32 位源 IP 地址域表示发送数据的主机或者设备的 IP 地址，32 位目的 IP 地址域为接收数据的主机 IP 地址。32 位选项域表示 IP 数据段是正常数据还是用作网络控制的数据。数据域为待发送的数据。

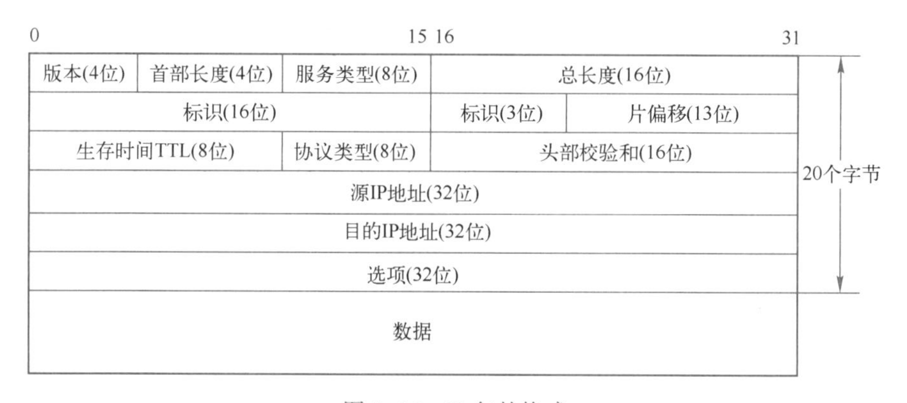

图 5-36　IP 包的格式

（4）应用层的功能　应用层的主要工作是定义数据格式并按照对应的格式解读数据。理论上，有了以上三层协议的支持，数据已经可以从一个主机的应用程序传输到另一台主机的应用程序了，但此时传过来的数据是字节流，不能很好地被程序识别，操作性差，因此，应用层定义了各种各样的协议来规范数据格式。基于 TCP 协议的有文件传输协议（FTP），超文本传输协议（HTTP）；基于 UDP 的协议有简化的 FTP 协议、网络管理协议（SNMP）、域名服务（DNS）、网络文件共享（NFS）和 SAMBA 等。还有两种方式均有实现的协议，如 P2P 协议。有了这些规范以后，当对方接收到请求以后就知道该用什么格式来解析，然后对请求进行处理，最后按照请求方要求的格式将数据返回，请求端接收到响应后，就按照规定的格式进行解读。

2. 因特网数据的处理流程

在因特网各层中对数据的划分为包、帧、数据包、段、消息，它们都是用来表述数据的单位，大致可这样来区分：包是一种通用性术语；帧用于表示数据链路层中包的单位；数据包是 IP 和 UDP 等网络层以上的分层中包的单位；段则表示 TCP 数据流中的信息；消息是指应用协议中数据的单位。每个分层中都会对所发送的数据附加一个首部，在这个首部中包含了该层必要的信息，如发送的目标地址以及协议相关信息。通常，为协议提供的信息为包首部，所要发送的内容为数据。以下一层的角度看，从上一层收到的包全部都是本层的数据。图 5-37 所示为各层的数据包首部。

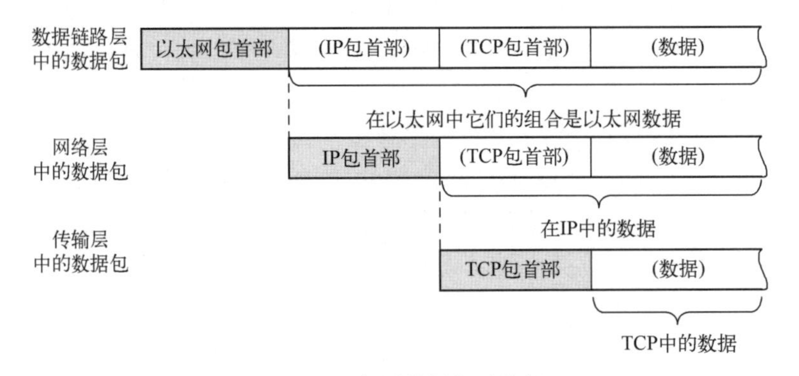

图 5-37 各层数据包及首部

可见，网络中传输的数据包由两部分组成：一部分是协议所要用到的首部，另一部分是上一层传过来的数据。首部的结构由协议的具体规范详细定义。在数据包的首部，明确标明了协议应该如何读取数据。反之，看到首部，也就能够了解该协议必要的信息以及所要处理的数据。

图 5-38 以用户 A 向用户 B 发送邮件为例来说明数据的处理流程。

（1）应用程序处理 首先由应用程序对用户 A 的数据进行编码处理。

（2）TCP 模块的处理 TCP 根据应用的指示，负责建立连接、发送数据以及断开连接。TCP 提供将应用层发来的数据顺利发送至对端的可靠传输。为了实现这一功能，需要在应用层数据的前端附加一个 TCP 首部。

（3）IP 模块的处理 IP 将 TCP 传过来的 TCP 首部和 TCP 数据合起来当作自己的数据，并在 TCP 首部的前端加上自己的 IP 首部。IP 包生成后，参考路由控制表决定接受此 IP 包的路由或主机。

（4）数据链路接口发送的处理 从 IP 传过来的 IP 包对于以太网来说就是数据。给这些数据附加上以太网首部并进行发送处理，生成的以太网数据包将通过物理层传输给接收端。

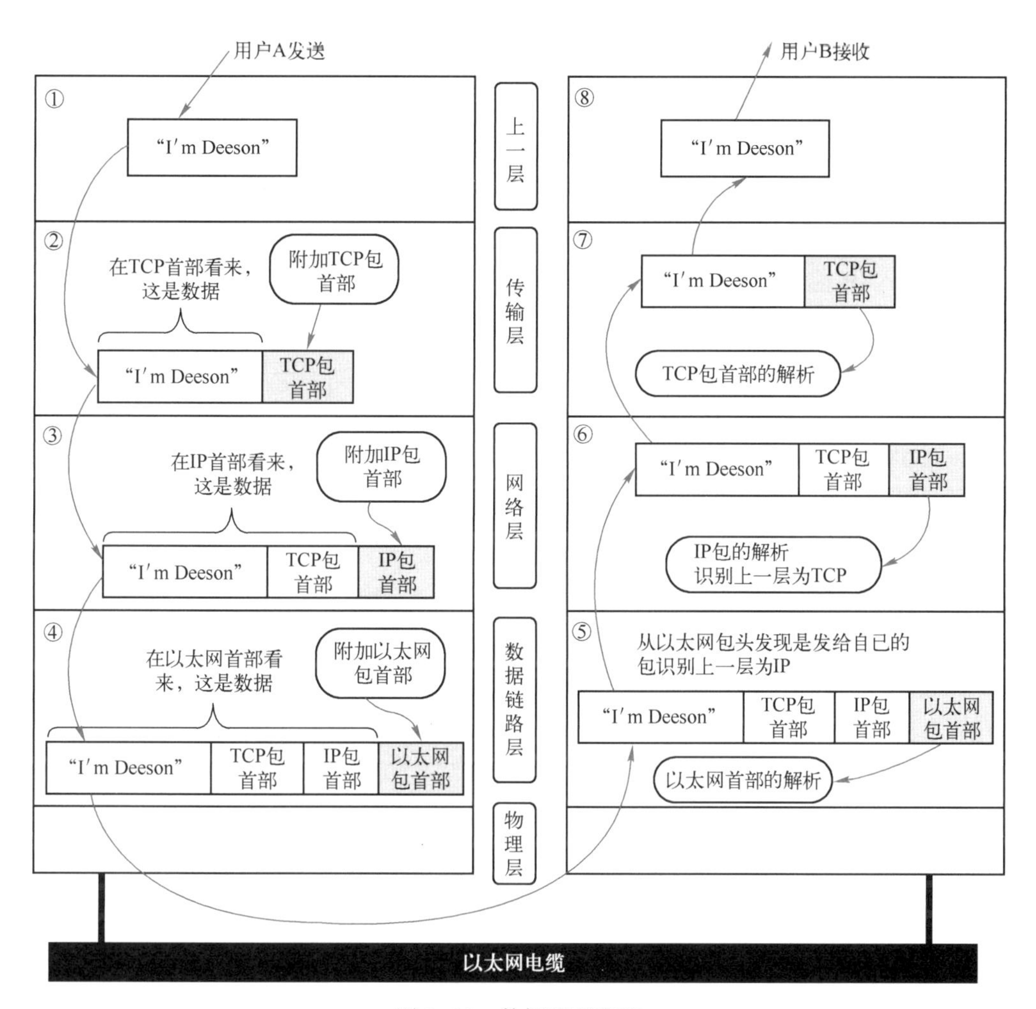

图 5-38　数据处理流程

（5）数据链路接口接收的处理　主机收到以太网包后，首先从以太网包首部找到 MAC 地址判断是否为发送给自己的包，若不是则丢弃数据。如果是发送给自己的包，则从以太网包首部中的类型确定数据类型，再传给相应的模块，如 IP、ARP 等。这里的例子是 IP。

（6）IP 模块的处理　IP 模块接收到数据后，从包首部中判断此 IP 地址是否与自己的 IP 地址匹配，如果匹配则根据首部的协议类型将数据发送给对应的模块，如 TCP、UDP。这里的例子是 TCP。此外，对于有路由器的情况，接收端地址往往不是自己的地址，此时需要借助路由控制表，在调查应该送往的主机或路由器之后再转发数据。

（7）TCP 模块的处理　在 TCP 模块中，首先会计算一下校验和，判断数据是否破坏，然后检查是否在按照序号接收数据，最后检查端口号，确定具体的应用程序。数据被完整地接收以后，会传给由端口号识别的应用程序。

（8）应用程序的处理　端口号相同的接收端应用程序会直接接收发送端发送的数据，

最后通过解析数据，还原发送端相应的内容。

3. 应用程序数据传输端口的识别

IP 中的地址用来识别 TCP/IP 网络中互连的主机和路由器，传输层中的端口号用来识别同一台计算机中进行通信的不同应用程序，因此，端口号也被称为程序地址。在以太网中凭目标端口号识别某一个通信是远远不够的，还必须先找到目的主机。图 5-39 所示为通过端口号、IP 地址、协议号进行通信识别的过程。

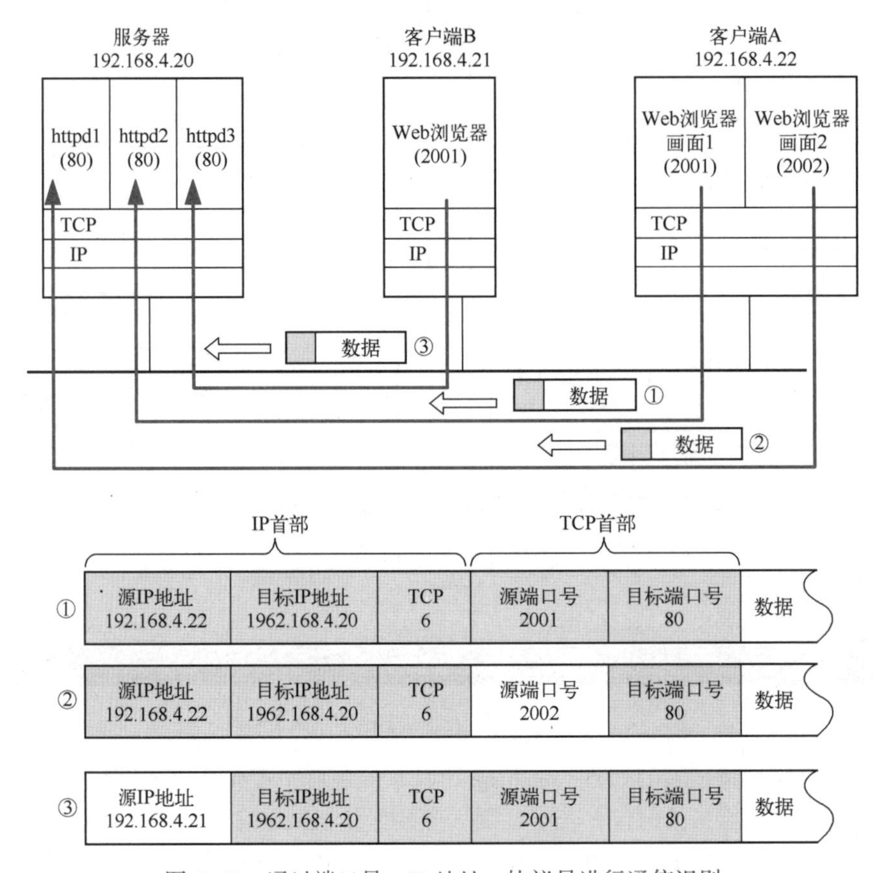

图 5-39　通过端口号、IP 地址、协议号进行通信识别

图 5-39 中，源自 IP 地址为 192. 168. 4. 22 的客户端 A 的计算机中数据包①和数据包②发往 IP 地址为 192. 168. 4. 20 的服务器中的目标端口号同为 80 的应用程序 httpd1 和 httpd2。服务器根据应用程序 Web 浏览器源端口号 2001 和 Web 浏览器画面 2 源端口号 2002 来区分数据的来源。数据包①和数据包③的目标端口号 80 和源端口号 2001 完全相同，但它们各自的源 IP 地址不同，分别来自 IP 地址为 192. 168. 4. 22 的客户端 A 和 IP 地址为 192. 168. 4. 21 的客户端 B。此外，当 IP 地址和端口号全都一样时，还可以通过协议号 TCP 和 UDP 来区分。

端口号可以是标准既定的，也可以通过时序分配获得。标准既定的端口号是指每个应用程序都有其指定的端口号，如HTTP、FTP、Telnet等广泛使用的应用协议中所使用的端口号就是固定的，这些端口号被称为知名端口号，分布在0~1023之间。除知名端口号之外，还有一些端口号被正式注册，它们分布在1024~9151之间，不过这些端口号可用于任何通信用途。采用时序分配时，客户端应用程序完全可以不用自己设置端口号，而全权交给操作系统进行动态分配。动态分配的端口号范围在49152~65535之间。端口号由其使用的传输层协议决定，因此，不同的传输层协议可以使用相同的端口号。

4. IP地址的分配方法

IP协议大致分为三大作用模块，它们是IP寻址、路由（最终节点为止的转发）以及IP分包与组包。作为网络层的地址信息，一般叫作IP地址。IP地址用于从连接到网络的所有主机中识别出要与其进行通信的目标地址。

IP协议的第4个版本，即IPv4的地址，由32位正整数来表示。IP地址在计算机内部以二进制方式被处理。为便于使用，人们将32位的IP地址以每8位为一组，分成4组，每组以“.”来分隔开，再将每组二进制数转换成十进制数。

IP协议的第6个版本，即IPv6，是为了从根本上解决IPv4地址耗尽的问题而提出的。IPv6将地址长度增加到8个16位字节，共128位。IPv6中IP地址的标记方法是将128位IP地址以每16位为一组，每组用冒号（:）隔开进行标记。而且如果出现连续的0时还可以将这些0省略，并用两个冒号（::）隔开。但是，一个IP地址中只允许出现一次两个连续的冒号。IPv6地址的结构类似IPv4，也是通过IP地址的前几位标识IP地址的种类，故下面只对IPv4的IP地址进行说明。

（1）IP地址的网络标识和主机标识

如图5-40a所示，4个数字的IP地址后面的/24表示从头到第几位为止的二进制数属于网络标识，剩余的为主机标识。按此地址划分规则，其中前3个数字（24位）为IP地址的网络标识，最后一个数字为IP地址的主机标识。在以太网数据链路的每个网络段配置不同的网络标识值，网络标识必须保证相互连接的不同段的地址不相重复，相同段内相连的主机有相同的网络地址。在同一个网段内，IP地址的主机标识不允许重复出现。由此，可以通过设置网络地址和主机地址在相互连接的整个网络中保证每台主机的IP地址都不会相互重叠，即IP地址具有唯一性。图5-40b所示地址为192.168.130.10的主机发送的IP包被转发到路由器D时，正是利用目标IP地址的网络标识192.168.130进行路由，将其转发到路由器C的。因为即使没有主机标识，只要有网络标识就能判断出IP包是否为路由器C网段内的主机。

因特网中的路由器又可以称为网关设备，完成网络层中继任务，对不同网络之间的数据包进行存储和分组转发处理。路由器是因特网的主要节点设备，通过路由决定数据的转发。转发策略称为路由选择，这也是路由器名称的由来。作为不同网络之间相互连

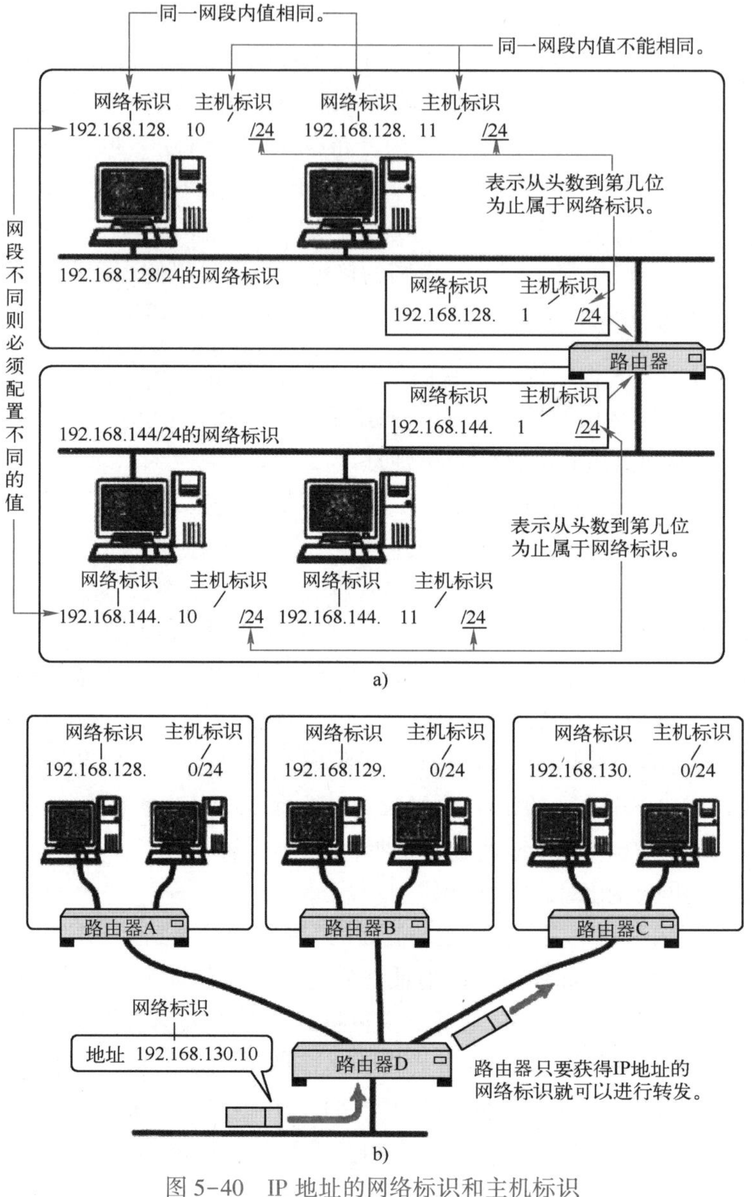

图 5-40 IP 地址的网络标识和主机标识

a）IP 地址的主机标识 b）IP 地址的网络标识

接的枢纽，路由器系统构成了基于 TCP/IP 的国际互联网络主体脉络或骨架。路由器的处理速度是网络通信的主要瓶颈之一，它的可靠性直接影响着网络互连的质量。路由器能够理解不同的协议，如某个局域网使用的以太网协议、因特网使用的 TCP/IP 协议。因此，路由器可以分析各种不同类型网络传来的数据包的目的地址，把非 TCP/IP 网络的地址转换成 TCP/IP 地址，或者反之，再根据选定的路由算法把各数据包按最佳路线传送到指定位置。所以路由器可以把非 TCP/IP 协议网络连接到互联网上。

（2）IP 地址的分类

根据 IP 地址中从第 1 位到第 4 位的不同，IP 地址分为 A 类、B 类、C 类、D 类四个级别的网络标识，除去网络标识后剩余部分则作为主机标识。

A 类 IP 地址是首位以 0 开头的地址。从第 1 位到第 8 位是 A 类网络的网络标识，即 A 类的网络地址范围为 0. 0. 0. 0~127. 0. 0. 0。A 类地址剩余的 24 位用作主机标识，因此，一个 A 类网段内可容纳的主机地址上限为 16777214 个。

B 类 IP 地址是前两位为 10 的地址。从第 1 位到第 16 位是 B 类网络的网络标识，即 B 类网络的地址范围为 128. 0. 0. 0~191. 255. 0. 0。B 类地址剩余的 16 位用作主机标识，因此，一个 B 类网段内可容纳的主机地址上限为 65534 个。

C 类 IP 地址是前 3 位为 110 的地址。从第 1 位到第 24 位是 C 类网络的网络标识，即 C 类的网络地址范围为 192. 0. 0. 0~223. 255. 255. 0。C 类地址的后 8 位用作主机标识，因此，一个 C 类网段内可容纳的主机地址上限为 254 个。

D 类 IP 地址是前 4 位为 1110 的地址。从第 1 位到第 32 位是 D 类网络的网络标识，即 D 类的网络地址范围为 224. 0. 0. 0~239. 255. 255. 255。D 类地址没有主机标识，常用于多播。

在分配 IP 地址时，用位表示主机地址时，不可以全部为 0 或全部为 1，因为只有在表示对应的网络地址或 IP 地址不可以获知的情况下才使用全部为 0，而全部为 1 的主机通常作为广播地址。因此，在分配过程中应该去掉这两种情况。这也是为什么 C 类地址每个网段最多只能有 254（$2^8-2=254$）个主机地址的原因。

广播地址用于在同一个链路中相互连接的主机之间发送数据包。将 IP 地址中的主机地址部分全部设置为 1，就成了广播地址。广播分为本地广播和直接广播两种。在本网络内的广播叫作本地广播；在不同网络之间的广播叫作直接广播。多播用于将包发送给特定组内的所有主机。多播既可以穿透路由器，又可以实现只给那些必要的组发送数据包。多播使用 D 类地址，因此，如果从首位开始到第 4 位是 1110，就可以认为是多播地址，而剩下的 28 位可以成为多播的组编号。此外，多播时，除路由器以外的所有主机和终端主机必须属于 224. 0. 0. 1 的组，所有的路由器必须属于 224. 0. 0. 2 的组。

（3）子网掩码

子网掩码是将原来 A 类、B 类、C 类等分类中的主机地址部分用作子网地址，可以将原网络分为多个物理网络的一种机制。子网掩码也是一个用 32 位二进制方式表示的数字。它对应 IP 地址网络标识部分的位全部为 1，对应 IP 地址主机标识的部分则全部为 0。由此，一个 IP 地址可以不再受限于自己的类别，而是可以用这样的子网掩码自由地定位自己的网络标识长度。

目前有两种子网掩码表示方式，第一种是将 IP 地址与子网掩码的地址分别用两行来表示，第二种是在每个 IP 地址后面追加网络地址的位数并用/隔开。

5. IP 地址与路由控制

互联网的主要节点设备是路由器，路由器通过路由表来转发接收到的数据。转发策略可以通过静态路由、策略路由等方法人工指定。在规模较小的网络中，人工指定转发策略没有任何问题，但是在规模较大的跨国企业网络、ISP 网络中，如果通过人工指定转发策略，将会给网络管理员带来巨大的工作量，并且路由控制表管理、维护也会变得十分困难。为了解决这个问题，动态路由协议应运而生。动态路由协议可以让路由器自动学习其他路由器的网络，并且网络拓扑发生改变后自动更新路由表。网络管理员只需要配置动态路由协议即可，相比人工指定转发策略工作量大大减少。常见的动态路由协议包括路由信息协议（RIP）、开放最短路径协议（OSPF）、中间系统到中间系统协议（IS-IS）、内部网关路由协议（IGRP）、增强型内部网关路由协议（EIGRP）、边界网关协议（BGP）等。

IP 地址的网络地址部分用于进行路由控制。路由器的路由控制表中记录着网络地址与下一步应该发送至哪个路由器的地址。在发送 IP 包时，首先要确定 IP 包首部中的目标地址，再从路由控制表中找到与该目标地址具有相同网络地址的记录，根据该记录将 IP 包转发给相应的下一个路由器。如果路由控制表中存在多条相同网络地址的记录，就选择一个最为吻合的网络地址。

在图 5-41 所示的主机 A 与主机 B 的数据转发中，IP 地址为 10. 1. 1. 30 的主机 A 要将

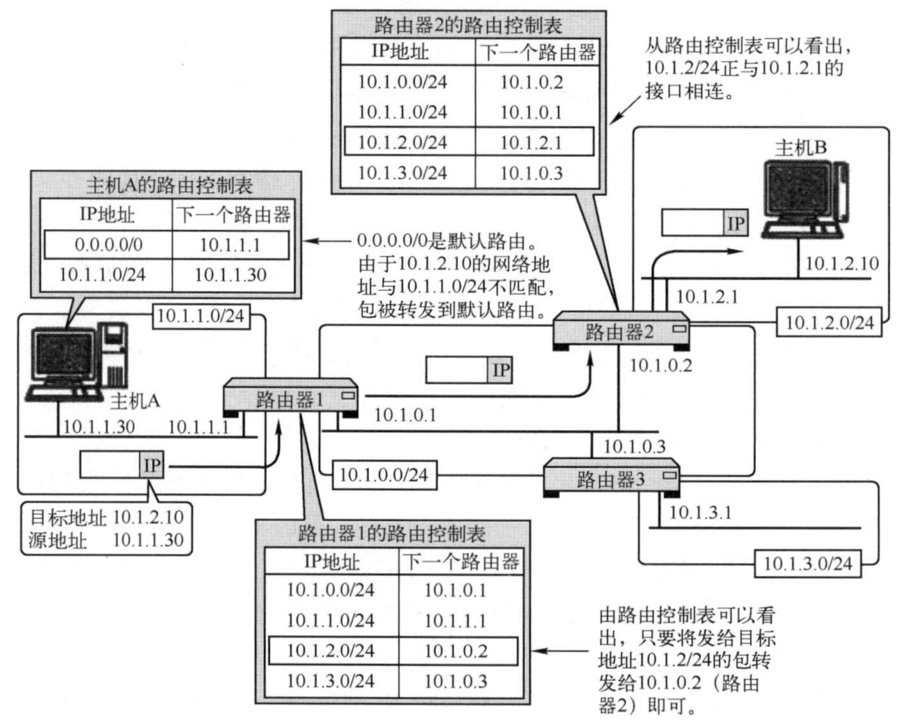

图 5-41　路由控制表与 IP 包发送

数据包发往目标 IP 地址为 10. 1. 2. 10 的主机 B。但主机 A 的路由控制表中没有通往这个 10. 1. 2. 10 的 IP 地址的记录，于是被安排将数据包发送到默认 IP 地址 0. 0. 0. 0/0 所指向的下一个路由器 1 的地址 10. 1. 1. 1。路由器 1 搜索自己的路由控制表，发现要将数据发给网络地址为 10. 1. 2. 0/24 的网络，下一个路由器的网络地址应为 10. 1. 0. 2，所以将数据包转发给网络地址为 10. 1. 0. 2 的路由器 2。路由器 2 搜索自己的路由控制表，发现要将数据发给网络地址为 10. 1. 2. 0/24 的网络，下一个网络地址应为 10. 1. 2. 1，所以将数据包转发给网络地址为 10. 1. 2. 1 的网络。该网络主机号为 10 的主机 B 发现是传给自己的数据便进行接收。

5.3　骨干网中高速数据的交换

5.3.1　曾经时尚的信元交换

由于 TCP/IP 是一种面向无连接的技术，对语音、视频等实时性要求较高的数据，在网络拥塞时的传输时延不够理想，因此人们提出了面向连接的异步传输模式（ATM）技术。

ATM 是将待传输的信息以信元为单位进行分组传输的方式，是国际电信联盟 ITU-T 制定的一种面向连接的点对点快速分组传输技术标准，于 1988 年被正式命名为 ATM，并推荐为宽带综合业务数据网（B-ISDN）的信息传输模式。

ATM 信元是固定长度的分组，共有 53 个字节。前面 5 个字节为信元头，主要完成寻址的功能。后面的 48 个字节为信息段，用来装载来自不同用户、不同业务的信息，如图 5-42 所示。语音、数据、图像等所有的数字信息在传输前都要先被切割成 48 个字节的信息段，然后将其与信元头一起封装成统一格式的 53 个字节的信元，这样才能在 ATM 网络中传递，在接收端再将信元中的数据恢复成发送端的数据格式。

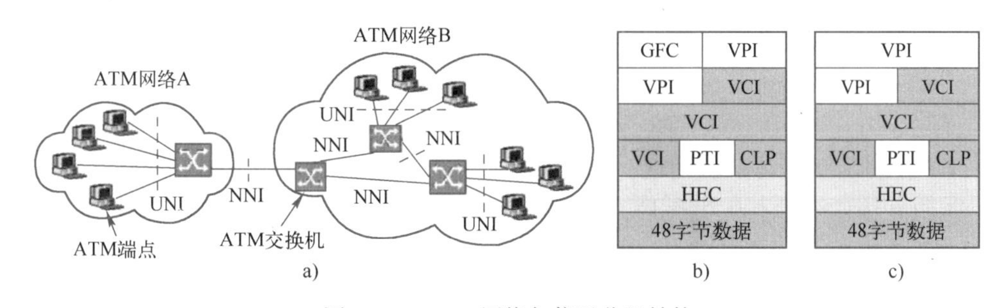

图 5-42　ATM 网络与信元分组结构

a）ATM 网络的 UNI 和 NNI 连接方式　b）UNI 信元结构　c）NNI 信元结构

由于 ATM 技术简化了交换过程，去除了不必要的数据校验，采用了易于处理的固定信元格式，所以 ATM 交换速率可达 622 Mbit/s。另外，ATM 网络采用了一些有效的业务流量监控机制，对网上用户数据进行实时监控，把网络拥塞发生的可能性降到最小。ATM 对不同业务赋予不同的特权（如语音的实时性特权最高，一般数据文件传输的正确性特权最高），对不同业务分配不同的网络资源，这样，不同的业务都能在 ATM 网络中传输。

ATM 集交换、复用、传输为一体，在复用上采用的是异步时分复用方式，通过信息的首部或标识头来区分不同信道。ATM 网络由相互连接的 ATM 交换机构成，存在交换机与终端、交换机与交换机之间连接的两种方式，如图 5-42a 所示。交换机接口分为支持用户与网络的通用网络接口（UNI）和网络节点间的网络与网络接口（NNI）。ATM 信元采用两种不同的信元头来支持这两类接口，图 5-42b 所示为 UNI 的信元头结构，图 5-42c 为 NNI 的信元头结构。UNI 和 NNI 的区别在于 NNI 没有 GFC 部分。

1. 信元头中各字段的功能

在 ATM 信元头结构中，3 位的 GFC 域用于用户与网络接口时进行流量控制，以减少网络过载的可能性。

VPI 域为虚通道标识符，对于 UNI 共有 8 位，可标识 256 条不同的虚通道；对于 NNI 共有 12 位，可标识 4096 条不同的虚通道。

VCI 为虚通路标识符，对于 UNI 和 NNI 各有 16 位，可标识 65536 条不同的虚通路，最大实际可用虚通路数可在接口初始化时协商确定。VCI 用于标志一个 VPI 群中的唯一呼叫，在呼叫建立时分配，呼叫结束时释放。在 ATM 中的呼叫由 VPI 和 VCI 共同且唯一确定。图 5-43 所示为 VPI 与 VCI 的关系。

图 5-43　VPI 与 VCI 的关系

3 位 PTI 表示净荷类型识别域，用于指示信息字段的信息是用户信息还是网络信息。

1 位 CLP 为信元抛弃优先级域，当 CLP 为 1 时，表示当网络拥塞时可以抛弃该信元。

8 位的 HEC 为信元头差错控制域，用于信元头差错控制与信元间定界。

48 字节的信元为用户数据域，用于数据的传输。长度固定的信元可以使 ATM 交换机的功能尽量简化，只用硬件电路就可以对信元头中的虚电路标识进行识别，因此大大缩短了每一个信元的处理时间。

2. ATM 网络中的虚通道与虚通路交换

在 ATM 网络中引入了虚通道（VP）和虚通路（VC）两个重要概念，用来描述 ATM

信元单向传输的路由。一条物理链路可以复用多条虚通道，每条虚通道又可以复用多条虚通路，并用相应的标识符来标识。VPI 和 VCI 独立编号，VPI 和 VCI 一起才能唯一地标识一条虚通路。

在 ATM 交换机中，有一个虚连接表，每一部分都包含物理端口、VPI 值、VCI 值，该表是在建立虚电路的过程中生成的，不同节点交换映射表是不同的。信元每经过一个 ATM 交换机，VPI/VCI 便根据虚连接建立时设定的路由查找表确定输出端口，同时修改查找表使其变换为下一段物理链路的 VPI/VCI 值，设立 VPI、VCI 两级的标识有利于对虚连接的管理，便于核心交换机高速交换。

图 5-44 所示为虚通道和虚通路实现路由交换的过程，交换的虚通道和虚通路都是依据交换路由表的输入和输出安排进行的。其中，输入端虚通道 VPI_1 中的虚通路 VCI_1 被交换到了输出端虚通道 VPI_5 中的虚通路 VCI_4；输入端虚通道 VPI_1 中的虚通路 VCI_2 被交换到了输出端虚通道 VPI_2 中的虚通路 VCI_3；输入端虚通道 VPI_3 中的虚通路 VCI_a、VCI_b 被交换到了输出端虚通道 VPI_4 中的虚通路 VCI_a、VCI_b。

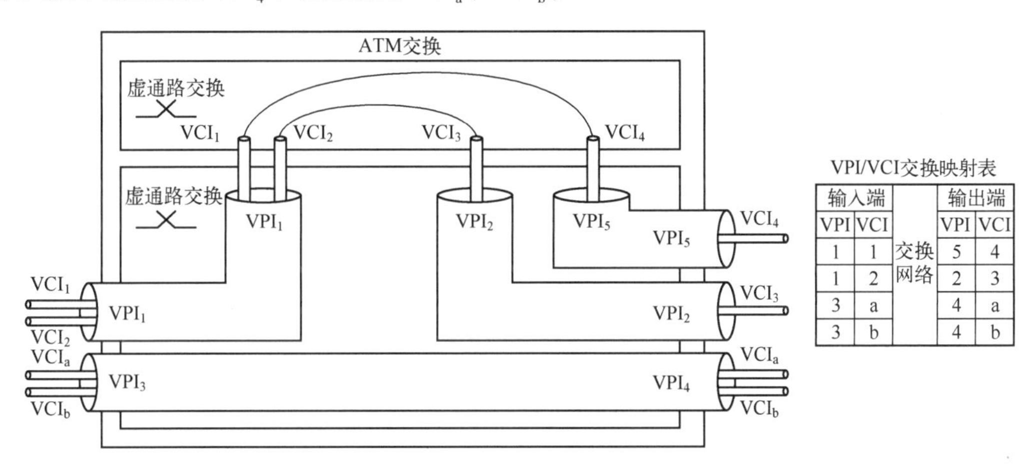

图 5-44　VPI/VCI 标识在交换过程中的应用

3. 信元交换的虚连接工作方式

图 5-45 为 ATM 交换中信元的交换过程。其中，输入链路中时隙 x、y、z 和输出链路中的时隙 k、m、l 可被相同数据源的信元连续占用，也可被其他数据源的信元占用，这些数据的长度可以是不等的，因此占用的时隙数可以是不同的。信元头中的 VPI/VCI 规定相同的数据源走相同的链路。完成链路交换的关键是翻译表，如输入链路 I_1 中的 x、y、z 时隙，由翻译表指定与输出链路 Q_1、Q_q、Q_2 中的时隙 k、m、l 相接，翻译表中的内容是通过解读信元头中的 VPI/VCI 信息得到的，当信元传输完后，新的信元头修改翻译表，为新的信元提供链路，因而这种连接不是固定的，称为虚连接。

虚连接有两种工作方式，如图 5-46 所示。

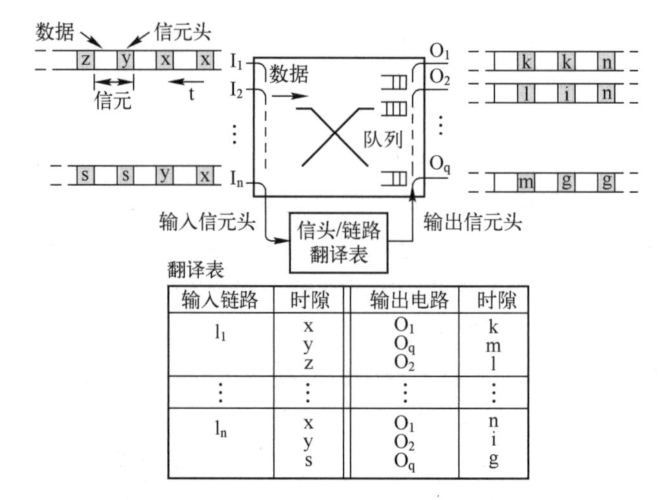

输入链路	时隙	输出电路	时隙
I_1	x y z	O_1 O_q O_2	k m l
⋮	⋮	⋮	⋮
I_n	x y s	O_1 O_2 O_q	n i g

图 5-45　ATM 交换中信元的交换过程

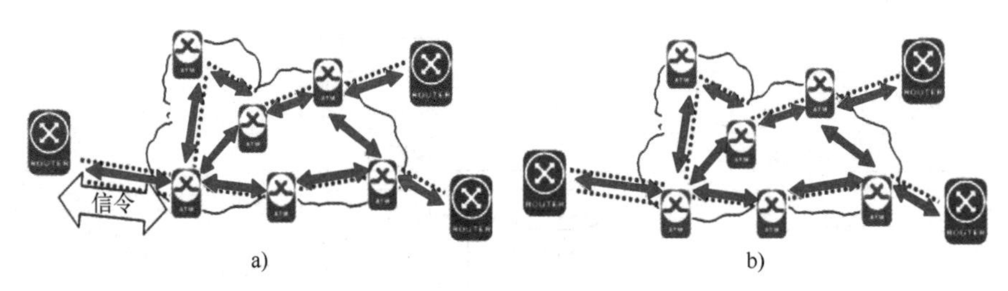

图 5-46　两种虚连接比较

a）交互式虚连接　b）永久虚连接

1）交互式虚连接（SVC）：每次通信前根据用户请求，利用控制信令确定路由、服务类别和传输质量（QoS），建立链接表，通信结束后释放信道资源。

2）永久虚连接（PVC）：根据用户的租赁要求，预先配置好网络，建立固定的传输路径和相应的链接表，用户随时可以传输数据。

信元传输采用异步时分复用，又称统计复用。信息源随机产生信息，因而信元到达队列也是随机的。高速业务的信元十分频繁、集中，低速业务的信元很稀疏。这些信元都按顺序在队列中排队，然后按输出次序复用到传输线上。具有同样标志的信元在传输线上并不对应某个固定的时间间隙，也不是按周期出现的，信息和它在时域的位置之间没有关系，信息只是按信元头中的标志来区分的。信元头中的 VPI 字段用于选择一条特定的虚通道，VCI 字段在一条选定的虚通道上选择一条特定的虚通路。当进行虚通道交换时，是选择一条特定的虚通道。若在交换过程中出现拥塞，该信息将被记录在信元的 PTI 中。

采用信元交换的 ATM 主要有以下优点：①ATM 使用相同的数据单元，可实现广域网和局域网的无缝连接；②ATM 支持虚拟局域网（VLAN）功能，可以对网络进行灵活的管理和配置；③ATM 具有不同的速率，分别为 25 Mbit/s、51 Mbit/s、155 Mbit/s、622 Mbit/s，从而为不同的应用提供不同的速率，并且城域网传输速率能够达到 10 Gbit/s；④ATM 使用相同大小的信元，方便预计和保证应用所需要的带宽。

由信元交换组成的 ATM 网络可满足多业务需求，传输效率高，服务质量有保证，有流量控制，但存在技术复杂、可扩展性不佳的问题。

5.3.2　复杂一点的多协议标记交换

ATM 网络实现了在面向无连接的网络中进行面向连接的点对点通信，使数据传输的实时性增加。但 ATM 每 48 字节的数据就要加 5 字节包头，使数据传输的效率降低，于是人们提出了多协议标签交换（MPLS）网络技术。

1. MPLS 的基本概念

MPLS 是一种在开放的通信网上利用标签引导数据高速、高效传输的技术，由因特网工程任务组（IETF）提出。

MPLS 包头结构如图 5-47 所示，包头由 32 位构成。其中，20 位的标签是用于转发的指针；3 位实验域（CoS）现在通常用作服务类；1 位的 S 用作栈底标识，MPLS 支持标签的分层结构，即多重标签，S 值为 1 时表明为最底层标签；8 位的生存期字段（TTL）用来对生存期值进行编码，与 IP 报文中的 TTL 值功能类似。

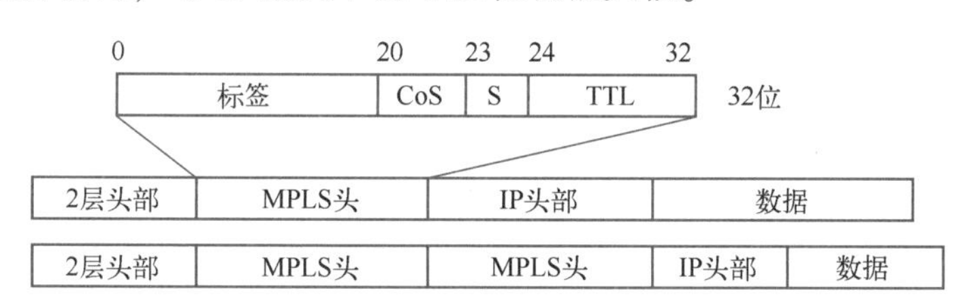

图 5-47　MPLS 包头结构

MPLS 作为一种分类转发技术，将具有相同转发处理方式的分组归为一类，称为转发等价类（FEC）。相同转发等价类的分组在 MPLS 网络中将获得完全相同的处理。转发等价类的划分方式可以是源地址、目的地址、源端口、目的端口、协议类型、VPN 等的任意组合。例如，在传统的采用最长匹配算法的 IP 转发中，到同一个目的地址的所有报文就是一个转发等价类。

MPLS 网络是指由运行 MPLS 协议的交换节点构成的区域。在 MPLS 网络中，数据传输发生在标签交换路径（LSP）上。LSP 是每一个从源端到终端的路径上的节点的标签序列。LSP 在功能上与 ATM 和帧中断的虚电路相同，是从入口到出口的一个单向路径。LSP 中的每个节点由标签交换路由器（LSR）组成，根据数据传送的方向，相邻的 LSR 分别称为上游 LSR 和下游 LSR。

LSP 分为静态和动态两种。静态 LSP 由管理员手工配置，动态 LSP 则利用路由协议和标签发布协议动态产生。位于 MPLS 域边缘、连接其他用户网络的 LSR 称为标签边缘路由器（LER 或 ELSR），区域内部的 LSR 称为核心标签交换路由器（ILSR）。ILSR 可以是支持 MPLS 的路由器，也可以是由 ATM 交换机等升级而成的 ATM-LSR。MPLS 网络域内部的 LSR 之间使用 MPLS 通信，MPLS 域的边缘由 LER 与传统 IP 技术进行适配。

MPLS 网络中，待传输的分组被打上标签后，沿着由一系列 LSR 构成的 LSP 传送，其中，入节点 LER 被称为进入（Ingress），出节点 LER 被称为出口（Egress），中间的节点则称为中转（Transit）。

LSR 是 MPLS 网络中的基本元素，所有 LSR 都支持 MPLS 协议。LSR 由控制单元和转发单元两部分组成。控制单元负责标签的分配、路由的选择、标签转发表的建立、标签交换路径的建立和拆除等工作；转发单元则依据标签转发表对收到的分组进行转发。

2. MPLS 网中 IP 分组的转发过程

图 5-48 所示的将终端 I 的 IP 分组经由 MPLS 网传送到终端 II 的转发过程是这样的：A、B 为边缘节点 LER，R_1、R_2、R_3、R_4、R_5、R_6为内部节点 ILSR。MPLS 运行可分为自动路由表生成和 IP 分组传送执行两个阶段，在实际运行时这两个阶段是交叉进行的。

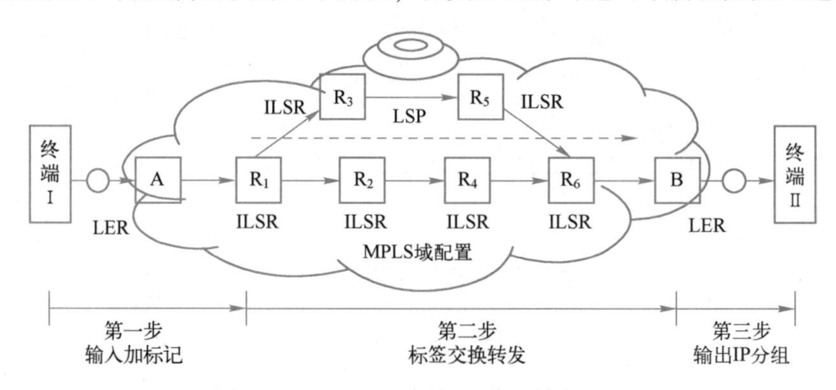

图 5-48　MPLS 网中的 IP 分组转发过程

（1）自动路由表生成阶段

1）建立 MPLS 域上各节点之间的拓扑路由。在域内运行开放式最短路径优先协议（OSPF），也可同时运行其他的路由协议，使域内各节点都具有全域的拓扑结构信息。在管理层的参与下，可在全域均匀分配流量，优化网络传输性能。在域间主要运行边界网关协议（BGP），对邻域和主干核心网络提供和获取可达信息。

2）运行标签分配协议（LDP），使 MPLS 域内节点间建立邻接关系，按可达目的地址分类划分转发等价类，创建 LSP，沿 LSP 对转发等价类分配标签，在各 LSR 上生成转发路由表。

3）对路由表进行维护和更新。

（2）在 MPLS 域上传送 IP 分组

1）终端 I 的 IP 分组进入 MPLS 域的边缘节点 A，LER 读出 IP 分组组头，查找相应的转发等价类及其所映射的 LSP，加上标签，成为标签分组，向指定的端口输出。

2）在 MPLS 域内的下一跳 ILSR 从输入端口接收到标签分组，用标签作为指针，查找转发路由表，取出新标签，标签分组用新标签替代旧标签，新的标签分组由指定的输出端口发送给下一跳。在到达 MPLS 出口的前一跳，即倒数第二跳时对标签分组不进行标签调换的操作，只作旧标签的弹出，然后用空的标签分组传送。因为在出口已是目的地址的输出端口，所以不再需要对标签分组按标签转发，而是直接读出 IP 分组头，将 IP 分组传送到最终目的地址。这种处理方式能保证 MPLS 全程所有 LSR 对需处理的分组只做一次观察处理，也便于转发功能的分级处理。

3）MPLS 域的出口 LSR 接收到空的标签分组后，读出 IP 分组头，按最终目的地址将 IP 分组从指定的端口输出。

参照图 5-48 举例说明如下：终端Ⅰ连接 LER A，终端Ⅱ连接 LER B，A→B 有一 LSP〈A，R1，R2，R4，R6，B〉，Ⅰ→Ⅱ的 IP 分组被映射进特定 FEC BA，并沿 LSP 的标签分配为 A FEC B $R_1=L_A$，R_1 FEC B $R_2=L_1$，R_2 FEC B $R_4=L_2$，R_4 FEC B $R_6=L_4$，R_4 FEC B B=空标签。上述标签分配是在 MPLS 域自动路由表生成阶段完成的，也可以由管理层干预，并在各 LSR 上生成相应的转发路由表。

Ⅰ→Ⅱ的 IP 分组传送分三步执行。

第一步由Ⅰ到 A 传送的是纯 IP 分组。由 LER A 读出并分析 IP 分组头，查找所映射的 FEC BA，从转发路由表读出标签 L_A 和输出端口 1，将 IP 分组和标签 L_A 封装为标签分组，标签分组由 LER A 输出端口 1 输出。

第二步，由 R1 到 B 传送的是标签分组。A 的下一跳 ILSR R_1 从输入端口 1 接收到标签分组，读出标签 L_A 作为指针，从 R_1 的转发路由表读出新标签 L_1 和输出端口 2；标签分组用新标签 L_1 替代旧标签 L_A 后，将更新的标签分组由 R_1 的输出端口 2 输出，后续 R_2、R_4 执行相同的过程，在倒数第二跳 R_6 时，只将旧标签 L_4 弹出，不再更新标签，用空标签分组，由 R_6 的输出端口 1 输出。

第三步，由 B 到Ⅱ传送纯 IP 分组。LER B 从输入端口 1 接收到空标签分组，直接读出 IP 分组头并按目的地址将 IP 分组传送给终端Ⅱ。

MPLS 网络具有流量工程、负载均衡、路径备份、故障恢复、路径优先级、防碰撞等方面的优点。

3. 移动 MPLS IP 技术

随着移动通信的发展，手机上网服务大量增加，将 MPLS 与移动技术相融合，实现高速可靠的手机 IP 服务，出现了移动 MPLS IP 技术。

基于 MPLS LSP 的移动 IP 网络模型中，注册及 LSP 建立过程如下。

1）假设移动节点（手机）由归属网络移动到外地网络，外地代理便广播消息，移动节点接收到广播消息后，得知自己处在外地网络并获得转交地址，随后向外地代理发送注册请求消息，外地代理收到注册请求消息后，对其进行认证，通过认证后外地代理和移动节点交互信息。外地代理更新其路由信息，并在路由信息中增加移动节点归属代理的路由信息。

2）外地代理根据更新后的路由信息把移动节点的注册和请求信息发送给归属代理。归属代理得到移动节点的注册信息和请求信息以及移动节点的转交地址，查找其标签栈，并把移动节点的归属地址作为 FEC。归属代理根据 LDP 为归属代理到外地代理的路径分发标签，并向外地代理发送标签请求信息，此时把移动节点的转交地址作为 FEC。

3）外地代理收到标签请求信息后，向归属代理回送标签匹配消息，归属代理收到标签匹配消息后更新其移动节点在标签栈中的进入信息。

4）归属代理通过 LSP 向外地代理发送注册回应信息，外地代理收到注册回应后，更新其标签栈，并增加外地代理到归属代理的 LSP 信息，注册成功。这样就在归属代理到外地代理之间建立起了 LSP。

图 5-49 所示基于 MPLS LSP 的移动 IP 网络模型中，数据包的传送过程如下。

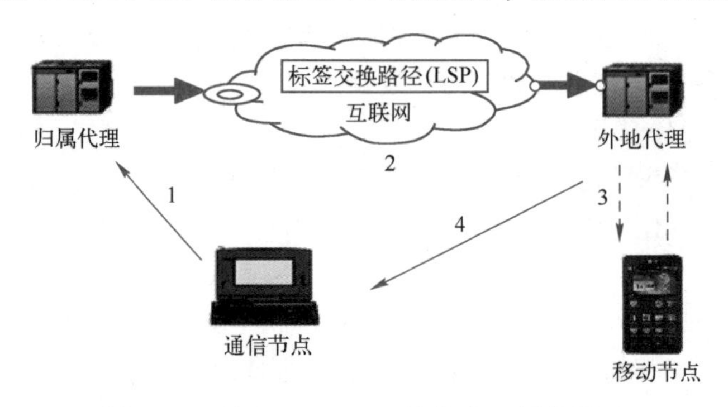

图 5-49　基于 MPLS LSP 的移动 IP 网络模型

1）由通信节点向移动节点传送的数据包首先被归属代理截获，归属代理通过分析数据包的包头，为其分配标签，并查找自己的标签栈，确定数据包转发的出口。如果移动节点仍然在归属网络，则出口标签为空，数据包被送往 IP 层，通过 IP 层的路由协议向移动节点传送数据分组。

2）如果移动节点在外地网络，数据包则通过归属代理到外地代理的 LSP 传送分组到外地代理。

3）外地代理收到数据包后把它送往 IP 层，按 IP 层的路由协议转发至移动节点。

4）当移动节点向通信节点传送数据包时，不必经过归属代理转交，可以在外地代理和通信节点之间建立单向 LSP 来传送，也可以根据单纯的 IP 路由协议来传送。

5.3.3　广泛采用的分组传送网

分组传送网（PTN）是一种光传送网络架构，技术特点是针对分组业务流量的突发性和统计复用传送要求，在 IP 业务和底层光传输媒质之间设置一个层面，以分组业务为核心并支持多业务提供，具有更低的总体使用成本，同时秉承光传输的传统优势（包括高可用性、高可靠性、高效的带宽管理机制和流量工程，便捷的 OAM 和网管，可扩展，较高的安全性等）。PTN 主要面向 3G/4G 以及后续综合的分组化业务承载需求，解决移动运营商面临的数据业务带宽需求增长和每用户平均收入（ARPU）下降之间的矛盾。

PTN 设备由数据平面、控制平面、管理平面组成。其中，数据平面包括 OAM、保护、交换、同步、QoS 等模块；控制平面包括路由、信令和资源管理等模块。数据平面和控制平面采用 UNI 和 NNI 与其他设备相连，管理平面还可采用管理接口与其他设备相连。PTN 设备功能模块和系统结构如图 5-50 所示，其中，图 5-50a 为构成 PTN 的相关功能模块，图 5-50b 为 PTN 系统的结构。目前实现 PTN 所采用的技术主要有 T-MPLS 技术和 PBT 技术。

1. T-MPLS 技术的基本概念

基于 T-MPLS 技术的 PTN 产品包括基于 SDH 的 T-MPLS（MoS）、基于以太网的 T-MPLS（MOE）、基于 OTH 的 T-MPLS（MoO）、基于 PDH 的 T-MPLS（MOP）、基于 RPR 的 T-MPLS（MoR）。

T-MPLS 是面向连接的分组传输技术，利用一组 20 位的 MPLS 标签来标识一个端到端转发中的路径（LSP）。LSP 分为两层，内层为 T-MPLS PW（伪线）层，标识用户业务的类型，外层为 T-MPLS（隧道）层，标识业务转发路径，如图 5-51a 所示。T-MPLS 具有可扩展性和多业务承载能力，通道层（TMC）和通路层（TMP）的统计复用能力使其传送管道成为柔性管道，为 IP 化业务提供更高的资源利用率。T-MPLS 的标签是局部标签，在各节点可重用。图 5-51b 所示为 T-MPLS 帧头格式和数据的封装方式。

图 5-51 中的伪线是一种通过 PSN 把一个仿真业务的关键要素从一个分组设备（PE）运载到另一个或多个其他 PE 的机制。通过 PSN 上的一个隧道（IP/L2TP/MPLS）对多种业务（ATM、FR、HDLC、PPP、TDM、Thernet）进行仿真，PSN 可以传输多种业务的数据净荷。这种方案里使用的隧道定义为伪线。伪线所承载的内部数据业务对核心网络是不可见的，即核心网络对电路设备（CE）数据流是透明的，多个伪线可集中分配在一个 LSP 中。

T-MPLS 满足 ITU-T G. 805 定义的分层结构，T-MPLS 网络垂直分层包括通道层、通路层、段层（TMS）、物理媒质层。图 5-52 所示为 T-MPLS 的网络分层结构示例，其中，标签①~⑨为 T-MPLS 适配和特征信息插入点，具体参照 ITU-T G. 8 110. 1 建议。

其中，通道层表示业务的特性，如连接类型、拓扑类型、业务类型等，提供 T-MPLS

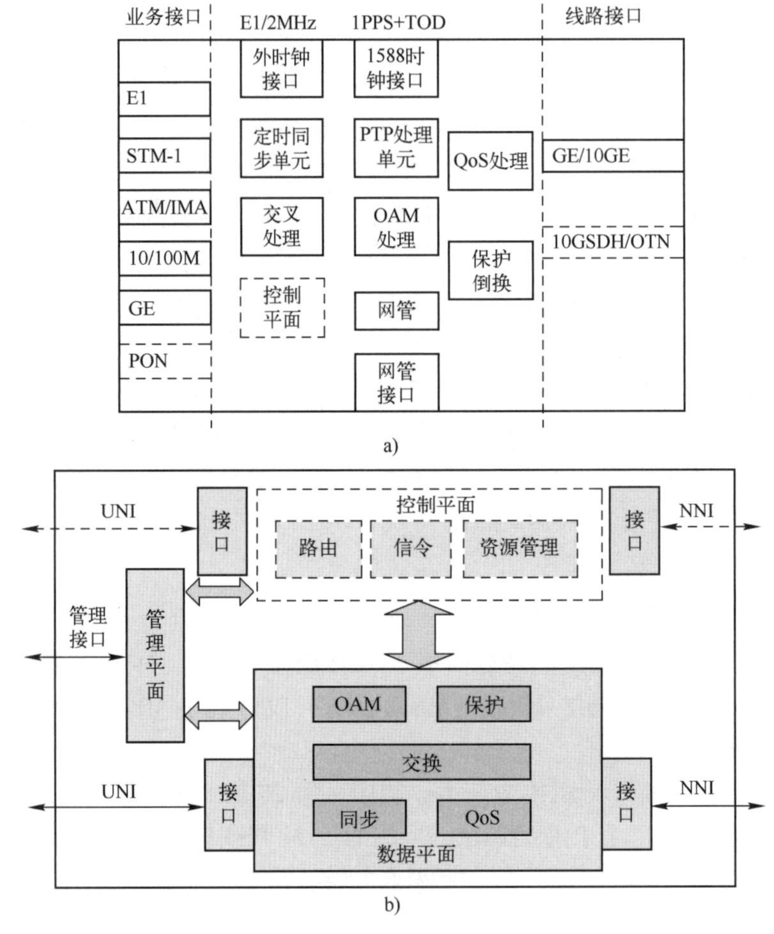

图 5-50 PTN 设备功能模块和系统结构

a）功能模块 b）系统结构

传送网业务通路，一个通道连接传送一个客户业务实体。

通路层类似于 MPLS 中的隧道层，表示端到端逻辑连接的特征，提供传送网连接通道，一个通路连接在通路域的边界之间传送一个或多个通道层信号。

段层表示相邻的虚层连接，提供两个相邻 T-MPLS S 节点之间的操作管理维护（OAM）监视。由于段层实例与服务层路径之间是一对一的，所以它不需要标签。

物理媒介层表示传输的媒介，如光纤、铜线或无线。

由于 T-MPLS 是利用 MPLS 的一个功能子集提供面向连接的分组传送，并且要使用传送网的 OAM 机制，因此 T-MPLS 取消了 MPLS 中一些与 IP 和无连接业务相关的功能特性。在具体的功能实现方面，两者的主要区别包括：T-MPLS 使用双向 LSP、T-MPLS 不使用倒数第二跳弹出（PHP）选项、T-MPLS 不使用 LSP 聚合选项、T-MPLS 不使用相同

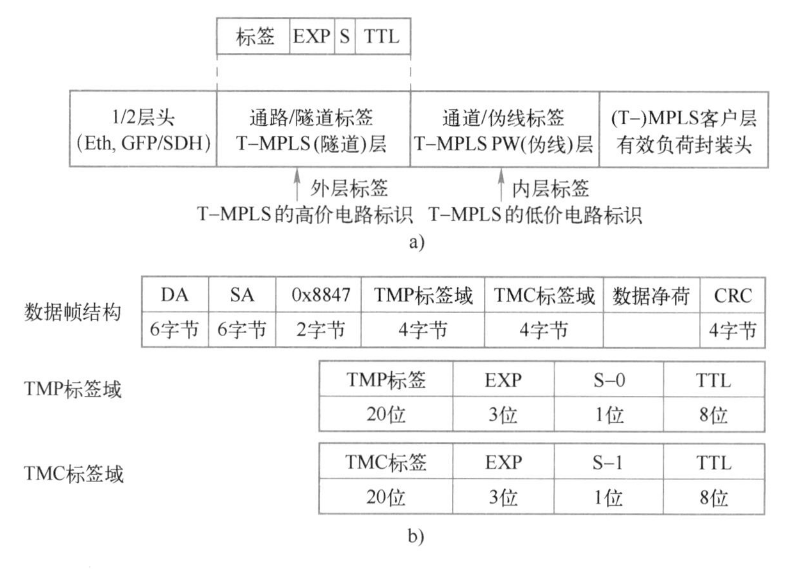

数据帧结构	DA	SA	0x8847	TMP标签域	TMC标签域	数据净荷	CRC
	6字节	6字节	2字节	4字节	4字节		4字节

TMP标签域	TMP标签	EXP	S-0	TTL
	20位	3位	1位	8位

TMC标签域	TMC标签	EXP	S-1	TTL
	20位	3位	1位	8位

图 5-51　T-MPLS 的帧结构

a）T-MPLS 的帧结构　b）T-MPLS 协议代码

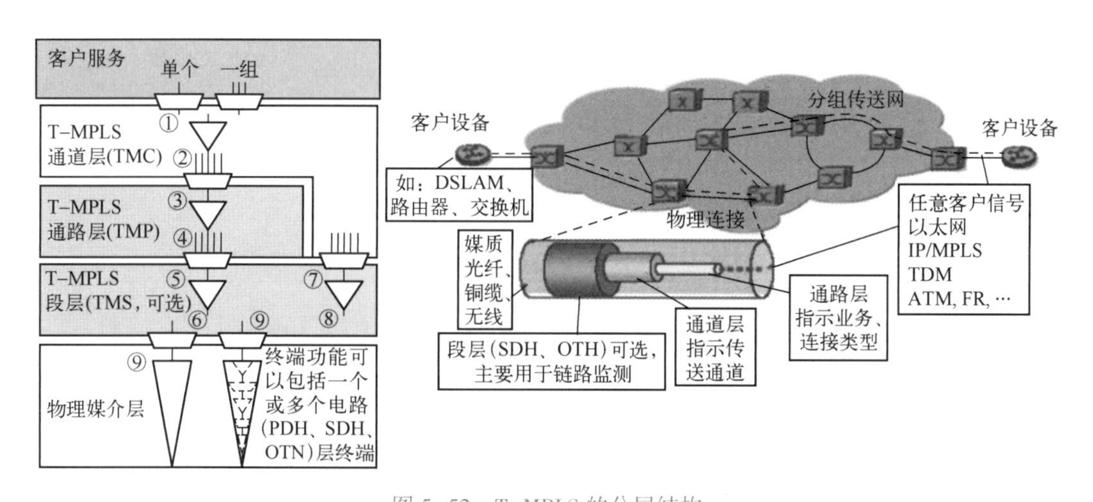

图 5-52　T-MPLS 的分层结构

代价多路径（ECMP）选项、T-MPLS 支持端到端的 OAM 机制。

2. 运营商骨干网桥技术的基本概念

运营商骨干网桥（PBB）技术是从 IEEE 802.1 协议演进而来的，图 5-52 所示为 IEEE 802.1 向 IEEE 802.1ah 的演进过程。

以太网中，为了支持和隔离不同部分的业务，在局域网的基础构架上按逻辑划分出多个虚拟局域网（VLAN）。每个 VLAN 被一个 Q 标签（Q-tag）所定义，Q-tag 是一个添加在 IEEE 802.1 帧头的 12 位域 VID，该域由 IEEE 802.1Q 协议所定义，它把一个大的网络在逻辑上划分为若干个部分，每部分供不同的业务来使用。VLAN 的作用是将网络分层以利于管理和性能提高。进一步发展出来的 IEEE 802.1ad 协议提出用 Q-in-Q 技术来实现不同业务类型的隔离及不同用户的隔离，即在原有内层 Q-tag 基础上再简单添加一层新的 Q-tag，原有内层 Q-tag 被称为 C-VID，用于在用户网络内定义 VLAN，新的一层 Q-tag 被称为 S-VID，让运营商能够管理自己的标签，定义独立的用户网络。

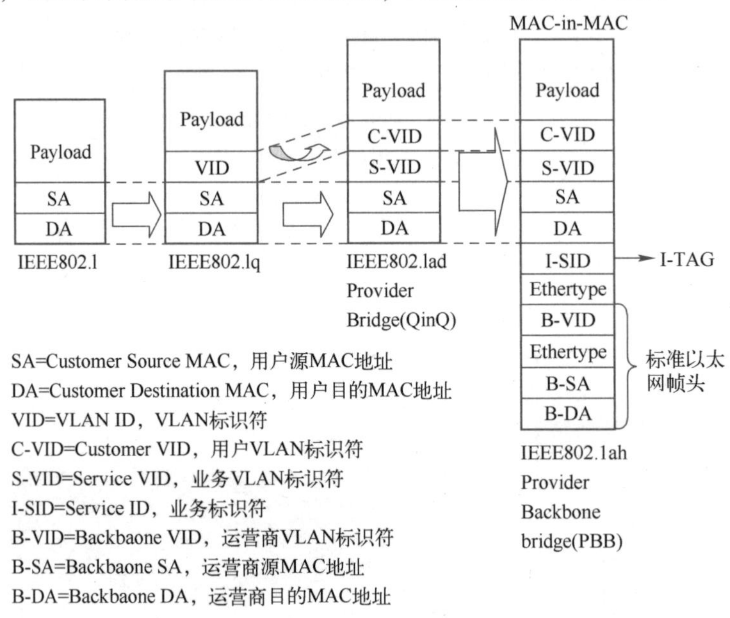

图 5-53　IEEE802.1ah 的演进过程

在 IEEE 802.1 协议基础上得到 IEEE 802.1Q 为二层、IEEE 802.1ad 为三层的 Q-in-Q 技术，运营商只能最多建立 4096 个用户 VLAN，为了进一步扩大业务，又出现了 IEEE 802.1ah 协议，即 PBB。

PBB 技术的基本思路是将用户的以太网数据帧再封装一个运营商的以太网帧头，形成两个 MAC 地址，又称为 MAC-in-MAC。用户 MAC 被封装在运营商 MAC 内，通过二次封装对用户流量进行隔离，增强了以太网的可扩展性和业务的安全性。PBB 的关键是在运营商 MAC 头内包含一个 24 位的业务实例标签（I-Tag），用以提供多达超过 1600 万个业务实例。

在 PBB 中，网络被区分为运营商域和用户域，在运营商域中网络交换基于运营商 MAC 头，用户的 MAC 头是不可见的。这给运营商和用户提供了严格的分界，实现了真正意义上的网络分层。图 5-54 所示为 PBB 网络与协议结构。

1）B-DA：MAC-in-MAC 封装的外层目的媒体存取控制地址（MAC）。

2）B-SA：MAC-in-MAC 封装的外层源 MAC 地址。

3）B-Tag：MAC-in-MAC 封装的外层虚拟网标签（VLAN Tag），标识报文在网络提供商骨干传送（PBT）网络中的 VLAN 信息和优先级信息。

4）I-Tag：MAC-in-MAC 封装中的业务标签，包括报文在骨干网边缘网桥（BEB）处理时的传送优先级（I-PCP）和丢弃优先级（I-DEI），以及标识业务实例（I-SID），并包括了用户报文的目的 MAC 和源 MAC。

5）VSI：BEB 上支持 MAC-in-MAC 或 VLAN 的虚拟交换实例（VSI），是一个具有以太网桥功能的 VPN 实体，根据用户 MAC 地址进行二层报文转发。

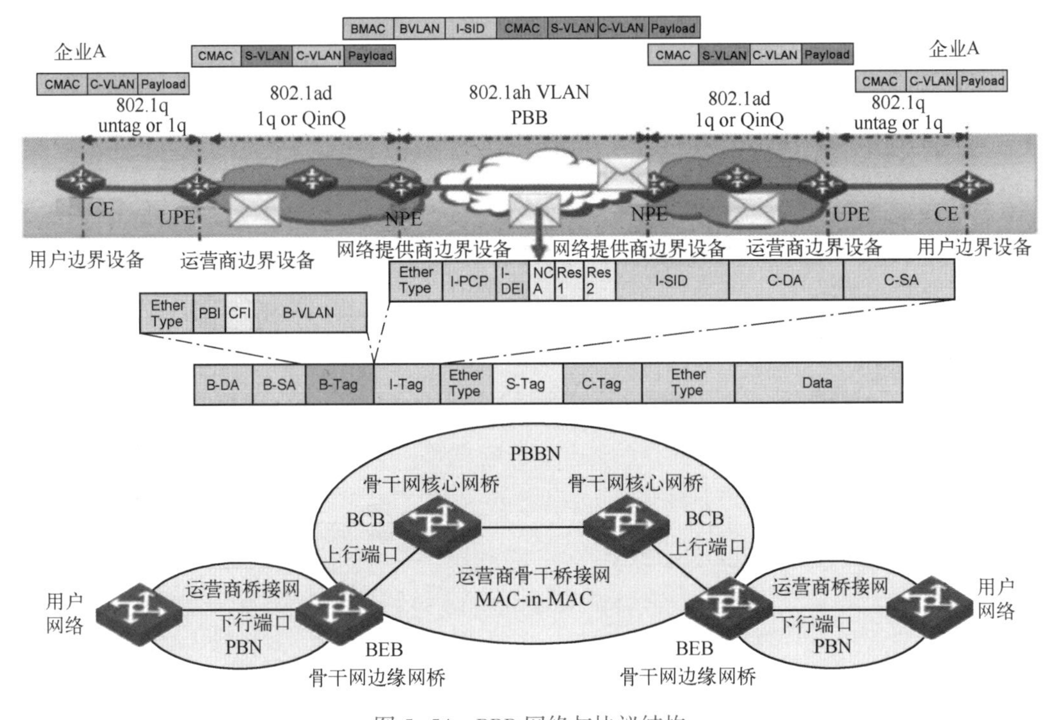

图 5-54　PBB 网络与协议结构

6）I-SID：在 PBT 网络中用来标识业务处理实例的标签，是一个虚拟交换实例的标识，用来供 BEB 设备识别（B-DA、B-VLAN）隧道中所承载的不同业务。一个 VPN 业务中所有 BEB 都相同。

7）S-Tag、C-Tag：原先在 IEEE 802.1ad 网络中的内外层虚拟网标签。

PBBN 是建立在 IEEE 802.1ah 协议基础上的运营商骨干网桥网，由骨干核心网桥（BCB）、BEB 节点组成。BCB 负责将 MAC-in-MAC 报文按照 B-MAC 和 B-VLAN 进行转发。BEB 负责将来自用户网络的报文进行 MAC-in-MAC 封装并转发到 PBBN 中，或将来自 PBBN 的 MAC-in-MAC 报文进行解封装再转发到用户网络中。

B-MAC 为 BEB 的 MAC 地址。BEB 设备在对用户报文进行封装时，将本 BEB 的 MAC 作为报文的源 B-MAC，将隧道目的端 BEB 的 MAC 作为报文的目的 B-MAC。B-VLAN 为运营商骨干网的 VLAN，用于承载一个或多个由 I-SDI 标识的 MAC-in-MAC 隧道服务。在 BEB 设备上连接 PBBN 的端口称为上行端口，连接用户网络的端口称为下行端口。

PBN 是建立在 IEEE 802.1ad 或 IEEE 802.1q 协议基础上的运营商桥接网，是连接用户网络和 PBBN 的一层网络，用户网络可以直接接入 PBBN 或通过 PBN 接入 PBBN。

图 5-55 所示为 PBB 网络中的报文转发过程。PBB 数据转发需经 MAC 地址学习和报文转发两个步骤。

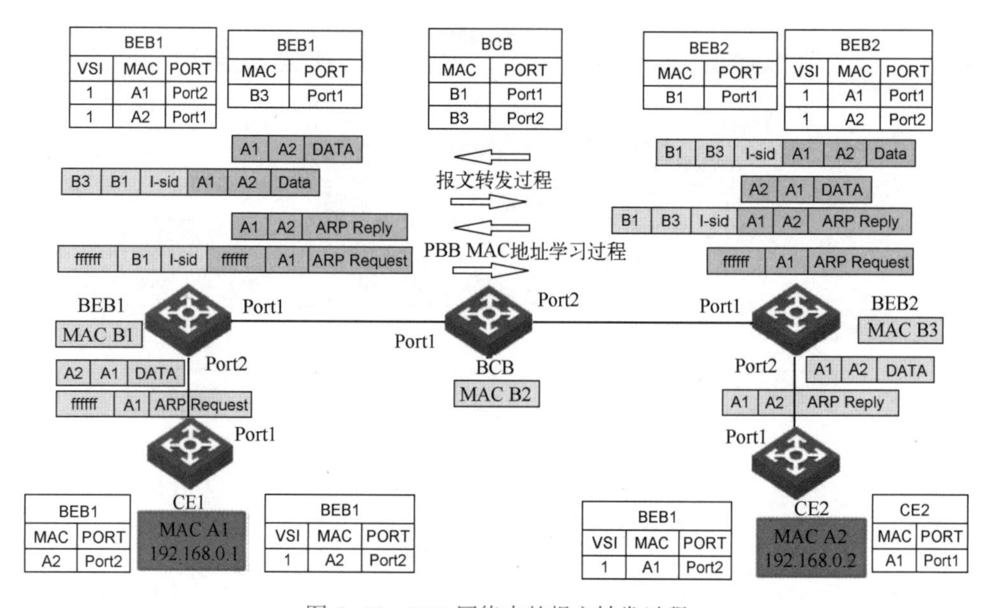

图 5-55　PBB 网络中的报文转发过程

（1）PBB MAC 地址学习

假定客户站点 1 的流量通过用户交换机中 MAC 地址为 A1 的用户边界设备（CE1）进入运营商的骨干网边缘网桥（BEB1），数据帧传输的目的站点是 MAC 地址为 A2 的客户站点 2。CE1 将自己的 MAC 地址作为 A1 源地址加入地址解析请求字段之前，然后用 FFFFFF 头来表示地址未知的目的地客户站点 2 的地址。该请求帧经 CE1 的端口 1（Port1）传给 BEB1 的端口 2（Port2），BEB1 对 CE1 传来的请求帧再加上一层自己的 MAC 地址 B1（B-SA），并添加实例业务标识符，FFFFFF 头用来表示目的地 BEB2 的 MAC 地址（B-DA），从而完成 MAC-in-MAC 封装，或 IEEE 802.1ah 数据帧封装。

在地址转换表中建立一个虚拟交换实例，指示 MAC A1 源自 Port2。该请求帧在 PBB 网络中广播，并传输到 BCB 的 Port1，在地址转换表中标注 MAC B1 源自 Port1。经 BCB 的 Port2 输出，从 BEB2 的 Port1 输入。由于 BEB2 已是 PBB 网络的边缘，去掉 PBB 网络层的 MAC 地址 MAC B1，还原 CE1 的请求帧 IEEE 802.1q。BEB2 的地址转换表指示 MAC B1 来自 Port1，分配一个虚拟交换实例，指示 MAC A1 源自 Port1。从 BEB2 的 Port2 输出的请求帧按 IEEE 802.1q 协议在 VLAN 中传输到 CE2 的 Port1。

CE2 接收广播并识别到该请求是传输给自己的，建立一个地址转换表，表明 MAC A1 来自 Port1。于是 CE2 用自己的 MAC A2 作为源地址，以客户站点 1 的 MAC A1 作为目的地址，再将地址解析请求字段改为地址解析应答，最后回送应答帧给 CE1。BEB2 的 Port2 收到该应答帧后，在 IEEE 802.1q 协议帧外层封装一层 PBB 的 MAC 地址，包括实例业务标识符、BEB2 的源地址（B-SA）MAC B3、目的地址（B-DA）MAC B1，然后发往 BCB。同时在地址转换表中增加一个虚拟交换实例，标记 A2 来自 Port2。

BCB 转发该应答帧，同时在地址转换表中标记 MAC B3 来自 Port2。BEB1 接收 BCB 转发的应答帧，去掉上层的 MAC 地址还原 VLAN 的 IEEE 802.1q 协议帧，并通过下行端口转发给 CE1，在 BEB1 的地址转换表中标记 MAC B3 来自上行端口 Port2。最后 CE1 接收应答帧，得知客户站点 2 的 MAC A2，并标记在路由表中，从而完成 PBB MAC 地址学习过程，在 CE1、BEB1、BCB、BEB2、CE2 之间通过地址转换表指定了一个数据传输的虚通道。

（2）PBB 报文转发

CE1 建立一个虚拟交换实例，标记目的地的 MAC A2 在 Port2，在报文 DATA 前加上自己的源地址 A1 和目的地址 A2，经上行端口传给 BEB1。BEB1 在该报文外层添加一层 MAC 地址，源地址为 B1，目的地址为 B3，并添加实例业务标识符，得到 IEEE 802.1ah 协议封装的报文。根据地址转换表将报文通过 Port1 发往 BCB，BCB 再根据地址转换表将报文通过 Port2 发往 BEB2，BEB2 去掉外层 MAC 地址封装取出 IEEE 802.1q 协议帧封装的报文，通过地址转换表得知 CE2 在 Port2 方向，并按此转发报文到 CE2。CE2 回传报文给 CE1 的过程类似 CE1 发往 CE2 的过程。先由 CE2 建立一个 IEEE 802.1q 协议帧的报文和虚拟交换实例，然后发往 BEB2，由 BEB2 在外层进行 IEEE 802.1ah 协议的报文封装，经 BCB 转发给 BEB1，BEB1 还原 IEEE 802.1q 协议帧封装的报文再转发给 CE1。

从上面的报文转发过程可知：BCB 设备只需要学习公网的 MAC，不需要学习用户侧 MAC，且仅需要支持二层转发即可；MAC-in-MAC 的连接不需要交互任何协议报文建立，业务报文直接触发 MAC-in-MAC 连接建立；每个虚拟交换实例（由实例业务标识符唯一确定）独立维护自己的 MAC 地址表；同一个虚拟交换实例中的广播报文会向该虚拟交换实例的所有上行端口、下行端口广播。

PBB 的主要缺点是：依靠生成树协议进行保护，保护时间和性能都不符合电信级要求，不适用于大型网络；依然是无连接技术，OAM 能力很弱；内部不支持流量工程。在 PBB 的基础上，关掉复杂的泛洪广播、生成树协议以及 MAC 地址学习功能，增强一些电信级 OAM 功能，即可将无连接的以太网改造为面向连接的隧道技术，提供具有类似同步数字系列（SDH）可靠性和管理能力的硬 QoS 和电信级性能的专用以太网链路，即网络提供商骨干传送（PBT）技术，又称PBB-TE。

PBT目前的技术标准是IEEE 802.1Qay，是在由北方电信公司（加拿大贝尔公司的子公司）提出的PBT技术基础上发展起来的支持流量工程的运营商骨干桥接技术。PBT技术基于PBB技术，其核心是对PBB技术进行改进，通过网络管理和控制使网络中的业务具有连接性，以便实现保护倒换、PAM、QoS（针对业务和用户提供端到端的业务保障）、流量工程等电信网络的功能。

PBT的显著特点是扩展性好。关掉MAC地址学习功能后，转发表通过管理或者控制平面产生，从而消除了导致MAC地址泛洪和限制网络规模的广播功能。同时，PBT技术采用网管/控制平面替代传统以太网的泛洪和学习方式来配置无环路MAC地址，提供转发表，这样每个VID（VLANID，VLAN标识符）仅具有本地意义，不再具有全局唯一性，从而消除了12位（4096）的VID数限制引起的全局业务扩展性限制，使网络具有几乎无限的隧道数目。

此外，PBT技术还具有如下特点：转发信息由网管/控制平面直接提供，可以为网络提供预先确知的通道，容易实现带宽预留和50 ms的保护倒换时间；作为二层隧道技术，PBT具备多业务支持能力；屏蔽了用户的真实MAC，去掉了泛洪功能，安全性较好；用大量交换机替代路由器，消除了复杂的内部网关协议（IGP）和信令协议，城域组网和运营成本都大幅度下降；将大量IEEE和ITU定义的电信级网管功能从物理层或重叠的网络层移植到数据链路层，使其能基本达到类似SDH的电信级网管功能。

然而，PBT存在部分问题：首先，它需要大量连接，管理难度加大；其次，PBT只能环型组网，灵活性受限；再次，PBT不具备公平性算法，不太适合宽带上网等流量大、突发较强的业务，容易存在设备间带宽不公平占用问题；最后，PBT比PBB多了一层封装，在硬件成本上必然要付出相应的代价。此外，由于北电的衰弱，该技术的发展受到影响。

5.3.4 方兴未艾的SDN

在2006年美国GENI项目资助的斯坦福大学Clean Slate课题中，以尼克·麦克柯恩教授为首的研究团队提出了开放流（OpenFlow）的概念，用于校园网络的试验创新。OpenFlow是一种网络通信协议，属于数据链路层，能够控制网上交换器或路由器的转发平面，借此改变网络数据包所走的网络路径。后来基于OpenFlow的概念给网络带来的可编程特性促进了软件定义网络（SDN）概念的出现。

1. SDN的基本思想

SDN不是一种具体的技术，而是一种思想、一种理念。SDN的核心诉求是让软件应用参与到网络控制中并起到主导作用，而不是让各种固定模式的协议来控制网络。为了满足这种核心诉求，SDN思想指导下的网络必须设计成一种新的架构。

在传统的网络交换设备中，控制平面和转发平面是紧密耦合的，被集成到单独的设备盒子中。各个设备的控制平面被分布到网络的各个节点上，很难对全网的情况进行全局把控。因此 SDN 网络一个重要的理念就是把每台单独网络设备中的控制平面从物理硬件中抽离出来，交给虚拟化的网络层处理，整个虚拟化的网络层加载在物理网络上，屏蔽底层物理转发设备的差异，在虚拟空间内重建整个网络。这样一来，物理网络资源被整合成了网络资源池，使网络资源的调用更加灵活、满足业务对网络资源的按需交付需求。SDN 架构的核心组件如图 5-56 所示。

1）控制平面：主要用于对交换机的转发表或路由器的路由表进行管理，同时负责网络配置、系统管理等方面的操作，通常由网络操作系统来实现。将控制平面进行集中控制，中央控制器可以获取网络资源的全局信息并根据业务需要进行资源的全局调配和优化，如 QoS、负载均衡功能等。同时集中控制后，全网的网络设备都由中央控制器去管理，使网络节点的部署及维护更加敏捷。

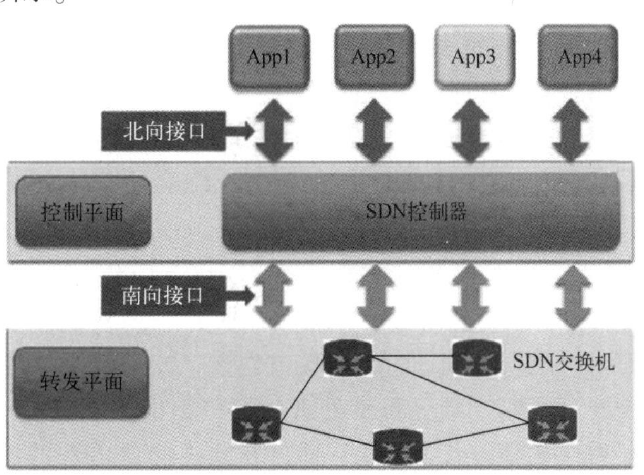

图 5-56　SDN 架构的核心组件

2）转发平面：主要用于对每个数据报文进行处理，使之可以通过网络交换设备。这些操作大多采用专门的硬件实现，主要包括转发策略、背板、输出链路调度等功能，转发平面通常会采用专门设计的 ASIC 芯片实现性能提升。

3）SDN 交换机：进行数据转发，自己不产生各个表项，由控制器统一下发，可以是硬件、软件等多种形态。

4）南向接口：控制器通过南向接口管控 SDN 交换机，并向其下发各项流表。在众多的南向接口设计方案中，OpenFlow 是比较流行的。

5）SDN 控制器：负责整个网络的控制平面，承接物理网络和上层应用。目前各个厂商基本都为自己的解决方案配备了独有的控制器。

6）北向接口：通过控制器向上层业务应用开放接口，使业务应用可以便捷地按需调度底层网络资源。

7）SDN 应用：SDN 的最终目标是服务于多样化的应用，因此未来会有越来越多的 SDN 应用被开发，这些应用能够便捷地通过 SDN 北向接口按需调用底层网络资源。

在 SDN 架构的每一层上都具有很多核心技术，其目标是有效地分离控制平面与转发平面，支持逻辑上集中化的统一控制，提供灵活的开放接口等。控制层是整个 SDN 的核心，系统中的南向接口与北向接口也是以它为中心进行命名的。SDN 的主要核心技术涉及 SDN 交换机及南向接口技术、控制器及北向接口技术、应用编排和资源管理技术。

2. SDN 的构建思路

目前世界上有许多机构和组织在开展 SDN 具体实现方案的研究，比较有名的包括 ONF、ETSI、OpenDaylight。

（1）ONF 的 SDN 体系架构

开放网络基金会（ONF）是 2011 年成立的一个非营利组织，是现在规模最大的 SDN 标准组织。该组织提出的 SDN 体系架构基于 OpenFlow 协议，但在北向接口和控制器上没有统一要求。ONF 的 SDN 由基础设施层、控制层、应用层三个层面组成，如图 5-57 所示。应用层由终端用户业务应用组成，应用层和控制层之间通过北向接口连接。控制层提供逻辑集中化控制功能，负责处理数据平面的资源安排、维护网络拓扑及状态信息，通过开放式接口负责网络转发监视。基础设施层由网络设备（NE）和其他设备组成，提供分组交换和转发，负责状态收集等。基础设施层和控制层之间通过南向接口连接。

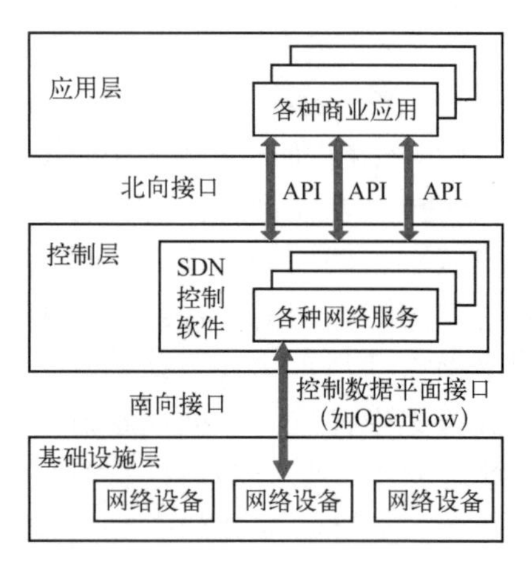

图 5-57　ONF 的 SDN 体系架构

（2）ETSI 的 NFV 体系架构

欧洲电信标准化协会（ETSI）是由欧共体委员会 1988 年批准建立的一个非营利性电信标准化组织。ETSI 的标准化领域主要是电信业，并涉及与其他组织合作的信息及广播技术领域。ETSI 着力于网络功能虚拟化（NFV）研究，成立了专门讨论网络功能虚拟化架构和技术的行业规范组 ISG，其目标是基于软件实现网络功能并使之运行在种类广泛的业界标准设备上，使更多网络设备类型能融入符合行业标准的服务器、交换机和存储设备中，体现更多的是运营商的需求和思路。

ETSI NFV 的重点是网络功能的虚拟化，更为关注当前网络中第 4～7 层的业务应用，而与之对应的底层网络架构则是支撑上层技术实现的基础，如图 5-58 所示。NFV 网络架构草案在设计时参考了 ONF 的 SDN 定义，实现了转发平面与控制平面的分离，并在控制平面之上提出了类似 SDN 中应用层的虚拟化架构管理和编排层。

（3）ODL 的 SDN 体系架构

OpenDaylight（ODL）是 2013 年 4 月 8 日由 Linux 基金会推出的开源项目，其终极目标是建立一套标准化软件，帮助用户以此为基础开发出具有附加值的应用程序。

如图 5-59 所示，OpenDaylight 开源项目的架构与 ONF SDN 架构类似，主要包括与 SDN 基础设施层对应的数据平面网元、相应的南向接口、与 SDN 控制层对应的控制器平

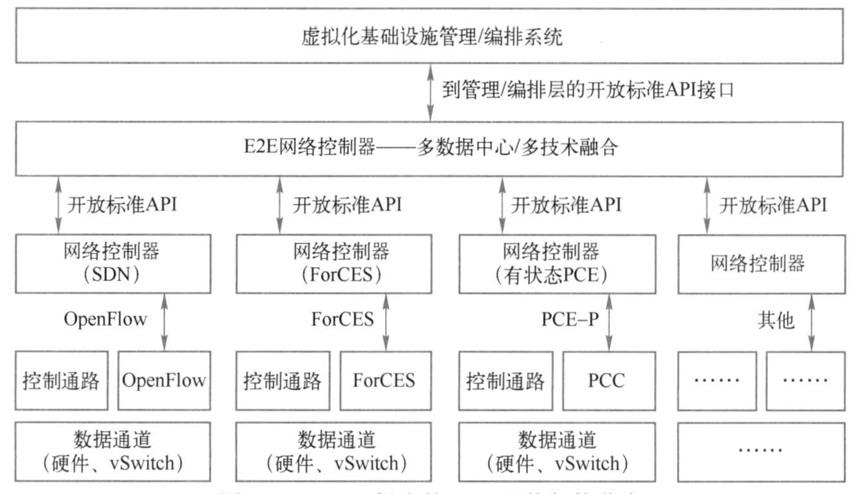

图 5-58　ETSI 提出的 NFV 网络架构草案

台及相应的基于表述性状态传递（REST）的 OpenDaylight API 北向接口、与 SDN 应用层对应的网络应用、编排和服务层。

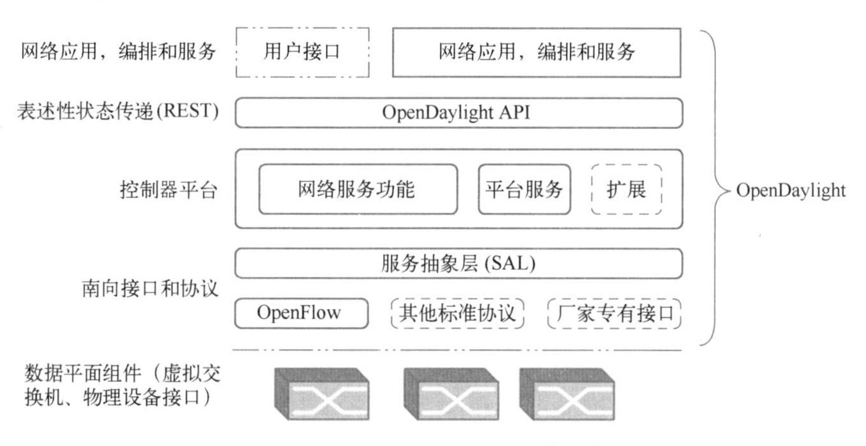

图 5-59　OpenDaylight 的 SDN 体系架构

上述三个组织对 SDN 认识上的共同点是 SDN 应该是控制与转发分离、应用和网络解耦、开放的可编程接口、集中化的网络控制、多层次网络灵活部署，区别在于灵活性不同、使用难度不同、适合不同的用户业务场景。

关于 SDN 的实现方案，主要分为基于专用接口、基于开放协议和基于叠加网络三种。SDN 可以广泛应用于云数据中心、宽带传输网络、移动网络等场景中，其中为云计算业务提供网络资源服务是一个典型案例。在当前的云计算业务中，服务器虚拟化、存储虚拟化被广泛应用，它们将底层的物理资源进行池化共享，进而按需分配给用户使用。SDN 通过标准的南向接口屏蔽底层物理转发设备的差异，实现资源的虚拟化，同时开放灵活的北向接口供上层业务按需进行网络配置并调用网络资源。云计算领域中的 OpenStack 可以工作在 SDN 应用层的云管理平台，通过在其网络资源管理组件中增加 SDN 管理插件，管理者和使用者可利用 SDN 北向接口便捷地调用 SDN 控制器对外开放的网络能力。当有云主机组网需求（如建立用户专有的 VLAN）发出时，相关的网络策略和配置可以在 OpenStack 管理平台的界面上集中制定，进而驱动 SDN 控制器统一地自动下发到相关的网络设备上。因此，网络资源可以和其他类型的虚拟化资源一样，以抽象的资源能力的面貌统一呈现给业务应用开发者，开发者无须针对底层网络设备的差异耗费大量精力从事额外的适配工作，这有助于业务应用的快速创新。

5.3.5 探索中的光交换

光交换技术指不经过任何光电转换，在光域直接将输入的光信号交换到不同的光路输出端。光交换技术可分成光路光交换和分组光交换两种类型。光路交换又可进一步分成空分（SD）、时分（TD）和波分/频分（WD/FD）光交换，以及由这些交换组合而成的复合型。由于目前光逻辑器件的功能还比较简单，不能完成控制部分复杂的逻辑处理功能，所以国际上现有的光交换单元还要由电信号来控制，即所谓的电控光交换。

1. 空分光交换技术

空分光交换技术是在空间域上对光信号进行交换，其基本原理是将光交换元件组成门阵列开关，并适当控制门阵列开关，即可在任一输入光纤和任一输出光纤之间构成通路。空分光交换的功能是使光信号的传输通路在空间上发生改变。根据交换元件的不同，空分光交换又可进一步分为机械型、光电转换型、复合波导型、全反射型和激光二极管门开关型等。

其中，复合波导型交换元件采用铌酸钾这种电光材料，具有折射率随外界电场变化而变化的光学特性。以铌酸钾为基片，在基片上进行钛扩散，以形成折射率逐渐增加的光波导，即光通路，再焊上电极后即可作为光交换元件使用。将两条很接近的波导进行适当复合后，通过这两条波导的光束将发生能量交换。能量交换的强弱随复合系数、平行波导的长度和两波导之间的相位差而变化，只要所选取的参数适当，光束就会在波导上完全交错，如果在电极上施加一定的电压，就可改变折射率及相位差。由此可见，通过控制电极上的电压可以得到平行和交叉两种交换状态，如图 5-60 所示。

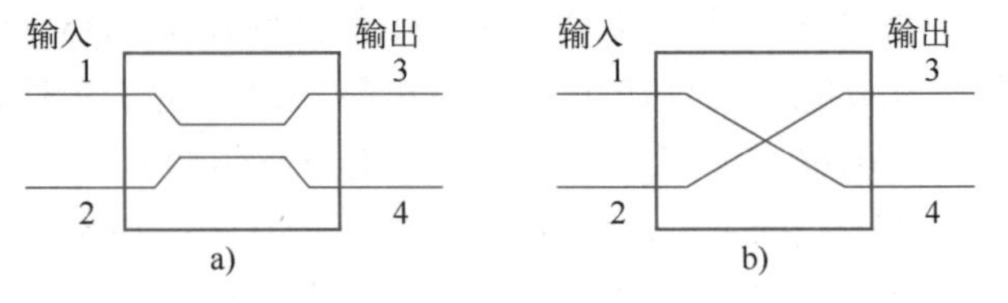

图 5-60 改变折射率及相位差得到两种状态
a）平行状态 b）交叉状态

空分光交换按光矩阵开关所使用的技术不同，可分为基于波导技术的波导空分和使用自由空间光传播技术的自由空分。

2. 时分光交换技术

时分光交换采用时隙互换完成信道交换，通过把时分复用帧中各个时隙的信号互换位置来达到信道交换的目的。如图 5-61 所示，首先使时分复用信号经过分接器，在同一时间内，分接器每条出线上一次传输某一个时隙的信号，然后使这些信号分别经过不同的光延迟器件，获得不同的延迟时间，最后用复接器把这些信号重新组合起来。

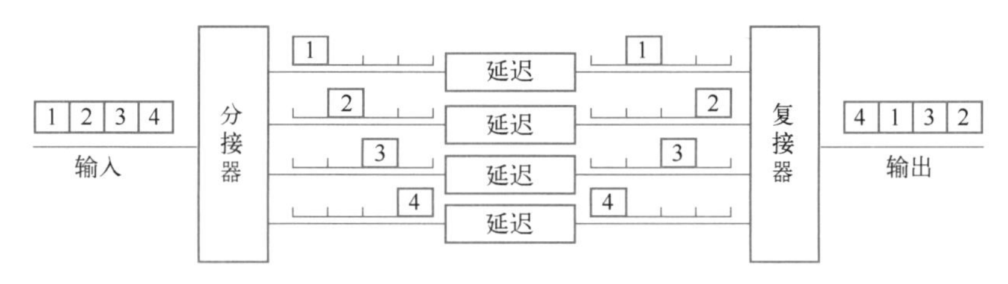

图 5-61　时分光交换原理图

时分交换的关键在于时隙位置的交换，交换是受主叫拨号所控制的。为了实现时隙交换，必须设置语音存储器。在抽样周期内有 n 个时隙分别存入 n 个存储器单元中，输入按时隙顺序存入。若输出端是按特定次序读出的，这就可以改变时隙的次序，实现时隙交换。时分光交换系统采用光器件或光电器件作为时隙交换器，通过光读写门对光存储器进行有序读写操作来完成交换动作。

3. 波分光交换技术

波分光交换是以光的波分复用原理为基础，采用波长选择或波长变换的方法实现路由交换功能。其基本原理是通过改变输入光信号的波长，把某个波长的光信号变换成另一个波长的光信号输出。

波分光交换模块由波长复用器、波长解复用器、波长选择空间开关和波长变换器（波长开关）组成。其原理框图如图 5-62 所示。其中，信号都是从某种多路复用信号开始，先进行分路，再进行交换处理，最后进行合路，输出的还是一个多路复用信号。

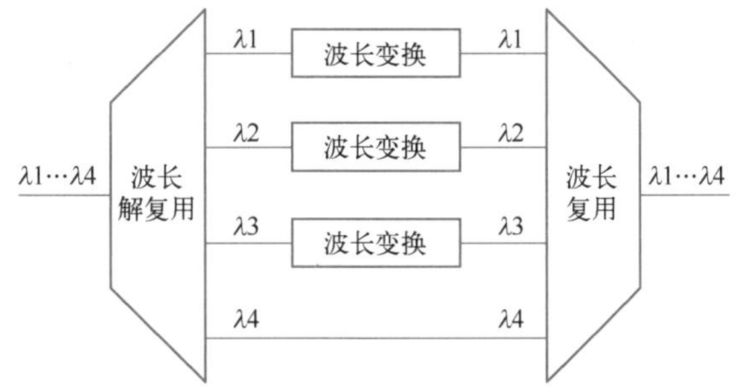

图 5-62　波长变换法交换原理框图

图 5-63 表示波长选择法交换的原理框图。设图 5-63 中波分交换机的输入和输出都与 N 条光纤相连接，这 N 条光纤可能组成一根光缆。每条光纤承载 W 个波长的光信号，从每条光纤输入的光信号首先通过分波器（解复用器，WDMX）分为 W 个波长不同的信号。所有 N 路输入的波长为 $i=1,2,\cdots,W$ 的信号都送到空分交换器，在那里

进行同一波长 N 路信号的空分交叉连接，由控制器决定如何交叉连接。然后从 W 个空分交换器输出的不同波长的信号再通过合波器（复用器，WMUX）复接到输出光纤上。

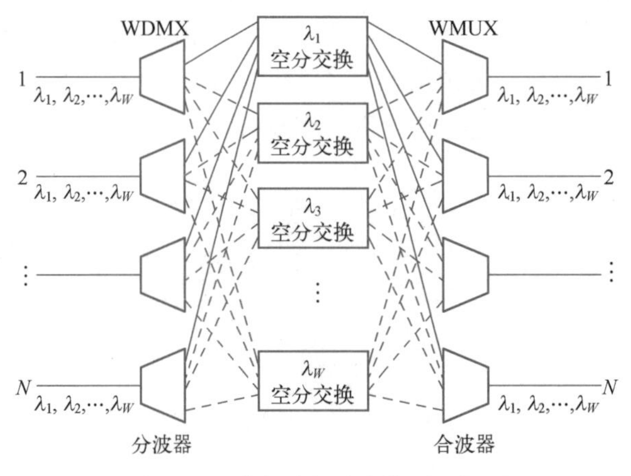

图 5-63　波长选择法交换原理框图

除上述光交换技术外，还可将这些光交换技术组合起来形成复合型光交换。例如，在波分技术的基础上实现空分+波分复合型光交换系统，还可将波分和时分技术结合起来得到复合型光交换。空分+时分、空分+波分、空分+时分+波分等都是常用的复合光交换方式。

光交换的优点在于光信号通过光交换单元时无须经过光电/电光转换，因此不受监测器和调制器等光电器件响应速度的限制，可以大大提高交换单元的吞吐量。

光交换技术的实现方法包括光电交换、光机械交换、热光交换、液晶光交换、声光交换、采用微电子机械技术（MEM）的光交换、光标记交换技术。

小结

自从电话机问世以来，连接用户电话线的高昂成本促使了人工电话交换机的诞生。在随后的百年里，电话交换机先后经历了步进制、纵横制、存储程序自动电话交换机的更新过程，并让电话通信方式价格低廉，普及到了千家万户。这时的人们已远不满足于电话通信，更希望让全世界所有的计算机互联并交换数据，这又推进互联网时代的到来。当模拟电话、模拟电视都数字化后，便都能以数据包的形式在互联网中传输，从而实现了电话网、电视网、互联网三网的融合传输。三网业务的爆发式增长促进了骨干网的快速发展，使分组交换技术从 TCP/IP 技术向 ATM、MPLS、PTN、SDN 和光交换技术方向演进。

第6章

憧憬奥妙无垠的未来通信

作者有词《浪淘沙·奥妙未来通信》，点赞未来通信：

浪淘沙

奥妙未来通信

5G布神州，
网速无忧。
量子多态更缠纠。
记账共享区块链，
纸币当休。

智联网可修，
未来之舟。
技术换代创新优。
浪里淘沙说电信，
盛世春秋。

人类对通信的需求永无止境，从原始通信到信息时代，人类对自然的探索从未止步，也绝不会有满足的一天。如今的通信已经远远不是当初简单的传递信息或交换信息，已经演化成对万能的信息感知、获取、加工、控制、人工智能的期盼。本章将对已经初现端倪的一些先进技术进行洞察和大胆的设想。

6.1 5G 初尝思 6G

6.1.1 移动手机的内部秘密

移动手机已经从第一代（1G）发展到第五代（5G），不同手机厂家采用的技术路线可能不尽相同，导致移动手机的内部结构也各有千秋。尽管存在这样或那样的差异，但它们的通信功能是基本相同的。下面以 GSM 手机为例，梳理一下手机是如何完成电话通信功能的。

1. 手机的基本组成部分

GSM 手机主要由射频模块、逻辑音频模块、界面模块和供电模块组成。手机电路框图如图 6-1 所示。

其中，射频模块包括天线及天线开关、接收电路、发射电路、频率合成电路。接收电路中又包含接收高频处理所用到的滤波、放大、混频电路和接收中频处理所用到的滤波、放大、解调电路。发射电路中又包含发射高频处理所涉及的功率放大、滤波处理和发射中频处理所用到的调制、滤波、放大电路。频率合成电路中又包含接收本振（RXVCO）、发射本振（TXVCO）、时钟电路。

逻辑音频模块包含接收音频处理电路、中央处理器（CPU）、存储器（版本、码片、暂存）、发射音频处理电路。

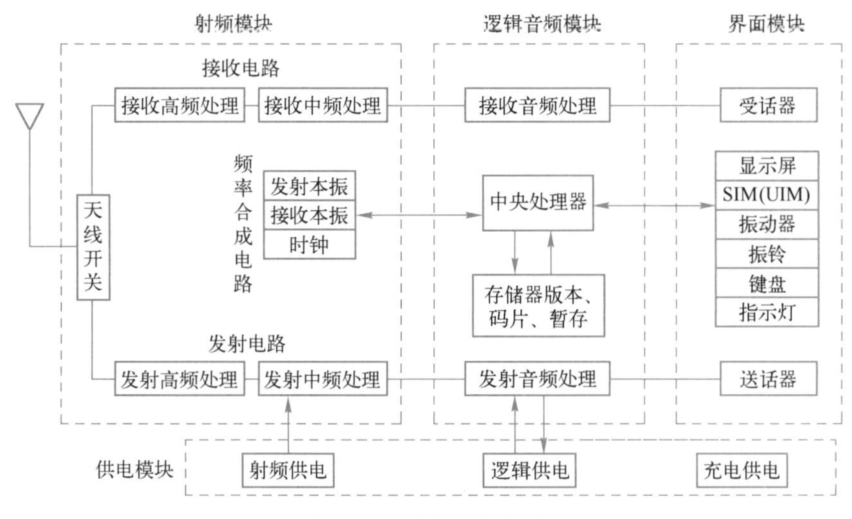

图 6-1　手机电路框图

界面模块包括受话器、送话器、显示屏、SIM（UIM）卡、振动器、振铃、键盘、指示灯电路。

供电模块包括射频供电、逻辑供电、充电供电电路。

2. 手机的基本工作原理

现在再来了解移动手机是如何工作的。

（1）语音信号的处理与发射过程

在图 6-1 所示界面模块中的送话器（MIC）先将手机用户发话时的 300~3400 Hz 的语音信号转换为模拟电信号，再经模拟/数字（A/D）转换和脉冲编码电路（PCM）编码为数字信号。然后送入逻辑音频模块中进行数字信号处理（DSP），包括进行语音编码、信道编码、语音加密、信号交织、突发脉冲形成等，并对带有发射信息且处理好的数字信号进行 GMSK 编码，并分离出 4 路发送正交 TX I/Q 信号后送到射频模块的发射电路。

4 路 TX I/Q 信号在发射中频调制器中被调制到中频载波上，得到发射中频信号 TX-IF。该信号一路输出到发射高频处理电路，另一路与频率合成电路的接收本振和发射本振的差频信号，在鉴相器（PD）内进行鉴相，得到一个包含发射数据的脉动直流信号（TX-CP），用以控制发射本振输出频率的准确性，如图 6-2 所示。该电路一般被集成在中频集成电路（IC）内部或前端集成电路中。其中的发射本振由振荡器和锁相环共同完成发射频率的合成。

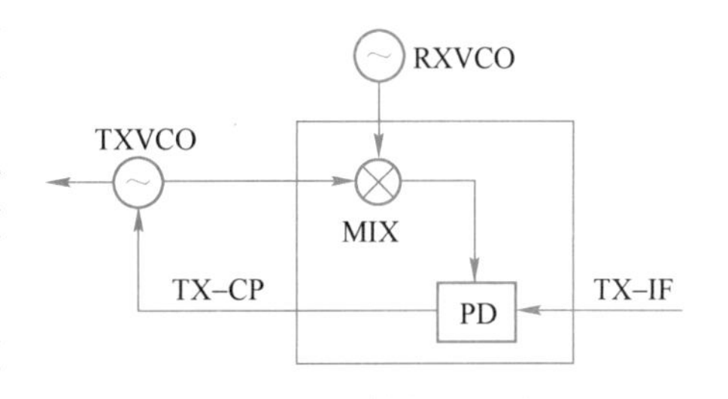

图 6-2　发射变频电路

发射本振的输出一路经过缓冲放大后，送到前级功放电路，经过功率放大后，从天线发射出去；另一路送回发射变换集成电路，在其内部与接收本振经过混频后得到差频作为发射中频 TX-IF 的参考频率。调制器和解调器有的集成在一个集成电路内，有的分别集成在两个集成电路中。完成正交 I/Q 调制的中频信号在发射高频处理电路中经环路低通滤波器（LPF）、前置放大器、功率放大器放大（功放），使天线获得足够的功率，最后由天线将信号发射出去。功放的启动和功率控制由一个功率控制集成电路来完成，功率放大器输出功率的大小受中频集成电路的信号控制。功放的输出信号经过微带线耦合取回一部分信号送到功控电路，经过高频整流后得到一个反映功放大小的直流电平 U，与来自基站的基准功率控制参考电平 AOC 进行比较。如果 $U<AOC$，功控输出电压上升，控制功放的输出功率上升，反之控制功放的输出功率减少。

实现 GSM 手机发射功能的发射机有三类：超外差一次混频发射机、超外差二次混频发射机、直接变频线性发射机。

图 6-3 所示为超外差一次混频发射机。语音信号的处理与发射过程是：语音信号经 A/D 转换后，由 DSP 进行逻辑音频处理，再由发射电路进行中频、高频调制，上变频为射频信号后，再经功放和天线发射的过程。

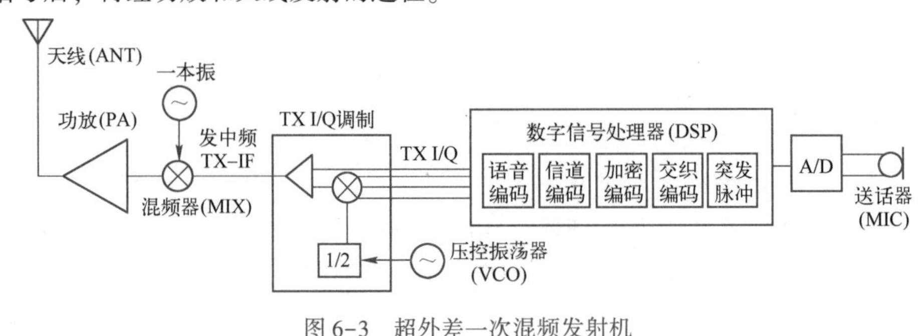

图 6-3　超外差一次混频发射机

（2）射频信号解调制与语音还原过程

在图 6-1 所示的射频模块中，先是手机天线感应到基站发来的信号，该信号经过天线匹配电路进入射频模块中的接收电路，经接收滤波（RX-FL）电路滤波后由低噪声放大器（LNA）放大，再经接收滤波后被送到混频器，与来自本振电路输出的压控振荡信号进行混频，经混频后的信号经中频滤波器（RX-IL）选出接收中频信号（RX-IF），经过中频放大（IFA）后，在解调器中进行正交解调，得到接收基带信号（RX I/Q），接收基带信号在逻辑音频模块电路中经 GMSK 解调，进行去交织、解密、信道解码等 DSP 处理，再由界面模块进行 PCM 解码、D/A 转换，还原出模拟语音信号，推动受话器发出声音送入人耳。

GSM 手机接收电路一般采用三种类型的接收机：一是超外差一次混频接收机，这种方法是输入射频信号和第一本振信号混频得到中频信号；二是超外差二次混频接收机，又称双超外差接收机，这种接收机有两个混频器，第一次混频是射频信号（RF）与第一本振信号混频得到二者的差额，形成第一个中频信号 IF1，第二次混频为中频信号 IF1 与第二本振信号混频得到二者的差额形成第二中频 IF2；三是直接变频线性接收机，又称零中频接收机，直接解调出正交 I/Q 信号，所以只有收发共用的调制/解调载波信号振荡器（SHFVCO），其振荡频率直接用于发射调制和接受解调制，收、发时的振荡频率不同，这里没有中频信号，即为零中频，信号直接由射频变到基带，不经过中频的调制解调环节。

图 6-4 所示为超外差一次混频接收机将射频信号解调制并还原成语音的过程。其中的天线为接收信号和发射信号共用部件，由天线开关来完成接收和发射信号的双工切换。为防止发信与接收之间的相互干扰，通过控制信号完成接收和发射的分离，控制信号来自 CPU 的接收启动（RX-EN）、发射启动（TE-EN），或由它们转换而来。此外，天线开关还要完成双频和三频的切换，使手机在某一频段工作时，另外的频段空闲，控制信号主要来自切换电路。天线开关连接接收滤波器和发射滤波器。有的机器采用双工滤波器，将接收信号和发射信号分离，防止强的发射信号对接收机造成影响，双工器包含一个接收滤波器和发射滤波器，它们都是带通滤波器（BPF）。

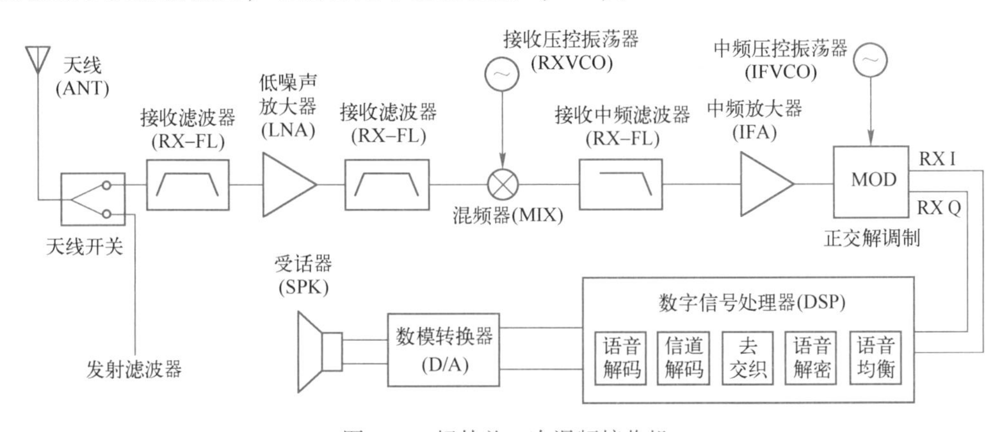

图 6-4　超外差一次混频接收机

接收带通滤波器只允许某一频段中的频率通过，而对于高于或低于这一频段的频率成分使其衰减，高频低噪声放大器只允许 GSM：935-960M 或 DCS：1805-1880M 的频段进入接收机，得到纯净的射频信号进入混频器。

低噪声放大器一般位于天线和混频器之间，是第一级放大器，所以叫接收前端放大器或高频放大器。主要对接收到的高频信号进行第一级放大，以满足混频器对输入的接收信号幅度的要求，提高接收信号的信噪比。此外，放大管的集电极上加了由电感与电容组成的并联谐振回路，可以选出所需要的频带，所以叫选频网络或谐振网络。一般采用分离元件或前端集成电路。

混频器实际上是一个频谱搬移电路，它将包含接收信息的射频信号转化为一个固定频率的包含接收信息的中频信号，因为中频信号频率低而且固定，容易得到比较大而且稳定的增益，提高接收机的灵敏性。混频后会产生许多新的频率，利用接收中频滤波器从中选出需要的中频，滤除其他无用的干扰成分，然后送到中频放大器。

中频放大器是接收机的主要增益来源，一般为共射极放大器，带有分压电阻和稳定工作点的放大电路。

多数手机的解调制器采用对零中频进行正交解调，得到四路正交基带（I/Q）信号，其中，I 信号为同相支路信号，Q 信号为正交支路信号，两者相位相差 90°，所以叫正交。从天线到 I/Q 解调，接收机完成全部任务。测量接收机都是测试 I/Q 信号，如能测到 I/Q 信号，说明前面包括本振电路在内的各部分电路都没有问题，接收机已经完成接收任务，这是射频模块和逻辑音频模块电路的分水岭。

DSP 接收基带信号在逻辑音频模块电路中经 GMSK 解调制，包括进行去交织、解密、信道解码、语音均衡等处理。

界面模块完成最后的 PCM 解码、D/A 转换，以还原模拟语音信号，推动受话器将声波送入人耳。

（3）频率合成的概念

频率合成技术是利用一块或少量晶体，采用综合或合成手段获得大量不同的工作频率，这些频率具有接近石英晶体的稳定度和准确度。频率合成的基本方法分为直接频率合成、锁相环频率合成、直接数字频率合成。

1）直接频率合成：使用谐波发生器、倍频器、分频器、混频器等部件对基准频率进行加、减、乘、除的基本运算，然后用滤波器滤出所需频率。一般很少使用。

2）锁相环频率合成：利用锁相环路（PLL）的特性，使压控振荡器输出频率与基准频率保持严格的比例关系，并得到相同的频率稳定度。

3）直接数字频率合成：利用计算机直接生成所需要的频率，在微机的控制下自动分频。

锁相环是一种以消除频率误差为目的的反馈控制电路，主要由鉴相器、低通滤波器、压控振荡器三部分组成，其作用是使压控振荡器输出的振荡频率与规定基准信号的频率和相位都相同（同步）。图 6-5 所示为锁相环频率合成器的原理图。

锁相环中的鉴相器是一个相位比较器，压控振荡器输出的振荡频率送回一个取样信号与基准频率进行鉴相，使鉴相器送出一个与相位误差成比例的误差电压，利用该电压控制压控振荡器的输出频率。锁相环是否工作及输出频率的高低，受基准频率和设置信号 SYS-EN、SYS-CLK、SYS-DAT 控制。

在手机中，第一本振和第二本振都是收发共用电路，均采用锁相环路。

手机中有 32.768 KHz、13 MHz 两个基本的时钟。其中，32.768 KHz 用于手机休眠时的实时时钟和提供时间显示的时钟；13 MHz 作为整个系统的主时钟，控制逻辑电路各个

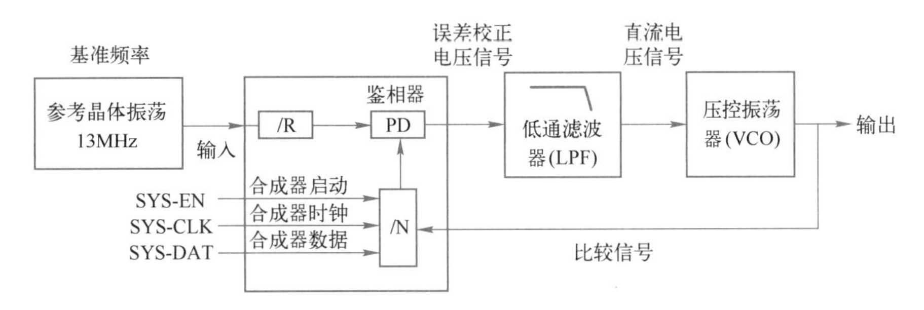

图 6-5　锁相环频率合成器

部件同步工作。13 MHz 还经锁相环产生第一本振和第二本振所需的时钟信号。第一本振的振荡频率与射频信号相接近，在逻辑电路的控制下自动跟踪信道。第一本振信号在手机电路中分为三路输出：一是去接收电路的第一混频器，与高频放大后的接收信号进行混频，得到二者差频的中频信号；二是去发射混频；三是返回一个取样信号去锁相环路的鉴相电路与基准时钟信号 13 MHz 鉴相，得到误差信号去控制接收本振的准确性。

有两种电路方式获得 13 MHz 基本时钟：一是由一个 13 MHz 石英晶体、集成电路、外接元件构成晶体振荡电路；二是由 13 MHz 的晶体及变容二极管、晶体管、电阻、电容等构成 13 MHz 振荡电路。可以将锁相环路全部集成在一个模块上，组成一个完整的晶体振荡电路，直接输出 13 MHz 时钟信号。有些品牌的手机基准时钟是将 26 MHz 进行二分频得到 13 MHz。

（4）逻辑音频模块中的 CPU 和存储器

CPU 内部结构包括控制器、运算器、寄存器，对外接口主要有单向传输地址总线（AB）、双向传输数据总线（DB）、单向传输控制总线（CB）。CPU 在时钟（CLK）和复位（RST）信号控制下，主要完成操作控制、程序控制、时间控制、数据加工。存储器有 ROM（包括 EPROM、EEPROM）和 RAM 两类。EPROM 存储手机主程序，如基本程序、功能程序、监控程序、版本或中文字库、外围参数。EEPROM 以二进制代码的形式存储手机的资料，如手机的机身码、检测程序、功率控制（PA）、数模转换（DAC）、自动增益控制（AGC）、自动频率控制（AFC）、随机资料等。

6.1.2　移动通信的演进过程

无线电通信相较于有线电通信的最大优势在于通信终端设备可以不受连线的限制而任意移动位置。但当多人同时通信并共用无线信道时，会导致信道的冲突。要避免冲突就不得不减少同时通信的用户数，这样在很长一段时期中，有限的无线频谱资源使移动通信难以普及到千家万户。这种情况直到 20 世纪 70 年代贝尔实验室提出蜂窝通信理念，即通过空间划分和利用信号的传输衰减特性来实现不同区域的相同频率共用，才得到改善。

1. 早期移动通信的特征

有人将20世纪40年代到20世纪70年代后期的无线移动通信时代称为“0G时代”。这时期的移动通信需用200~250 W的大功率天线，使无线电信号的范围覆盖可达几百到几千千米。为了避免信道冲突，每个覆盖区的用户数受到严格限制，通话时需要接线员通过总机接通主叫方和被叫方。这时的商用无线电话因为移动设备体积太大不便携带而主要安装在汽车上。直到20世纪70年代晚期，大区制覆盖的移动通信网络理念开始采用，即一个基站的发射功率为50~100 W，覆盖30~50 km范围内的整个服务区。该基站负责服务区内所有移动台的通信与控制，可实现车载移动台间的通信，也不再需要接线员进行人工话路接续。这时的移动通信网络优点是采用单基站制，没有重复使用频率的问题，因此技术上并不复杂，组成简单、投资少、见效快；缺点是服务区内的所有收发频道频率都不能重复，频率利用率和通信容量都受到限制，移动台功耗大，如图6-6a所示。

2. 第一代移动通信采用的模拟技术

到了1981年，摩托罗拉推出第一款便携式移动台，体积的大大缩小使人们可以将移动设备拿在手上，因此将其称为手机，并将这个时代称为手机时代。这个时代也是无线电话通信开始走入平常百姓家的时代，故又称为第一代移动通信（1G）时代。这时期开始采用称为蜂窝的小区制移动通信覆盖区代替0G时代的大区制，即将原大区制时电波覆盖的整个无线通信服务区划分为若干小区，在每个小区设置一个基站，负责本小区内移动台的通信与控制。小区制的覆盖半径一般为2~10 km，基站的发射功率一般限制在一定的范围内，以减少信道干扰。同时还要设置移动业务交换中心，负责小区间移动用户的通信连接及移动网与有线网的连接，保证移动台在整个服务区内任一小区都能够正常通信。采用蜂窝状无线覆盖的优点是对于相隔一定距离的小区，使用过的载频在到达其他小区时已被极大衰减，因此可以在其他小区再次使用，从而提高系统的频率利用率和系统容量。但带来的问题是网络结构变得复杂，投资增加。由于1G和0G一样，移动通信设备只能传输频带很窄的模拟信号，所以只可以用于语音通信。从技术角度上评判，1G主要是频分多址（FDMA）技术和蜂窝小区理念的采用，其特点是以频率复用为基础，以频带划分小区，严格规划频率的使用，以频道区分用户地址，如图6-6b所示。

3. 第二代移动通信改进的数字技术

1991年诞生于芬兰，主要依靠分组交换协议将语音进行数字化传输的技术被用于手机，这个时期称为第二代移动通信（2G）时代。2G主要包括两种技术标准，一种是基于时分多址技术（TDMA）所发展出来的，源于欧洲的GSM技术标准，如图6-7a所示。该技术的特点是，把时间分割成周期性的帧，每个帧再分割成若干个时隙向基站发送信号，在满足定时和同步的条件下，基站可以分别在各时隙中接收到各移动终端的信号而不混

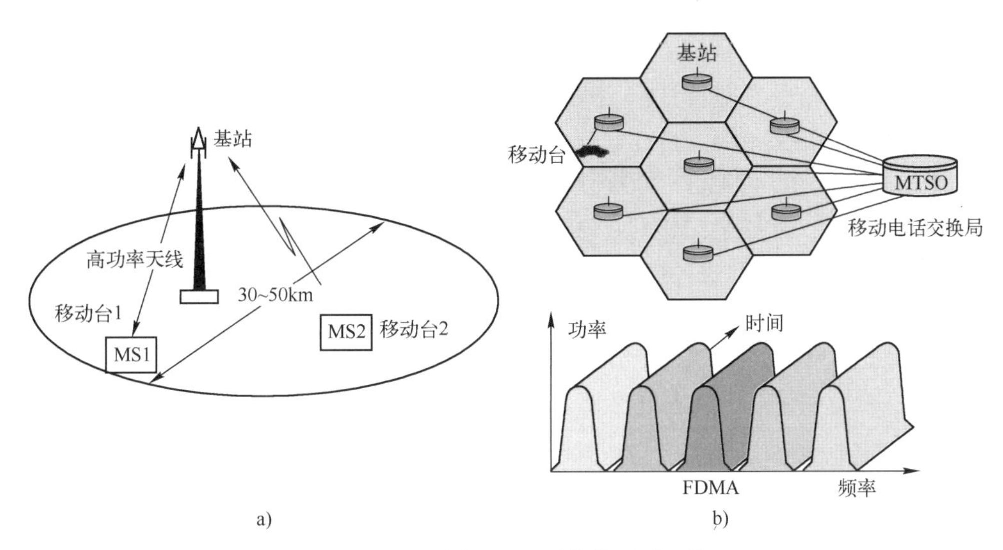

图 6-6　0G 时代和 1G 时代的电话通信

a）0G 时代的大区制移动电话系统　b）1G 时代的蜂窝通信系统

扰。同时，基站发往多个移动终端的信号都按顺序安排在预定的时隙中传输，各移动终端只要在指定的时隙内接收，就能在合路的信号中把发给它的信号区分开并接收下来。另一种 2G 技术则是基于 IS-95（或叫 CDMAOne），源于美国的 CDMA 技术标准。该技术的特点是，靠不同的地址码来区分的地址，每个用户配有不同的地址码，用户所发射的载波既受基带数字信号调制，又受地址码调制。接收时，只有确知其配给地址码的接收机，才能解调出相应的基带信号，而其他接收机因地址码不同，无法解调出信号。因为在 2G 网络下手机不必像模拟手机那样发射很强的无线电信号，这使 2G 手机体积减小、待机时间延长。2G 网络下手机的语音质量更好，并且依赖数字加密技术使得通话的保密性更强，用户体验速率提升到 10 bit/s，峰值速率达到 100 kbit/s。另外，2G 技术依赖于数字信号而不是模拟信号，因此它不仅能够传输语音还能传输短信和邮件。

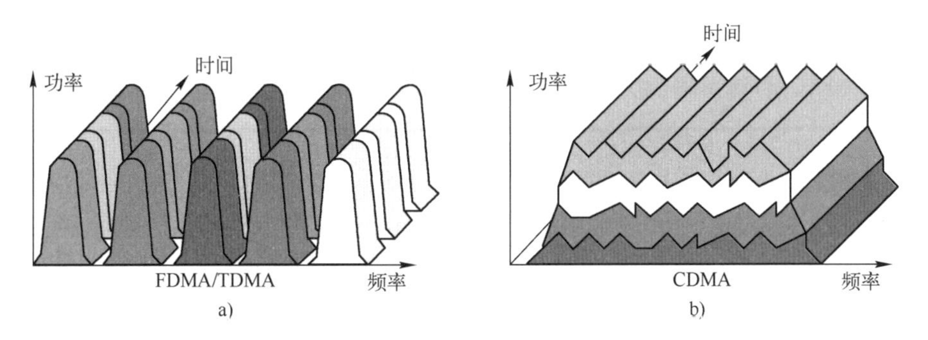

图 6-7　2G 时代和 3G 时代的电话通信

a）2G 时代的频分多址和时分多址　b）3G 时代的码分多址

4. 第三代移动通信实现的上网技术

1985 年由国际电信联盟（ITU）提出第三代移动通信系统（3G）的概念，考虑到该系统的工作频段在 2000 MHz，最高业务速率为 2 Mbit/s，而且将在 2000 年左右商用，ITU 在 1996 年正式命名 3G 为 IMT-2000。3G 系统最初的目标是在静止环境、中低速移动环境、高速移动环境分别支持 2 Mbit/s、384 kbit/s、144 kbit/s 的数据传输。3G 业务使无线通信和因特网联系在一起。3G 系统的三大主流标准分别是 WCDMA（宽带 CDMA），CD-MA2000 和 TD-SCDMA（时分双工同步 CDMA），后来又增补了一个 WINMAX 标准。3G 的核心技术是 CDMA，如图 6-7b 所示。每个用户一个码型，每个码传输一路数字信号，每个用户共享时间和频率，具有软容量、软切换、系统容量大的特点。

5. 第四代移动通信实现的宽带提升

2013 年 12 月，工业和信息化部发放 4G 牌照，中国通信业进入第四代移动通信（4G）时代，又称长期演进（LTE，Long Term Evolution）。LTE 以正交频分复用（OFDM）、多接收天线与多发射天线（MIMO）、智能天线技术、软件无线电（SDR）技术为核心技术。我国在 LTE 标准化过程中主导了 TDD 模式的 LTE 标准（TD-LTE）。4G 的特点是通信速度快、智能化、兼容性强，可满足手机网游、云计算和视频直播等用户需求。LTE 在 20 MHz 带宽下，下行峰值速率可以达到 100 Mbit/s，上行 50 Mbit/s；对 350 km/s 的移动条件能保持连接。自 2011 年，手机网络速提升到 20 Mbit/s，各种手机应用软件的广泛应用使人们可以用手机通话、聊天、购物、办公、娱乐。4G 移动通信网络主要由用户设备（UE）、增强无线接入网（E-UTRAN）和增强分组核心网（EPC）三部分组成，还包括外围的 IP 多媒体系统（IMS）和中心数据库设备（HSS）等。如图 6-8 所示。图 6-8 中的移动性管理实体（MME）主要负责信令处理及移动性管理，如漫游、切换，而服务网关（S-GW）负责本地网络用户数据的处理。E-UTRAN 为演进的 UMTS 陆地无线接入网，或称 LTE 中的移动通信无线网络。EPC 为 4G 核心网，由 MME+SGW+PGW 组成。EPS 为 3GPP 的演进分组系统，由 E-UTRAN+EPC 组成。eNode B 简称 ENB，可以理解为基站，负责 UE（可理解为手机）的电话调度等。

6. 第五代移动通信采用的先进技术

2015 年 6 月 24 日，ITU 公布第五代移动通信（5G）技术标准化的时间表，将 5G 技术的正式名称确定为 IMT-2020，并在 2020 年完成 5G 标准制定。回顾前几代移动通信的区别，从 0G 到 1G 解决的是大众可用的问题，从 1G 到 2G 解决的是从模拟到数字通信的问题，从 2G 到 3G 解决的是移动上网的问题，从 3G 到 4G 解决的是网速提升带来的应用普及问题。5G 的性能目标是高数据速率、减少延迟、节省能源、降低成本、提高系统容量和大规模设备连接。5G 关键技术如下。

（1）高频段传输　5G 使用的毫米波频段使其具有足够量的可用带宽，也使天线和设

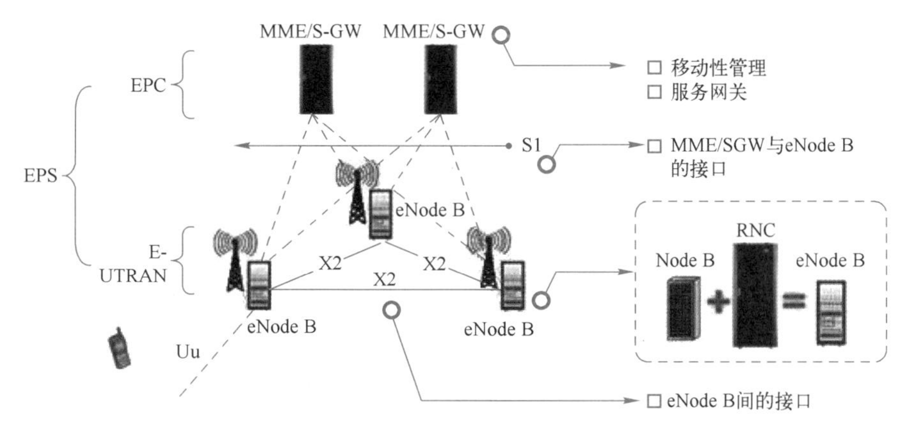

图 6-8　4G 移动通信网络

备更加小型化，天线增益提高，基站蜂窝更小，如图 6-9 所示。

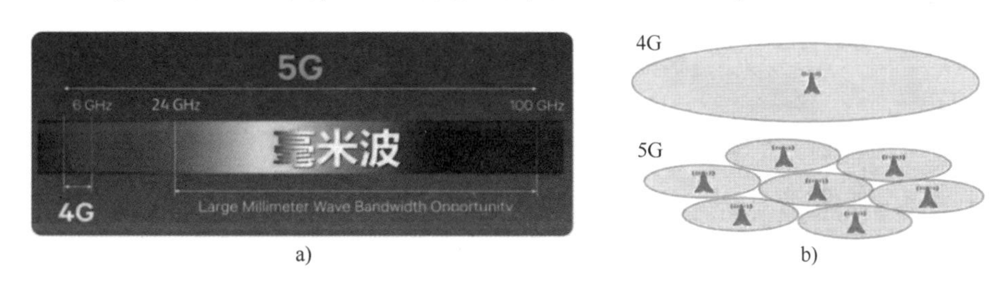

图 6-9　5G 使用的毫米波

a）5G 使用的毫米波频段远高于 4G　b）5G 使用的微蜂窝基站远小于 4G

（2）新型多天线传输技术　由于引入了有源天线阵列，基站可支持的协作天线数量将达到 128 根。此外，原来的二维天线阵列被拓展为三维天线阵列，形成新颖的三维多入多出（3D-MIMO）技术，支持多用户波束智能赋形，减少了用户间干扰，结合高频段毫米波技术进一步改善了无线信号覆盖性能，如图 6-10 所示。

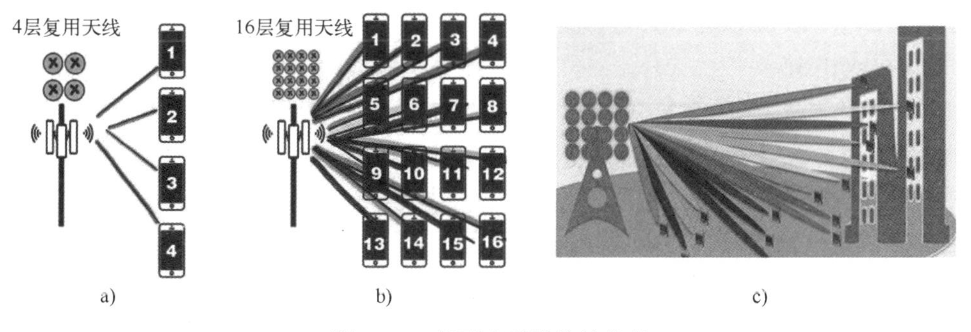

图 6-10　新型多天线传输技术

a）过去使用的老式天线　b）5G 使用的大规模阵列天线　c）多用户波束智能赋形

（3）同时同频全双工技术　利用该技术，在相同的频谱上，通信的收发双方同时发射和接收信号，与传统的 TDD 和 FDD 双工方式相比，从理论上可使空中接口频谱效率提高 1 倍。

（4）D2D 技术　设备直接到设备（D2D）技术是一种在系统的控制下，允许终端之间通过蜂窝小区资源直接进行通信的新型技术，能够增加蜂窝通信系统频谱效率，降低终端发射功率，在一定程度上解决无线通信系统频谱资源匮乏的问题，如图 6-11 所示。

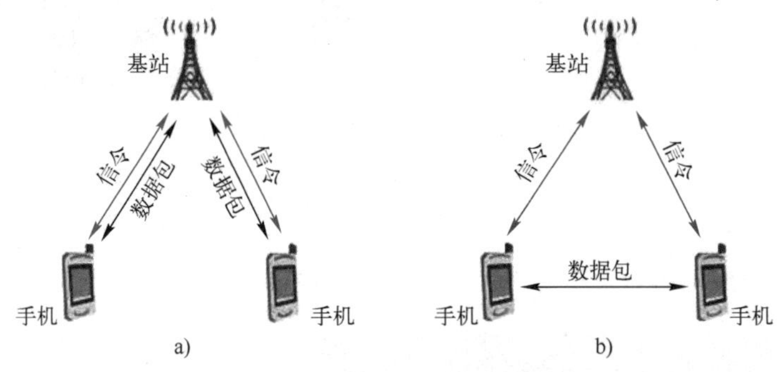

图 6-11　D2D 技术

a）传统手机间通信链路为非 D2D　b）5G 手机间通信采用的 D2D 连接

（5）密集组网和超密集组网技术　超密集网络能够改善网络覆盖，大幅度提升系统容量，并且对业务进行分流，具有更灵活的网络部署和更高效的频率复用。未来面向高频段大带宽将采用更加密集的网络方案，部署小小区/扇区将高达 100 个以上。

（6）新型网络架构　未来 5G 可能采用 C-RAN 接入网架构。C-RAN 的基本思想是通过充分利用低成本高速光传输网络，直接在远端天线和集中化的中心节点间传送无线信号，以构建覆盖上百个基站服务区域，甚至上百平方千米的无线接入系统。图 6-12 所示为 5G 的超密集小基站网络。

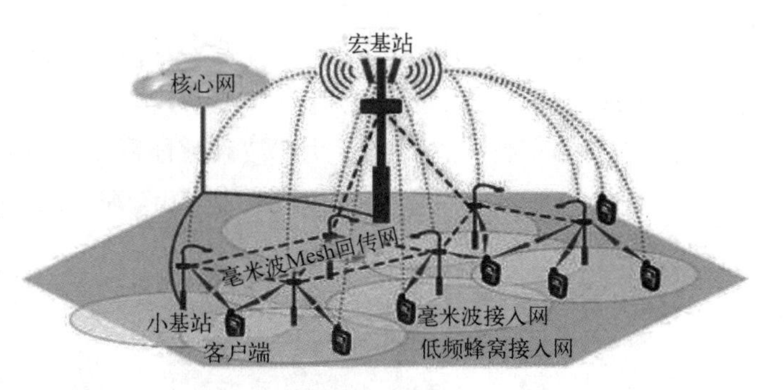

图 6-12　5G 的超密集小基站网络

ITU 确定的 5G 应用场景包括千兆级（Gbit/s）移动宽带数据接入、智慧家庭、智能建筑、语音通话、智慧城市、三维立体视频、超高清晰度视频、云工作、云娱乐、增强现实、行业自动化、紧急任务应用、自动驾驶等，如图 6-13 所示。可将这些应用归类为三大主要应用场景。

（1）增强型移动宽带（eMBB）　增强型移动宽带是指在现有移动宽带业务场景的

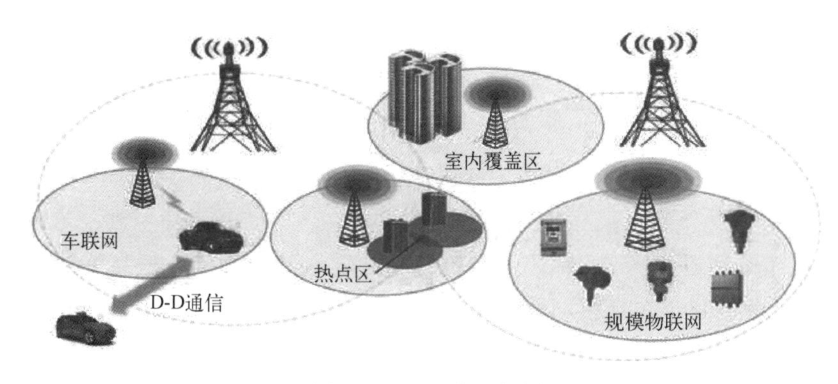

图 6-13　5G 应用场景

基础上，对用户体验等性能的进一步提升，考虑以人为中心的应用情景，集中表现为超高的传输速率，广覆盖下的移动性保证，主要包括车站、体育场等超密集区域巨大数据流量的热点高容量场景。该类场景下的性能需求包括 1 Gbit/s 用户体验速率、数十千兆位/秒峰值速率和每平方千米数十兆兆位/秒的流量密度，如图 6-14 所示。此外，还需要保证用户在高移动性情况下的业务连续性的连续广域覆盖场景，挑战在于随时随地提供 100 Mbit/s 以上的用户体验速率，保证业务的连续性与网络的基本服务能力。5G 在这方面带来的最直观的感受是网速的大幅提升，即便是观看 4K 高清视频，峰值速率也能达到 10 Gbit/s。增强型移动宽带场景有增强现实（AR）、虚拟现实（VR），以及 4K、8K 超高清视频等多种高速率应用。

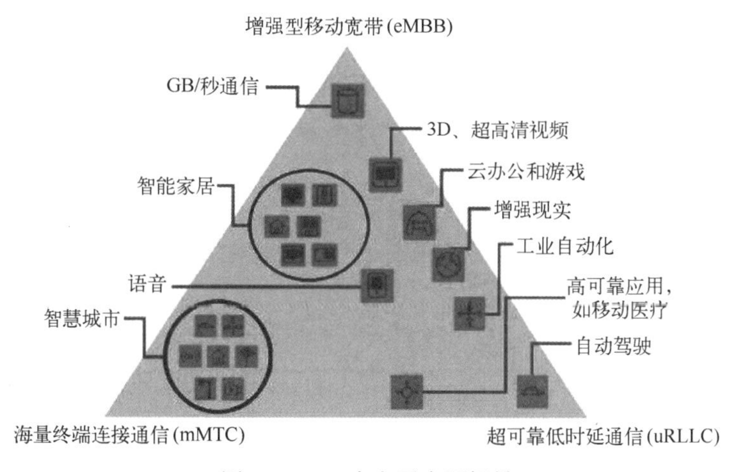

图 6-14　三大主要应用场景

（2）海量终端链接通信（mMTC）　海量终端连接场景则主要针对机器类通信（MTC）设备以及传感器等设备大量连接和业务特征差异化的场景。5G 低功耗、大连接和低时延高可靠场景主要面向物联网业务，重点解决传统移动通信无法很好地支持物联网及垂直行业应用的问题。主要应用于机器间通信，以传感器为主，包括智慧城市、物流管理、智能农业、远程监测、旅游管理、智慧家庭、智慧社区、共享设备、穿戴设备、环境监测、森林防火等以传感和数据采集为目标的应用场景，满足接入设备数量巨大且功耗极低的需求，预期达到 100 万/km^2 的连接数密度性能指标，具有小数据包、低功耗、海量连接等特点。

（3）超可靠低延迟通信（URLLC） 超可靠低延迟通信的特点是高可靠、低时延和极高的可用性。在此情景下，连接时延要达到 1 ms 级别，而且要支持高速移动（500 km/h）情况下的高可靠性（99.999%）连接。它主要面向对时延和可靠性具有极高指标需求的应用，如车联网、工业控制等需要网络为用户提供毫秒级的端到端时延和接近 100%的业务可靠性保证。高可靠和低时延通信场景应用主要有三个类别：第一种是能够节省时间、提高效率、节约资源；第二种有可能是能够让人们远离危险，安全运营；第三种有可能是让生活更加丰富多彩。这包括以下各类场景及应用：人工智能、自动驾驶、交通控制、远程施工、远程培训、远程医疗、同声传译、工业自动化等，均有低时延要求。

IMT-2020（5G）标准从移动互联网和物联网主要应用场景、业务需求及挑战出发，将 5G 主要应用场景归纳为连续广域覆盖、热点高容量、低功耗大连接和低时延高可靠四个主要技术场景，与 ITU 的三大应用场景基本一致。

华为公司提出的 5G 时代应用场景主要包括：云 VR/AR（实时计算机图像渲染和建模）、车联网（远控驾驶、编队行驶、自动驾驶）、智能制造（无线机器人云端控制）、智慧能源（馈线自动化）、无线医疗（具备反馈的远程诊断）、无线家庭娱乐（超高清 8K 视频和云游戏）、联网无人机（专业巡检和安防）、社交网络（超高清、全景直播）、个人 AI 辅助（AI 辅助智能头盔）、智慧城市（AI 使能视频监控）。

6.1.3 憧憬 6G 可能的技术与应用

2019 年 11 月 3 日，科技部会同发展改革委、教育部、工业和信息化部、中科院、自然科学基金委在北京组织召开 6G 技术研发工作启动会，宣布成立国家 6G 技术研发推进工作组、国家 6G 技术研发总体专家组。这些都标志着第六代移动通信（6G）标准开始进入实质性启动阶段。5G 通信设定了数据率/吞吐量/容量、时延与可靠性、规模与灵活性三方面的关键性能指标（KPI）。基于技术的演进，这三方面性能指标将继续适用于 6G 网络。目前衡量 6G 技术的关键指标如下。

1）峰值传输速率达到 100 Gbit/s～1 Tbit/s，而 5G 仅为 10 Gbit/s。

2）室内定位精度达到 10 cm，室外为 1 m，相比 5G 提高 10 倍。

3）通信时延 0.1 ms，是 5G 的十分之一。

4）中断概率小于百万分之一，拥有超高可靠性。

5）连接设备密度达到每立方米超过 100 个，拥有超高密度。

6）采用太赫兹（THz）频段通信，网络容量大幅提升。

接下来通过对这些指标背后含义的分析来大致憧憬一下 6G 时代可能的技术和应用场景。

1. 6G 时代数据的传输速率

按照 2019 年全球首份 6G 白皮书《6G 无线智能无处不在的关键驱动与研究挑战》中的说明，6G 的大多数性能指标相比 5G 将提升 10~100 倍，其 100 Gbit/s~1 Tbit/s 的数据传输速率使 1 s 下载 10 部同类型高清视频成为可能。

人们通常所指的网速是指用计算机或手机等终端设备上网时用户上传和下载数据的速率。下行速率决定普通用户浏览网页、下载视频的快慢。网速快慢主要由信道带宽决定，即传输信号时载波的最高频率与最低频率之差，因此 6G 提升传输速度的努力方向之一是利用太赫兹波频段拓宽频谱资源。但仅通过提升带宽来解决网速是不够的，因为通常网络带宽是动态变化的，用户实际使用的带宽大小主要取决于运营商骨干出口的带宽、运营商提供给客户的接入带宽、客户所访问内容提供商的带宽、线路和设备消耗以及同时在线的人数等多方面的因素。当 6G 的传输速率接近 1 Tbit/s 时，已经足够满足目前应用场景对传输速率的需求，故速率将不是 6G 研究的重点，对太赫兹波频段技术和设备的研究，以及新的应用场景的研究更值得关注。只有新的应用才能产生更多价值，对更多效益的追求才是推动 6G 发展的动力。

2. 6G 时代的定位精度

这实际上涉及的是 6G 的一种应用场景，6G 相关技术的发展与演进将为定位技术性能的提高提供潜在的技术可行性。室内定位技术可应用在商场、景区、酒店、停车场、医院、园区、会议、火车站、养老院以及智慧城市等场景。

目前的蓝牙技术室内定位精度在 5~8 m，也有说 0.1~0.5 m 的报道。室外定位方案中的 GPS 模块、北斗模块定位精度在 3~5 m，军用级增加一些辅助措施后或可达到 0.1 m。超宽带 UWB 定位系统的定位精度可以达到 0.1 m。室内 WiFi 一般可以达到 1~10 m。基于公众移动通信基础设施的定位与所采用的技术有关，这些技术可以概括为间接定位技术和直接定位技术两大类。

（1）间接定位技术　间接定位的基本原理是基于测距的方法，由基站侧定位服务（LBS）综合计算测量结果，进而得出移动终端的位置。测距方法中需测量的物理量包括到达时间（TOA）、到达时间差（TDOA）、到达角（AOA）、到达频率差（FDOA）等。基于到达时间/到达时间差的定位技术利用信号的到达时间或时间差计算目标所在位置，需要终端与基站或基站与基站间有较好的时间同步，且易受多径时延效应影响。基于到达角的定位技术通过测量发射信号来波的角度实现位置估计，对测向设备精度要求高且受角度分辨率影响。基于到达频率差的定位技术原理类似于到达时间差，但需要设备与基站间存在相对运动，精度易受多径时延影响。

（2）直接定位技术　直接定位技术的基本原理是借助信道状态信息、接收信号强度、样本位置指纹等相关信息，建立位置的最大似然函数，并不断迭代估计位置。直接定位技术中最为普遍的是基于指纹的定位技术，具体定位过程可分为离线训练和在线定位两个阶段，如图 6-15 所示。离线训练阶段主要完成信号指纹-位置数据库的构建，在线定位阶段主要进行指纹匹配以判断目标设备位置。

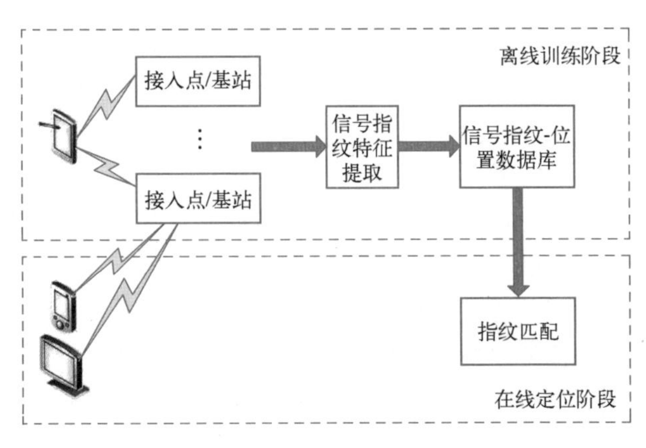

图 6-15　直接定位技术

3GPP 已公布的 5G NR R17 研究计划将重点关注定位增强，进一步将室内定位精度提升到厘米级。6G 采用的太赫兹信号波长短、波束窄、方向性好，可以实现更高精度的测距和测角。另外，太赫兹信号采用波束赋形，结合大规模天线技术，能够得到更高分辨率的波束，从而使得接收机能够获得更佳的角度分辨率，大大提升基于角度测量的定位精度。6G 的室内定位精度可达 10 cm，室外为 1 m。此外，太赫兹信号穿透性能好，抗干扰能力强，也利于定位精度的提升。

除了利用 6G 技术提升基础定位精度外，还可用融合定位方法提升精度。融合定位通过分享网络中多个基站或者不同网络间的信息采集和定位结果来估计目标位置。6G 网络是由多种网络构成的异构网络，能够实现多基站的融合定位和不同网络的融合定位。多基站的融合定位是在传统直接定位和间接定位结果的基础上进行数据融合。不同网络的融合定位利用通信网络、卫星网络等不同网络实现融合定位。借助 6G 通信网络的异构性，考虑每种定位技术自身的优缺点及适用范围，融合各种异构定位技术，通过异构网络、不同测量信息、不同定位方法之间的融合定位，实现通信和定位一体化，如图 6-16 所示。

3. 6G 缩短的时延

《6G 无线智能无处不在的关键驱动与研究挑战》中指出，6G 移动通信的时延缩短到 5G 的十分之一，从 1 ms 降到 0.1 ms，这将使自动驾驶、无人机的操控更加实时，用户将几乎感觉不到任何时延。6G 时代网络速率越来越高，时延越来越低，所提供的服务将为用户带来全新的体验。

极低时延可能推动 6G 终端设备发生革命性的变化，在很多场景下会进一步演进为终端设备的网络或者形成子网。例如，机床、机器人上的各种零部件（包括控制器、驱动器）之间可以通过终端子网实现高速无线互联，形成机床区域或者机器人区域内的网络，

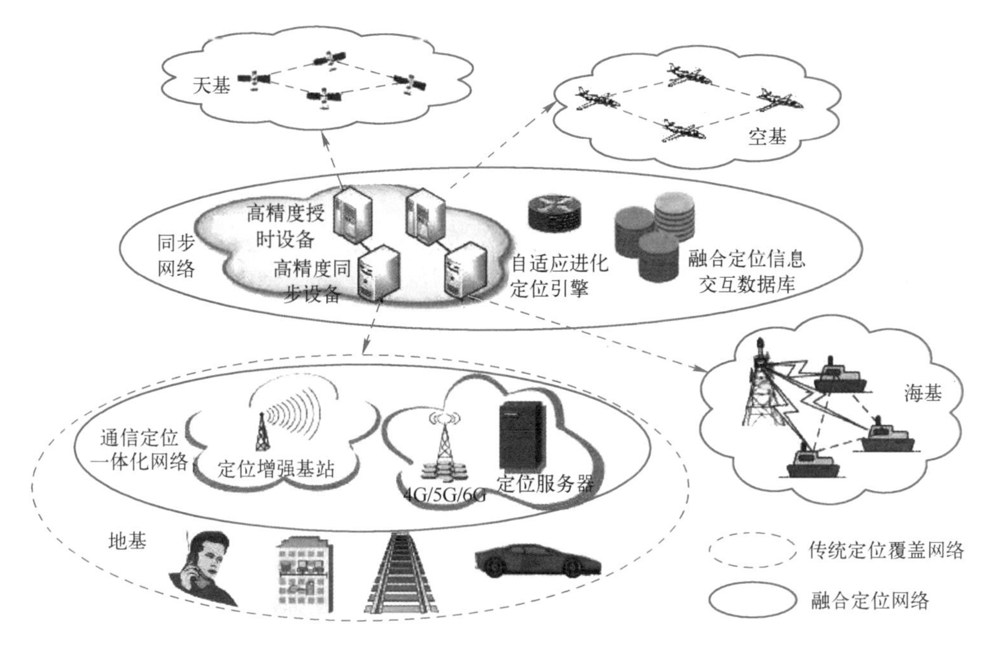

图 6-16　融合定位

完成设备或传感器之间的相互数据传输与控制。而且终端设备还将具备更丰富、便捷的接口形式，人们可以通过手势动作而不是传统的手写输入来完成与终端设备的交互。

4. 6G 的超高可靠性

6G 网络中各设备连接的中断概率小于百万分之一，其可靠性比 5G 进一步提高。6G 的超高可靠性支撑泛在化人工智能、物与物的相连、创新个性化智慧服务，将可靠的人-机-物连接向智慧领域延伸。对网络有超高可靠性要求的业务包括感知互联网、智慧车联网、工业互联网、空天智联网等。6G 时代还可能出现各类极低功耗甚至无须配备电池的终端设备，通过网络即可完成供电，减少电源耗尽而停机的概率。

5. 6G 超高的连接密度

6G 基站连接设备可以达到每立方米超过百个的超高密度。从网络连接的空间维度看，预想中的未来 6G 网络会是以地面蜂窝移动网络为依托、以天基宽带卫星通信网络和空基网络为拓展的立体三层全维度自然空间融合协作的网络，通过包括高、中、低轨各星座卫星、临近空间平台和航空互联网的高空网络，以及低空智联网和地面蜂窝网络共同形成多种深度融合的异构网络，实现海陆空全覆盖，其具有的广覆盖、灵活部署、高效广播的特点将为海洋、机载、跨国、天地融合等市场带来新的机遇。图 6-17 所示为一种卫星、高空平台与地面移动网络融合的设想架构。这种卫星链路如果是对地静止地球轨道（GEO）卫星链路，通常单向延迟至少为 240~280 ms，这种涉及卫星链路的数据传输将不能满足低时延的应用场景。

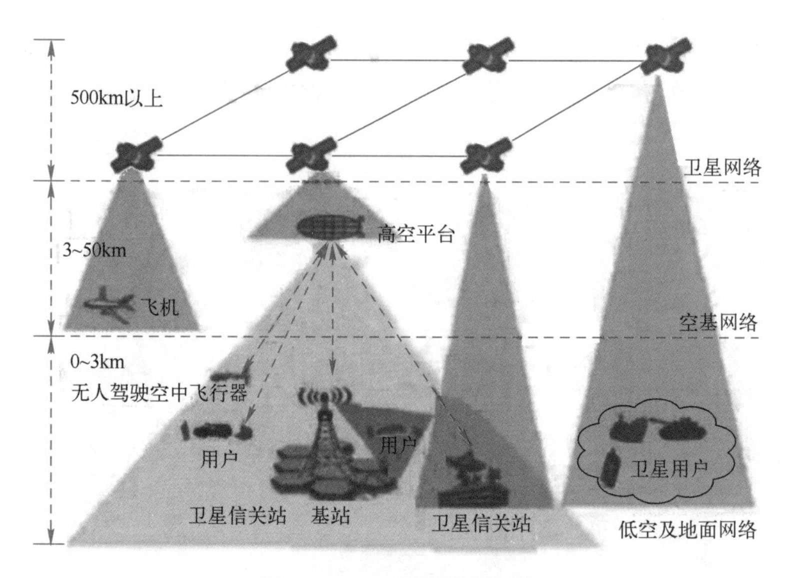

图 6-17　6G 网络设想架构

6. 6G 用太赫兹频段的特点

太赫兹频段是指 100 GHz～10 THz 的频率范围。如图 6-18 所示，从 1G 移动通信所用 0.9 GHz 频段到 4G 移动通信的 1.8 GHZ 以上频段，人们使用的无线电磁波频率在不断升高。我国三大运营商的 4G 主力频段位于 1.8～2.7 GHz 之间，国际电信标准组织定义的 5G 主流频段是 3～6 GHz，属于毫米波频段。太赫兹频段主要在三个方面对 6G 产生影响。

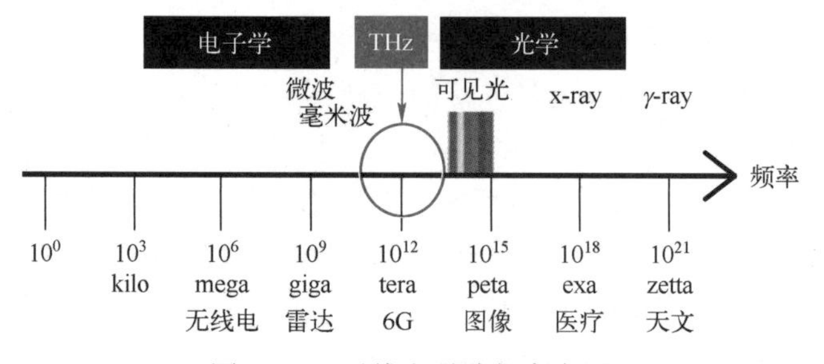

图 6-18　无线电磁波频率应用

（1）通信容量增加

相对于 30～300 GHz 的毫米波频段，太赫兹频段频率更高，用作通信的可用带宽更大。因此，太赫兹通信技术可以实现更高速率的信息传输。此外，太赫兹波束更窄、方向性更好，可以探测更小的目标以及更精确地定位，具有更好的保密性及抗干扰能力。太赫兹通信另一个可能的场景是太空环境中的通信。在太空中，太赫兹的传输损耗大大小于城市环境，因而在卫星间使用太赫兹技术进行高速率互联也是未来探索的领域。

目前太赫兹通信还处在关键器件的研究开发、通信系统整体结构方案的可行性论证及实验室的研究与仿真演示阶段，亟须研制出高性能的太赫兹固态器件，解决太赫兹信号的调制和信号处理技术，并制定相应的技术标准。

图 6-19 所示为太赫兹频段通信技术应用构想图：太赫兹链路应用于基站间和设备间的数据传输，而基站与互联网之间则采用光纤进行数据传输。

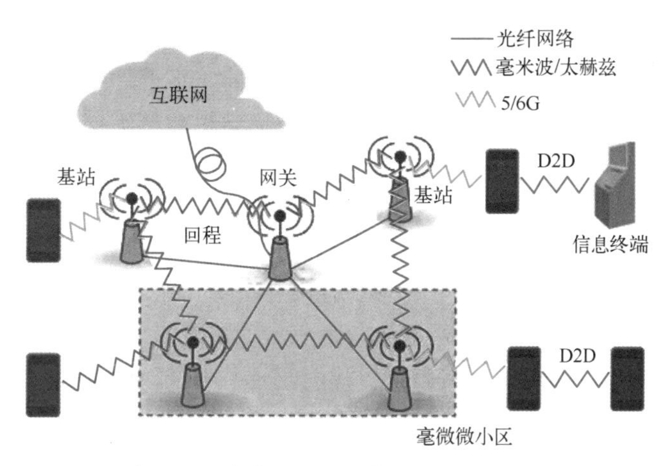

图 6-19　太赫兹频段通信技术应用构想图

（2）基站更加致密

基站的覆盖范围会受到信号频率、基站发射功率、基站高度、移动端高度等的影响。信号的频率越高其波长就越短，信号的绕射能力就越差，损耗也就越大，并且这种损耗会随着传输距离的增加而增加，基站所能覆盖到的范围会随之降低。当 6G 信号的频率达到太赫兹级别时，这个频率已经接近分子转动能级的光谱，很容易被空气中的水分子吸收掉，所以信号在空间中传播的距离比 5G 短，因此 6G 需要更多的基站接力。另外，接入用户的增多和每个用户带宽的增加也会导致 6G 使用更加紧凑的空间复用技术，6G 基站将可同时接入数百个甚至数千个无线连接，其容量可达到 5G 基站的 1000 倍。传输衰减和同时接入宽带用户数的增加是导致 6G 网络致密化的主要因素，这使人们周围将充满小基站。

（3）大规模天线与波束赋形

当信号的频率超过 10 GHz 时，其主要的传播方式就不再是衍射。反射和散射是非视距传播链路主要的信号传播方式。同时，频率越高，传播损耗越大，覆盖距离越近，绕射能力越弱。这些因素都会大大增加信号覆盖的难度。目前，5G 是通过大规模多入多出天线（MIMO）和波束赋形来解决此类问题的。

MIMO 技术是通过增加发射天线和接收天线的数量，即设计一个多天线阵列，来补偿高频路径上的损耗。在发射端，高速率的数据流被分割为多个较低速率的子数据流，不同的子数据流在不同的发射天线上以相同频段发射出去。由于发射端与接收端天线阵列之间的空域子信道足够不同，所以接收机能够区分出这些并行的子数据流，而无须付出额外的频率或者时间资源。这种技术的好处就是它能够在不占用额外带宽、消耗额外发射功率的情况下增加信道容量，提高频谱利用率。不过，MIMO 的多天线阵列会使大部分发射能量聚集在一个非常窄的区域。天线数量越多，波束宽度越窄，不同波束之间、不同用户之间的干扰更少。因为不同的波束都有各自的聚焦区域，这些区域都非常小，所以彼此之间交集很少。但问题是基站发出的窄波束不是 360°全方向的，为了能让波束覆盖到基站周围任意一个方向上的用户，可采用波束赋形技术。波束赋形技术指通过复杂的算法对波束进行管理和控制，使之变得像聚光灯一样可以找到手机聚集的位置，然后更为聚焦地对其进行信号覆盖。MIMO 的进一步发展可以为 6G 提供关键的技术支持。

从目前的研究来看，6G 网络将是一个地面无线通信与卫星通信集成的全连接世界。通过将卫星通信整合到 6G 移动通信，可实现全球无缝覆盖，网络信号能够抵达任何一个偏远的乡村、渺无人烟的荒漠和茫茫海洋，让深处山区的病人能接受远程医疗，让孩子们能接受远程教育，让戈壁沙漠勘探的人员和大洋中航行的海员能方便地与家人沟通。此外，在全球卫星定位系统、电信卫星系统、地球图像卫星系统和 6G 地面网络的联动支持下，地空全覆盖网络能帮助人类预测天气、快速应对自然灾害等。5G 主要是为工业数字化转型做前期基础建设，而 6G 的具体应用方向目前还处在探索阶段。有专家认为，将来 6G 将被用于空间通信、智能交互、触觉互联网、情感和触觉交流、多感官混合现实、机器间协同、全自动交通等场景。

从移动通信发展历史来看，6G 绝不会是移动通信的终结，也不可能完全满足人类未来的所有需要。因此，还可能在 6G 之后出现 7G、8G，以满足人类更高层次的需求。

6.2 无需交换中心的区块链

通信除了要完成信息的准确传输外，还要实现信息的安全传输。信息的安全传输体现在通信系统的终端、信道、节点各环节。例如，在计算机屏幕上显示的内容可以通过电磁辐射被附近的高灵敏接收设备接收并显示出来而造成泄密。类似地，市话电缆也会由于串音而造成泄密。手机、WiFi 传输信号时的无线电波，就像广播一样可以被信号覆盖范围内的无线电接收设备接收到并造成泄密。对于通信节点环节的交换机、服务器等设备，也可能由于黑客入侵而造成泄密。传统应对通信泄密的基本思路是对将要传输的信息进行加密处理，即发送端通过某种算法或处理来变换信息的某些特征，接收端再利用相反的算法或处理来恢复这些特征，但截获者不了解采用的是何种算法或处理，因而无法从截获的信号中获取有用的信息。随着技术手段的更新，通信中的信息安全攻防双的较量愈演愈烈，近年来出现了区块链和量子通信技术，这两种技术从完全不同的技术角度和应用角度解决通信中的部分安全问题，是值得期盼的技术。

6.2.1 去中心化记账方式的区块链

区块链可以解释为一种去中心化的分布式数据库系统，可看作一个存储在所有参与记录的计算机内部并且可以由任何人进行查阅的大账本。区块链在比特币之前已经有研究者提出，但因为没有找到合适的应用场景而未引起人们的注意。2008 年 11 月 1 日，一个叫中本聪的人在《比特币：一种点对点的电子现金系统》的论文中阐述了基于点对点网络、散列（Hash，常称哈希）加密等技术构成的电子现金系统的构架理念。2009 年 1 月 3 日，第一个序号为 0 的创世区块诞生，几天后的 1 月 9 日出现了序号为 1 的区块，并按照挖矿规则，与序号为 0 的创世区块相连形成了链，之后区块链才再次受到重视。

1. 区块链的分布式账本模式

区块链交易记账由分布各处的多个节点共同完成，而且每一个节点记录的都是完整的账目，因此它们都可以参与监督交易合法性，同时也可以共同为所有交易的合法性和交易数据内容作证。

图 6-20 所示为中心化与去中心化的区别。图 6-20a 采用的是传统交换网络或服务器/客户机结构，所有数据存放在网络中心的服务器中，只要修改中心节点的数据，交易账本就可能被修改。而在图 6-20b 所采用的区块链分布式结构中，没有第三方机构设立的中心节点。交易产生的所有数据存储在每个人手中，根据少数服从多数的原则，只有超过半数的人认可的数据才有效。除此之外，区块链的结构还使得更改者必须更改超过半数人手上被更改消息后的所有区块的哈希值，而每一个区块哈希值都要消耗大量算力。两者结合，必须满足同时控制过半的账本和重新计算大量的符合要求的哈希值才能成功更改数据，使得恶意节点篡改区块链交易记账中的数据变得很难。

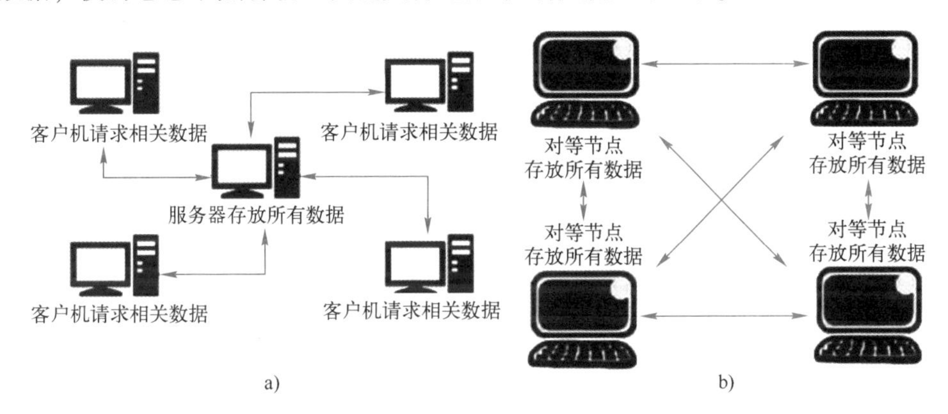

图 6-20　中心化结构与分布式结构

a）中心化结构　b）分布式结构

2. 区块的链接

每个区块由区块头和交易记录组成。区块头记载着区块的一些基本信息，包括本区块哈希、本区块的父区块哈希、交易信息、时间戳、随机数等，如图 6-21 所示。交易记录则是一段指定时间内（比如 10 min 内）全网发生的所有交易情况。每个区块的块头字段中含有指向前一个区块的区块哈希，块块相连，形成一条区块组成的长链，如图 6-21a 所示。

每一个区块通过哈希相互连接成链，如图 6-21b 所示，这就是“区块链”这个名称的由来。所有节点都保存着同一条长链，相当于记录交易的数据库去中心化地存储在了每个节点中，有了这些备份，即使某个节点崩溃也不会带来数据损失或破坏。假如某个节点更改了自己存储的区块，如取消某笔记录或更改交易数额，也没有任何意义，因为

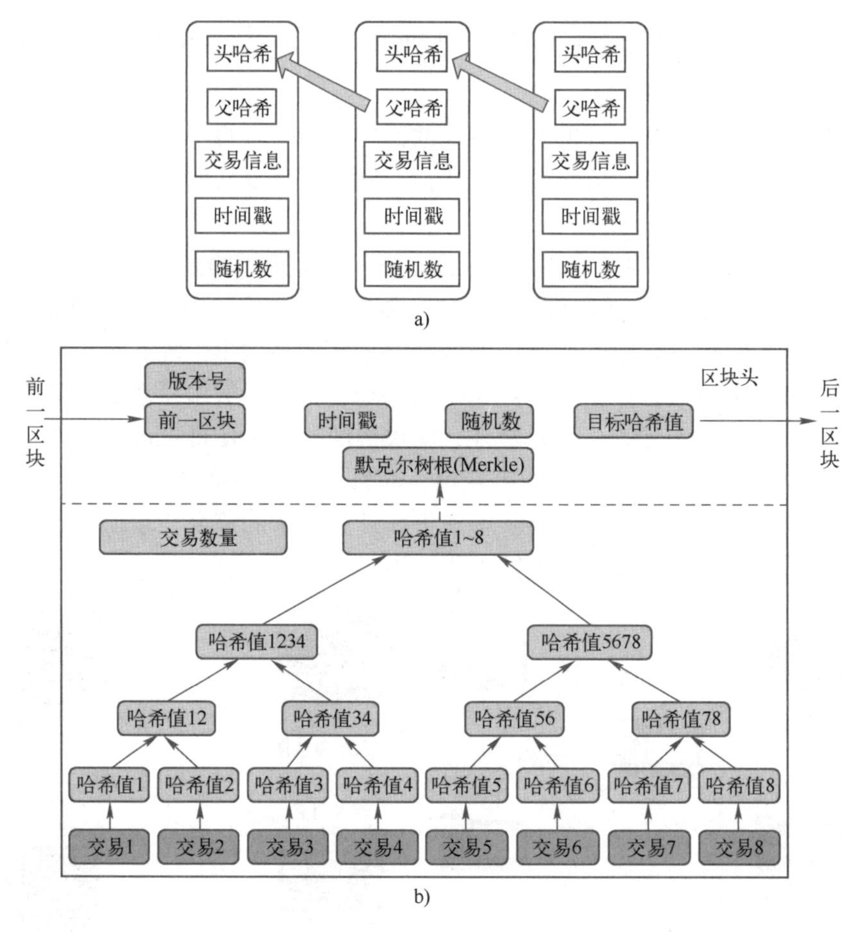

图 6-21　区块链的形成

a）区块之间的链结构　b）区块链接关系与哈希值

其他节点都正常且拥有相同的哈希，只有更改数据的节点所保存的内容和哈希与其他节点不同。同时，因为旧数据不同，新区块哈希又基于旧区块哈希，而基于错误旧区块生成的新区块哈希无法被其他内容不同的节点成功验证，因此该节点失去了产生新的正常区块的能力。

3. 区块中的交易记录

每个区块的核心功能是对交易进行记录。交易记录由多个字段描述，不同区块可能有不同字段，但一般应包括输入/输出代币、单个交易哈希、发送者签名等。以比特币转账为例，输出表示要给谁转多少钱，输入指示这笔钱是从哪里来的。区块链本身不存储每个节点的余额，只记录全部历史交易记录，但每个区块链运行节点都会通过交易记录维护一个单独的记账数据库，用以保存余额信息，并判断交易是否成立。

在表 6-1 的交易记录中，倘若李四想转给王五 3 个比特币，李四必须在输入里引用过去的一条交易记录，比如 4 个小时前张三向自己支付了 3 个比特币，以此在区块链上证明自己确实拥有 3 个比特币。李四写好的交易记录会交给任意值得信任的记录节点进行广播，进而进入各节点的交易池，记录节点从交易池中选择交易并验证是否合法，即是否有足够代币余额支付，验证成功后交易将被确认。达到一定数量后，记录节点将交易池中的交易打包成新的区块，然后将新的区块广播到全网，让所有其他节点验证新区块，并将其加到当前链的末端，从而更新并保证数据的一致性。

表 6-1 交易记录

	输　入	输　出
记录 1	张三给李四 3 个比特币	李四给王五 3 个比特币
记录 2	赵大给张三 4 个比特币 线二给张三 1 个比特币	张三给王五 5 个比特币
⋮	⋮	⋮

这里出现了一个打包者的角色，打包者也叫挖矿者或矿工，打包者的记账工作也叫挖矿。打包者必须是区块链网络中任意受信任的记录节点。区块链网络中需要大量节点从事分布式记账工作，因此需要有大量的矿工。由于所有节点都是平等的，这个打包者必须用一种公平的方式选举出来。单纯的区块链记账是低收入高投入的工作，所以中本聪提出对得到记账权的记账者以支付虚拟货币的方式进行奖励，激励更多节点参与记账。在比特币系统中，给打包者的奖励就是比特币。起初每打包一个区块可获得 50 比特币的奖励，每过大约四年奖励会减半，2016 年已经降至 12.5 个，比特币总数在 2040 年会达到近 2100 万个，在这之后，新的区块将不再包含比特币奖励。相比于打包者要做的简单工作，这实在是一笔很诱人的赏金，众多节点都想获得区块的打包权。

通常来说，一个区块中包含多个交易信息，每个交易信息都可附加部分文字描述，每个区块以自己区块内的信息、上一区块的哈希值和随机的 Nonce 值作为输入，通过 SHA3 或其他哈希算法求哈希值。图 6-22 所示为区块内部的数据结构。其中，随机的 Nonce 值必须确保新生成区块的哈希值前 n 个为 0，n 随着全网算力通过难度调节算法动态求取。因为改一个区块需要大量算力计算 Nonce，所以提高了更改成本。

另外，区块链通过共识机制来保证不同参与记录的挖矿者节点存储的数据一致，并就新加入账本的数据达成共识。计算 Nonce 验证达成共识的机制有最常见的 POW 共识机制，或作为改进的 BFS、POS、DPOS 等。基于这些共识机制，要修改区块链数据就必须重新计算每个区块哈希，并修改过半的计算机记录，这几乎是不可能的，或者说是得不偿失的。所以，区块链账本记录的数据拥有极高的不可更改性、透明性和可追溯性。

4. 区块链分叉的处理机制

理想状态下，一旦有人挖到区块，其他节点会都获知，并停止自己当前的挖矿工作，

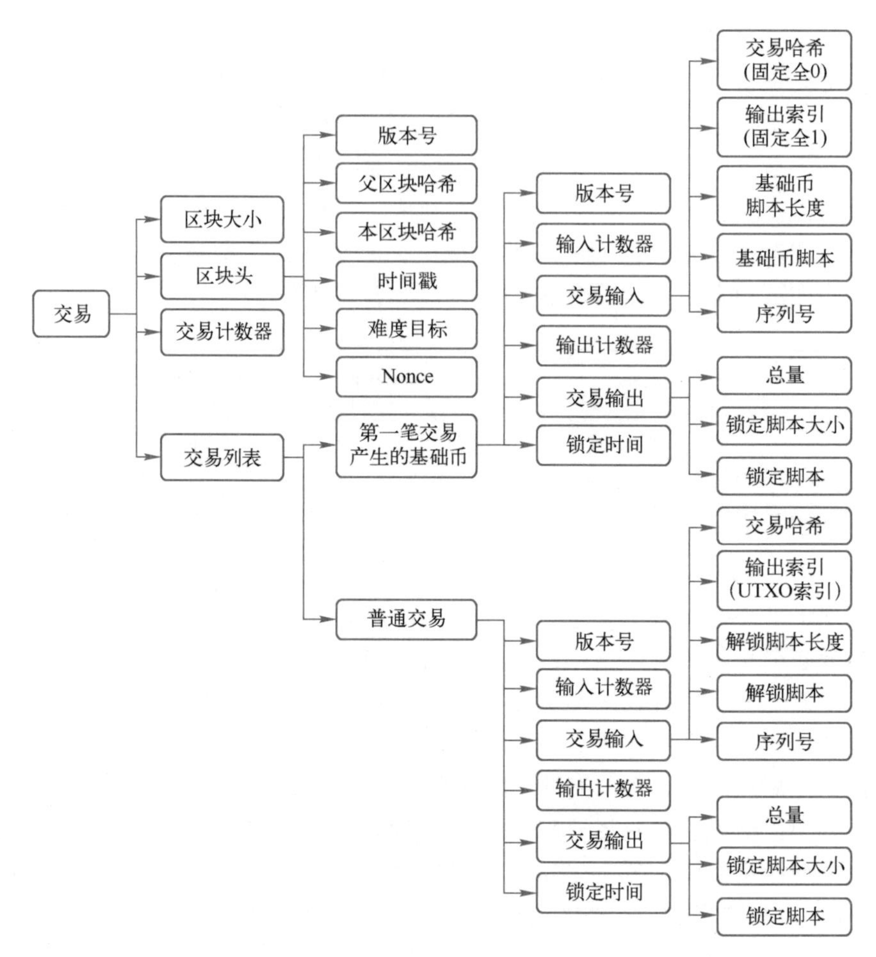

图 6-22　区块内部的数据结构

而把刚才矿工打包的区块加到链上，然后再去挖下一个区块，以此类推，所有节点保存的链都是一致的。但在现实网络环境中，广播挖到区块的消息也是需要时间的，于是就存在这样一种可能：当张三刚刚挖到区块并把消息广播出去时，李四也挖出了新的区块，且 Nonce 同样可以通过验证。由于物理距离造成的传播时延，李四挖到矿时还没收到张三的广播，所以自己也进行了广播。这样一来，距张三近的矿工先获得张三的消息，都用了张三的区块，而距李四近的先获得李四的广播，都用了李四的区块。于是全网出现了两条不同的区块链，如图 6-23 所示。然而，区块链只有主链的数据会被保存和确认，而这时区块链的一致性被破坏了，应该听谁的？

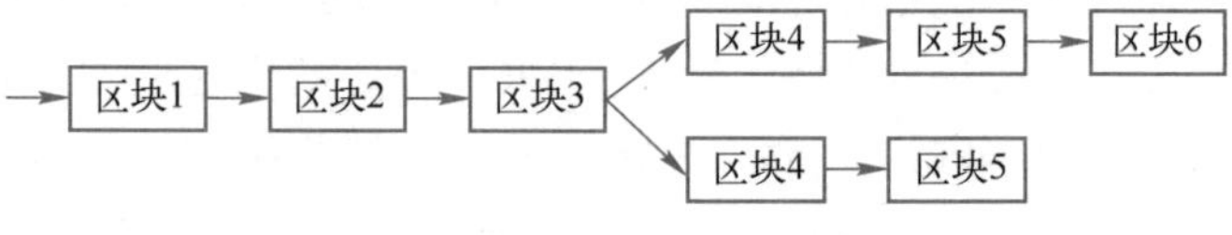

图 6-23　区块链的分叉

这种现象称为区块链的分叉。对此，不同区块链有不同的处理方式，新型区块链根据时间戳等进行多重判断甚至仲裁来决定采用哪个区块，而传统区块链（如比特币）处理分叉的原则是，谁的子链长听谁的。举例来说，由于用张三区块和用李四区块的区块链一样长，所有节点就分成张三派和李四派，在各自的链上继续挖矿。倘若张三派率先挖到了下一个区块并把它加到链上，使得长度超过李四派，后者就会放弃自己的链并全面改用张三派的链，从而恢复一致性；倘若两派又几乎同时挖到了下一个区块，那么两边会在分叉的情况下继续挖矿。通常分叉一个区块较为常见，而分叉五个区块则十分罕见。相较于如今比特币区块链几十万的长度，几个区块的分叉并不会造成太大问题。

5. 应对恶意攻击的机制

最后来探讨区块链的安全性：对于区块的打包者，是否有人能修改交易记录使自己获利，比如把转给别人的钱都转给自己？事实上，区块的地址代码ID也是根据交易记录、上个区块ID等信息计算出来的，不一致的区块根本无法加到链上，因此打包者无法肆意篡改已有的交易记录。同理，打包者也不能事先准备假区块，因为根本不知道上一个区块ID的信息，提前生成的区块和实际链并不能匹配。

恶意攻击者也可能想到另起炉灶，自己重新计算一条假的链来取代真链。事实上这也是最常见的一种攻击方式。但全世界所有其他节点都在真链上计算，其他节点挖到区块后都会把区块加到真链上，只有恶意攻击者挖到区块才会把它加到假链上，这样一来，真链上的区块增加速度一定比假链快，根据“以最长链为准”的原则，这条假链将被抛弃。换言之，大家不会承认这条假链上的数据和信息。

有一种例外是，这个恶意攻击者的计算能力比所有其他节点加起来都大，这种情况称作“51%攻击”。具备了这样的条件确实可以在区块链中做很多破坏，比如不承认他人挖出的区块、修改自己的交易记录等，但“51%攻击”对于成熟的大规模区块链结构来说是很难实现的。例如，比特币的全网算力在2013年7月已经达到了世界前500强超级计算机算力之和的20倍，个人或一般的组织很难拥有这种规模算力的51%。

6.2.2 区块链的技术内涵

从科技层面来看，区块链涉及数学、密码学、互联网和计算机编程等众多技术领域。从应用视角来看，区块链是一个分布式的共享账本和数据库，具有去中心化、不可篡改、全程留痕、可以追溯、集体维护、公开透明等特点。这些特点保证了区块链中的数据成为可信任的诚实与透明数据。而区块链丰富的应用场景，基本上都基于区块链能够解决信息不对称问题，实现多个主体之间协作信任与一致行动的特点。

1. 区块链的类型

（1）公有区块链　公有区块链指世界上任何个体或团体都可以发送交易并参与其共识过程，且交易能够获得该区块链的有效确认。公有区块链是最早的区块链，也是应用最广泛的区块链，各大比特币系列的虚拟数字货币均基于公有区块链，世界上有且仅有一条该币种对应的区块链。

（2）联合/行业区块链　联合/行业区块链由某个群体内部指定多个预选的节点为记账人，每个块的生成由所有的预选节点共同决定。其他接入节点可以参与交易，但不过问记账过程，其他任何人可以通过该区块链开放的应用程序接口（API）进行限定查询。

（3）私有区块链　私有区块链仅使用区块链的总账技术进行记账，可以是一个公司，也可以是个人，独享该区块链的写入权限。它与其他的分布式存储方案没有太大区别，常常用于实验。

2. 区块链的架构模型

区块链系统的基础架构模型如图 6-24 所示，通常由数据层、网络层、共识层、激励层、合约层和应用层组成。

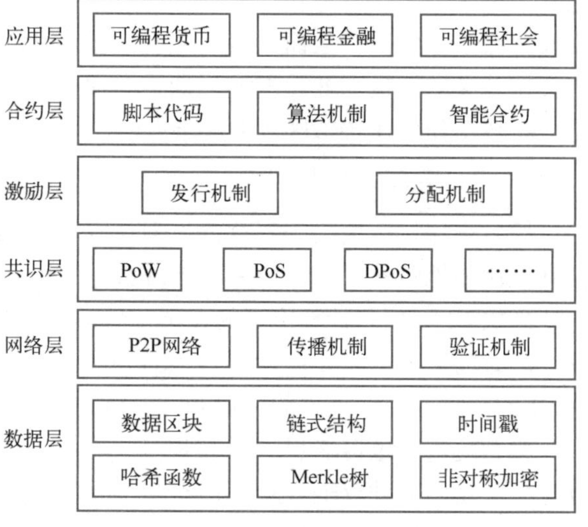

图 6-24　区块链系统的基础架构模型

其中，数据层封装了底层数据区块以及相关的数据加密、时间戳等基础数据和基本算法；网络层包括分布式组网机制、数据传播机制和数据验证机制等；共识层主要封装网络节点的各类共识算法；激励层将经济因素集成到区块链技术体系中来，主要包括经济激励的发行机制和分配机制等；合约层主要封装各类脚本、算法和智能合约，是区块链可编程特性的基础；应用层封装了区块链的各种应用场景和案例。

3. 区块链的非对称加密技术

存储在区块链上的交易信息是公开的，但是账户身份信息是高度加密的，区块链采用的非对称加密技术保证了支付行为只有私钥的持有者才能执行。

非对称加密使用一对密钥，一个用来加密，一个用来解密，而且公钥是公开的，私钥是自己保存的。非对称加密方式在通信前不需要同步密钥，避免了在同步私钥过程中被黑客盗取信息的风险。公钥和私钥是成对存在的，如果用公钥对数据进行加密，只有用对应的私钥才能解密，即实现了区块链上公开但安全的信息记录和传输。而将加解密工具反过来，用私钥加密、公钥解密的方法即为电子签名。电子签名用来验证信息来源的可靠性，如确定发送区块的账户身份。电子签名在区块链中也有广泛应用，每笔交易都需要用户钱包用用户私钥签名，节点用公钥验证身份，以进一步确定余额是否支持支付。

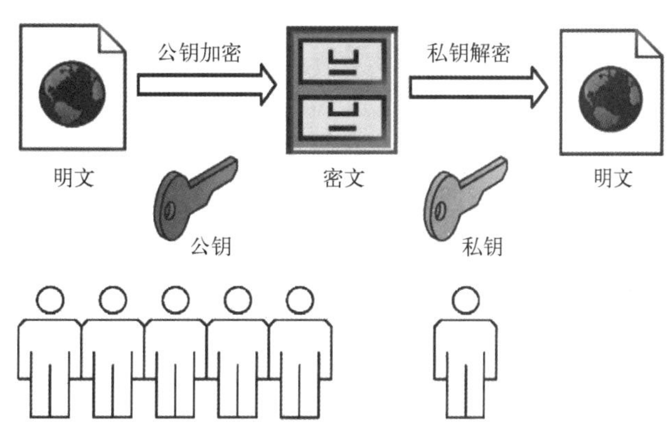

图 6-25　非对称加解密

在图 6-25 所示的非对称加解密过程中，私钥是通过算法随机选出的数字，然后通过非对称加密的椭圆曲线函数产生一个公钥，最后公钥再通过哈希函数转化成比特币地址。目前，为了防止不同区块链产生相同的地址造成混乱，大部分链都采用 BIP44 密钥生成法，这种算法对每一个链都匹配一个 PATH 变量。对于每一对密钥，对 BIP44 函数输入随机生成助记词和 PATH 即可生成对应的公私钥。这种方法使得用户只要保存助记词即可完整、安全地记录账号公钥和私钥，相对于毫无规律的乱码公钥和私钥，在可追回账号信息的层面上进一步提高了可用性和安全性。

4. 区块链用到的哈希函数

哈希函数是一个接受任意大小输入值 x 的函数，经过 hash(x)运算后可以给出一个确定的固定长度的输出值 y，即有 hash(x) = y。这个输出值可以作为这个输入值的数字指纹。因此，哈希函数是接收任何数据、数字、文件等输入并输出哈希值的运算方法。输入和输出的哈希数据通常显示为十六进制数。如输入“helloworld”，输出的哈希值为

md5(“helloworld”) = 5eb63bbbe01eeed093cb22bb8f5acdc3

这是哈希函数 MD5，它从任何输入数据中创建一个 32 字符的十六进制输出。哈希函数通常是单向不可逆的，这意味着如果只知道输出 y，就无法确定输入 x，除非尝试所有可能的输入，即所谓的蛮力攻击。常见的哈希算法还有很多，如 SHA256 等。

由于区块链要处理的交易信息内容庞大，将每个区块内的所有数据直接以序列的方式存储将会非常低效且耗时，而利用哈希函数可以对信息进行压缩和验证。如图 6-21b 所示，在默克尔（Merkle）树结构中，结合哈希函数技术可以快速验证某笔交易是否属于某个区块。对于打包到一个区块的所有交易，首先将它们划分为交易 1、交易 2 等部分，并计算出对应的哈希值 1、哈希值 2，之后两两结合进行哈希运算，最终得到这个 Merkle 树的根哈希值。如果某一笔交易信息记录的数据有变化，那么最终算出来的 Merkle 根哈希值也会不一样。这种二叉树结构的优点在于允许仅进行少量数据的验证，同时，如果交易的数据信息有误，也可以快速定位到出错的位置。

5. 区块链共识机制

共识机制指所有记账节点之间怎么达成共识，去认定一个记录的有效性。这既是认定的手段，也是防止篡改的手段。多年的研究为区块链提出了不同的共识机制，而其大

部分还是基于 POW、POS、BFS 等基础共识机制，通过改进以适用于不同的应用场景，在效率和安全性之间取得平衡。POW 要求有更多算力者有更大概率获得奖励，虽然为了获取更大的算力，消耗了过多的硬件资源和能源而饱受诟病，但不妨碍成为应用最广泛的共识机制；POS 要求有更多“股权”的一方有更大概率获得奖励，挖矿得到代币后要给“股东”分成，但长时间后容易再次出现中心化；BFS 即拜占庭共识，由经典的“拜占庭问题”发展而来，要求 2/3 以上的挖矿者通过签名等方式认证区块，由于效率问题而采用较少。除此之外，针对不同的场景、不同的考量，共识机制也有不同的变化，如考虑贡献量的 POC 共识、针对图区块链的轻量级 POW 等。

区块链技术可以在无须第三方参与的情况下实现系统中所有数据信息的公开透明、不可篡改、不可伪造、可追溯，区块链作为一种底层协议或技术方案可以有效地解决信任问题，实现价值的自由传递，在数字货币、金融资产、数字政务、存证防伪数据服务等领域具有广阔前景，如图 6-26 所示。

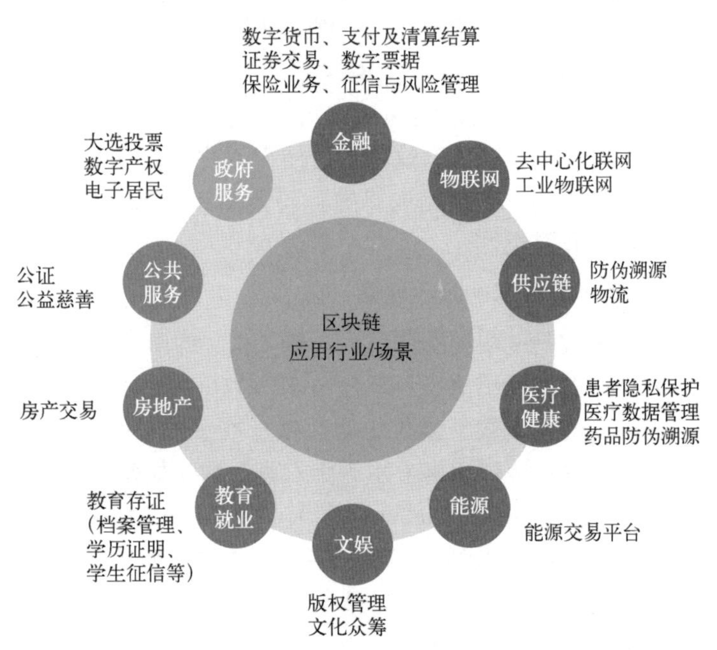

图 6-26　区块链的应用

区块链是电子货币的核心组成部分和重要概念。常见的数字货币有比特币（Bitcoin）、莱特币（Litecoin）、狗狗币/狗币（Dogecoin）、达世币（Dashcoin）。除了单纯作为数字货币的应用之外，还有各种衍生应用，如以太坊（Ethereum）、基于侧链技术的去中心化应用平台（Asch）等底层应用开发平台，以及基于全新 Java 代码的密码学货币、金融生态系统（NXT）、去中心化云存储基础架构（SIA）、比特股、MaidSafe、Ripple 等行业应用。

6.3　科幻般的量子通信

量子通信的基本思想是利用量子叠加态和纠缠效应进行信息的传递。基于量子力学中的不确定性、测量坍缩和不可克隆三大原理，量子通信提供的是无法被窃听和计算破解的绝对安全性保证。量子通信主要涉及量子隐形传态和量子密钥分发两类。量子隐形传态可以看作真正的量子通信，而量子密钥分发完成的功能则实质上是对现有通信方式进行加密的一种技术手段。

6.3.1　量子隐形传态通信

量子隐形传态基于量子纠缠对的分发和贝尔态联合测量实现量子态的信息传输，其中量子态信息的测量和确定仍需要现有通信技术的辅助。量子隐形传态中的纠缠对制备、分发和测量等关键技术有待突破，目前处于理论研究和实验探索阶段，距离实用化尚有较大差距。

1. 量子的概念

1900 年 12 月 14 日，普朗克发表了《关于正常光谱的能量分布定律》的论文，该论文的一个重要结论是：能量由确定数目、彼此相等、有限的能量包构成。历史上也把这天认为是量子物理的诞生日。根据普朗克的观点，若一个物理量存在最小的不可分割的基本单位，则这个物理量是量子化的，并把最小单位称为量子。量子化指其物理量的数值是离散的，而不是连续的任意取值。

例如，光是由光子组成的，光子就是光量子。因为光量子是最小不可分的单位，因而不存在半个光子、四分之一个光子、0.33 个光子这样的说法。量子一词来自拉丁语“quantum”，意思为有多少。

2. 量子比特

人们目前进行信息存储和通信使用的是经典比特（bit，位）。一个经典比特在特定时刻只有 0、1 两种特定的状态，所有的计算都按照经典的物理学规律进行。但量子比特和经典比特不同，一个量子比特（qubit）是 0 和 1 的叠加态。量子的叠加态表示量子可以同时是 0 和 1 两种状态，而不是传统的只能是 0 或 1 中的一种状态。使用狄拉克的符号，单粒子叠加态或量子比特可以表示为

$$|\text{量子比特}> = a\,|0> + b\,|1> \tag{6-1}$$

这里的 a、b 是满足（$|a|^2+|b|^2=1$）的任意复数，它们对应于两个定态在叠加态中所占的比例系数。当 $a=0$ 或者 $b=0$ 时，叠加态就简化成两个定态 $|0>$和 $|1>$。两个比例系数的平方 $|a|^2$或 $|b|^2$，分别代表测量时测得粒子的状态是每个定态的概率。相比于一个经典比特只有 0 和 1 两个值，一个量子比特的值有无限个。直观来看就是把 0 和 1 当成两个向量，一个量子比特可以是 0 和 1 这两个向量的所有可能的组合。人们用图 6-27 所示的布洛赫球

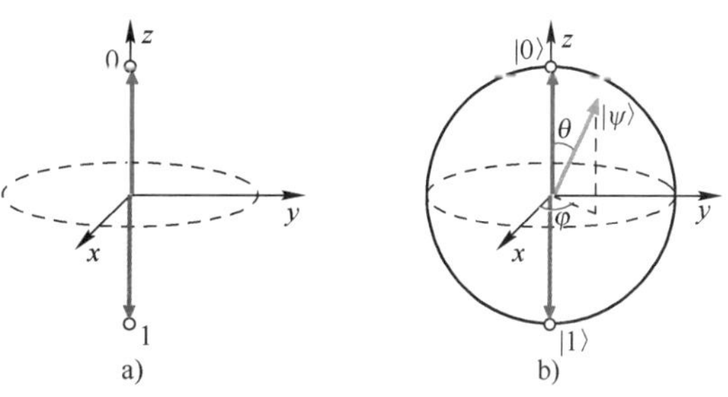

图 6-27　经典比特和量子比特

a）经典比特（bit）　b）量子比特（qubit）

（Bloch 球）来表示量子比特。Bloch 球的球面代表了一个量子比特所有可能的取值。一个经典比特是 0 或 1，是 Bloch 球面表示的量子比特指向上和指向下时的特殊情况。

3. 量子纠缠

物理学研究发现，一个电子有上旋和下旋两种状态，当将两个电子放在一起时，它们的状态组合就有四种：两个同时处于上旋或下旋；一个处于上旋，另一个处于下旋；一个处于下旋而另一个处于上旋。如果设法使这两个电子足够接近，它们就会释放出一个光子，同时两个电子进入一个纠缠状态。此时两个电子的组合状态就不再是有四种可能，而是变成只有一个处于上旋而另一个必然处于下旋或一个处于下旋而另一个必然处于上旋这两种可能了。纠缠态电子在被测量前是没有一个客观存在的状态的，它是处于上旋和下旋的叠加状态中，是测量的过程赋予了它一个确定的状态。一旦进行测量之后，两个电子的纠缠态就会被打破，变成完全独立的不相关的两个电子。这就是量子纠缠。不仅是电子、光子、中子等，其他的粒子也可以有量子纠缠的现象。

图 6-28 所示为一对处于纠缠态的粒子，无论相隔多远，当粒子 A 的状态改变时，只要没有外界干扰，另一个粒子 B 的状态也会即刻发生相应改变。当 A 粒子处于 0 态时，B 粒子一定处于 1 态；反之，当 A 粒子处于 1 态时，B 粒子一定处于 0 态。这种跨越空间、瞬间影响双方的量子纠缠，曾经被爱因斯坦称为“鬼魅的超距作用”。

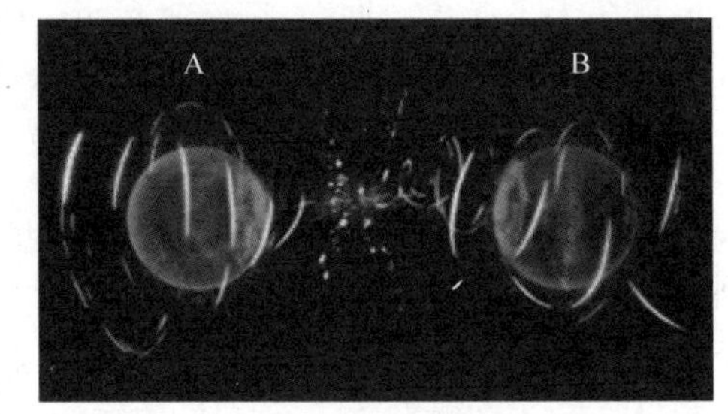

图 6-28　一对处于纠缠状态的粒子

爱因斯坦以此来质疑量子力学的完备性，因为这个超距作用违反了他提出的定域性原理，即任何空间上相互影响的物体的速度都不能超过光速。后来，物理学家玻姆在爱因斯坦的定域性原理基础上提出了隐变量理论，来解释这种超距相互作用。不久，物理学家贝尔提出一个不等式，可用来判定量子力学和隐变量理论谁正确。如果实验结果符合贝尔不等式，则隐变量理论胜出；如果实验结果违反了贝尔不等式，则量子力学胜出。但是后来一次次实验结果都违反了贝尔不等式，即都证实了量子力学是对的，而隐变量理论是错的。2015 年，荷兰物理学家做的最新的无漏洞贝尔不等式测量实验基本宣告了爱因斯坦定域性原理的死刑。

4. 量子隐形传态

由于量子纠缠是非局域的，即两个纠缠的粒子无论相距多远，测量其中一个的状态必然能同时获得另一个粒子的状态，这个信息的获取是不受光速限制的，于是物理学家自然想到了是否能把这种跨越空间的纠缠态用来进行信息传输。因此，基于量子纠缠态的量子通信便应运而生，这种利用量子纠缠态建立的量子通信被称为量子隐形传态。

图 6-29 所示为一个已知状态的粒子，比如上旋的电子，把它的状态传递给遥远地方的另一个电子的量子隐形传态过程，即传输协议，一般分为如下几步。

1）制备一个纠缠粒子对。将粒子 1 发射到 A 点，粒子 2 发送至 B 点。粒子 1 和粒子 2 可以是一对纠缠的电子。

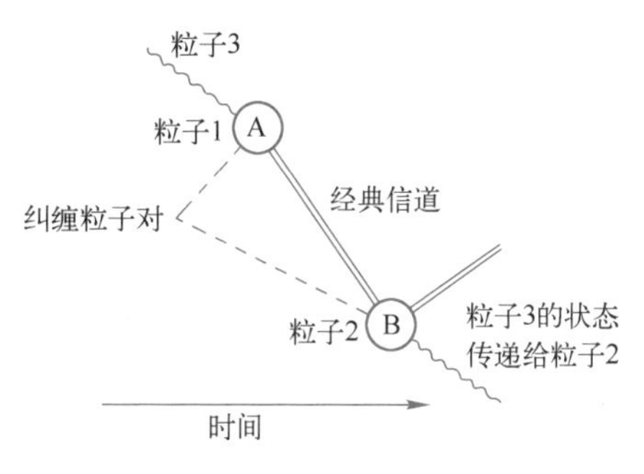

图 6-29 量子隐形传态

2）A 处的纠缠电子同需要传输的电子放到一起。如图 6-29 所示的粒子 3，携带一个想要传输的量子比特，于是 A 点的粒子 1 和 B 点的粒子 2 对于粒子 3 会一起形成一个总的态。在 A 点同时测量粒子 1 和粒子 3，这里不是直接测量它们各自的状态，而是去测量它们两个的状态相同还是不同，得到一个测量结果。这个测量会使粒子 1 和粒子 2 的纠缠态坍缩掉，但同时粒子 1 和粒子 3 却纠缠到了一起。

3）A 点的一方利用传统通信方式的经典信道（如电话或短信等）把自己的测量结果告诉 B 点一方。

4）B 点的一方收到 A 点的测量结果后，就知道了 B 点的粒子 2 处于哪个态。只要对粒子 2 做一个简单的操作，它就会变成粒子 3 在测量前的状态。也就是粒子 3 携带的量子比特无损地从 A 点传输到了 B 点，而粒子 3 本身仍留在 A 点，并没有到达 B 点。比如 A 处两个粒子的状态是相同的，就发出信息让 B 处用磁场将纠缠粒子旋转，于是 B 处的纠缠粒子就变成了上旋；如果 A 处两个粒子的状态是相反的，则发出信息告诉 B 处不用做任何操作，B 处的纠缠粒子本身就是上旋的。

这种通过量子纠缠实现量子隐形传态的方法，即通过量子纠缠把一个量子比特无损地从一个地点传到另一个地点，是量子通信目前最主要的方式。而这一过程之所以叫作隐形传输，是因为这个过程需要传输的信息（比如需要 B 处进行旋转操作或者不操作）对于 B 处以外的人是没有任何意义的，不可能从中得到任何信息，只有拥有另一个纠缠粒子的 B 处一方才能让这条信息变得有意义。

由于步骤 3）是用经典信息传输通道传输 A 点的测量结果，而且不可忽略，故传输信息的速度不会超过光速，这就限制了整个量子隐形传态的速度，使得量子隐形传态的信息传输速度无法超过光速。

理论上人们还可以用量子隐形传输来传输人，但是实际上可能永远无法做到。过程就是，A 处和 B 处有大量互相纠缠的粒子，A 处的人和纠缠粒子相互作用并被摧毁。一系列数据通过经典途径以光速传到 B，然后遥远的 B 处利用这些纠缠粒子和从 A 传过来的数据生成一个和 A 处完全相同的人，这个人拥有原来那个人所有的记忆和意识，他只觉得自己突然间从 A 处传到了 B 处。

6.3.2 量子密钥分发实现的加密

量子密钥分发是借助对量子叠加态的传输与测量，获取共享的安全的量子密钥，然后通信双方均使用与明文等长的密码进行逐位信息加密和解密操作，实现无条件绝对安全的保密通信。

1. 量子密钥的产生与分发

图 6-30a 所示为传统加密通信的步骤：先由发信者 A 写好明文，然后通过加密算法和密钥对明文进行一定的数学运算后编制成密文，再由通信传输信道将密文传递给收信者 B，B 通过加密算法的逆运算和密钥把密文翻译、还原成明文。这种加密通信的关键要素是密钥。对于第三方来说，可以通过有线或无线电波截获密文。如图 6-30b 所示，在从光纤截获数据时，可以通过弯曲光纤获取外泄部分光信号进行窃听。但如果没有密钥，窃听到的密文是难以理解的。用来加密信息的密钥最初是密码本，后来演进为密码机、RSA 等加密算法。但随着超级计算机越来越强大的算力，破解算法的速度也越来越快。在这种情况下，没有任何密钥是绝对安全的。再复杂的算法，破解起来只是时间和资源的问题。

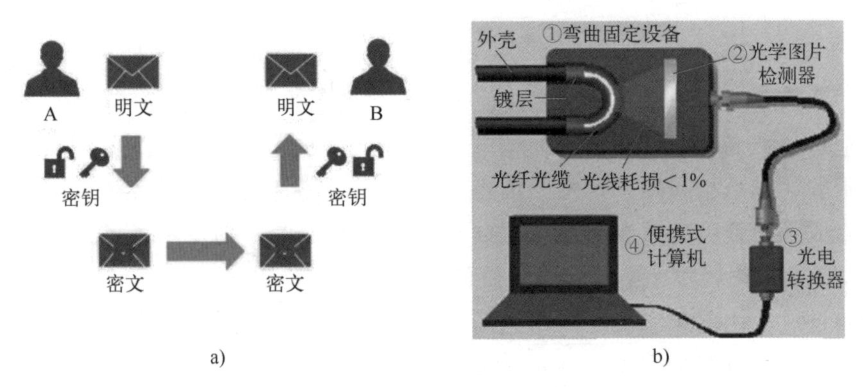

图 6-30 传统加密与光纤窃听

a）传统加密 b）光纤窃听

为了做到信息的绝对安全传输，信息论创始人克劳德·香农经过严格的理论证明认为需要满足三个条件：一是密钥是随机的；二是密钥只使用一次；三是密钥与明文等长且按位进行二进制异或操作。要做到这三点就需要大量的密钥，而密钥的更新和分配存在被窃听的可能性。所以，不解决密钥分发的问题，就不可能实现无条件绝对安全。这也导致在香农发布这一成果之后，根本没有人能够使用这种方式。而量子密钥分发可以解决这个问题。

1984 年，IBM 公司的研究人员 Bennett 和蒙特利尔大学的学者 Brassard 在印度召开的一个国际学术会议上提交了一篇论文《量子密码学：公钥分发和抛币》，被称为 BB84 协议。该协议把密码以密钥的形式分配给信息的收发双方，因此也称作量子密钥分发。具体的方法如下。

1）选取测量基和偏振光。利用光子有相互垂直的两个偏振方向的特性，让单光子源每次生成的单个光子只有 0°、90°、45°、135°四种可能的方向。然后简单选取水平、垂直或对角的测量方式对单光子进行测量，所采用的测量方式称为测量基，如图 6-31 所示。

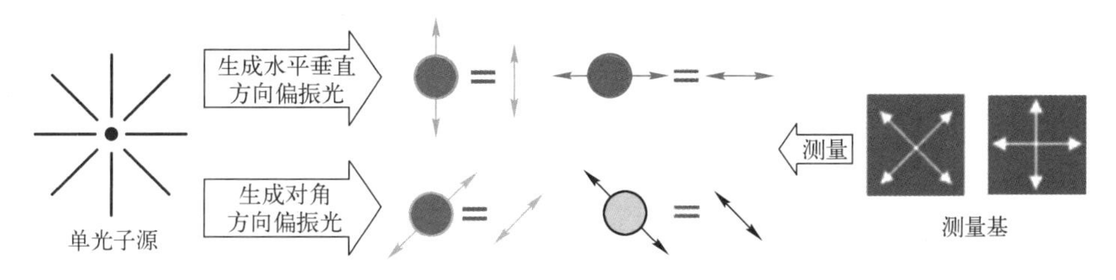

图 6-31　选取测量基和偏振光

当测量基和光子偏振方向一致时，就可以得到 1 或 0 的结果；当测量基和光子偏振方向偏 45°时，就有 50% 的概率得到 1 或 0，如图 6-32 所示。

光偏振方向	↕	↔	↗	↘
	0	1	50%概率为0 50%概率为1	50%概率为0 50%概率为1
	50%概率为0 50%概率为1	50%概率为0 50%概率为1	0	1

图 6-32　测量结果

2）生成一组二进制密钥。发送方首先随机生成一组二进制 0、1 码，如 01100101。然后发送方对每个比特，随机选择测量基，如图 6-33a 所示。所以，发送的偏振光子分别是图 6-33b 虚框中所示的偏振方向。

3）接收方选择测量基并对输入光进行测量。接收方收到这些光子之后，随机选择测量基进行测量，例如，依次选择图 6-33c 所示测量基，则对输入偏振光的测量结果为图 6-33d 虚线框内所示。

4）获取最终密钥。收发双方通过传统方式进行通信，对比双方的测量基，仅将测量基相同的数据保留，不同的抛弃。保留下来的数据 1001 就是最终的密钥，如图 6-34 所示。

2. 量子密钥的安全性

如果存在一个窃取者只窃听到发送方和接收方的对比测量基，那么窃取者会得到这样的信息：不同 | 不同 | 相同 | 相同 | 不同 | 不同 | 相同 | 相同。这对他来说没有任何意义。

因为量子的不可克隆性，窃取者没有办法复制光子，所以只能抢在接收方之前进行测量，测量时也要随机选择自己的测量基。如果是测量刚才那一组光子，他有一半的概率和发送方选择一样的测量基，这对光子偏振方向无影响；还有一半的概率会导致光子改变 45°偏振方向，而这改变的部分将影响接收方的测量准确率。在没有窃取者的情况下，发和收之间采用相同测量基的概率是 50%，所以发和收之间拿出一小部分测量结果进行对比，有 50% 相同。有窃取者的情况下，发和窃取者之间采用相同测量

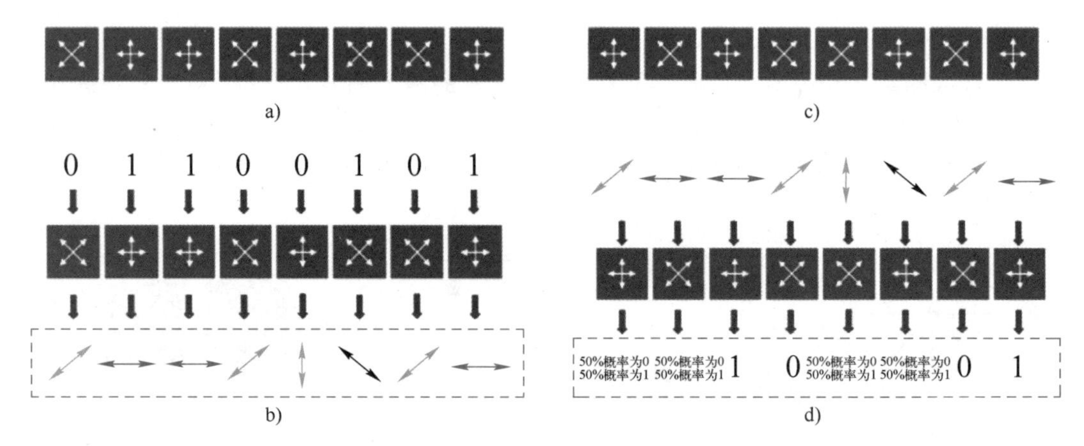

图 6-33 密钥传输示例

a）发送方对每个位随机选择测量基 b）发送的偏振光方向

c）接收方随机选择测量基 d）从接收光经过测量基获取 0、1 值

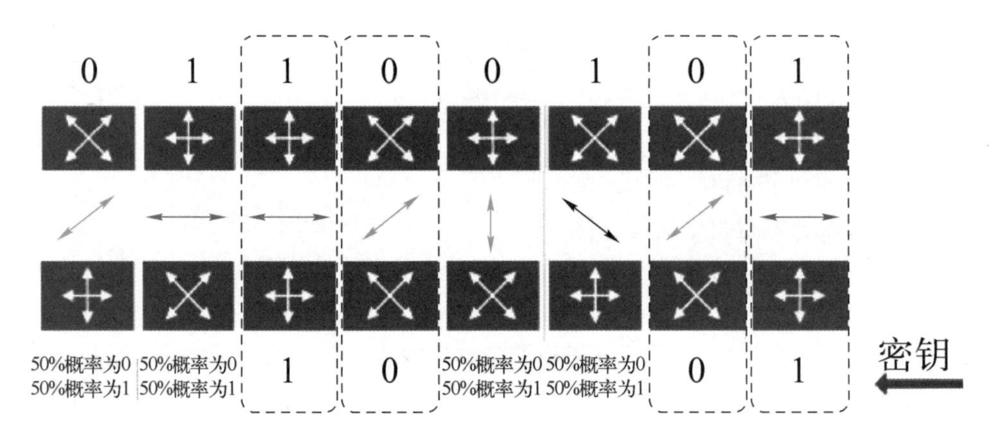

图 6-34 获取最终密钥

基的概率是 50%，收和窃取者之间采用相同测量基的概率是 50%，所以发和收之间拿出一小部分测量结果进行对比，有 25% 相同，由此可以判定一定有人在窃听，通信停止，当前信息作废。

对于单个比特来说，窃取者有 25% 的概率不被发现，但是现实情况中绝对不止一个比特，而是 N 个数量级的比特，所以窃取者不被发现的概率就是 25% 的 N 次方，也就是窃取者不被发展的概率极低。因此，量子密钥分发使通信双方可以生成一串绝对保密的量子密钥，用该密钥给任何二进制信息加密，都会使加密后的二进制信息无法被解密，这就从根本上保证了传输过程的安全性。

3. 量子通信的应用

由于量子通信绝对安全的特性，量子通信在军事通信、政府保密通信、民用通信上都将带来颠覆性的变革，未来市场乐观。在国民经济领域，量子通信可用于金融机构的隐匿通信等工程以及对电网、煤气管网和自来水管网等重要基础设施的监视和通信保障。在国防和军事领域，量子通信能够应用于通信密钥生成与分发系统，向未来战场覆盖区域内任意两个用户分发量子密钥，构成作战区域内机动的安全军事通信网络；能够应用于信息对抗，改进军用光网信息传输保密性，提高信息保护和信息对抗能力；能够应用于深海安全通信，为远洋深海安全通信开辟了崭新途径；利用量子隐形传态以及量子通信绝对安全性、超大信道容量、超高通信速率、远距离传输和高效率等特点，建立满足军事特殊需求的军事信息网络。图 6-35 所示为已全线贯通，连接了北京、济南、合肥和上海等地城域网的量子通信“京沪干线”。

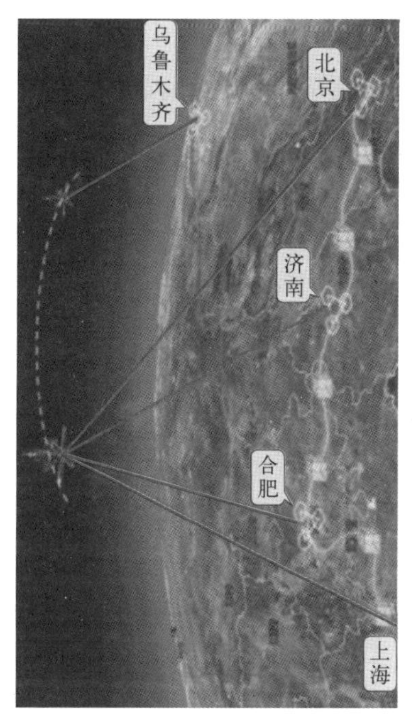

图 6-35　京沪干线

6.3.3　量子计算的梦幻速度

传统经典的计算机所完成的所有计算都是将数据转换成二进制代码，然后放在存储中并进行基于晶体管所构成的逻辑电路的计算。随着集成电路工艺接近 1 nm 线宽，PN 结也越来越薄，导致许多载流子可以穿过 PN 结造成漏电，这样集成电路中的晶体管也就难以维持 0 或 1 状态，计算机的硬件发展也就走到了尽头。目前一种挖掘计算机潜力的办法是采用碳半导体取代硅半导体，利用碳半导体电子比硅半导体电子更稳定的特点来减少载流子穿越 PN 结机会，从而使 PN 结可以做得更薄，集成电路的集成度可以做得更高。然而 PN 结的宽度总会受限，因此计算机的硬件发展总会走向尽头。随着近年来量子力学的进一步发展，人们越来越多地关注量子计算，希望从中找到新的突破。

量子计算的概念最早由 IBM 的科学家 R. Landauer 及 C. Bennett 于 20 世纪 70 年代提出，他们主要探讨的是计算过程中自由能、信息与可逆性之间的关系。20 世纪 80 年代初期，美国阿岗国家实验室的 P. Benioff 提出二能阶的量子系统可以用来仿真数字计算。稍后费因曼也对这个问题产生兴趣而着手研究，并在 1981 年于麻省理工学院举行的一场演讲中勾勒出以量子现象实现计算的愿景。1985 年，牛津大学的 D. Deutsch 提出量子图灵机的概念，量子计算才开始具备数学的基本形式。然而上述的量子计算研究多半局限于探讨计算的物理本质，还停留在相当抽象的层次，尚未跨入发展算法的阶段。目前的量子计算被看作是一种遵循量子力学规律、调控量子信息单元进行计算的新型计算模式。对照传统的理论模型基于通用图灵机的计算机，通用的量子计算机的理论模型是用量子力学规律重新诠释的通用图灵机。

1. 量子比特并行存储

量子位或称量子比特是量子计算的理论基石。在经典的计算机中，信息单元用二进制的比特来表示，它不是处于0态就是处于1态。普通计算机中的2位寄存器在某一时间仅能存储二进制数00、01、10、11中的一个。类似地，N位经典存储器只能存储2^N个可能数据中的任一个。

在二进制量子计算机中，信息单元称为量子比特，它除了处于0态或1态外，还可处于叠加态。根据量子力学态叠加原理，量子信息单元的状态可以处于多种可能的叠加状态，如式（6-1）所示的$|\text{量子比特}> = a|0> + b|1>$。

叠加态是0态和1态的任意线性叠加，它既可以是0态又可以是1态，0态和1态各以一定的概率同时存在，即可以同时处于两种状态而不是单一状态，通过测量或与其他物体发生相互作用而呈现出0态或1态。任何两态的量子系统都可用来实现量子比特，例如氢原子中电子的基态和第1激发态、质子自旋在任意方向的+1/2分量和-1/2分量、圆偏振光的左旋和右旋等。

量子计算机中的2位量子比特寄存器可同时存储00、01、10、11这四种状态的叠加状态。类似地，N位量子存储器可以同时存储2^N个数，而且随着N的增加，其存储信息的能力将按指数上升。例如，一个由250个原子构成的量子比特存储器，可能存储的数量达到2^{250}个。

2. 量子比特的并行运算

如果把量子考虑成磁场中的电子，电子的旋转可能与磁场一致，称为上旋状态，或者与磁场相反，称为下旋状态。如果能在消除外界影响的前提下，用一份能量脉冲将下自旋态翻转为上自旋态，那么用一半的能量脉冲将会把下自旋状态制备到一种下自旋与上自旋叠加的状态上，这时电子处在每种状态上的概率为50%。这表明量子比特可以制备在两个逻辑态0和1的相干叠加态，即一个量子比特可以同时存储0和1。对于n个量子比特而言，它可以承载2^n个状态的叠加状态。而量子计算机的操作过程被称为幺正演化，幺正演化将保证每种可能的状态都以并行的方式演化。这意味着量子计算机如果有500个量子比特，则量子计算的每一步会对2^{500}种可能性同时做出操作。2^{500}是一个很大的数，它比地球上已知的原子数还要多。这是真正的并行处理，当今的经典计算机中，所谓的并行处理器仍然是一次只做一件事情，这也是量子计算机具有难以想象的算力的机理所在。图6-36所示为目前我国研制出的62位可编程超导量子计算原型机“祖冲之号”，最短用1.2h就能完成世界最强的超级计算机8年才能完成的任务。

图6-36　祖冲之号

6.4 人工智能时代的到来

人工智能（AI）是用人工的方法和技术去模拟和扩展人的智能和行为，是实现机器智能的理论、方法、技术、应用系统的一门新的技术科学。随着智能科学和技术的兴起与发展，人工智能正从最初计算机科学的一个分支演变成智能科学与技术的一个分支。人工智能的长期目标是人工实现人类智力水平。人工智能不是人的智能，但能像人那样思考，也可能在某些方面超过人的智能。

6.4.1 涉猎人工智能的科学领域

早在1956年夏季，由当时美国达特茅斯大学的年轻数学助教、现任斯坦福大学教授的麦卡锡，联合哈佛大学年轻数学和神经学家、麻省理工学院教授明斯基，IBM公司信息研究中心负责人洛切斯特，贝尔实验室信息部数学研究员香农，共同发起邀请普林斯顿大学的莫尔和IBM公司的塞缪尔、麻省理工学院的塞尔夫里奇和索罗莫夫，以及兰德公司和卡内基梅隆大学的纽厄尔、西蒙等，在达特茅斯大学召开了一次为时两个月的机器智能学术研讨会。会上经麦卡锡提议正式采用了“人工智能”这一术语，麦卡锡因而被称为人工智能之父。这次具有历史意义的重要会议标志着人工智能作为一门新兴科学正式诞生。

作为一门科学，人工智能包含了对一大批技术领域的研究，如图6-37所示。目前人工智能研究主要集中在自然语言处理、计算机视觉、专家系统、机器人以及相关交叉领域等方面。

人工智能
- 知识表示 →谓词逻辑、产生式、语义网络、框架、状态空间、本体表示法
- 搜索算法 →盲目搜索、启发式搜索、博弈搜索
- 自动推理 →三段论推理、自然演绎推理、归结演绎推理、产生式系统
- 机器学习 →归纳学习、类比学习、统计学习、聚类、强化学习、进化计算、群体智能
- 人工神经网络与深度学习 →前馈神经网络、深度学习、卷积神经网络、生成对抗网络、深度强化学习
- 专家系统 →专家系统基本结构、专家系统MYCIN、专家系统开发工具
- 自然语言处理 →自然语言处理的层次、机器翻译、对话系统、问答系统、文本生成
- 多智体系统 →智能体结构、智能体通信语言(ACL)、协调和协作、移动智能体
- 智能机器人 →机器人的智能感知、智能导航与规划、智能控制与操作、情感计算、智力发育、智能交互
- 互联网智能 →语义Web的层次模型、本体知识管理、知识图谱、集体智能
- 类脑智能 →大数据智能、脑科学与类脑研究、神经形态芯片

图6-37 人工智能的研究领域

1. 自然语言处理

自然语言处理是一门融语言学、计算机科学、数学于一体的科学。自然语言处理主

要研制能有效地实现自然语言通信的计算机系统。特别是其中的软件系统，是计算机科学、人工智能、语言学的融合，关注的是计算机和人类自然语言之间相互作用的各种理论和方法。自然语言处理领域中重要一环是语音识别技术，所涉及的技术包括信号处理、模式识别、概率论、信息论、发声机理、听觉机理等，是一门交叉学科。与机器进行语音交流，让机器明白人类说话表达的信息，这是人们长期以来的追求，如今人工智能正将这一理想变为现实。

2. 计算机视觉

计算机视觉是一门研究如何使机器会“看”的科学，是指用摄影机和计算机代替人眼对目标进行识别、跟踪和测量等，并进一步通过图像处理使计算机将视频数据处理成更适合人眼观察或传送给仪器检测和识别的图像和数据。

3. 专家系统

专家系统指利用人类专家的知识和解决问题的方法，来处理某领域问题的智能计算机程序系统，研究的是如何根据某领域一个或多个专家提供的知识和经验进行推理和判断，模拟人类专家的决策过程，用机器去解决那些过去需要人类专家才能处理的复杂问题。

4. 机器人

机器人是自动执行某种工作的机器装置。它既可接受人类指挥，也可以运行预先编排的程序，还可以根据以人工智能技术制定的原则纲领而行动。其任务是协助或取代人类进行某些重复、烦琐、不易到达、危险的工作。

人工智能是让机器去模仿人类的思维和处理问题的过程。回想一下人类智慧的形成过程和决策过程。首先是学习，通过感知去了解周围世界的环境和变化规律，因此人工智能的第一要务是感知和学习，研究采用哪些技术手段将周边事物的相关信息以机器可以接受的方式输入到机器中。常见的是对于视觉、听觉、触觉、嗅觉、味觉之类的信息，通过相应的传感器来获取。其次是要消化、记忆这些信息，因此人工智能要将学到的知识表示成方便理解、检索和提取的形式，以此作为判断、推理、决策的基础和依据。第三是根据积累的知识进行推理。类似地，人工智能应能通过应用已有知识，经过某种算法对输入信息进行合理的推理和演绎，这就需要对数学和计算机编程技术有更加深入的研究。第四是人具有决策能力。人工智能应能完成对最优决策/路线/动作的求取，其本质是借助感知信息等多维度信息，通过规划算法来决定自己下一步该如何行动，这就需要研究相关应用的规划算法，最后将规划的结果传达给控制系统使其完成操作。

人们熟知的机器人只是人工智能的一种载体，人工智能不一定通过机器人去展现。没有用到人工智能技术的机器人依然是机器人，但不是智能机器人。只有将感知、记忆、推理、决策等技术装入机器人的“大脑”后，才能称之为智能机器人。

6.4.2　人工智能使人类更轻松

人工智能兴起于 20 世纪 50 年代，当时的主要成就是提出了用于模拟人的神经元反应过程的数学模型，并能用梯度下降算法从训练样本中自动学习，完成分类任务。到了 20 世纪 80 年代，有人提出了反向传播（BP）算法，可用于多层神经网络的参数计算，以解决非线性分类和学习问题，这给人工智能带来第二次高潮。21 世纪 10 年代，随着深度学习的提出，以及在语音识别和图像识别方面的应用，使人工智能迎来第三次高潮。

目前人工智能已经在计算机科学、金融贸易、医疗、工业、农业、服务业、农业、林业、娱乐业、教育、安防等诸多方面等到广泛应用，如图 6-38 所示，并使人类可以通过智能机器人解决过去只有人工才能解决的问题，使人类的劳动力得以解放。

图 6-38　人工智能的应用

1. 计算机科学领域的应用

计算机是用来研究人工智能的主要物质基础，是能够实现人工智能技术平台的机器，人工智能的发展与计算机科学技术的发展密不可分。人工智能产生了许多方法来解决计算机科学中的困难问题，如计算机视觉、符号计算、模式识别、语言的口语自动翻译、计算机网络管理和系统评价、网络安全管理、网络故障诊断、计算机辅助教学、网络中的协作问题。

2. 金融领域的应用

金融业已开始采用人工智能系统组织运作，如金融投资、财产管理、保险理赔、账目核对、业务处理、风险控制。图 6-39 所示为人工智能设备在银行业务办理中的应用，主要涉及人脸检活、人证核验、电子签名、指纹识别、语音识别、语义解析、光学字符识别等内容。

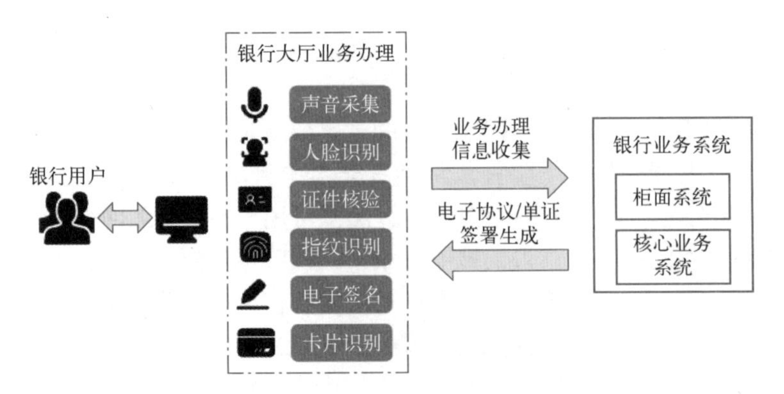

图 6-39　人工智能在银行业务办理中的应用

3. 医疗领域的应用

人工智能系统可用来进行临床护理、自动病史采集、数据图像扫描、医学图像解析、肿块发现、心电分析、智能诊断、医疗数据统计处理、辅助理疗、疾病预测、诊后随访管理、智能导诊、智能问药、用药管理、药物开发等。图 6-40 所示为人工智能在医疗领域的应用。

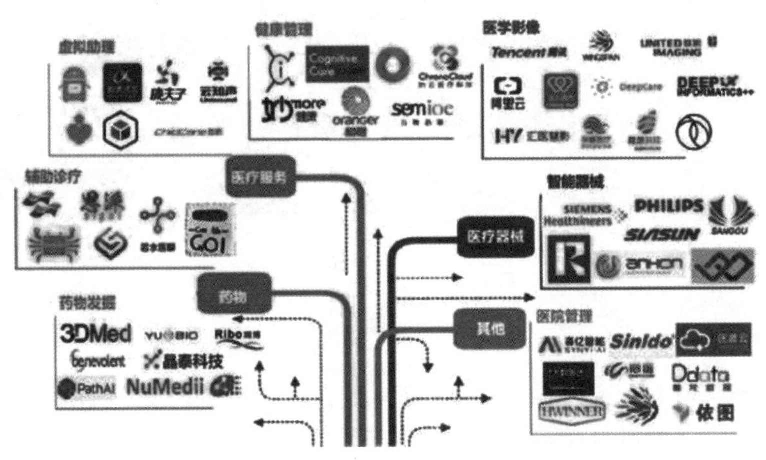

图 6-40　人工智能在医疗领域的应用

4. 工业领域的应用

在工业中已开始用智能机器人做对人类身体有危险的工作，进行应用数据的可视化分析、机器故障的自我诊断、设备预测性维护、视觉缺陷检测、生产线数据采集处理、生产计划和调度、服装设计与加工、原料过程控制、炼钢过程控制、自动驾驶汽车控制、无人机控制等。

5. 服务领域的应用

利用自然语言加工系统和语言识别软件，可减少键盘操作而实现自动上线，在呼叫中心完成用户咨询的自动回答。人工智能支持预测性现场服务，可以预测服务需求，并相应地自动调整业务流程。还能识别正确现场服务管理资源、估计工作人员出行时间及任务持续时间和服务交付的其他关键组件。能对智能营业厅的温度灯光进行调节，实现智能快餐订单与配料处理、智能翻译服务、智能交通管理、智能物流配送、无人便利店、智慧供应链、客流统计、无人仓/无人车、智能音箱等。

6. 农业领域的应用

人工智能在智慧农业方面可用于水肥一体化种植管理、智能温室大棚、智能土壤灌溉、智能牲畜棚舍环境监测、智能牲畜面部识别、禽畜智能穿戴、智能病虫害测报、作物长势定时抓拍分析、水产养殖智能环境监控、智能种子选育和检测、智能种植和采摘及果实分拣、智能农机、智能森林防火和监管。

7. 安防领域的应用

利用人工智能可以进行网络钓鱼统一资源定位系统检测、对抗网络攻击、基于深度学习的恶意代码检测、生物识别、人脸及车辆识别、属性分类、异常目标检测与跟踪排查、安全驾驶、犯罪侦查、交通监控、自然灾害监测、智能排爆、无人战车控制、自主武器控制、高超音速武器控制、后勤服务与战场规划、多兵种协同。

随着数字化、网络化、智能化的发展，智能革命将开创人类后文明的历史。如果说蒸汽机创造了工业社会，那么智能机或将创造出智能社会。

6.5　万物相联的智慧网络

6.5.1　物联网的美好愿景

1995 年，比尔・盖茨在《未来之路》一书中最早提及物联网的概念，受限于当时无线网络、硬件及传感设备的发展，并未引起世人的重视。直到 2005 年 ITU 发布《ITU 互联网报告 2005：物联网》，物联网的概念才正式提出。经过多年的技术演进，目前对物联网（IoT）的认识基本达到一致。

1. 物联网的概念

物联网是指通过信息传感器、射频识别技术、全球定位系统、激光扫描器等各种装置与技术，实时采集任何需要监控、连接、互动的物体或过程，如声、光、热、电、力学、化学、生物、位置等各种需要的信息，通过各类可能的网络接入，实现物与物、物与人的泛在连接，以及对物品和过程的智能化感知、识别和管理。

物联网以互联网、传统电信网等为信息传输的载体，建立一个让所有能够被独立寻址的普通物理对象实现互联互通的网络，从而实现在任何时间、任何地点都能获得人、机、物互联互通的目的，将无处不在的末端设备和设施，包括传感器、移动终端、工业系统、楼控系统、家庭智能设施、视频监控系统、射频识别的各种产品、携带无线终端的个人与车辆等智能化物件、动物、智能尘埃，通过各种无线、有线的长距离和/或短距离通信网络，连接物联网域名实现互联互通、应用集成，以及基于云计算的 SaaS 营运等模式，在内网、专网和/或互联网环境下，采用适当的信息安全保障机制，提供安全可控乃至个性化的实时在线监测、定位追溯、报警联动、调度指挥、预案管理、远程控制、安全防范、远程维保、在线升级、统计报表、决策支持、领导桌面管理和服务功能，实现对万物的高效、节能、安全、环保管控营一体化。图 6-41 所示为物联网的构想。

2. 物联网的基本特征

物联网有两层意思：一是物联网的核心和基础仍然是互联网，是在互联网基础上延伸和扩展的网络；二是其用户端延伸和扩展到任何物品与物品之间进行信息交换和通信。

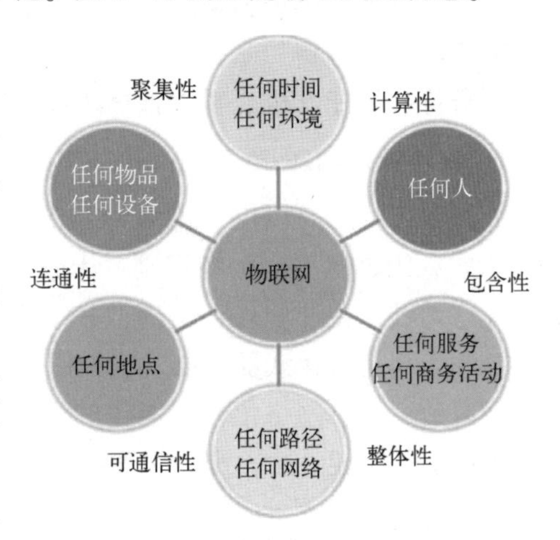

图 6-41　物联网的构想

物联网使普通对象设备化、自治终端互联化和普适服务智能化。从通信对象和过程来看，物与物、人与物之间的信息交互是物联网的核心。物联网的基本特征可概括为整体感知、可靠传输和智能处理。

整体感知可以利用射频识别、二维码、智能传感器等设备通过感知来获取物体的各类信息。可靠传输是通过对互联网、无线网络的融合，将物体信息实时、准确地传送，以便完成信息交流和分享。智能处理使用各种智能技术，对感知和传送到的数据、信息进行分析处理，实现监测与控制的智能化。

物联网处理信息的功能如下。

(1) 获取信息　主要是信息的感知、过程的识别。信息的感知是对事物属性状态及其变化方式的知觉和敏感；信息的识别是指能把所感受到的事物状态用一定方式表示出来。

(2) 传送信息　主要是通信过程，包括信息发送、传输、接收等环节，完成把获取的事物状态信息及其变化的方式从时间或空间上的一点传送到另一点的任务。

(3) 处理信息　指信息的加工、决策、过程的制定，即利用已有的信息或感知的信息产生新的信息。

(4) 施效信息　这是信息最终发挥效用的过程，有很多的表现形式，比较重要的是通过调节对象事物的状态及其变化方式，始终使对象处于预先设计的状态。

3. 物联网的关键技术

实现物联网所涉及的关键技术包括各类传感器技术、射频识别技术、各类有线和无线传感网络、智能联动等技术。下面简要介绍其中几种。

（1）传感器技术　传感器技术同计算机技术、通信技术一起被称为信息技术的三大技术。传感器技术可以感知周围环境或者特殊物质，如气体感知、光线感知、温湿度感知、人体感知等，把模拟信号转化成数字信号，经处理器处理后形成气体浓度参数、光线强度参数、范围内是否有人探测、温湿度数据等。

（2）射频识别技术　射频识别（RFID）是通过无线电信号识别特定目标并读写相关数据的无线通信技术，广泛应用于身份证、电子收费系统、物品甄别、属性存储、物流管理等领域。

（3）无线传感网络技术　无线传感器网络（WSN）主要有 ZigBee、蓝牙、NFC、WiFi 等表现形式，是一种由独立分布的节点以及网关构成的传感器网络，安放在不同地点的传感器节点不断采集外界物理信息，通过无线网络进行通信。每个节点都能够实现数据采集和数据的简单处理，还能接收来自其他节点的数据，并最终将数据发送到网关，再从网关获取数据，查看历史数据记录或进行分析。

4. 物联网的应用领域

经过多年的发展，物联网已在工业、农业、林业、畜牧业、商业、交通、物流、医疗、安全等领域得到广泛应用，如图 6-42 所示。

（1）智能家居　智能家居是利用先进的计算机技术，运用 WiFi、Zigbee、蓝牙、NB-IoT 等智能硬件，以及物联网技术和通信技术，将家居生活中的各种子系统有机地结合起来，通过统筹管理，让家居生活更舒适、方便、有效与安全。

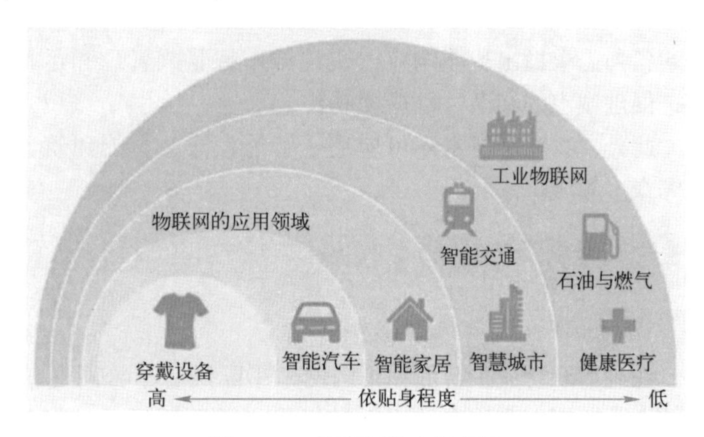

图 6-42　物联网的应用领域

（2）智慧交通　智慧交通是将物联网技术应用到整个交通系统中，形成在更大的时空范围内发挥作用的综合交通体系。智慧交通涉及智慧路网、智慧出行、智慧装备、智慧物流、智慧管理，是以信息技术高度集成、信息资源综合运用为主要特征的大交通发展新模式。

（3）智能医疗　智能医疗是通过打造健康档案区域医疗信息平台，利用物联网实现患者与医务人员、医疗机构、医疗设备之间的互动，让医疗行业融入更多人工智慧、传感技术等高科技，使医疗服务走向真正意义的智能化。

（4）智能电网　智能电网是在传统电网的基础上构建起来的集传感、通信、计算、决策与控制为一体的综合服务与管理系统，通过获取电网各层节点资源和设备的运行状态，进行分层次的控制管理和电力调配，实现能量流、信息流和业务流的高度一体化，提高电力系统运行稳定性，以达到最大限度地提高设备利用率、安全可靠性、节能减排效果、用户供电质量、可再生能源利用率。

（5）智能物流　智能物流利用条形码、射频识别技术、传感器技术、全球定位系统等物联网技术，通过将信息处理和网络通信技术平台广泛应用于物流业运输、仓储、配送、包装、装卸等基本活动环节，实现货物运输过程的自动化运作和高效率优化管理，提高物流行业的服务水平，降低成本，减少自然资源和社会资源消耗。

（6）智能农业　智能农业通过实时采集温度、湿度、光照等传感器信号，经由无线信号收发模块传输数据，实现对大棚温湿度的远程控制。智能农业还包括智能粮库系统，通过粮库内温湿度变化感知与计算机或手机的连接进行实时观察，记录现场情况以保证粮库的温湿度平衡。

（7）智能安防　智能安防对街道社区、楼宇建筑、银行邮局、道路监控、机动车辆、警务人员、移动物体、船只、机场、码头、水电气厂、桥梁大坝、河道、地铁等场所引入物联网技术，通过无线移动、跟踪定位等手段建立全方位的立体防护。

（8）智慧城市　智慧城市指运用信息和通信技术手段感知、分析、整合城市运行核心系统的各项关键信息，从而对包括民生、环保、公共安全、城市服务、工商业活动在内的各种需求做出智能响应，实现城市智慧式管理和运行，进而为市民创造更美好的生活，促进城市的和谐、可持续成长。

此外，物联网技术还可应用于智能汽车、智能建筑、智能水务、智能商业、智能工业等众多领域。

6.5.2　融合人车路的车联网

1. 车联网的基本概念

在利用融合人工智能和车内网、车际网、车云网通信所形成的智能交通系统（ITS）基础上，智能网联汽车的概念被提出来并逐渐形成各国共识。智能汽车需要物联网技术提供全方位的感知，通过协作式感知来弥补自主式感知的不足，也需要网络来共享云端的处理资源。这样，智能联网汽车所涉足的不再仅仅是汽车个体，而是需要把它融入大交通整体当中，宏观的交通特征将会对智能网联汽车产生影响。

将先进的传感器技术、通信技术、数据处理技术、网络技术、自动控制技术、信息发布技术等有机运用于整个交通运输管理体系，并建立起一种实时、准确、高效的交通运输综合管理和控制系统，就形成了智能交通系统。

而人们常讲的车联网则是以行驶中的车辆为信息感知对象，借助移动通信和智能技术，通过将车内网、车际网和车云网进行融合，实现车与车、车与人、车与路、人与路、路与路、路与后台中心之间的连接，车与服务平台之间的网络连接，提升车辆整体的智能驾驶水平，为用户提供安全、舒适、智能、高效的驾驶感受与交通服务，同时提高交通运行效率，提升社会交通服务的智能化水平。图 6-43 所示为车联网系统的生态。

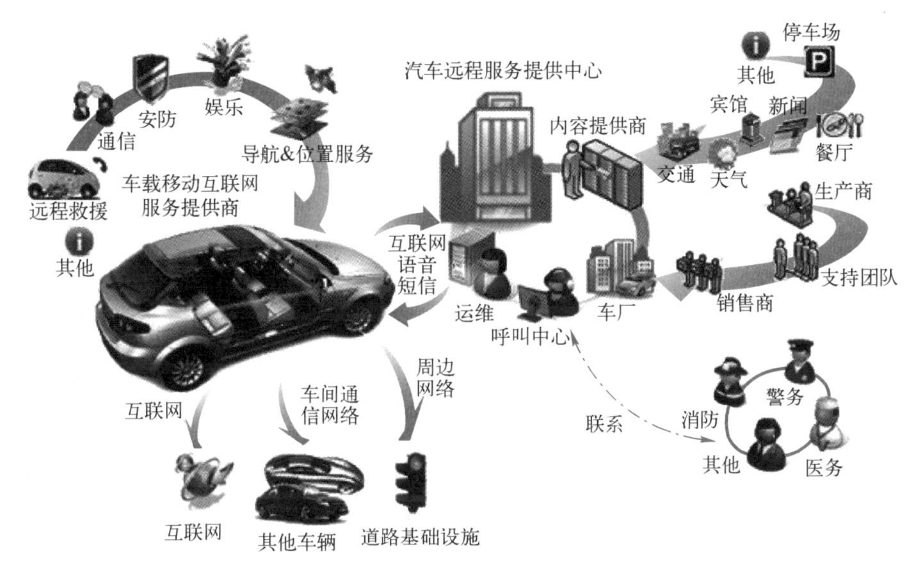

图 6-43　车联网系统的生态

2. 车联网的核心技术

车联网是实现智能网联汽车、智能交通系统的核心技术。车内网、车际网及车云网（车载移动互联网）的融合是车联网的基础，包含信息平台（云）、通信网络（管）、智能终端（端）三大核心技术。

车内网是基于成熟的 CAN/LIN 总线技术所建立的一个标准化整车网络。CAN/LIN 总线技术具备突出的可靠性、实时性和灵活性，可以有效提升汽车整体性能，可使车内智能传感器连接汽车上的有线和无线设备，更好实现汽车安全、娱乐、节能功能。图 6-44 所示为车内网系统，车内网是实现单车智能网联的基础。

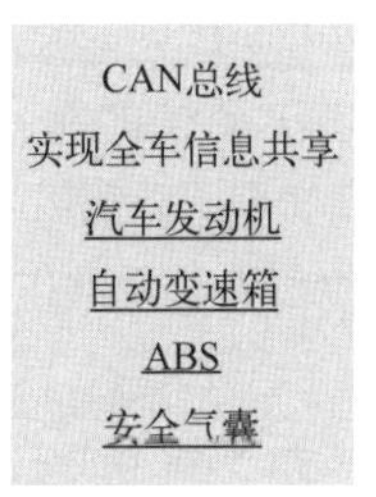

图 6-44　车内网系统

车际网采用的 V2X（车辆与所有相联）形成的网络，是基于短程通信技术构建的车与车（V2V）、车与路（V2R）、车与行人（V2P）的网络，用于实现车辆与周围交通环境信息在网络上的传输，以期获得实时的车况、路况、行人等一系列交通信息，使车辆能够感知行驶环境、辨识危险、实现智能控制等功能，从而提高驾驶安全性、减少拥堵、提高交通效率。图 6-45a 所示为各功能模块和通信方式。V2X 满足行车安全、道路和车辆信息管理、智慧城市等需求，车际网是实现汽车网联化的桥梁和技术核心。

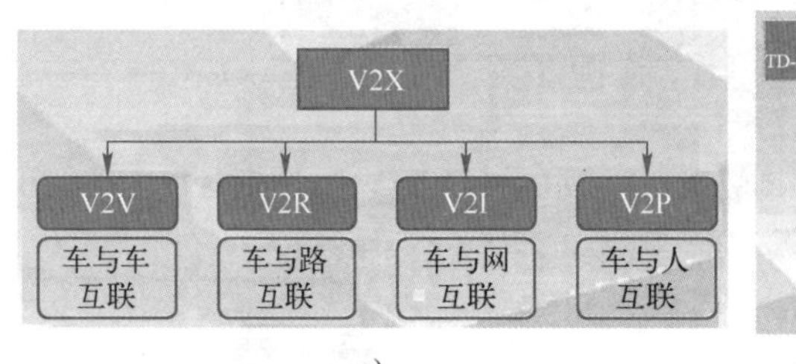

a)

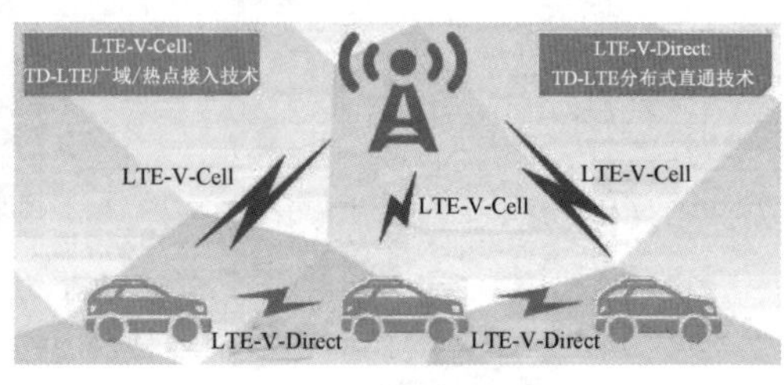

b)

图 6-45　车际网 V2X 与 LTE-V2X

a）V2X　b）LTE-V2X 标准

实现车际网的技术标准分为以美国为首的西方国家采用的专用短程通信技术（DSRC）标准和中国提出的蜂窝车联网技术（C-V2X）标准。

其中，DSRC 标准以 IEEE 1609. x/802. 11p 无线传输协议为基础，拥有 300 m 的单跳覆盖范围和 3～27 Mbit/s 的数据传输速率，同时还从车辆通信环境热点切换、移动性支持、通信安全、身份认证等方面对传统标准进行了优化。DSRC 标准还辅以红外线、WiFi、车载环境无线接入（WAVE）和 WiMAX。

而 C-V2X 则是基于移动蜂窝网的车联网通信技术，以第四代移动通信（LTE）蜂窝网络为基础的 C-V2X 又称 LTE-V2X。该系统的空中接口分为 Uu 接口，需要以基站作为控制中心，车辆与基础设施、其他车辆之间需要通过将数据在基站进行中转来实现通信，提供大带宽、大覆盖通信服务。当实现车辆间数据的直接传输时则采用 PC5 接口，这种接口满足低时延、高可靠的通信要求，如图 6-45b 所示。

车云网/车载移动互联网（Telematics）是指基于 4G/5G 等远程通信技术，将车载终端与互联网进行无线连接的网络。车云网核心部分是基于 GPS/BD 系统的智能车载终端系统，主要负责服务管理和信息娱乐，如图 6-46 所示。延时是智能网联汽车的关键因素，高延时会造成数据传输时效性降低，影响安全。由于 5G 的空口延迟可以做到 1 ms，5G-V2X 将是车云网的发展方向。

在车联网系统中，在车辆仪表台上安装有车载终端设备，利用各种传感器实现对车辆所有工作情况的静态和动态信息采集、存储和发送。车联网系统一般具有实时实景功能，利用移动网络实现人车交互。

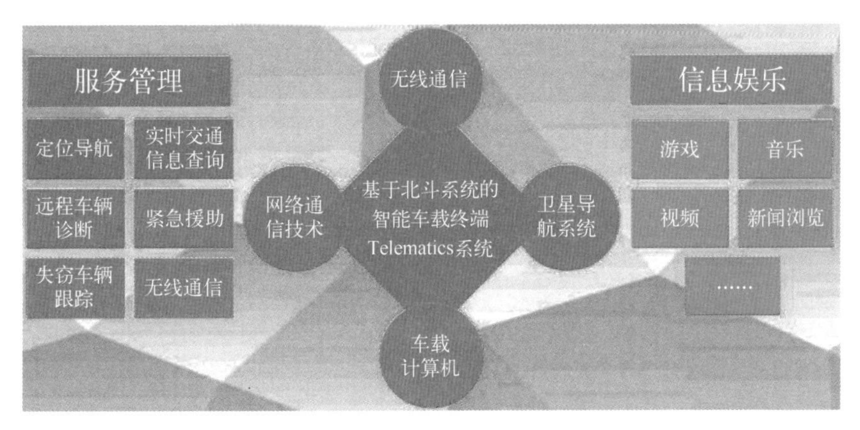

图 6-46　车云网的构成与功能

（1）车与云平台间的通信　采用车云网使车辆通过卫星无线通信、移动蜂窝通信、WiFi 等无线通信技术，实现与车联网服务平台的信息传输，接受平台下达的控制指令，实时共享车辆数据。

（2）车与车间的通信　采用车间网方案，使车辆与车辆之间实现信息交流与信息共享（包括车辆位置、行驶速度等车辆状态信息），可用于判断前方道路车流状况，以便避开拥堵路线。

（3）车与道路间的通信　借助地面道路固定通信设施实现车辆与道路间的信息交流，用于监测道路路面状况，引导车辆选择最佳行驶路径。

（4）车与人间的通信　用户可以通过 WiFi、蓝牙、蜂窝等无线通信手段与车辆进行信息沟通，使用户能通过对应的移动终端设备监测并控制车辆。

（5）车内设备间的通信　采用 CAN/LIN 总线构成的车内网，完成车辆内部各设备间的信息数据传输，用于设备状态的实时检测与运行控制，建立数字化的车内控制系统。

3. 车联网的分层管理

车联网技术是在交通基础设备日益完善和车辆管理难度不断加大的背景下提出的，到目前为止仍处于初步的研究探索阶段，但经过多年的发展，当前已基本形成了一套比较稳定的应用层、网络层和感知层车联网技术体系结构，如图 6-47 所示。

（1）应用层　应用层为联网用户提供各种车辆服务业务，主要是将全球定位系统取得的车辆实时位置数据返回给车联网控制中心服务器，经网络层处理后进入用户的车辆终端设备，终端设备对定位数据进行相应的分析处理后可以为用户提供各种导航、通信、监控、定位等应用服务。

（2）网络层　网络层的主要功能是提供透明的信息传输服务，实现对输入输出数据的汇总、分析、加工和传输，一般由网络服务器以及 Web 服务组成。GPS/BD 定位信号及车载传感器信号上传到后台服务中心，由服务器对数据进行统计和管理，为每辆车提

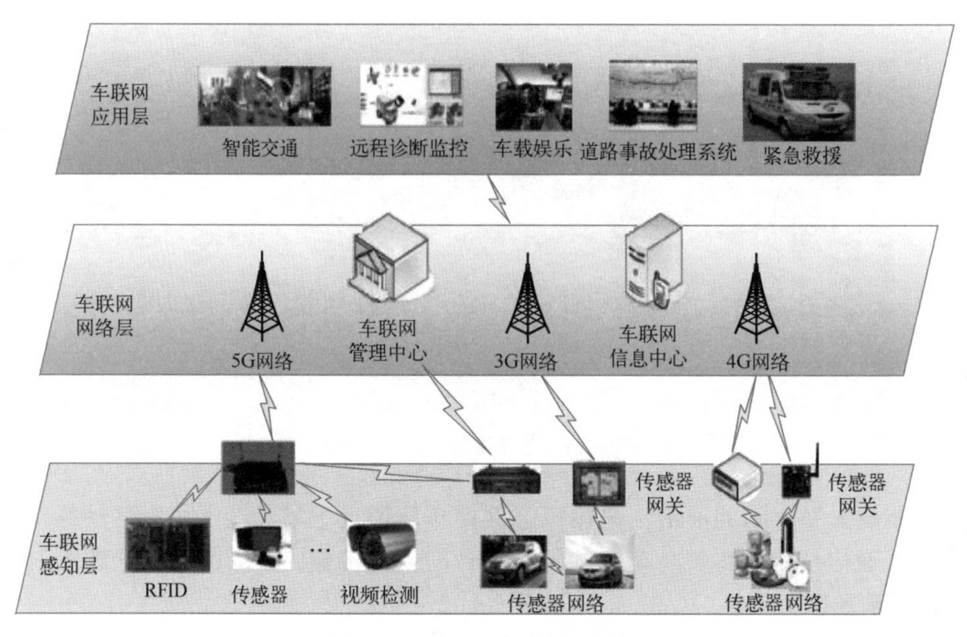

图 6-47　车联网技术体系结构

供相应的业务，同时可以对数据进行联合分析，形成车与车之间的各种关系，成为局部车联网服务业务，为用户群提供高效、准确、及时的数据服务。

（3）感知层　感知层负责数据的采集，由各种车载传感器完成。包括车辆实时运行参数、道路环境参数以及预测参数等，如车速、方向、位置、里程、发动机转速、车内温湿度。所有采集到的数据将会上传到后台服务器进行统一的处理与分析，得到用户所需要的业务数据，为车联网提供可靠的数据支持。未来的车联网系统还可以感知污染指数、紫外线强度、天气状况、附近加油站、停车场、医院、商场、景点，以及驾驶员的身体状况、驾驶水平、出行目的和路线，使驾驶员能以最快、最适合的方式出行。

4. 车联网的前景

作为具有新生力量的车联网技术，结合汽车电动化、智能化、网联化、共享化的发展趋势，其未来的发展趋势可能表现在以下几个方面。

（1）交通智能化　对已经得到确切定位的货物进行位置跟踪，并为货物在供应链与物流链当中提供服务；可以实现对车辆信息的实时传输，通过车辆传感器收集信息，并在云中心实施计算与分类处理，将不同类型的数据分类发放，使不同部门都能够掌握信息数据，通过得到的反馈数据实施交通智能调度；利用灵敏导航系统，车辆将能即时获得系统指示，并依据驾驶员的既往经验对导航路径实施精准计算，以此为驾驶员提供精准的导航指导。图 6-48 所示为人车路协同的车联网应用。

（2）整车硬件的联网化　汽车电子电气系统正逐渐向集中式架构体系发展，未来的

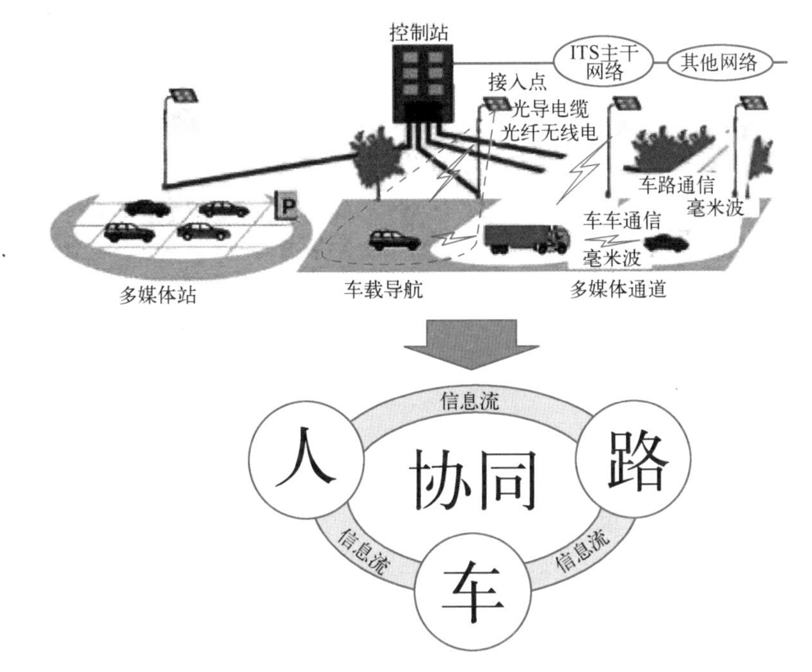

图 6-48　人车路协同的车联网应用

每一台汽车都将像一台智能手机，对应的也是应用软件、操作系统、芯片层、硬件层。应用软件可以基于某一操作系统和计算芯片开发，通过统一集中的电子控制单元（ECU）控制多个硬件。汽车软件控制将更高效，并能像手机一样实现空中下载技术（OTA）升级，从而实现对控制软件的持续优化，不断改善硬件性能体验。通过这种集中式的架构，整车硬件的运转情况就可以通过软件实现远程调校修改。

（3）用车服务的线上化　整车数字化时代的车联网，将极大地提高汽车用车服务的质量。线下付费的用车场景都将实现线上化，汽车的实时车况可以通过云端传输给服务商，车况的透明化将助力服务商为用户提供一系列主动式的服务，如代驾、停车场、加油站、违章查询代缴、充电桩收费、上门保养、上门洗车、基于使用量而定保费的保险（UBI）等，从而大大促进用车服务的效率。

（4）车联网功能服务方式的多样化　在整车数字化时代，每辆车的所有车况信息都可以在云端对应一个识别 ID。通过 ID 的统一管理和适配开发，车联网功能将不局限于车辆这一个交互渠道，而是可以拓展到手机 App、微信小程序、智能穿戴设备、智能家居设备等多个交互设备，将极大地便利用户的用车体验，延长人车交互的频率和时间，改善交互体验和用车体验。另外，通过分拆车联网功能，把有些对网速或运算能力要求高的功能分拆至车外（如手机 App、智能穿戴设备等），这样就对车载车联网硬件要求降低，从而覆盖更多的低端车型。通过大数据积累自学习，可实现千人千面的交互服务方式。

（5）助力自动驾驶技术发展　随着整车联网能力的增强，智慧城市基础设施的进一步发展，自动驾驶感知和决策功能将从车上转移至道路基础设施，有助于单车成本下降，并且能通过区域内集中控制实现所有车辆的自动驾驶，提升交通效率与安全性。自动驾驶功能的商业模式也将有极大的创新应用，因为整车硬件的功能都可以通过云端开启、关闭，同一个车型可以拥有一样的硬件，但通过软件限制区分不同的配置，允许用户在购车之后再通过付费开启车上的硬件功能，使得免费试用的模式成为可能。这样既可以实现对消费者的推销，又能反向促进车企提供能足够吸引用户的自动驾驶软件体验。

6.5.3　智能社会的智联网

1. 智联网的基本概念

智联网（AIoT）以物联网的感知控制互联技术和互联网的数据信息互联为基础，将人工智能作为核心控制和决策系统，以获取知识、表达知识、交换知识、关联知识为关键任务，进而建立包含人、机、物在内的智能实体之间语义层次的联结，实现各智能体所拥有的知识之间的互联互通，以及推理、策略、决策、规划、管控等的全自动化和智能化过程。

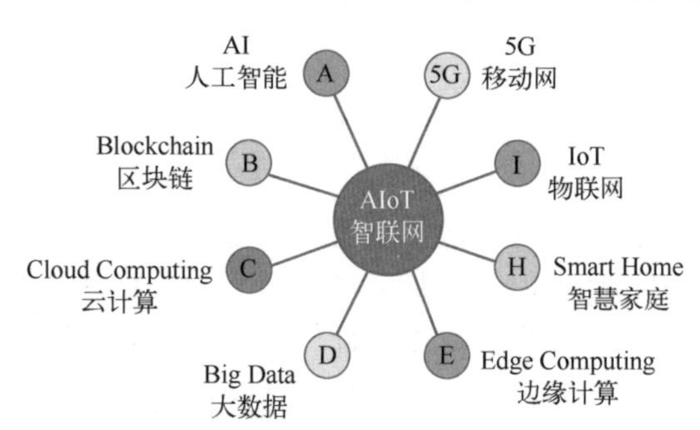

图 6-49　智联网的技术融合

智联网是在现有各种技术融合基础上的升华，如图 6-49 所示。从组织结构看，智联网以超大数量的能够独立与外界交互的各种自动/智能感知体为基本单元，通过物联网与互联网和基础通信设施的连接，构成具有综合人类智慧和人工智能决策能力的更高层级智慧管理与控制的智能共生体。这个智能共生体能够以数字化/数据化的方式感知、感觉外在世界，并能自我学习和动态智能协作。这样的系统能集小智慧为大智慧，帮助人们更好地探索和掌控世界，获得更好的生活质量。

智联网追求的是认知智能，即描述智能、预测智能、引导智能、协作智能的综合体，自动、自觉地使将各个智能体形成更高级的智慧功能体，如在长短期规划、重大决策、策略制订、基于环境动态的适应、复杂系统状态分析、复杂系统管控等方面获得更优的智能解决方案，形成感知、认知、思维、行动一体化的大智能系统。

2. 智联网的体系结构

智联网的智能特征是实现海量智能体在知识层面的直接连通，完成协同智能。这里的智能体指具有观察、演绎、推理和解决问题能力的智能个体，如人类、语音识别系统、自动驾驶汽车、自动导航系统等均是智能体。相较于互联网通过传输数据与信息来实现信息的协同，物联网通过传输感知和管控数据实现感知和控制的协同，智联网的智能互联与交换针对的是协同知识本身，并在知识的交换中完成超越单个智能体的更复杂知识系统的建立、配置和优化。海量智能实体在被组织成由知识联结的复杂系统时，依据一定的运行规则和人工智能决策机制，形成社会化的自组织、自运行、自优化、自适应、自协作智慧网络组织。

在图 6-50 所示智联网的特征和结构中，感知层采集社会经济技术活动的数据或对其进行控制，这些数据经由物联网节点进行感知数据联结，然后传送到互联网节点，经云计算中心或大数据中心汇集，在这里进行各类信息数据的联结，最后经智联网节点进行知识的联结，并按需为工业、农业、医疗、物流、教育等行业提供智能服务。

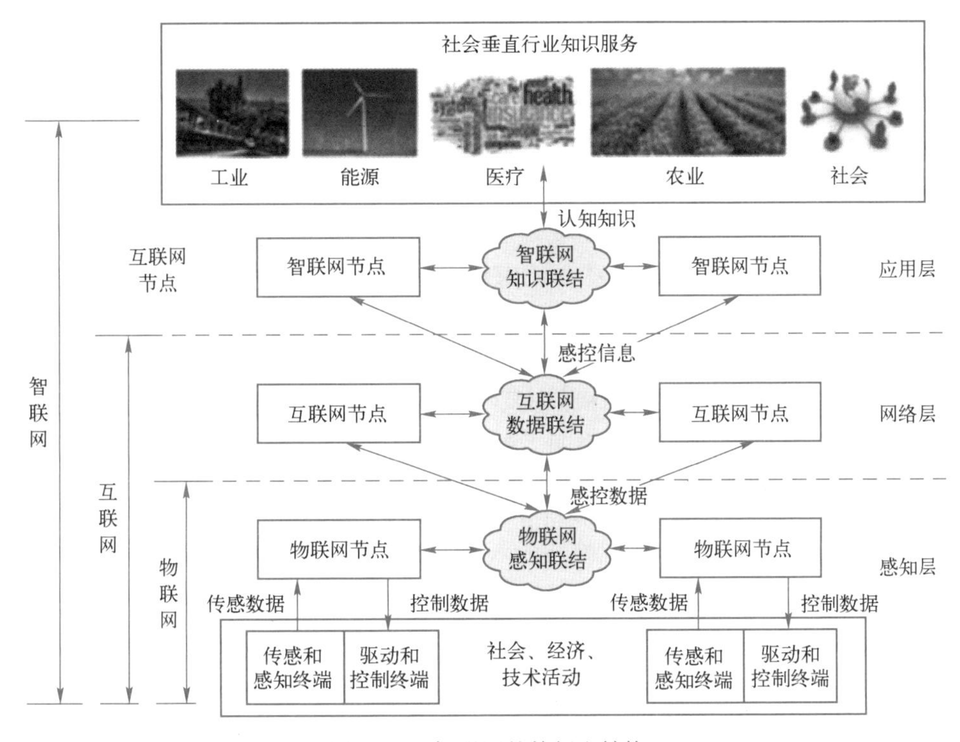

图 6-50　智联网的特征和结构

3、智联网的应用领域

智联网通过社会化的知识连通、智能整合，从相对独立的简单知识系统向基于知识联结、经人工智能规划的复杂知识系统网络发展，因此可以说智联网的实现标志着新智能时代的到来。其应用包括以下几个方面。

(1) 智联网汽车　通过智联网汽车实现人车合一，让人们享受到智能驾驶的便捷。智能网联汽车搭载有先进的车载传感器、控制器、执行器等装置，并融合现代通信网络技术和人工智能技术，实现车与人、车与车、车与路以及车与云端等的智能信息交换、共享，在多智能体参与基础上，具备复杂环境感知、智能决策、协同控制等功能，可实现安全、高效、舒适、节能的行驶过程，并实现通过智联网替代人对汽车进行驾驶。

（2）智联网工业　通过物联网汇聚工业控制及其自动化产生的模拟检测与控制信息、现场总线控制数据，再经互联网收集本地仪器控制、远程智能的复杂系统管控信息，由智联网实现工业网络的智能能力，使对工业现场的管控更具精确性、确定性、自适应性和安全性。这将有可能导致软件定义工业、类工业领域、广义工业、社会制造、社会工业等智能大工业新形态的出现。工业智联网的诞生，将会以极高的效率整合各种工业和社会资源、减小工业过程中的浪费和消耗、提高和解放工业生产力，并促进智能大工业的出现和发展。

（3）智联网农业　通过物联网汇聚农业田间管理或大棚种植传感器检测到的感知数据，再经互联网汇聚到云端处理并获取大数据，形成复杂农作物系统管控信息，由智联网实现农业网络的智能能力，使对农业耕作现场的管控更具合理性、精准性、灵性性、高效性和安全性。这同样将有可能导致软件定义农业、类农业、社会农业等智能农业新形态的出现。高智能农业智联网的诞生，将可能导致农业生产的室内化、智能化、广域化、产销一体化。到那时农业生产环境完全可以在室内模拟天然环境，使农业生产不再靠天丰收、靠地耕种、靠人劳作，从而使农业生产可以在沙漠中的楼宇或海洋中的船舶按社会订单生产，可以让更多的人从事服务业。

（4）智联网在其他领域的应用　感知、通信、智能技术融合的智联网可以应用在各行各业，形成高级、复杂的多智能体联合系统，并广泛应用于交通智联网、能源智联网、国防智联网、制造智联网、医疗智联网、教育智联网等方面。通过人与物之间的共融、协同、主导、辅助、监管等，催生新的人类智能型社会系统的诞生和发展。

小结

移动通信的最大问题是频谱资源受限，移动通信从 1G 到 5G 乃至未来 6G 的所有创新和进步，都在于满足人们日益增加的高速通信要求，并由此推动移动通信在其他领域的应用与创新，其直接结果就是今天的人们明显感受到手机带来的工作和生活上的便利。区块链的去中心化记账方式则是对传统交换节点的网络中心化的另类思考，所要解决的是分布式记账的交易安全性，其技术应用导致了数据货币的出现，利用开放网络实现了交易支付的不可篡改性和便捷性。量子通信是从加密信息的密钥着手，基于量子力学中的不确定性、测量坍缩性和不可克隆性三大原理，利用量子隐形传态和量子密钥分发两种方式，提供无法被窃听和计算破解的绝对安全的通信保障。对量子相干叠加态和并行处理能力的应用，促使了高速量子计算机的诞生。人工智能则是让机器通过模拟人类思维方式，达到具有智能推理、思考、决策的能力，以此减轻人类的工作负担，提高工作效率。物联网、车联网、智联网结合人工智能使万物有感知、万物相联、万物有智慧，从而产生新型人类社会生产、生活和行为方式，使人类进入更加高级、更加轻松舒适的文明社会。

曲终吟

微微电波飞满天，
条条光纤布人间。
小手大手点手机，
新童老童刷屏鲜。
物联车联联智网，
量子计算幻更添。
信息世界皆数据，
祝融回眸火星边。

参考文献

［1］崔健双．现代通信技术概论［M］．北京：机械工业出版社，2009.

［2］沈越泓，高媛媛，魏以民，等．通信原理［M］．2 版．北京：机械工业出版社，2008.

［3］黄葆华，沈忠良，张伟明．通信原理简明教程［M］．北京：机械工业出版社，2012.

［4］李雄杰，施慧莉，韩包海．电视技术［M］．2 版．北京：机械工业出版社，2012.

［5］蔡跃明，吴启晖，田华，等．现代移动通信［M］．3 版．北京：机械工业出版社，2013.

［6］陈金鹰．FPGA 技术及应用［M］．北京：机械工业出版社，2015.

［7］晨枫．大话自动化［M］．北京：机械工业出版社，2019.

［8］陈金鹰．通信导论［M］．2 版．北京：机械工业出版社，2019.

［9］陈鹏．5G 移动通信网络从标准天实践［M］．北京：机械工业出版社，2020.

［10］王振世．一本书读懂 5G 技术［M］．北京：机械工业出版社，2020.

［11］陈金鹰．DSP 技术及应用（第 3 版）［M］．北京：机械工业出版社，2021.

［12］张煦．无线移动通信技术快速发展历程和趋向［J］．移动通信，2000（6）：9-13.

［13］秦辉，陈金鹰，王飞，等．基于通用串行总线的数据传输系统及方法：201710285562.9［P］．2017-09-01.

［14］秦辉，陈金鹰等．基于 FPGA 的 LiFi 信号解调方法及解调器：201710684394.0［P］．2017-12-08.

［15］刘剑丽，陈金鹰，蔡方凯，等．基于 C54x 的 RLHDB3 解码方法、装置及存储介质：202010661060.3［P］．2020-10-09.

［16］陈金鹰，刘洋阳，李菊，等．捕鼠/灭鼠电网装置：201210042230.5［P］．2012-07-04.

［17］严丹丹，蔡方凯，陈金鹰，等．用于通讯电子设备的无线传输装置：201820479956.8［P］．2020-10-09.

［18］陈金鹰．远程无线光控开关系统：200620035024.1［P］．2007-07-04.

［19］陈金鹰．太阳能自控无线电源开关系统：200910058891.5［P］．2009-09-02.

［20］陈金鹰．多负载遥控系统：200920078848.0［P］．2009-10-28.

［21］陈金鹰．无线遥控开关系统：200920078847.6［P］．2009-12-16.

［22］陈金鹰，严丹丹，李文彬，等．排号通知系统：201620064167.9［P］．2016-06-29.

［23］陈金鹰，王惟洁，李文彬，等．遥控淋浴节水器：201620056030.9［P］．2016-06-29.

［24］陈金鹰．遥控人工智能 ID 学习开关系统：200920080045.9［P］．2010-01-06.

［25］Chen Jinying，Zhi Li，Min Dong，et al. Blind path identification system design base on RFID［C］．IEEE，2010 International Conference on Electrical & Control Engineering：548-551.

［26］Chen Jinying，Liu Min，Zhu Zhongming，et al. Five network amalgamation［C］．IEEE，2011 International Conference on Consumer Electronics，Communications and Networks（CECNet）：4089-4092.

［27］Zhu Zhongming，Chen Jinying，Li Ju. Digital discriminator circuit design based on DSP［C］．IEEE，2012 2nd International Conference on Consumer Electronics，Communications and Networks（CECNet）：997-1001.

［28］电信发展史［EB/OL］．（2011-10-24）http://wenku.baidu.com/view/784c72324332396801-1c92bb.html.